U0118666

THE ONLY THREE QUESTIONS THAT COUNT

Investing by Knowing What Others Don't

肯恩·費雪 Ken Fisher / 菈菈 · 霍夫曼斯 Lara Hoffmans
珍妮佛·周 Jennifer Chou ——著 / 蕭美惠——譯

WILEY 財信出版

目錄CONTENTS

推薦序

顛覆傳統投資思維的「破與立」

陳忠瑞
瑞展產經研究公司董事長

常言道：股票市場有一個「八二法則」，意思是投資市場的參與者，不論是法人還是個人投資者，長期而言，百分之八十的人賠錢，只有百分之二十的人賺錢，因為百分之八十的人其投資思考模式類似，不論投資模式是來自學校的培養，或是後來環境的造成；百分之八十的人所取得的投資資訊是落後的，但卻將之視為珍寶，並依此訊息做為投資決策，只有百分之二十的人長期是賺錢的，因為他們不斷吸收新知破除舊習包袱，勤於思維悟出前瞻資訊。本書作者肯恩・費雪（Ken Fisher）在本書裡，就提出其挑戰權威的理念，顛覆傳統投資思維「破與立」的全新觀念。

作者在本書開宗明義，以3個問題「一、你相信的其實是錯的？；二、如何測量別人認為深不可測的事？；三、我的腦袋幹嘛要騙我？」挑戰自我、挑戰傳統思維。筆者在拙著《股海戰國策》一書中曾寫道：「人生浮沉、時間是悲情良藥，也可以是溫情殺手；股海桑田、經驗是無上資產，也可以是無形包袱，是非善惡一線之間，一切端賴理智與專業。」時間所累積的經驗可以是資產，更可能是包袱，作者在本書的真義就是要「破」大眾所遵循的傳統投資法則，而這些法則隨著時間深植人心，股海潮起潮落變幻無常，股海無情殺戮，其實最大的敵人就是自己，與自己所依循的傳統思維，從1997年亞洲金融風暴、2000年科技泡沫瓦解，至2007年次級房貸所引發的信用危機，每一次金融市場大地震，都是前所未有的經驗，也無法用過往的經驗與思維全身而退，所以存在自己腦袋裡的東西，就如作者所提的問題：「我的腦袋幹嘛要騙我？」其實自己的經驗不知不覺中，成為固定投資模式中的包袱，也就是作者所言自己腦袋欺騙自己的宿命，作者認為「驕傲與悔恨」是導致錯誤的最重要原因，而承認自己有問題才是復原的第一步。

在投資市場中有許多普羅大眾都同意的觀念，作者以「正好相反」顛覆傳統思維，並以大量的例子佐證這些錯誤的驚人事實，如「高P/E股市風險較高；美元疲弱、利率上揚、減稅、高油價都不利於股市；經濟好時股市就好；小型股表現優於大型股……」等等，他並認為眾所稱頌的股神巴菲特其實並不是個基金經理人，也許稱為保險公司的執行長較恰當，這些不同的思維妙吧？！

作者所提出「立」的投資觀念，是投資成功的最佳方法——率先知道一些別人不知道的事。投資市場是個非常有效率的市場，任何總體經濟的變化、產業的循環，或公司的細微改變，都會反應在股價及指數漲跌上，凡是能事先掌握資訊者才能成為股市贏家，最可怕的是，你認為的所謂先期資訊，事實上可能很多人知道，並且已經反應在股價上，你卻渾然不知，並依此資訊大量投資，當然「看報紙做股票」的事後資訊，更難從股市中獲利，作者所提的觀點，本質上十分呼應1995年諾貝爾經濟學獎得主魯卡斯（R. Lucas）的「理性預期學派」，此學派主張任何政府政策如果已在人民的預期中，此政策效果必定無效，股市投資未嘗不是如此呢？

經濟學中最基礎的理論「供需法則」，則是作者解釋股價波動最原始動力的方式，從「蛛網理論」發展出來的供需法則應用到投資行為，是作者以反璞歸真原則，將投資人拉回「以最簡單的法則，破解最複雜股市投資」的企圖，他認為在這個寬闊、美好與無奇不有的世界，驅使股價波動的原因只有兩個，不論何時何地，股價只受供給與需求改變的影響，而影響股價供需的因素不外乎——經濟、政治與投資人信心，且供需可能快速轉變，可以從一個極端瞬間轉變到另一個極端，故如何掌握別人尚未知悉的訊息，而這些訊息又是改變股價供給與需求的核心力量，就成為股市投資贏家與輸家最重要的眉角。

事實上股市投資贏家模式不一而足，俗語道：行行出狀元，意味任何人只要抓住其所專精的領域，不論是採取何種模式都有機會成功，其他人的成功模式，不必然可以複製在自己身上，如股神巴菲特的價值投資、量子基金創辦人喬治索羅斯的趨勢投資、富達麥哲倫基金傳奇經理人彼得林區勤於拜訪公司等等，都能獨樹一格，成就其一派宗師的地位。所以不論少林也好、武當也罷、峨嵋也行，股市就如武林宗派，只要理出適合自己天生本能，或後天專業的架構，在投資過程中不斷嘗試與進化、堅定與堅持，就有機會從險惡股海中積沙成塔，成為不朽桑田的股市贏家。作者提出顛覆傳統框架的「破與立」，給予我們不同的思維，從中找出一條適合自己的投資道路與模式，是值得用心思考、反求諸己和反璞歸真的一本好書。

瑞展產經董事長　陳忠瑞

2008.06.07

推薦序

你可以是更好的投資人

吉姆・克瑞莫（Jim Cramer）
TheStreet.com專欄作家、《紐約》雜誌專欄作家、CNBC電視台
《*Mad Money*》節目主持人、CBS《*Real Money*》廣播節目主持人

肯恩・費雪依據一個簡單的教訓已悄然建立起一個王國：冒最少的風險，賺最多的錢，因為這是應該為客戶做的，也是每個人的想望。沒人能贏過肯恩。這不是我口出狂言。他真的是最好的。我這樣說，我的經紀人肯定要殺了我。肯恩和我是對手，我幹嘛稱讚他的著作？我算哪門子資本家？首先，肯恩是我的好朋友，不過這與你無關。與你有關的很簡單：肯恩可以讓你賺錢。我相信，讀他的書可能是你在今年變成更優秀投資人的最佳捷徑。我老實跟你說，目前我經營一個限制多多的慈善信託，要是我可以管理自己的資金，我會毫不猶豫把錢交給肯恩。我會這樣跟你講，是因為我是個老實人，還有我想讓你賺錢，而肯恩可以幫得上忙。

口氣讀完這本書之後（因為我放不下來），我明白了一件事。在本書，肯恩顛覆了整個投資世界。他挑出許多毀掉專業人士的迷思以及各種愚蠢、無用的想法，他不僅加以反駁，並且證明它們是錯的。他更勝一籌之處在於，他在這本書裏教你們如何自己加以驗證。

我承認他有點把我惹惱了，因為他證明了一些我相信的事並不完全是對的。不過，這就是他的重點，這就是他的目的，這就是他的工作。這就是他把你變成更優秀投資人的方法。

在我說出我的目的之前，我先告訴你，肯恩和我對於管理資金的看法南轅北轍。我選股，而且我自認很拿手。肯恩卻告訴我，那是傻瓜才做的事。我想要找出一些數據，以子之矛攻子之盾，不過這得花上一段時間。我不是個相對論者，尤其是有關錢的方面，可是我知道賺錢有很多門路。我也知道肯恩的門路很管用。儘管我們手法不同，但我相信這是我涉獵金融市場數十年來有幸讀到的最嚴格、睿智、廣泛和實用的投資書籍。

不論你持有股票，或者你剛起步，不論你是個專家或業餘人士，本書都很適合你。如同肯恩一針見血地指出：大部份的專家，至少在共同基金的領域，都有很大的進步空間，所以專家或業餘人士其實沒什麼差別。重點在於，大家都想賺錢，大家都想創造打敗大盤的報酬，或者是你習慣採用的任何指數。大家都這樣想，但我敢說大多數人不知道從何下手。

你或許以為自己很懂，或許這幾年你很幸運。但我老實告訴你：你可能需要幫助，散戶投資人每天都有可能犯下成千上百個錯誤。如果你想賺錢，你最好幫自己一個忙，看看這本書吧。雖然我投資已超過25年，但《投資最重要的3個問題》真的教我不少投資的事。我或許是電視上最厚顏無恥、自吹自擂的人，可是我告訴你，接下來幾個小時，別聽我的，聽肯恩的。如果你是罵我的觀眾，不用我說，你就知道肯恩・費雪有一套，或許好幾套，和我的截然不同。即使我們對某些事意見不合，我還是認為他是最棒的——不是說他的為人，雖然他人很好，而是他是最棒的投資人。

現在回到本書的基本假設，我完全同意肯恩的看法。好的投資人必須知道如何創新，如果他們想要繼續做個好投資人的話。當你對某支個股、類股或整個國家建立部位時，你不是對的就是錯的。

假如你是對的，你就會賺錢。假如你是錯的……你懂了吧。市場上總有贏家和輸家；你想要贏的話，必然有人要輸。肯恩不是教你如何做對的事，至少剛開始的時候不是。因為你最好在起跑前學會走路。本書提供你一套系統，一種方法，乍看之下好像是直覺式的，但事實上那絕非大多數人的做法。這是思考市場的方法，等你熟悉後，你就會變成出色的投資人。肯恩知道，要贏的話，就得做對的事，而他知道如何做對的事——我看過他的績效，也讀過他的專欄。現在他要教你如何運用他的科學投資技巧，讓你在金錢和精神上都變得更加富裕。

你不必是個天才就可以利用肯恩的建議，你甚至不需要太聰明，不需要懂太多——我說真的，除了如何利用本書。肯恩教你如何運用他所說的「最重要的3個問題」。他是對的，很高興他寫出來。從某個角度來說，本書是個絕佳的均衡器：它挑戰專業人士，培訓業餘人士。相信我，我以前也是那樣。有句古諺說：「上帝創造男人，但左輪手槍發明人山姆・柯爾特（Sam Colt）讓他們平等。」我不知道誰創造了現代投資人，但我知道肯恩・費雪讓他們平等。或許不是那麼平等——有些投資人比較平等，肯恩就是要讓你加入那個陣營，假如你聽從他多年來累積的智慧。別聽我的話，我們客觀一點。除非你知道自己在做什麼，除非你知道一些別人不知道的事，否則你不會晉升到297名——那是肯恩在《富比世》（*Forbes*）美國400大富豪排行榜上的排名。

當你在寫一本投資書籍時，你總是在注視一個無底深淵。無論金錢多麼誘人，這類主題的書籍大多很難看完。它們很無聊，無聊到不行，如果你想睡覺，它們比安眠藥還有效。更別提這類主題的書籍大多錯得離譜。就算內容是對的，也無法被吸收，因為很乏味。肯恩知道這一切。他寫書的歷史比我長，由此可證。在你要教人家什麼事情之前，你必須吸引他們的注意力。有時，人家說我在這方面做得有些過頭了，反正我是個極端分子。

即使你對投資沒興趣，即使你一文不名，或者腰纏萬貫，而且對錢不感興趣，你還是會想看這本書。它很有趣，很好看。內容淺顯易懂。當然，書中有圖有表，還有，唉，學術文獻，但這就是重點。投資雖然還不是一門學科，但肯恩試著讓我們理解。別被圖表和學術文獻嚇到了，因為肯恩知道如何過濾這些資訊。他懂得把艱深難懂的東西變得簡單易懂，肯恩是這方面的大師。《投資最重要的3個問題》是一本好書。它可能是一本徹底改變投資面貌的書，雖然大多數基金經理人都想這麼做，不過，它不是在講選股。它不是在講尋找熱門股。它不是在講當日沖銷。它不是在講什麼「挑逗」的投資主題。你知道的，如果我從擔任資金經理人或者多年來身為電視名嘴中學到任何教訓，那就是，挑逗是沒有用的。你想知道什麼才是有用的嗎？學學肯恩，蒐集數據，做一些基本統計，然後你就會知道什麼才是有用的。

你可以讀遍肯恩的專欄，你可以去查他的背景，你可以去看他管理的資金──300億美元，連我都覺得驚人的金額，可是肯恩告訴我那只是我的石器時代腦袋在搞鬼。他顯然有一套方法可以持續打敗大盤。你還能奢求什麼呢？如果你正在看這本書，你就是想要賺錢。你或許想當個酷酷的、成功的當日沖銷客。你或許這麼想，但你是錯的。你想要的是更多錢，超過持有一檔指數型基金或者現金與債券部位所能賺到的錢。

有一種投資人總是傷害自己，但他卻不在乎。我稱這種人為股票玩家。假如你是個玩家，你就不太介意在股市賠掉許多錢。你不介意指數打敗你。你就是沈迷於交易股票。就算虧錢了，反正是你的嗜好。你買模型飛機或者「老鷹」合唱團的演唱會門票不也是賠錢嘛。

假如你是個玩家，投資只是為了樂趣，你還是可以在本書得到一些東西。但我希望它能把你從玩家變成一個成功的資本家。這不只是你一個人樂在其中就好了，重要的是賺錢。相信我，長期來看，有錢比有趣好多了。短期或許不這麼覺得，所以我們才需要肯恩・費雪這種人，用詼諧風趣的方式告訴我們為什麼錯了，以及如何改進才能賺到一些錢。

我佔用各位太多時間了。如果你不怕自己長久以來的投資理念遭受攻擊，如果你夠大膽可以適應，如果你真心想賺大錢，而不必冒大險（這是我認為賺錢的最佳方法），你就要繼續讀下去。肯恩・費雪有些東西要跟大家分享，即使他的話你只信一半或三分之一，你也會是個更好的投資人。如果你聽從他所有的建議，我相信你可以擊敗大盤，就算你只聽進去一點點，你也會比現在好很多。

以上這些話出自一個所有的策略在數小時內就被肯恩・費雪給反駁及破除迷思的人之口。相信我，《投資最重要的3個問題》確實是真正重要的3個問題。

作者序

我憑什麼告訴你，什麼才是重要的事？

我憑什麼告訴你任何事，更別說是重要的事？或者說真正重要的只有3個問題，而我知道是哪3個問題？你為什麼要浪費時間來讀這本書？為什麼要聽我的？

首先，我從事投資業已超過三分之一個世紀，看過大風大浪，但我不是這個行業的死忠人士。我是在這個圈子長大的。家父早在1932年就已入行，他的名聲響亮。我在他身上學到許多，並繼承他的衣缽。我創立一家資金管理公司並擔任執行長，管理300多億美元，以多種投資風格長期打敗大盤。我的公司服務16,000多名高淨值個人以及許多法人，包括大公司、公共年金計畫和捐贈與基金會，遍及美國、英國和加拿大。我寫作《富比世》雜誌的「投資組合策略」專欄已有22年的時間，因而成為《富比世》雜誌89年歷史以來，第五悠久的專欄。我在英國《彭博金錢》（*Bloomberg Money*）的專欄也寫了7年，之前已出版過三本書，並在許多學術與專業期刊發表文章。早在數十年前，我首創股價營收比（Price-to-Sales Ratio），如今已成為金融課程的內容。我不想太自大，但我名列《富比世》雜誌美國400大白手起家的富豪排行榜。我做了很多事。

我要跟你說，我漫長生涯累積的重要教訓，那就是談到投資，真正重要的只有3個問題。在後面的章節，我會和大家分享，並且討論如何將之化為一種思考方式，讓你一再使用，以作為投資決策的基礎。這就是本書的宗旨。

好吧，那不完全是實話。其實真正重要的只有一個問題，可是我不知道如何表達這一個問題好讓你在日常投資決策時輕易利用。若分成三個部分，我便知道如何表達。本書的書名就是這樣來的。

真正重要的一個問題是什麼？財務理論顯然是進行市場操作的唯一合理基礎，如果你相信自己知道一些別人不知道的事。當然，這是一種不公平的優勢，但若正確運用，它是完全合法、合乎道德的。真正重要的一個問題是：你知道什麼別人不知道的事？

大多數人不知道任何別人不知道的事。大多數人都不認為自己應該知道一些別人不知道的事。我們會討論原因。可是，說你一定知道一些別人不知道的事並不標新立異。上過大學基本投資課程的人大概都聽過這句話，只是大多數人總是不記得了。

如果不回答你知道什麼別人不知道的事這個問題，想要投資績效超越大盤都是空談。我換句話說。市場很有「效率地」把大家已知的訊息反應到今日的股價上。這句話沒什麼新意。這是財務理論的立論支柱之一，數十年來已得到反覆驗證。如果你依據一些別人已知的事去做投資決策，你很可能無法打敗大盤。如果你想靠著在報紙上看到的新聞，或是和朋友同事聊天的內容來猜測大盤走勢，或是哪個類股會領先或落後，或是該買哪支個股，有時你會幸運猜對了，但更多時候會不幸猜錯了。

我敢打賭你討厭聽這些。可是，我已經說了，我不知道如何用一個問題表達這個事實。我所能做的是告訴你，如何知道一些別人不知道的事。

在告訴你如何知道一些別人不知道的事之前，我先花一點時間來說明不知道別人不知道的事的缺點。很有趣的，我保證。

調查完美的真相

金融市場吸收已知的訊息。也就是說，任何眾人皆知的事在我們還來不及評估之前，早已反應在今日的價格。人們一看到這種訊息，就在能力範圍內進行操作。我們不妨拿股市和政治選舉比較，因為選舉並沒有吸收已知的訊息。

專業民調機構可以建立大約1,000個足以代表美國選民的樣本，以預測全國選舉的結果，誤差在幾個百分點內。這項技術已經成熟且經過時間考驗。你已經很習慣。選前進行專業民調之後，我們便知道選舉的結果，誤差在3-5個百分點內。這種預測完全根據挑選民調受訪者以代表全體選民。

假設有人可以建立起全世界投資人的類似樣本。它將包括各種想像得到的種類：法人和散戶！成長型與價值型愛好者！大型股與小型股支持者！國外及國內！高的矮的！任何想像得到的！假設民調機構訪查樣本對象之後，得到的結果是股市下個月要上漲，大漲。可能嗎？不會，因為如果大家都認為股市下個月要上漲，有能力的人早就搶先進場了。因此，等到下個月，股市就缺乏續漲的後續買盤。大盤可能下跌，可能持平，但不會上漲。這是個簡單實用的例子，說明不論大家的看法如何，早已反應在股價上，所以不可能成真。因為投資人總是千方百計找尋消息，他們可得到的消息早已反應在他們的操作上。

相反的，唯有意外才能推動市場。先前沒有人預料到的事。人們先前便已預料到的事不會大幅推動市場，因為投資人早已預先操作。

換句話說：你或許比其他投資人更聰明、更精明，但財務理論說這還不夠。不論你有多麼聰明，假如你以為自己夠聰明、夠精明，可以靠著一般的新聞和資訊超越他人，那你就是個傻子。在後續章節，我將舉出許多例子，可是，打敗大盤的唯一基礎是知道一些別人不知道的事。本書將告訴你如何辦到這點，但首先我要給你一個框架來接受這3個問題，接著導引你認識這些問題。在前三章，我帶你詳細認識每個問題；接下來我會深入介紹如何用你自己的方法運用這些問題。熟悉這3個問題之後，你將有能夠打敗大盤的策略，所以本書值得一讀。

掌握別人不知道的事才能超越大盤

假設你同意我的基本前提，真正重要的只有一個問題，而且它可以分成三個子題。你知道光是看問題無法讓你大富大貴，你還得知道問題真正的意思以及如何加以運用。然後，你才能時常使用它們。這3個問題不是什麼獨門絕技或「致富三部曲」，更不是什麼打敗大盤的「簡易投資手冊」，真有這種東西的話，我就不必寫這本書，你也不必看了。我要談的是「掌握別人不知道的事才能超越大盤」，這也是本書的副書名。

如果你學會如何使用這3個問題，你就擁有打敗大盤的終身基礎，你就能超越其他投資人。

說到其他投資人。

白癡和專業：喔，不是一樣的嘛

你知道有些人是白癡，你不怕和他們競爭。但你如何跟受過嚴格訓練、聰明絕頂、經驗老到的專業人士競爭？好消息是，就我觀察，大多數投資人，不論業餘或專業，都表現得像白癡。怎麼會？因為，儘管他們上過課，明白他們必須知道別人不知道的事，但他們不是忘了就是不理它。典型投資人的想法是把投資當成一門技藝，就像木工或醫術。他們不把投資當成一場科學研討會，而這是我要教你的。看看他們怎麼做吧。從業餘人士開始。他們通常有偏好的消息來源，可能是有線新聞、平面媒體、網站或股市名人的通訊刊物。或許他們有追蹤股價模式的軟體。他們可能遵循一些法則，像是動能投資、逢低買進、逢利空買進等。他們找尋線索或信號買進或賣出。他們可能等S&P 500和那斯達克指數達到某個水準才買進或賣出。他們注意90日移動平均線和VIX指數（波動率指數，Volatility Index），或者其他股市預測指標。（順帶一提，VIX指數經過統計證實是毫無價值的預測指標，但儘管賠錢的人比賺錢的還多，還是有許多人每天使用。）他們相信投資是一門技藝，只要勤加練習便會熟練。那些技藝高強的人必然是更強的投資人。

投資人把自己分門別類，然後各自發展技藝。價值型投資人與成長型投資人練的功夫不太一樣。小型股和大型股投資人也有分別。外國與本國投資人亦然。大家都可以學習基本的功夫，但有的人天生就比較有才華。如果你很聰明，就能學好醫術。運動也講究技藝。當然，有的人天生對某些運動就比較拿手。會計、牙醫、律師、工程師等等，都是可以學習的技藝，只是需要投入的時間和體力與心力各不相同。

我們知道技藝是可以學習的，因為數不盡的人經過充分訓練和學徒時期之後，便可施展特定技藝。訓練一名會計去查帳便是技藝的完美展現。但很少人打敗大盤，不論業餘或專業，有如鳳毛麟角！這些年來你一直看到人家這麼說，這是真的。鮮少專業人士能長期打敗大盤，所以光是學習一門技藝顯然不夠。單靠技藝並不足以打敗大盤。

財務理論也說技藝幫不了你，因為你應該要知道別人不知道的事。業餘人士不能打敗大盤還有藉口，那專業人士呢？至少專業人士必須通過證照考試才能合法提供客戶意見。所有的股票經紀人都得通過考試才能得到7系列（Series 7）的證照。投資顧問則必須通過證管會要求的考試。有的人成為特許財務分析師（Chartered Financial Analyst，簡稱CFA）或認證理財規劃顧問（CFP）。有的則是認證投資管理分析師（CIMA）。這些人打敗大盤的機率未必高於業餘人士。

投資金融學的大學生和博士候選人，花了數年研究市場。他們學會分析公司資產負債表，他們學會估算風險和花俏的分析工具，像是夏普值、R平方和資本資產定價模型（Capital Asset Pricing Model，簡稱CAPM）。有人探索市場史，過去的市場如何反應各種貨幣、經濟和政治狀況。儘管如此，他們打敗大盤的機率還是沒有高過那些沒有博士學位的人。

一些年輕的專業人士則是在苦讀多年後，追隨某位知名投資人拜師學藝。他們學習技藝，就像古早的鐵匠徒弟。有的專門打造刀劍武器，有的做農具。隨便講個投資風格，都有人孜孜不倦地學習。

仗恃著學位、證照和拜師學藝，專業人士開始闖盪江湖，發表建議和智慧，卻遠遠落後大盤。有人變成媒體名嘴，在電視台裝模作樣地分析當日盤勢。他們絕不會只說股市下跌。一定是大跌！暴挫！崩盤！務必要駭人聽聞，讓觀眾不會轉台，接著收看白宮醜聞或好萊塢巨星的離婚八卦。聽好了，你所聽到的大多是盤後解盤。很少名嘴敢預測走勢。即使有，他們也不會講太多。為什麼？如果可以長期這麼做，他們乾脆去管理資金而不必解盤，因為管理資金絕對賺得更多。例如在2005年，《富比世》美國400大富豪裏有39人來自資金管理圈，將近總數的10%。那媒體聞人呢？只有歐普拉出列。沒有股市名嘴，一個都沒有。（事實上，我可能是唯一算數的，因為我有寫《富比世》的專欄，但我不算，我是資金經理人，不是什麼名嘴。）

金融圈最成功的媒體聞人是我的朋友吉姆・克瑞莫，感謝他為本書寫序。可是，吉姆是個特例，他原本是個成功的資金經理人，退休後才成立TheStreet.com，並且在《Mad Money》節目大紅大紫。沒有人認為吉姆會成功，包括他自己；至少他自己是這麼說的。吉姆是個異數。以吉姆的案例來說，他由資金管理進軍媒體，是他決定改變生活方式。可是大多數人沒辦法和他一樣。如果吉姆想做個雕刻家或畫家，我相信他也會做得很好。不過，若你問吉姆哪裏比較好賺錢，他會告訴你是資金管理，而不是媒體。

大多數投資專家都不想做媒體聞人，他們想做的是資金管理。他們最常由最簡單的入門，就像我幾十年前一樣，為個人提供意見。他們會是你的股票經紀人、財務規劃師、保險和年金銷售人員。有些從業人員會提供自己的預測和建議，但任職於大公司的人大多必須聽從公司的預測。公司必須這麼做，否則無法控制大批人員。大公司聘請一些受過名校訓練且有廣泛專業歷練的人，擔任首席經濟學家或首席市場策略師等頭銜，他們的主要職責是預測。產業分析師憑著他們的經驗和訓練去做預測。大公司的客戶，不管是個人或法人，不但可獲得他們的經紀人的經驗和訓練的服務，還有精明的大人物擘畫遠景。

那麼，何以有了這些學問、專業和實戰經驗，專業投資人落後大盤的機率還是高過打敗大盤？這是老早就獲得證明的事實。很少專業投資人打敗大盤，看你用多長的時間以及對大盤的定義來計算，打敗大盤的機率大約在10%到30%之間。為什麼？為什麼名嘴和專業預測師未必比平凡人成功？為什麼出錯的機率高於正確的機率？我們如何理解即使是華爾街最響叮噹的人物有一半的生涯都很少打敗大盤？

他們是聰明人，其中許多人都很聰明。當然比我聰明。你或許也很聰明。有嗎？你或許比我聰明很多。但這不保證你比我更能做個出色的投資人。聰明與訓練當然好，博士學位也很好，但那不夠。它們不是必要條件。你一定要知道別人不知道的事，你才能打敗大盤以及超越比你聰明的人。

那麼，你呢？或許你訂閱《富比世》等高水準的刊物，你閱讀各種金融刊物，你收看24小時的金融新聞頻道，你有高速網路可以快速執行交易和存取更多消息來源，你掃描基金追蹤機構Morningstar等來源，你下載你注意個股的季報和研究報告，或許你還使用技術分析軟體。但為什麼你不能打敗大盤，即便你擁有這麼多資訊和能力？這可是你的祖父想都想不到的資訊和能力！

因爲，功夫先生，那不是一門技藝

答案不是嫻熟一門技藝，而是知道別人不知道的事。投資人沒有試著這麼做，因為他們忙著練功。他們好像以為他們學習技藝，拿到執照，跟別人一樣施展技藝，然後他們就能打敗大盤。

再多的學術研究也沒辦法。最博學的財務學博士知道自由市場是有效率的（不過他們對於效率多大可能有不同意見）。通過6、7、65系列或CFA或CIMA的證照考試也沒有用。他們沒有其他百萬人不知道的事，只會在媒體找東西。訂閱再多雜誌，聽名嘴聽到頭痛也沒有用。他們講的是大家知道，已經反應的事。假如他們知道別人不知道的事，還在媒體上告訴你，大家馬上就會知道了，新的消息幾乎在同時便反應在市場上了。於是又變得沒有價值！（我會在後面章節告訴你如何判斷例外的狀況。）

你可以研究技術性投資，買軟體去找出股價波動模式。沒有用的！你可以買《投資人商業日報》精選的最強動能股。沒有用的！你可以研究基本面投資，發誓只有等本益比達到某個水準才買進，達到另一個水準便賣出。沒有用的！你也可以花錢請個頭銜很長的人來幫你。但若你把投資當成一門技藝，你就無法長期打敗大盤。嗯，這句話不對。假如有很多人這麼做，總有一兩個人會有狗屎運。假如有很多人同時丟銅板，你總找得到一個人連續50次丟到人頭，但那只是運氣，不太可能是你。這不是打敗大盤的基礎，你要相信我。

若投資是一門技藝，某種技法（或某些組合）必然具有市場優越性。總有人會想出正確的組合，不斷打敗大盤。不論多麼複雜，總會有正確的配方！

有人說華倫・巴菲特（Warren Buffet）是史上最偉大的資金經理人。我根本不認為他是個資金經理人，許多觀察家都忽略這點。他是一家十分成功的保險公司執行長，持有幾檔股票，高興時就把股票買光讓公司下市（這是你辦不到的事，也是大多數資金經理人不會也不該做的事）。儘管他是一個很好的人，也很成功，但他不是投資經理人，過去35年來並沒有他做為資金經理人的正確計算績效紀錄。雖然大家時常稱他為資金經理人，但他不像彼得・林區（Peter Lynch，參見財信出版《彼得林區選股戰略》、《彼得林區征服股海》）或比爾・米勒（Bill Miller，美盛基金Legg Mason Value Trust經理人）或比爾・葛洛斯（Bill Gross，參見財信出版《債券天王葛洛斯》）。這三人是投資大師，但其他數以萬計的真正資金經理人，如前所述，他們大多長期落後大盤。

你可以做個投資人，但未必是資金經理人。買公寓的話，也是投資人。長期來看，巴菲特的名聲建立在波克夏公司（Berkshire Hahaway）的股票和績效，就是這麼簡單。當波克夏買下一家公司後，你就不可能知道這筆投資的報酬，因為只有公司內部才會知道。所以，你無法判斷那是不是一筆好的投資。你只能看到波克夏的股票表現，而那主要受到其保險業務的影響。數十年來，波克夏一直是績優股，為許多人賺了許多錢，就像微軟或美國國際集團（AIG）一樣（以及其他許多很好的個股）。許多人把波克夏這檔股票誤以為是投資組合，錯了。它是一支個股。儘管波克夏的股票和巴菲特先生散發著神聖的光芒，但它仍只是一支個股。在這方面，最近它表現得不太理想。過去10年，它的報酬率與S&P 500成分股相較之下排名第51名（如果它也被列入的話，但它的流通性太低不符要求）。以2005年來說，S&P 500指數上漲4.9%，而波克夏的報酬率只有0.8%幾乎持平。它在2004和2003年也落後S&P 500指數。大家似乎都沒注意到這點。雖然在之前數十年表現優異，如今波克夏卻只能依賴以前的光環。能不被視為平庸，或許是因為它的主人和這支股票已被視為神聖不可侵犯。

但這才是我的重點。假設巴菲特先生不是一家保險公司的執行長，而是投資組合經理人，就像比爾・米勒或比爾・葛洛斯一樣。假設他是世上最偉大的資金經理人。這些年來他當然也談了不少投資的事，像是資產分配和選股以及許多資金經理人每天都在談的事。他有無數徒弟在揣測他的意思，想要知道他們該怎麼做。他已經出名了三分之一個世紀。但是，沒幾個徒弟能長期打敗大盤。如果巴菲特先生的所做所為是一門技藝，他應該可以教導他的徒弟怎麼做。可是你沒看到頂尖投資人拜在巴菲特門下，即使被公認為史上最偉大資金經理人，這項獨門技藝也無法傳授他人。當然，有人會大聲抗議：「我很行！」但在績效紀錄上，這些人根本名不見經傳。

如果它從很長的時程來看是一門技藝，巴菲特的方法應該已培養出一批青出於藍的徒弟。但沒有這種證據。巴菲特先生的手法時常被視為價值型投資。但長期來看，價值型和成長型投資人是一體的兩面，數十年來交替流行。儘管這兩種投資人互別苗頭，但他們無法躋身打敗大盤的頂尖投資人之列。在價值型投資領域，沒有一種主流方法被公認為更優越，能夠擊敗同儕。

如果投資是一門技藝，這幾十年來就不會有數千本投資書籍教導相互矛盾的技法。最多應該只有幾種不同的策略而已，它們應該可以重複驗證，並且能夠相互貫通。投資應該是可以學習的，就像木工、石工或醫藥。別人可以教你，你可以有效地傳遞技能，就不會有這麼多失敗的例子。而你就不會買這本書了，因為我所說的任何事都已過時了。

我的拉丁文課——開始像個科學家去思考

在我還是個小孩時，如果你想當個科學家，大人會叫你學拉丁文或希臘文。我是個好學生，便去學了拉丁文，不是因為我想當個科學家，而是我想不出唸其他語言的好處，像是西班牙語或法語。因為沒有人講拉丁文，我之後馬上就忘光了，唯獨生命哲理，例如凱撒之所以與眾不同，是因為他站在軍隊前方施行領導，不像大多數將軍躲在後頭。這或許是最重要的一堂領導課。

另一堂課：科學science這個字源於拉丁文scio，知道、認識之意。每個科學家都會告訴你，科學不是一門技藝，而是追求知識的無止境研討會。科學家不會在有一天醒來，決定創造一條等式證明施加在地球上物體的力量。相反的，牛頓首先提出一個簡單的問題，像是：「我很好奇到底是什麼讓東西掉下來？」伽利略被逐出教會卻因此永垂不朽，是因為他反對亞里斯多德。他問說：「萬一星體並非像大家講的那樣運行呢？那豈不瘋狂？」我們大多會把史上最傑出的科學家當成瘋子，假如我們與他們面對面的話。我的朋友史蒂芬・西勒特（Stephen Sillett）是當今的紅木權威，改變了科學家對於古樹的看法，他的方法是把釣魚線綁在箭上，射過350英呎高的樹頂上，再綁上結實的繩索，徒手攀爬到樹頂。他發現了前所未見的生命形態和構造。從樹頂垂下350英呎的繩索，那是瘋子的行為。瘋子！可是他問說：萬一樹頂有些東西是你把樹砍下來時看不到的呢？如果有的話，你會因而對樹有更多認識嗎？在這個過程中，他發現許多以前不知道的東西。我幹嘛要告訴你這個？

因為投資最需要知道的事還不存在，屬於科學研究與發現的題材。它不存在於書中，沒有限制。我們根本還不知道。我們對於資本市場的認識比50年前多，可是跟我們10年、30年及50年後所能知道的少很多。跟名嘴與專業人士說的正好相反，資本市場的研究既是一門科學也是一門藝術，理論與方程式不斷在改變，調整及增加。我們正在一個研究與發現過程的開端，而不是結尾。它的科學層面才剛萌芽。

科學探究將可在未來提供機會，因為我們不斷對市場運作有更多的認識。更重要的是，大家都可以學到一些現在沒有人知道但在未來幾十年將變成常識的事情。不論你能否接受，開拓市場運作的新知識人人有責。不論你是否知道，你都是其中的一分子。只要接受它、認識它，你就能知道別人不知道的事，甚至是金融學教授還不知道的事。你不必是個金融學教授或者具有金融背景，便能辦到。要知道別人不知道的事，你只需要像個科學家去思考——有著新鮮的想法，並保持好奇與開放。

身為科學家，你不應該用成套的規則來看待投資，而要以開放、好奇的心胸。就像任何優秀的科學家，你應該學會發問。你的問題將可幫你找出一些假設以測試其真偽。在進行科學探究之中，若你無法為自己的問題找到好答案，那麼一動不如一靜，省得犯錯。但光是發問無法幫你打敗大盤。你的問題必須是合適的，可以引導行動，讓你進行正確的市場操作。

那麼，什麼是合適的問題？

重要的問題只有3個

首先，我們需要一個問題，幫我們認清自己有哪些錯誤的看法。接著，我們還需要一個問題，幫我們認清自己沒看到哪些地方。第三，我們還需要一個問題，幫忙我們認清眼睛無法看到的事實。

以第1個問題來說，我們必須找出那些我們相信但其實是錯的事情。這個問題簡單來說就是：我所相信但其實是錯的事情？你所相信的事情很可能也是大多數人相信的。接下來的一章，我將詳談這個問題。若你和我相信某件事是真的，那麼可能大多數人也相信。假如大多數人也相信，我們可以預測他們將如何進行操作，然後進行反向操作，因為市場將反應他們錯誤的認知。假設你相信X因素導致Y結果。或許大多數人也相信，我們可以驗證是否大多數人都相信。然後當你看到X發生，你知道大家會打賭Y將接著發生。但假設你可以證明其實X並不會造成Y，那麼你就可以打賭Y不會發生。你便能成功打敗群眾，因為你知道一些別人不知道的事。我會告訴你該怎麼做。

第2個問題：別人難以測定的問題，我如何測量？我們需要一個探索的程序，讓我們思索別人認為無法思索的事。這就是所謂非傳統的思考（out-of-the-box thinking）。這是愛迪生和愛因斯坦成功及怪異之處，他們懂得如何思考似乎無法思考的事。這是不是很難想像？簡直是異端邪說！可是，這遠比大家想像的更容易，而且是可以訓練的技能。我會在第2章教你怎麼做。假如沒有人知道某個結果的原因，姑且稱為Q結果，又若我們可以證明Z因素導致Q結果，那麼每當我們看到Z發生，我們便能打賭Q將發生，因為我們知道一些別人不知道的事。這就是第2章的內容。

最後，第3個問題：我的腦袋幹嘛要誤導我？換個方式問就是：「我如何擺脫不讓我對市場有正確思考的腦袋？」這屬於行為心理學的範疇。有一件事是你知道而別人不知道的，那就是你的腦袋的運作——它擅長市場的哪個方面，不擅長哪個方面，如何重新設定，不要讓你的腦袋出現最糟的運作。很少投資人花時間去瞭解自己腦袋的運作。大部份人注重技藝，而不是自己的缺陷。你可以試著瞭解你的投資人腦袋如何傷害你，若你真的瞭解了，你便掌握獨特的資訊，因為別人的腦袋跟你的差不多。第3章將以簡易課程探討這個主題。

之後，本書的內容討論如何以不同方式運用這3個問題。我們將探討如何運用這3個問題以思考整個市場、不同類股、甚至個股。我們可運用在利率與外滙。我們還會看到這些年來我用這3個問題想通的許多事情。我們還會談到我還沒想通的事情，因為要想通的事情還很多，或許你未來會想通。但是，我們無法無所不包，無所不談，況且也沒這個必要。

我會陳述許多你前所未聞的事實，甚至是你認為聽起來不對、瘋狂的事情。我是用這3個問題得出那些結論，我會逐一加以解釋。你還是可以反對我。沒關係。等你學會如何使用這3個問題，只要有空，你可以自行探索這些領域。你可以使用這3個問題，證明我哪些地方說錯了。我會很開心，也歡迎你寫信給我，證明給我看我哪些地方錯了。

在2007年，我們有無限機會去發掘未知的事物。你不必無所不知，你只需要知道別人不知道的一些事。若你學會運用這3個問題，你這一輩子都能知道別人不知道的事。現在，我們開始吧。

肯恩・費雪

於加州伍德賽德（Woodside, California）

第1章

第1個問題：你所相信的其實是錯的？

如果你知道那是錯的，你就不會相信

我們可以說，如果你知道某件事是錯的，那一開始你就不會相信它會是真的或是對的。但在一個充斥迷思的世界，很多大家相信的事其實都是錯的。就好像古代人相信地球是平的一樣。你不必為了自己相信謬誤的迷思而自責不已。大家差不多都會這樣。在你瞭解及接受這點之後，你就可以開始贏過別人。

如果謬誤的迷思與事實很容易分辨，就不會有那麼多謬誤的事。雖然這不容易，但並非不可能。其中最難的一點是要懷疑所有你先前相信的事，大多數人都不喜歡這麼做。事實上，大多數人都不願意質疑自我，而寧可花時間去說服自己和別人，說他們自己的想法是對的。其實，你幾乎不能相信你自以為瞭解的任何結論。

為了看破謬誤的迷思，我們首先要自問：為什麼有那麼多人相信謬誤的事？為什麼謬誤的事一直存在，代代相傳，好像它們是真的一樣？這又要回到我剛才說的：人們堅持相信錯的事，因為人們不常檢討自己的想法，特別是乍看之下很合理的事，尤其是周遭人等也附和他們的看法時。在社會上，我們時常被鼓勵去挑戰別人的看法，例如，「我知道那些×××！（隨你的意思加入共和黨或民主黨）都是滿口謊言！」可是我們不會像愛因斯坦、愛迪生或牛頓那樣去質疑宇宙的本質。我們的本能是去接受先人或智者流傳下來的智慧。那些看法不需要調查，因為我們相信某些事情是我們無力去挑戰的。在生命中，這通常是對的。假如「他們」都想不出來了，我怎麼可能想通呢？

吃藥即為一個好例子。我們習慣去找醫師，訴說症狀，聽取診斷，然後拿藥。通常這是好的，因為醫藥是科學與技藝維持大致和諧的範例——儘管醫師們被許多迷思包圍，可是久而久之，科學會修正技藝，然後技藝會改進。由於生活裏有太多例子證明我們的習慣挺好的，我們就對習慣不好的領域感到盲目，像是資本市場。

你或許會和你的投資人朋友分享許多的想法。這些想法已在文獻裏流傳數十年，人們開始投資時就會學到這些，我們身邊的大人物也認同。你憑什麼去質疑和挑戰他們？

你就是可以！

我們就以高本益比（P/E）的股市風險高於低本益比的股市這個觀念來做為例子。（若您是投資新手或是不熟悉本益比的人，這個名詞是指每股股價除以每股盈餘，是股票價值最基本、最有名的指標。同樣的方法可用於計算類股或整個股市的本益比。）

投資人往往相信高本益比的股市比較危險，上檔空間比較小。乍聽之下，似乎很合理。高本益比表示，與盈餘相較之下，一檔個股（或整個股市）的價格很高。再多想一點，這可能表示一支個股價格偏高，可能要反轉下跌了。太多人都有這種想法，長久以來已成為基本投資法則，假如你跟朋友說這種觀念不對，你或許會被駁斥、嘲弄，甚至被說成是偏激。

可是，我在十多年前就用統計數據證明了本益比不論在何種水準，都無法顯示股市的風險或報酬。姑且不談統計數據，如果你鑽研理論（我們稍後會做的），你也會明白本益比無法透露股市的風險或報酬。可是，這麼跟人家說實在太瘋狂了，那些應該比你懂的人會覺得你腦袋秀逗了。可是，在你接受本益比無法顯示未來報酬的事實之後，有趣的地方就來了：當大家對於本益比太高的股市嚇得要命時，我們就可以反向操作去做多。雖然有時會發生一些事而導致股市下跌（稍後我們將談到如何看出端倪），這種手法成功的機率還是高過失敗的機率。同樣地，如果股市的本益比偏低，我們感覺到人們很樂觀，我們就可以放空股市。關鍵在於瞭解事實、破除迷思。這是基本的科學方法。

許多謬誤的迷思，像是本益比，都廣泛為菁英人士接受，並藉由各種媒體傳達給投資大眾。他們不喜歡被你、我或任何人質疑。我們相信他們，一如天主教徒相信三位一體，環保人士相信地球暖化，他們不需要任何證據。沒有人質疑這些信仰。沒有人提出反對的分析。假如你敢的話，你就是個異教徒。由於沒有反對的意見，於是社會上覺得沒有必要用統計資料來證明這些投資道理。迷思持續下去。

這怎麼可能呢？2005年有一半以上的美國人都有投資帳戶，卻沒有人要求明確的證據來支持廣為接受的投資道理。為什麼投資決策不需要像修車技工那樣被盤查？我們至少要像懷疑汽車推銷員那樣懷疑金融業的說詞。想要靠投資來改變現狀的話，要去質疑，要去嘲諷，要勇敢說出穿新衣的國王其實是裸體的。檢討一下你和其他投資同伴所接受的道理。然而，最需要被懷疑的人是你自己。

很早以前，我在媒體聽到或看到一些我認為不對的事時，我就會去進行調查以證明我是對的（大家都喜歡證明自己是對的）。我蒐集資料，做統計分析，俾以證明他們是錯的，而我是對的；能夠證明我是對的總是讓我覺得很得意（令人驚訝的是，人們總在證明自己是對的時候感到洋洋得意，像是原告、法官、陪審團和死刑執行人）。可是，後來我才知道這樣做是錯的。我應該做的是在媒體上尋找我相信是對的事的報導，然後再去查證它們真的是對的嗎？為什麼？

如果我相信報導是對的，那麼可能其他人也相信，或許絕大多數的投資人都是。或許每個人都相信。如果我們全都錯了，其中必然有一股強大的力量。如果我可以證明自己是錯的，而大多數人也是錯的，那麼我就掌握了一些有用的資訊。我可以利用它來贏過別人。我有一套可以知道別人不知道的事的方法。

假設我相信X因素會造成Y結果。假設我相信它，或許大多數人也相信。萬一我是錯的，其他人也是錯的。當X發生時，人們會賭Y即將發生。假設我可以得知X不會造成Y。這表示別的事會造成Y。這表示，在X發生後，Y有時會發生，但那與X的發生純屬巧合。現在，當X發生時，人們會賭Y即將發生，但我賭Y不會發生，我對的機率會高於錯的機率。（如果我可以猜出Y發生的確切原因，我就可以採取進一步的行動，我會在第2章及第2個問題談到這點。）

本益比的觀念就是一個完美的範例。假設股市的本益比大幅升高，一般投資人會注意到，而認定風險升高，未來的報酬降低，而賭股市將要下跌。有時股市表現不好，但比較常見的是股市依然亮麗，因為本益比根本無法告訴你股市的風險和走勢。當我看到股市本益比偏高而感到擔心時，我可以打賭股市不會下跌。雖然有時事情不是這樣，就像2000年的情況。但我通常是對的，像是1996年、1997年、1998年、1999年和2003年。我不期望你現在就相信我說的有關本益比的事。我期望你去相信有關本益比的傳統迷思，甚至不想去挑戰它（我們稍後會詳細討論這點）。目前，我只要你相信，假如你可以明白一個公認的迷思其實是錯的，那麼你就可以加以利用，贏率就會高於賠率。

利用第1個問題

想要成功投資的一個撇步是：三分之二靠不犯錯，三分之一靠做對的事。醫學之父希波克拉底有句名言：「首先，不要犯錯。」那是一條很好的投資法則。

為了不要犯錯，你必須思考你相信的事，再問自己這些事是正確的嗎？天馬行空地想，質疑你以為自己懂的每件事。大多數人都討厭這麼做，所以你就掌握一個贏過他們的優勢。如本章標題所說的，這是第一個問題：你所相信的其實是錯的？

你要對自己誠實，第1個問題才能幫得了你。很多人根本無法想像自己會犯錯，尤其是在投資方面。他們會跟你說他們操作的很好，甚至欺騙自己，但其實他們沒有。他們從來不看可靠的獨立分析。你必須接受投資專家的很多基本觀念可能是錯的。我也一樣！

你曾經對於資本市場有過這樣的疑問嗎？你需要深切反省才能

思考你相信了哪些錯的事。然而，人類總是太過自信。這已不是新鮮事了。行為學家可以告訴你石器時代的遠古人一定是超有自信，才敢每天拿著綁著石塊的棍子去狩獵巨大的野獸。如果他們好好想想，覺得對著水牛投擲石矛實在太瘋狂，那麼他們就早餓死了。事實上，過度自信——不理性地自認可以做好某件事，是人類在許多領域成功的基本條件，也是我們這個物種成功進化的必要條件。可是，在資本市場，它會造成巨大傷害，我們將在第3章看到。

儘管如此，投資人並不喜歡質疑公認的準則。一旦我們開始這麼做了，我們或許很快就會發現市場的存在純粹是為了羞辱我們，我把市場稱為「偉大的羞辱者」。我已設定我的目標是跟偉大的羞辱者互動，但儘量不要被羞辱得太嚴重。偉大的羞辱者一視同仁，它不在乎你是富或貧，是黑或白，是高或矮，是男或女。它要羞辱每個人，它也要羞辱你和我。老實說，我想它更想羞辱我，因為羞辱我比較有趣。萬一我搞砸了，《富比世》和《彭博金錢》的讀者會嘲笑我，資產總額超過300億美元的客戶會罵死我。想想看，偉大的羞辱者有多想羞辱華倫・巴菲特啊！你越是個大人物，偉大的羞辱者就越想整你。不過，事實上，偉大的羞辱者想要整垮每個人，它確實也整到了每個人。實在太過癮了！

那麼，你如何讓偉大的羞辱者享受到最大的樂趣呢？那就是根據大家都有的相同訊息去下注。你如何破壞偉大羞辱者的樂趣呢？那就是根據你確實瞭解，但別人沒有的資訊去下注。

請按照我的方法練習使用第1個問題，亦即在媒體上尋找佐證你相信的事的報導。列出一張清單。像是一支個股，大盤，貨幣等等。你可以試著針對一支個股，不論你手上有沒有這支股票，然後問自己：「什麼原因會讓我買進或賣出這支股票？什麼訊息促使我做出這項改變？」把影響你決策的所有因素表列出來。

接著，勾出沒有得到媒體或其他資料支持的決策。這些決策的背後隱藏著一些你相信的事，或許是對的，也或許是錯的。要格外留意別去追隨別人的看法而做出決定。特別畫出那些根據常見的投資教條所做出的決策。問自己，你想出哪些證據可以支持這些教義？有嗎？在大多數投資人的案例中，根本沒多少證據。

你也相信的常見迷思

舉例來說，你可能持有一支高本益比的個股。你相信高本益比意味著股價偏高，所以你決定賣出這支股票，買進一支本益比較低的。你以前可能做過無數次這個看似合理的決策，很多人也同意這個決定是合理的。

可是，高本益比對個股或大盤來說是不好的嗎？你有親自查證過資料嗎？如果你曾經有過相同的疑問，你是在哪裏找到答案的？你是去查了數據，或者你覺得很安心，因為一般看法或者一些名嘴支持你的想法？

再換個例子。你手上一支股票在大盤走高時表現良好，但在大盤下跌時表現很糟，即典型的高度波動股票。然而，你知道美國聯邦政策的預算赤字不斷擴增——不只是處於歷史高峰的赤字，而且還是「無法永遠持續下去」的水準。你知道放任聯邦預算赤字不管「對經濟不好」，進而「對股市不好」。後代子孫必須償還赤字所產生的債務，股市遲早要反映這點，對吧？赤字的負擔具有長期的漣漪效應，會拖累成長與獲利。赤字已擴增到這種規模，你知道空頭市場終究會降臨。在這種環境下，你手上的高度波動股票一定表現不好，所以你把它賣了。

但是，你怎麼知道預算赤字擴增會造成股價表現不好？這是真的嗎？大部份人不會去問這個問題或調查歷史。如果他們有這麼做，就會對股市感到樂觀而不是害怕。回顧歷史，美國與全球的鉅額預算赤字都伴隨著大幅高於平均水準的股市報酬。不要擔心赤字，反倒是鉅額的預算盈餘會伴隨著熊市，像是柯林頓總統時代在1999年及2000年的盈餘。

這和你的直覺不符。赤字一定是不好的，而盈餘是好的，不是嗎？大多數人不會質疑自己這些想法，鉅額預算赤字不好的觀念已是根深柢固。像這種能夠得到專業人士、非專業人士和各種政治立場人士一致認同的觀念，可不多見。在競選造勢大會上拉攏選民的必勝絕招就是高喊削減預算赤字，全場就會響起如雷的掌聲。

以下是一些你或許也同意，或者至少大多數人同意的一般觀念。我們已談過其中兩項：

1. 高本益比的股市風險高於低本益比股市。
2. 鉅額預算赤字是不好的。

我們接著來思考其他的：

3. 美元疲弱不利於股市。
4. 利率上揚不利於股票。利率下跌是好的。
5. 減稅造成更多債務，不利於股票。
6. 高油價不利於股票及經濟。
7. 經濟好的時候，股票也會好。
8. 成長快速國家的股市表現優於成長緩慢的。
9. 小型股表現優於大型股。
10. 成長快速公司的股票表現優於成長緩慢的。
11. 低價股表現優於不那麼低價的。
12. 經常帳和貿易逆差不利於股市。
13. 美國的債務太多了。

你很熟悉這些看法吧。這是一個簡短的表列，大多數人都相信，但是部份錯誤或全部錯誤的看法實在太多了。例如，美國負債太多的觀念其實錯了。美國需要更多債務。在我說這句話的時候，你或許尖叫著反對或者氣壞了，它違背你的信念。如果這句話讓你反感或氣炸了，你真的需要看完本書。遇到有人指出你想法錯誤的典型反應是加以駁斥，如果對方得寸進尺，你就會氣炸了。憤怒的人其實不知道他們是在害怕，但憤怒其實是恐懼的反應。如果你不同意或生氣，你應該問自己為什麼你一開始會覺得自己的想法是對的？那是個迷思嗎？那是個基本的偏見嗎？你是對的嗎？剛才那張表所列的事有時是對的，有時是錯的，端視大環境而定（我們稍後會逐一討論）。但最大的問題是，為什麼你會相信上述的說法？

我敢說你會相信迷思，大多是因為兩個原因：一，它們像是常識，而你通常不會質疑常識；二，你周遭的人往往也認為這些事是真的，而你通常不會質疑大家認同的事。

我們來證明你是對的或錯的（或錯的很離譜）

當你試著用第1個問題來解開投資人迷思，你會得到三個基本結果。你一直是對的（不過你會發現自己對的機率遠不及你的預期），或者你是錯的，或者你錯的很離譜。這些結果其實都無所謂，因為它讓你知道如何在未來改進自己。

讓我仔細檢驗你犯錯的例子。你和你的大多投資人朋友（業餘和專業的）時常相信因果關係——X會發生是因為Y——不過，事實上，其間一點關聯也沒有。此時，你已願意接受這種事的可能性，不然你不會再看下去。我們揭穿常見迷思是高本益比股市風險高，報酬可能低於平均水準。我們前面已提過，其實高本益比的股市未必代表差勁的報酬，絕對沒有。證諸歷史，它們往往帶來挺不錯的報酬。另外，低本益比的股市也不代表好的報酬。

迷思的關聯

現在，先不管為什麼大家這麼輕易相信高本益比的迷思，我們知道大家都相信高本益比股市代表著低於平均水準的報酬及高於平均的風險。

如果它是真的，你可以在原因與結果之間看出很高的統計關聯性。統計學者會說，兩件沒有因果關係的事出於巧合也會有很高的關聯性。但統計學者也會告訴你，因果關係必然有很高的關聯性（除非你碰到非線性科學，但就我所知，資本市場不會發生這種事，不過在你讀完本書時，你可以用這3個問題去檢驗）。當一個迷思被廣泛接受時，你會發現其間的關聯性很低，但整個社會努力去證明、接受及相信並不存在的關聯性。

投資人會找出各種理由來支持他們的想法——X因素會造成Y結果，同時忽視所有證明X不會造成Y的證據。現在，我們假設大家都沒有惡意。然而，即使沒有惡意，人們還是會接受證明他們先前的偏見的證據，而忽視與他們意見相左的證據。找證據來支持你最相信的理論是人類天性，接受反對的證據一點也不好玩。這有好幾種方法。像是用一段特定的時間來證明謬誤的想法，而忽視其他時間。另一種方法是用奇特的方法來重新定義X或Y，俾使統計數字似乎證明重點，之後刻意模糊X和Y的奇特定義。發掘資料來支持流行的迷思，成為一項流行的運動。

為何高本益比根本不代表什麼

這個觀念的最佳範例之一是當今赫赫有名的哈佛大學教授約翰・坎貝爾（John Y. Campbell）和耶魯大學教授羅伯・席勒（Robert J. Shiller）合作進行的一項研究。他們的論文並沒有提出新觀念，因為投資人對高本益比的恐懼由來已久。他們的研究只是提出新的資料，證實高本益比時期之後跟隨著低於平均水準的報酬這個早已被廣泛接受的觀念。他們的論文其實是更新他們在1996年發表的一份研究，但這份1998年的調查卻非常受歡迎，因為它用新的統計證據來支持大家早已相信的事。坎貝爾和席勒是著名的學者。受到先前那份研究的影響，1996年當時的美國聯邦準備理事會主席艾倫・葛林斯潘（Alan Greenspan）首次就股市發表「非理性榮景」（irrational exuberance）的名言，幾乎在一夕之間傳遍全世界，並成為金融界的專門術語。

我的朋友梅爾・史塔特曼（Meir Statman）是聖塔克拉拉大學李維商學院葛蘭克利梅克講座的財務學教授，他和我共同執筆一份研究，不是要反駁他們的統計數據，而是用相同資料更加準確地匡正他們的方法。你會看到本益比水準根本無法預測任何事。基本上，我們從頭到尾都在提出第1個問題，本書有很多內容都源於我們的論文，〈市場預測的認知偏見〉（Cognitive Biases in Market Forecasts）。

簡單來說，坎貝爾和席勒發現高本益比隨著人們的預期而發揮作用，而在十年後造成高風險和低於平均水準的報酬。首先，他們回溯到1872年，查出每年年初的本益比以及隔年的股市報酬率，這是我們所能找到的最久遠的可靠資料。在S&P 500指數於1926年創設之前，他們使用考爾斯（Cowles）指數*，雖不完美卻是普遍接受的替代資料。（所有的歷史資料都不完美。任何歷史資料都很容易有許多錯誤，但是考爾斯指數是我們所能找到的最好資料。）然後，他們把資料繪成一張散佈圖，呈現出一條略為向下的趨勢線。

我們在圖1.1重建他們的假說，同樣使用S&P 500指數和考爾斯指數，顯示1872-2005年的本益比倍數。

我更新到他們論文發表後的數年，讓結果更接近現今的情況。而2000到2002年的這段期間恰好支持他們「高本益比不好」的理論，所以我們延續到這段時間算是很公平的。你不要被下傾的趨勢線給影響，你只要去看散佈的點並沒有集中在沿線。散佈的點真的很分散，就像在風中射出霰彈槍一樣。

---

* 譯註：1939年，考爾斯經濟研究基金會創辦人艾佛瑞・考爾斯（Alfred Cowles），採用標準普爾的方法，計算自1871年開始所有紐約證交所上市股票的股價指數。

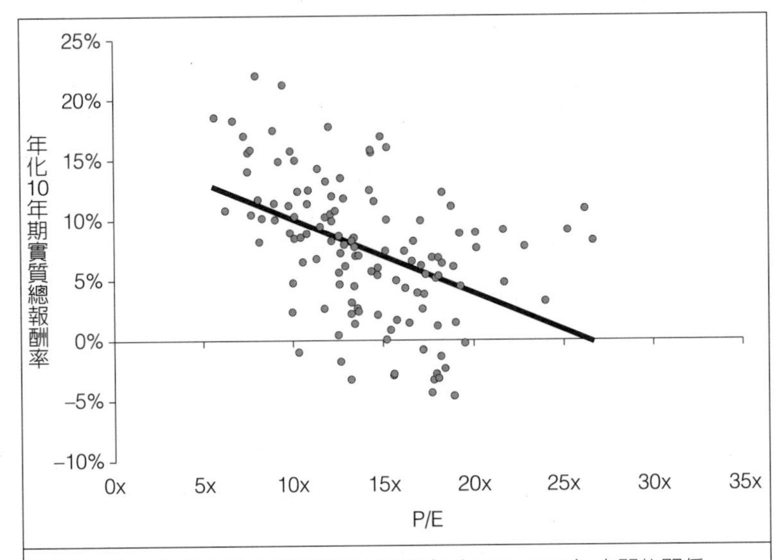

圖1.1 每年年初本益比與隔年股市報酬率（1872-2005）之間的關係
資料來源：Robert J. Shiller, Ibbotson Analyst, Global Financial Data, Standard & Poor 摋 Federal Reserve, and Thomson Financial Datastream.

猜不透

坎貝爾和席勒的研究係根據一種奇特定義的本益比，不是你直覺想到的。他們自創一種「平滑本益比」（price-smoothed-earnings-ratio）。這種新定義的本益比是將股價除以之前十年的平均「實質」盈餘。「實質」的意思就是扣掉通貨膨脹率。這也還可以，不過不是你想得到的本益比，對吧？再來，你想是哪種通膨率？我敢打賭你會先想到消費者物價指數（CPI），當你在Google搜尋通膨時，CPI是首先出現的結果之一！奇怪的是，他們卻選擇深奧的躉售物價指數。這也不是你會想到的。所以，不是你所想像的本益比，他們使用經過通膨調整的十年移動平均水準，而且還是你想不到的通膨指數。懂了嗎？

你所能想到的一般本益比，根本沒什麼統計花招可耍。但坎貝爾和席勒特別泡製後的本益比，正符合社會的預測，高本益比代表著低報酬、高風險。全世界都愛死它了。

統計學上有一種算式叫R平方值（R-squared），可以顯示兩個變數之間的相關性，亦即一個變數跟隨另一個變數而波動的程度。（聽起來有些複雜，其實不然，下列小欄將介紹相關係數和R平方值。）在他們的研究裏，坎貝爾和席勒的迴歸分析得出R平方值為0.40。R平方值為0.40，表示40%的後續股市報酬與比較的因子有關，在此處即為他們自創的本益比。雖然不是什麼驚人的證據，不過這項結果仍支持他們的假設。

因果關係及相關係數（correlation coefficient）

在提出這三個問題時，你需要一些基本的統計知識，你在這裏就可以學到，沒什麼了不起的。相關係數和R平方值有很大的妙用。有了這兩個分析工具，你可以煞有介事地證明兩個事件之間沒有關聯。很簡單。你只需要網路連線和Excel軟體（如果你的統計學超強，用紙筆也可以，不過用電腦省事多了）。

首先，我們找些資料來比較。為了簡單起見，我們不妨比較一檔個股在10天內與大盤連動的程度。（10天不足以告訴你任何事，不過可以給我們簡短的資料來計算。）

第1步

到Yahoo!Finance去找資料。（如果你對網路很熟悉，你要找任何其他資料來源都無妨。不過要記得下載一份，或者把資料複製到Excel。）

- 連結到S&P 500。
- 連結到歷史價格。
- 選擇每日收盤價，選擇一段期間（你可以挑選任何一段時間，我用的是2006年1月1日到2006年1月10日）。然後點擊「把價格下載到試算表」。

- 一個Excel試算表會彈出，已複製你選擇的時間的價格。
- 把日期和已調整收盤價兩欄複製到另一頁Excel試算表。你暫時不需要其他資料。注意，由於周末和休假，有幾天會沒有價格。（你最好選擇已調整收盤價，因為這經過股票分割及股利調整。）

第2步

現在回去Yahoo!Finance，找隨便一支個股的報價。我找的是奇異公司（GE），因為它很基本。等股價頁出現後，點選股價走勢圖，再依照歷史價格相同的步驟。把資料複製到剛才的試算表，就在S&P那一欄的旁邊。此時，你的試算表看起來應該像這樣：

	A	B	C	D
1				
2	Date	Adj. Close	Adj. Close	
3		**S&P 500**	**GE**	
4	10-Jan-06	1289.69	34.67	
5	9-Jan-06	1290.15	34.86	
6	6-Jan-06	1285.45	34.94	
7	5-Jan-06	1273.48	34.71	
8	4-Jan-06	1273.46	34.80	
9	3-Jan-06	1268.80	34.85	
10				

不太難，對吧？

第3步

接下來，看到這裏別反胃了，你不需要算，我只是要逗你笑而已。可是，基本上，相關係數就是這樣計算的：

$$P_{xy} = \frac{\text{Cov}(r_x, r_y)}{\sigma_x \sigma_y}$$

如果你最後一次上統計課已是六個月前的事了，就不必去看這個算式了。在你的試算表上點選任何一個空白欄位。在「插入」的清單上，選擇「功能」。再點選「統計」項目。往下拉出，點選「相關」。Excel會自動替你算出相關係數。（感謝您，Excel！）

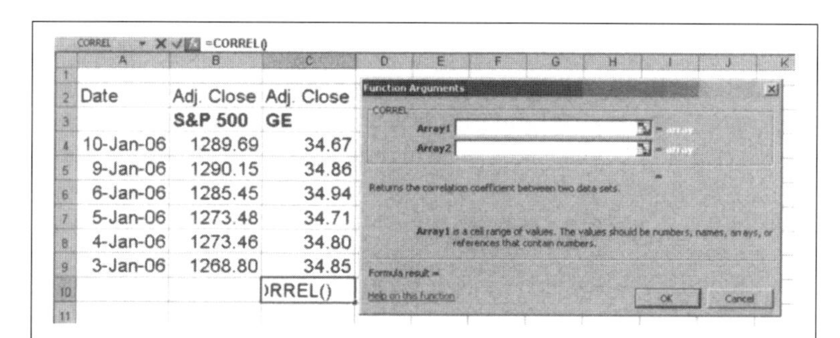

你需要填入兩個空格。這些空格就是你的資料欄。你要把每一欄的資料拖曳到空格裏。你或許需要練習幾次。

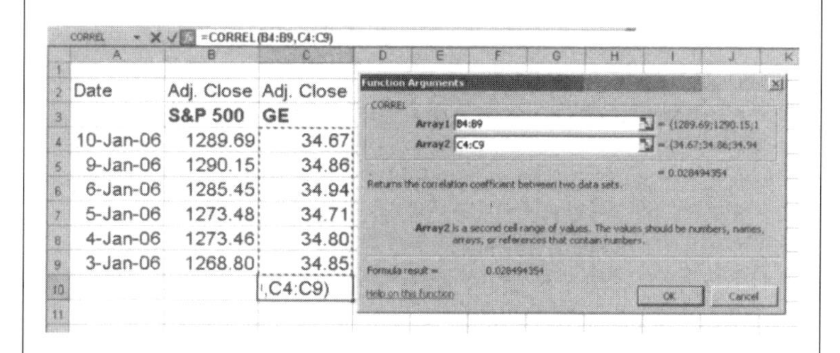

等你鍵入所有的資料到空格之後，點一下「確定」鍵，大功告成！相關係數就算出來了。不需要任何算術或解方程式：

C10 　 =CORREL(B4:B9,C4:C9)

	A	B	C
1			
2	Date	Adj. Close	Adj. Close
3		**S&P 500**	**GE**
4	10-Jan-06	1289.69	34.67
5	9-Jan-06	1290.15	34.86
6	6-Jan-06	1285.45	34.94
7	5-Jan-06	1273.48	34.71
8	4-Jan-06	1273.46	34.80
9	3-Jan-06	1268.80	34.85
10			0.028494

相關係數讓你明白奇異公司在你選定的期間與大盤連動的程度（可能很低）。接近1.0表示正相關（你漲，我就跟著漲）。接近–1.0的話就代表負相關（你漲的時候，我下跌）。接近0代表沒什麼相關（你走你的，我走我的）。記住，如果時間太短，你根本無法做出任何假設。

第4步

還沒結束呢。現在你必須做件聽起來很難，不過其實很簡單的事。要瞭解兩個變數之間的關聯性，你必須進行迴歸分析，計算R平方值。聽起來很難，但做起來並不難。只要算把相關係數相乘即可，所以才叫做R平方值。假如你的相關係數是0.5，你的R平方值就是0.25（0.5 × 0.5 = 0.25）。如果相關係數是0.85，R平方值就是0.7225。

R平方值可以告訴你一個變數跟隨另一個變數連動的程度。R平方值0.7225表示，一個變數有72.25%的波動是另一個變數造成的。（這是很驚人的結果！）

你現在可以去計算相關係數，揭穿一些你知道而別人不知道的事。

注意：不管立論正確與否，坎貝爾和席勒的研究，十分受到歡迎，因為它佐證社會上早已接受的觀點。如果你提出有違社會迷思的資料，可不會受到歡迎的。但這也無妨，因為在你發現真相後，世人不會急於從你手中搶走它們。

使用相同的基本資料和傳統的本益比觀念來計算1872-2005年，每年年初的本益比和十年的實際報酬之後，我們得出的R平方值為0.20。本益比只可能解釋20%的十年報酬率，這在統計上算是相當隨機。另外80%的股價報酬得由其他的事，或是另外一組變數來解釋。我不會拿0.20的R平方值去下注，你也不應該。換個方法來說，坎貝爾和席勒的R平方值為0.40，而我們是0.20，所以，他們的結果有一半是來自於他們對本益比下了不同的定義。

這個迷思不難戳破。你用Yahoo!Finance和一份Excel試算表就可以得出相同的結論。當它不是一種迷思，而是真實的，你會發現你的分析用不著奇特的統計手法和高深的數學。

就算它是正確的，誰在乎後續十年的報酬？投資人想要知道如何為今年和明年佈局，而不是今後十年。你在1996年時真的在乎未來十年的報酬嗎？在那之後四年股市大漲，緊接著卻陷入自1929年到1932年以來最嚴重的空頭市場。你會願意錯過連續四年的大多頭市場，你會在大空頭市場守住不賣掉嗎？假使我在2007年初可以很確定地告訴你，未來十年會有很高的報酬率，但今後兩年會跌得很慘，你會現在進場嗎？不可能。如果你用比較短的時間基礎來分析本益比，高本益比比較危險的理論就會不攻自破。

況且，想要預測長期股市報酬率幾乎是不可能的，因為長期股價主要是長遠的籌碼水位變化，而這是今日的知識（或者無知）無法解決的。我提及這個話題時，我的一些學術界友人就很生氣。不過，記住，人們生氣時，他們其實是在害怕而且無法控制他們的恐懼。在此，我認為那是沒有什麼人對股票供需的變化進行真正科學性的分析。然而，學理上，價格是由供需變化造成的。這個領域未來有很大的進步空間，但目前的進展十分有限。（我們將在第7章談到股票的供給和需求。）

現在，我們再來看一次分布圖，這次使用的是一般的本益比與後續一年期報酬率，由1872到2005年（圖1.2）。請注意到，這裏的負趨勢線沒有那麼傾斜，散佈的圖更不集中。這也像是霰彈槍，還有一些彈藥偏離了。這顯示出任何關聯嗎？以0.03的R平方值來說，答案是沒有。如果R平方值為0.20已經算是隨機了，R平方值為0.03更是純然的隨機。

發現根本不存在的關聯性真的是一種創意；在此根本沒有任何關聯性。你要揭穿迷思時，並不需要超級電腦或要像史蒂芬・霍金（Stephen Hawking）一樣的聰明。如果你需要超級複雜的數學才能

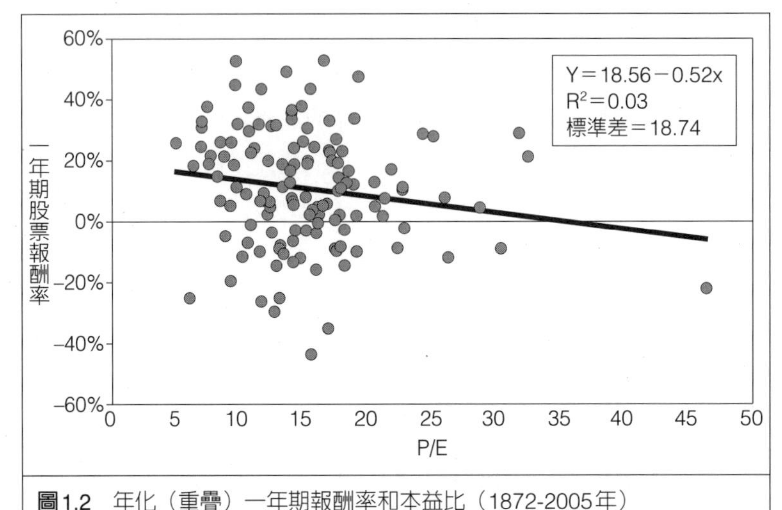

圖1.2 年化（重疊）一年期報酬率和本益比（1872-2005年）

資料來源：Robert J. Shiller, Ibbotson Analyst, Global Financial Data, Standard & Poor's Federal Reserve, and Thomson Financial Datastream.

佐證一個市場迷思的存在，你的假設或許是錯誤的。你的分析越是需要大費周章和限制條件，你越有可能扭曲結果來支持自己的假設。扭曲結果是很差勁的事。

如果不壞的話，它們會是好的嗎？

我們已證明高本益比與低股票報酬（或高股票報酬）無關。即便已證據確鑿，還是有人不願放棄「高本益比等於低股票報酬」的學說。換個角度思考。你或許會更訝異知道，經過幾年的高本益比，會帶來很不錯的股票報酬。此外，本益比最高的那12年，之後的一年期報酬率挺不賴的，有幾年不好，但有幾年大漲。這不是統計學，但應該會讓你思考一下。

還需要更多證據嗎？我們不用複雜的手法。圖1.3是一個基本的鐘形圖，說明本益比和隔年的年化股票報酬率。

圖裏的鐘形曲線是這樣計算出來的：我們回溯到1872年，找

P/E Ratio Range

P/E 5.6x–8.4x	
1918	-4.05%
1917	-2.42%
1949	18.06%
1980	32.50%
1950	30.58%
1951	24.55%
1942	21.07%
1975	37.23%
1979	18.61%
1919	22.20%
1982	21.55%
平均報酬	19.99%

8.4x–11.3x	
197[illegible]	6.57%
192[illegible]	-7.55%
192[illegible]	-11.47%
198[illegible]	-4.92%
1943	5.10%
192[illegible]	-2.98%
194[illegible]	25.76%
1875	3.88%
195[illegible]	18.50%
19[illegible]3	33.20%
1941	-11.77%
19[illegible]5	31.73%
192[illegible]	11.14%
1874	2.10%
1954	52.40%
19[illegible]3	4.16%
19[illegible]6	19.58%
192[illegible]	37.13%
18[illegible]8	12.76%
19[illegible]7	-7.16%
19[illegible]3	-1.10%
19[illegible]3	22.56%
平均報酬	11.94%

11.3x–14.1x	
1976	23.93%
1925	28.39%
1879	26.59%
1989	31.69%
1984	6.27%
1873	1.97%
1974	-26.47%
1872	12.95%
1956	6.63%
1958	43.34%
1876	-1.74%
1907	-13.29%
1904	1.96%
1944	19.69%
1881	24.08%
1877	-16.88%
1911	3.74%
1900	2.27%
1955	31.43%
1923	7.84%
1884	-9.50%
1910	1.13%
1914	-0.04%
1913	-5.33%
1957	-10.85%
1903	-9.72%
1880	31.24%
1882	-0.42%
1930	-25.26%
1883	1.11%
1932	-8.85%
1940	-10.08%
1885	2.14%
平均報酬	5.17%

14.1x–17.0x	
1988	16.61%
1947	5.24%
1915	7.83%
1986	18.67%
1945	36.46%
1901	31.33%
1906	11.19%
1888	-1.79%
1995	37.58%
1893	-8.84%
1967	23.94%
1990	-3.10%
1912	7.99%
1991	30.46%
1909	29.12%
1898	17.20%
1928	43.31%
1970	3.91%
1892	14.50%
1902	11.11%
1931	-43.86%
1894	-3.54%
1891	-0.27%
1987	5.25%
1887	7.41%
平均報酬	11.91%

17.0x–20.0x	
1896	-2.47%
1960	0.48%
1905	31.05%
1937	-35.26%
1933	52.88%
1899	27.76%
1963	22.69%
1968	11.00%
1972	18.99%
1890	3.07%
1971	14.30%
1966	-10.10%
1929	-8.91%
1969	-8.47%
1936	32.80%
1996	22.96%
1961	26.81%
1973	-14.69%
1946	-8.18%
1935	47.22%
1965	12.36%
1964	16.36%
1997	33.36%
1959	11.90%
1886	20.37%
1939	-0.91%
平均報酬	12.21%

20.0x–22.7x	
1897	9.10%
1889	6.19%
2005	4.91%
1994	1.32%
1962	-8.78%
平均報酬	2.55%

22.7x–25.5x	
2004	10.88%
1993	10.08%
1934	-2.34%
1998	28.58%
1922	28.39%
平均報酬	15.12%

25.5x–28.4x	
1992	7.62%
2001	-11.89%
1895	7.16%
2000	-9.10%
平均報酬	-1.55%

28.4x–31.2x	
2003	28.68%
1999	21.04%
平均報酬	24.86%

31.2x–34.0x >	
2002	-22.10%
平均報酬	-22.10%

圖1.3　過去134年的本益比和股市報酬

資料來源：Global Financial Data.

出每年1月1日的大盤本益比，然後把每一年按照本益比由低至高加以排列。我接著按照本益比把它們分類，不相干的年份可能落在同一類，而產生鐘形曲線。「正常的」本益比落在鐘形曲線最寬的那一段，而「高」本益比和「低」本益比分別落在兩端。在此，你不需要高深的統計學就會明白。根據這個鐘形曲線圖，本益比20倍以上就算是「高」的。往後，如果你自己製作這個圖，數字或許有些改變，但要有超高或超低的本益比年份才能大幅改變這個鐘形曲線。

在你找出過去134年的本益比和股市報酬率之後，就可看出一些事實。最驚人的是？二位數的年度股市跌幅（大家都害怕的暴跌），大多發生在本益比20倍以下，而不是在很高的水準。其中大多還是在本益比低於平均水準時。在過去134年，有19年股市總報酬率超過負10%。其中13年，佔負報酬年度的68%，都屬於本益比區間的中、低段；這個鐘形曲線的中間為16.5。只有兩次大跌，2001和2002年，正好在本益比20倍以上。再把前面四句話看一遍。這根本不構成一種迷思。任何人都可以從網路上找到這些資料。大家都可以排列這些資料，用不著奧妙的數學，只需花點時間。而這種迷思竟然還存在，實在令人百思不解。

也就是說，高本益比的股市未必一定會跟隨二位數的跌幅。可是這種迷思已經根深柢固，其中必然有一些事實吧。舉例來說，高本益比的股市必然比低本益比的股市更常下跌，即使不是暴跌。對吧？嗯，錯！在這期間內，有117年的股市本益比在20倍以下，而該年度股市收黑的有35次（29.9%）。在本益比高於20倍以上的17年裏（本益比區間的高段），股市收黑的有5次（29.4%）。你不需要是個統計學家也能看出，高本益比或低本益比的股市不一定會表現得比較差。此外，在高本益比而且年度收黑的5年裏，有3年的跌幅很溫和：2000年為–9.1%，1962年為–8.8%，1934年為-2.3%。那麼，我們可以在高本益比的股市好好操作囉。未必，不過至少我們知道高本益比的股市並不像迷思所說的那樣。

你自己看過資料了，所以不要再聽信這種投資的無稽之談。

以下是一則你可以自己做的簡單測試。有人告訴你，在美國股市，X會造成Y，例如本益比的迷思，甚至還有資料證明其真實性。如果在美國是這樣，那麼在其他工業國家一定也是這樣。假如在大部份其他西方工業國家不是這樣，那麼在資本主義和資本市場就不是這樣，所以在美國也不是這樣，只不過是巧合而已。我不想再費事叫你看些資料——本書已有太多圖表了——可是，如果你用先前我們對美國股市所做的鐘形曲線方法，運用到外國市場，唯一具有低本益比而且表現理想的股市是英國，這還是根據一些大漲的年度計算得來的。其他國家的結果都和美國一樣的隨機。每當有人告訴你美國的狀況是怎樣怎樣，一個比對的好方法就是看看其他地方是否也是這樣。因為其他地方如果不是這樣，在美國也不一定是這樣！

有人會說：「對高本益比的問題，要看對方向。」（警告：這是重新塑造迷思的先兆！但不會成功的。）例如，他們或許同意高本益比未必比低本益比糟，而是超過某一水準的本益比，風險就會急遽升高；若低於某一水準的本益比，風險就會大幅下降。

舉例來說，他們或許會說超過22倍以上的本益比是不好的，低於15是好的，介於中間就會讓大家搞不清楚。很合理！也很容易測試。你把股市本益比超過22倍以上的時間挑出來，假設我們賣出持股，然後你選一個本益比水準進場買回。不論你挑選何種水準的本益比買回，就歷史資料來看，在美國股市沒有人的操作績效可以勝過長期持有的績效。在海外股市也是一樣（英國的情況例外，或許是巧合，不過你如果剔除幾個大漲的年度，低本益比的理論也不成立）。

假設你在股市本益比達到22倍時賣掉持股，等到跌至15倍時再接回來。這種操作績效反而落後於單純的買進後抱股不放。假設你由22倍改到23倍呢？還是落後！那麼由15倍改到13倍或者17倍呢？還是落後。而且，這種買賣手法在海外也不管用。你可能壓根都不相信。很好。那你就來證明我是錯的。要證明我是錯的，你必須找出一個根據簡單的本益比買進賣出就能在1年期、2年期或3年期打敗大盤的定律。它在一些美國以外的工業國股市也必須同樣管用，而且你在不同日期結束或開始操作也必須要有相同的結果。試著去找出來。或許你比我還行，但我找了又找，就是找不出人家會相信的方法。

每當你找到高本益比造成股市報酬率大跌的年度，例如2000年、2001年及2002年；你也會找到相當的對比年份，像是1997年、1998年、1999年和2003年的股市就表現亮麗。這種迷思根本毫無實據。

總是用不同的觀點

投資人會相信迷思，是因為他們習慣用世俗的眼光去看待投資準則，因為他們就是這樣被教導的。等你開始用稍微不同的觀點去思考，不必太複雜，只是有些不同，像是繪製鐘形曲線或是觀察海外的現象，迷思往往不攻自破。每當你支持一項投資理念時，不妨用新的角度去看待它。天馬行空。搞點創意。正看，反看，顛倒看。從裏到外翻過來看。不要直覺式思考，而要反直覺思考，這或許會變成更直覺式的思考。

現在我們用直覺的方式來思考為什麼高本益比不會造成股票的災難。大多數投資人看到高本益比的股票時，就會覺得它們的價格和公司獲利相較之下顯得太高。如果股價和獲利比起來高得不成比例（他們是這麼想的），股價就是偏高，而漲多了必然會下跌。可是，投資人忘了股價不是本益比裏唯一的變數。

在高本益比之後的年度裏，公司獲利往往增加得比股價快。而在低本益比的年度裏，我們時常遭遇到意外的不景氣，讓公司賺不到錢。事實上，在1929年（史上最出名的股市高峰），本益比並不高，因為當時的獲利太高，而使得本益比偏低。

我們買股票時，買的是未來的獲利。有時我們願意為此付出較高的價格。在高本益比的股市，獲利往往超乎預期（如同2003年），股市預先反映我們還看不到的高獲利。只要用不同的方式思考本益比的分母，你就能理解為何這個迷思是錯的。

高本益比股市是危險的，而低本益比股市是安全的迷思一直存在。可是，只要有網路和紙筆的人，都可自己計算出來高本益比的年度並不會比低本益比的年度糟糕。為什麼這個迷思一直存在？因為基本上偉大的羞辱者是乖僻的，反直覺的。承認你的論調是錯的，會讓人痛苦、感到渺小，但事實就是事實。

你的祖父母會怎麼想呢？

現在，我要先跳到第3章的內容，講一講我們的腦子如何使我們對本益比的問題感到盲目。人們害怕高本益比的股市其實是天生的。我無法證明，但我相信這是真的。你也不能證明它是錯的。你的基因和你處理訊息的腦子是由你的父母遺傳來的，你父母則是由祖父母遺傳來的。你的祖宗八代已經習慣處理某種訊息，並且成功解決了相關問題，所以才能把他們的基因遺傳下來。不然，我們都不會存在。那些沒有好好處理問題的相關訊息的古早人，現在都沒有留下子孫後代。

你的腦袋不是天生就懂得應付股市，而是懂得應付人類生存的基本問題。你的祖先學會處理的一個問題是高度。如果他們由高處跌落，很有可能摔死或跛腳，越高越危險。由2呎的地方跌下來不算什麼，10歲的小孩從10呎高的屋頂跳下來也不算太難，可是老年人會跌斷骨頭。從40呎跌下來通常會摔死，從400呎跌落則必死無疑。人們在遇到與高度有關的問題時，就會記得越高越危險。爬得越高，表示可能跌得越深，人們就是這樣看待本益比。他們把高本益比看成跌得越深，而低本益比就不會跌得那麼重，所以風險較低。每當遇到和高度相關的資訊，你會害怕高度，而覺得低一點比較安全。如果我不用高度的方式來提供相同的資訊，你的恐懼感就立即消失了。（我們稍後再討論。）

第3個問題搶先看

當股市的本益比高於平常，大多數投資人都會知道。甚至連那些不知道本益比的意思的人，都會告訴你「近來」股市價值高得嚇人。他們對於高度以及可能賠錢的恐懼，可以用行為財務學的道理來解釋：人們討厭賠錢更甚於他們喜愛賺錢。

人們常會說投資人會規避風險，其實不是這樣。投資人應該是在規避賠錢。行為財務學的兩位先驅學者丹尼爾・卡尼曼（Daniel Kahneman）和阿莫斯・特佛斯基（Amos Tversky），證明了普通美國人（是的，你或許很普通）討厭賠錢的程度是喜愛賺錢的2.5倍。投資人對於金錢虧損所感受的痛楚，遠勝於他們對於賺錢所感受的喜悅。你心裏或許早已明白你自己正是這樣。因為賠錢的痛苦更甚於賺錢的快樂，投資人雖然努力要賺錢，但更努力不要賠錢。

投資人會承受更多的風險，假如他們相信這樣可以幫助他們避免賠錢的話。卡尼曼和特佛斯基將這種現象取名為「期望理論」（prospect theory）。他們發現，普通的投資人（對，就是你）把實際的風險和感覺上的風險混為一談，而這都是為了規避可能的虧損。高本益比市場長久以來已被誤認為可能造成虧損，以致於投資人對於原本可能是低風險的市場仍感恐懼。這股力量在空頭市場亦形成作用。投資人總是在熊市快要結束時最為害怕，而那是風險開始減少，上漲潛力無窮之時。投資人的觀感是很不正確的。

投資人對於這種說法往往反應激動，尤其是許多自認的「價值型投資人」。他們不會反省，不會問自己第1個問題：「我所相信的其實是錯的」，而是盡力否認自己受到一股自然力量的影響。他們會反駁說，這種現象之所以發生是因為經濟衰退時期的尾聲，獲利受到壓迫，以致產生超高的本益比。不見得。有時是這樣沒錯，可是並非一向如此。像1996年、1997年、1998年和1999年就不是。為了找藉口，投資人又說當時的股市不理性。投資人堅信高本益比必然具有高風險，正是偉大羞辱者的乖僻表現。

往下看，往後看

我們已說明如何利用第1個問題來解決一個根深柢固的錯誤觀念。當你要自行驗證一個迷思時，務必要徹底周全。好的科學家不會在找到一個問題的答案後就住手，而會用不同的角度一再地加以驗證。

首先，要用務實態度來看待你的發現，不要驟下結論。有人或許會檢視歷史資料，然後創造出新的迷思，例如高本益比預示著高於平均水準的報酬。不要被騙了，以下的證據足以擊敗任何有關高本益比不利於股票的錯誤觀念，但其他的說法都尚未有定論。因為證據不夠充足，不夠強烈，不足以讓賺錢的機率高於賠錢。總結一句，你不要相信本益比可以預示未來的報酬。

另外，假如你只得出一個結果可以支持你的假設，不論結果有多驚人，它是一個巧合，而非常態。不論任何事都是這樣。你不能根據一個巧合去下注。例如，你或許會認定超高本益比的市場往往具有低風險及高報酬。是的，超高本益比曾有帶來超高報酬的記錄。但發生的頻率太低，只能說這是一項有趣的觀察，或許只是巧合。當你在設定假說及進行測試時，你必須儘量找出最常發生的狀況。

我們現在知道本益比沒有預測能力，那麼本益比到底有什麼用？為了找出答案，我們要先跳到第2章討論的第2個問題。我們如何測量他人難以測量的本益比？想要讓自己看得更透徹，看得比別人清楚，第一個小祕訣是從不同的觀點去看。測試你自己的觀念與實驗結果的一個好方法，是把你的迷思反過來看，看自己能看到些什麼。

把本益比反過來。把等式裏的獲利和股價反過來，你就用不同的方式得出相同的訊息。盈餘對價格比率，較常稱為盈餘收益率（earnings yield），就是本益比P/E的倒數，E/P。投資人習慣看到債券和現金的預期報酬用盈益率來報價，就像大多數投資人習慣用本益比來評估股票。把本益比反過來，用盈益率去評估，你就可以逐一比較。更好的是，你可以避免先前討論過的高度問題。表1.1說明如何用本益比得出盈益率：20倍的本益比其實是20元的股價除以1元的盈餘。所以盈益率就是1除以20，就是5%。當你用盈益率的角度去看，就好像利率一樣（我們稍後再談），我們對本益比感到害怕的高度問題便消失無蹤。20倍的本益比令人害怕，可是5%的盈益率就不會。這是很簡單的數學，不必把自己弄得像緊張大師一樣。

這種評比比較理性且直接，不像用本益比來決定一檔股票是便宜或昂貴。因為股票和債券都要爭取投資人的資金，債券殖利率和股票盈益率讓你有具體的東西可以比較。例如，如果股市的本益比是20倍，大部份人會說那似乎「偏高」。你對5%的盈益率有何看

表1.1 盈餘收益率（EY）

P/E	→	E/P	=	EY (%)
33		1/33		3%
25		1/25		4%
20		1/20		5%
15		1/15		6%
10		1/10		10%
7		1/7		14%
5		1/5		20%

法呢？如果債券利率為8%，5%的盈益率或許不夠誘人，但若債券利率是3%，後者便顯得誘人。不妨跟現在的債券殖利率兩相比較。

假如你覺得盈益率5%的股市（或個股）比不上6%的美國債券，請記住稅率的問題。盈益率實際上是公司經由發行股票來籌集擴張資本的稅後成本。這是什麼意思？由於本益比是稅後數字，你知道盈益率也是稅後數字。公司可以經由發行股票或公司債來籌集擴張資本。可是，假如是發行公司債，債券支付的利率是可以扣稅的。所以公司債的利率是稅前數字，而盈益率是稅後數字。

假設一檔個股的本益比是20倍，而它是一家平均評等的公司，亦即債信評等為BBB。在2006年中，該公司可能發行一檔債券籌措10年期的資金，利率為6%。假設稅率為33%，6%的成本在稅後只剩4%。（要算出稅後成本，將6%乘以1再減掉33%的稅率，或為0.67。）股票的盈益率為5%，這已是稅後的。所以經由發行一檔4%的債券來籌集擴張資本，比發行5%的股票來得便宜。公司債利率必須上升到7.5%以上，才會讓這家本益比20倍的公司經由發行股票來籌集擴張資本比較划算。這是公司的觀點。

從你的觀點來看又不一樣了。盈益率不需要高於稅後的債券利率，才能讓股票比債券更誘人。你在買股票時，其實是預測未來的盈餘將會因為未來的成長而升高。股票往往隨著時間過去而產生盈餘成長，有時高，有時低。但是附息債券是固定的。你知道它不會上升。如果你一直持有到它到期，你會拿到利息。當你買股票時，你實際上是在買未來的平均盈益率，而未來的盈益率有可能高於目前的水準。當你買債券時，未來的平均債券收益率就是現在的水準。基於這個理由，現在的盈益率並不需要高於債券收益率，才能讓股票比較誘人。

股市的盈益率會比債券收益率高嗎？是的，但只有幾年，全世界都是這樣，那幾年是買進股票的大好時光。當盈益率高於債券收益率，股票相對於債券是價值超級偏低。也就是說：股票相對便宜。

公司債券收益率會隨著公債收益率而起伏。大型政府債券市場的波動會造成公司債券收益率的波動。圖1.4說明股市的盈益率和公債收益率。你可以看到有些時候盈益率趨近甚或超越債券收益率，之後便出現股市的大多頭年代。

你曾經看過比較股票盈益率及債券收益率的圖型嗎？或許不曾！這種圖型確實存在，但很少見。我想我的公司所公佈的圖型或許多過其他人公佈的總數。比較股票盈益率和債券收益率是一項有力的工具，你可以不斷用以理解相對價值和歷史常態。最適合持有股票的時候就是你覺得股價便宜，而其他人都覺得很貴的時候。自2002年以來，美國的股票盈益率一直高於債券收益率，因此，股票一直十分廉價，但是大多數人卻說股票不便宜，因為本益比高於歷

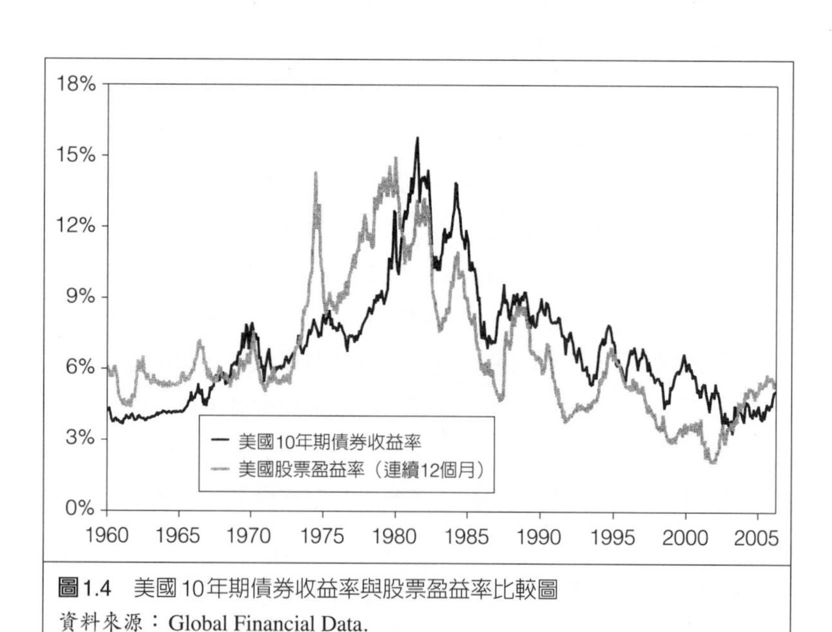

圖1.4　美國10年期債券收益率與股票盈益率比較圖
資料來源：Global Financial Data.

史平均水準。如果你被高本益比嚇得不敢去碰股票，你就會錯過自空頭市場於2002年10月觸底到2006年6月（作者寫作本書之際）這段時期全球股市75%的漲幅。回想1980年代初期股票盈益率高於債券收益率的時候，那幾年的股市報酬率都達到二位數。

我們還沒講完呢。記住，如果某件事在美國是真的，在大多數工業國家也應該是真的。我們可在全世界看到股票盈益率高於債券收益率，而且幅度超過美國，不過這種情況亦不常見。與長期利率相較之下，全球的股票是近四分之一個世紀來最便宜的（見圖1.5）。

在英國和德國，當股票盈益率高於債券收益率之時，股票報酬都超過平均水準。直到最近，日本的股票盈益率才超過債券收益率，而日本股市正經歷強勁上漲。

當你真的錯得很離譜的時候

我們談到投資人想像出一些不存在的關聯性的迷思。有些迷思則是錯得離譜，反過來才是對的。有時在你提出第1個問題之後，你才知道自己不僅錯了，還錯得離譜。別害怕。發現自己的錯誤並發掘出相反的事實，會讓你掌握另一個超越大盤的利基，而且是有力的利基，因為你知道大家都會去賭相反的事。

你或許很難想像有時你和其他投資人可能錯得離譜。可是，有些迷思是如此根深柢固，質疑這些迷思簡直令人髮指。想要檢驗這種觀念，即便只是為了證明它的正確性，都會讓人憤慨，招致醜聞，甚至被放逐。這些投資界最牢不可破、沒有人膽敢質問的迷思，有時錯得離譜，正好相反的才是對的。

神聖不可侵犯的聯邦預算赤字迷思

你相信鉅額聯邦預算赤字是不好的。大家都知道預算赤字是不

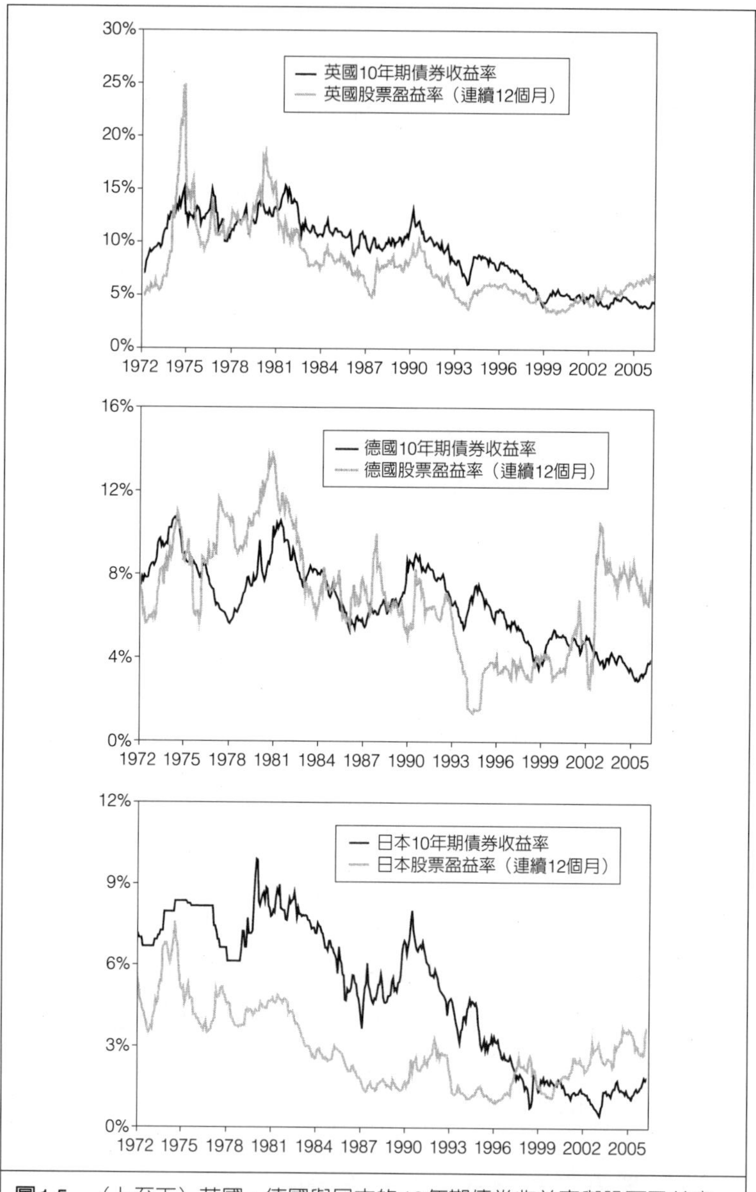

圖1.5　（上至下）英國、德國與日本的10年期債券收益率與股票盈益率比較圖

資料來源：Global Financial Data.

好的。我們怎麼知道的？我們就是知道，因為大家都知道。笨吶！智者、政客、愛國人士、邪門歪道、梭哈牌友、你的父母、你的寵物鸚哥，還有最糟的是，西恩潘、布萊德彼特和桃麗芭頓，大家都知道！更重要的是，大家都信以為真。根本沒有理由去質疑這個觀念。我的意思是，你要怎麼去質疑西恩潘和布萊德彼特？所以，這個神聖不可侵犯的迷思正適合使用第1個問題：你所相信的其實是錯的？我們不妨重組問句，把它反過來。

鉅額聯邦預算赤字是好的，而且對股市也好？

如果你問這個問題問得太大聲，會有人拿網子把你捉起來，送進監牢裏。認為預算赤字不好，可說是西方世界智慧與文化的一環——不，其實是我們的公民責任。為什麼要質疑一個流傳數千年的觀念？因為它是錯的！我們從小就學會債務是壞的，債務越多就越糟，鉅額債務簡直是不道德的。

在社會上，我們站在道德立場要反對負債，我們在這方面並未遠離清教徒祖先，而赤字會造成更多債務。並不是只有美國人痛恨預算赤字，其他西方工業國家的人民跟我們一樣害怕赤字。當其他許多國家的程度有過之而無不及時！仔細想想，他們對美國赤字的擔憂甚至超過他們自己的。討厭的外國人！如果他們少花點時間擔心美國的債務，多花點時間去瞭解資本主義，他們的經濟就不會這麼落後。我這是離題了。

這種焦慮有必要嗎？回顧過去15年，美國只有4年出現聯邦預算盈餘。在1990年代後期預算盈餘年代，股市觸及高峰，熊市接踵而至，並且陷入衰退。那時的衰退很短暫且不嚴重，可是空頭市場持續了3年，而且很嚴重。很顯然，預算盈餘並不會帶來可觀的股市報酬。如果沒有實據支持預算赤字不利於股市的假說（是的，它只是一項假說），那麼，它的相反會不會是真的？

好像是這樣。圖1.6顯示1947年以來美國聯邦預算收支帳佔國內生產毛額（GDP）的比例。高於水平線的是預算盈餘，低於水平

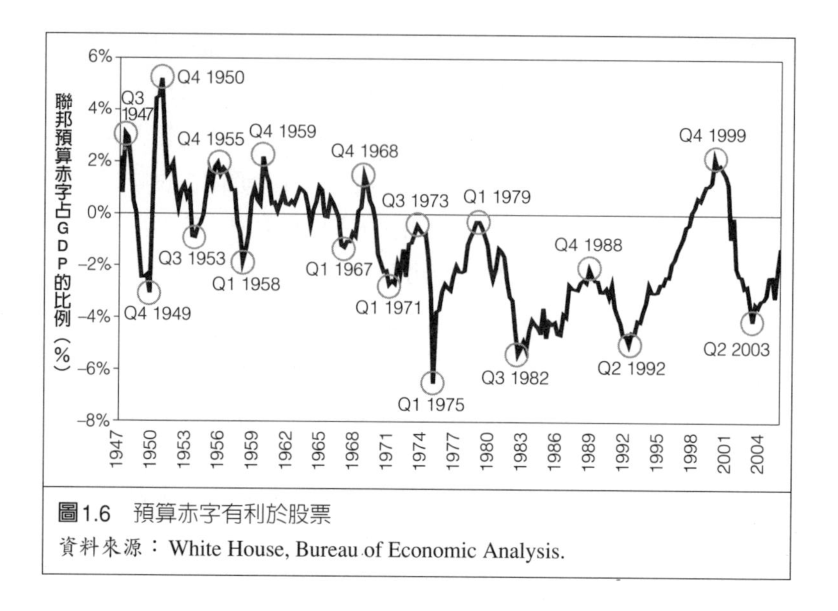

圖1.6　預算赤字有利於股票

資料來源：White House, Bureau of Economic Analysis.

線的則為赤字。我們標示出相對的高峰和谷底。反直覺的真相是：在鉅額赤字之後的股市報酬遠高於盈餘高峰或者赤字縮減的時期。

表1.2說明盈餘和赤字之後的股價報酬。我們比較預算盈餘之後的12個月期股市報酬以及赤字之後的報酬。你想活在哪個世界？平均報酬率為22%的，還是平均報酬率為–1.8%的？現在，我們看看36個月期的股市報酬。鉅額赤字之後的平均累積報酬率為35%，而預算盈餘為10.3%。喔，太可怕了！事實是，自從1947年以來，如果投資人在聯邦預算赤字的高峰時期買進股票，其1年期、2年期及3年期報酬率不但遠高於平均水準，亦遠高於在聯邦預算盈餘高峰時期買進股票。在預算盈餘時期之後買進將會產生遠低於平均水準的股市報酬。

如果你開始認為預算盈餘或許不是股票的利多，你就開竅了。如果你懷疑偉大羞辱者是幕後黑手，你也開竅了。預算盈餘不是萬靈丹。它們會造成空頭市場。不要祈求預算盈餘。

乍看之下，這好像不對勁。一般看法將赤字視為巨大的錨，穩

表1.2　預算盈餘高峰之後的股市報酬

高點		之後的S&P 500股價指數報酬率			低點		之後的S&P 500股價指數報酬率		
日期		12個月	24個月	36個月	日期		12個月	24個月	36個月
1947年第3季	年化	2.6%	1.6%	8.8%	1949年第4季	年化	21.8%	19.1%	16.6%
	累積	2.6%	3.2%	28.8%		累積	21.8%	41.8%	58.6%
1950年第4季	年化	16.5%	14.1%	6.7%	1953年第4季	年化	45.0%	35.4%	23.4%
	累積	16.5%	30.2%	21.6%		累積	45.0%	83.3%	88.1%
1955年第4季	年化	2.6%	–6.2%	6.7%	1958年第1季	年化	31.7%	14.7%	15.6%
	累積	2.6%	–12.1%	21.4%		累積	31.7%	31.4%	54.5%
1959年第4季	年化	–3.0%	9.3%	1.8%	1967年第1季	年化	0.0%	6.1%	–0.2%
	累積	–3.0%	19.5%	5.4%		累積	0.0%	12.5%	–0.6%
1968年第4季	年化	–11.4%	–5.8%	–0.6%	1971年第1季	年化	6.9%	5.4%	–2.1%
	累積	–11.4%	–11.3%	–1.7%		累積	6.9%	11.2%	–6.3%
1973年第3季	年化	–41.4%	–12.1%	–1.0%	1975年第1季	年化	23.3%	8.7%	2.3%
	累積	–41.4%	–22.7%	–2.9%		累積	23.3%	18.1%	7.0%
1979年第1季	年化	0.5%	15.7%	3.3%	1982年第3季	年化	37.9%	17.4%	14.8%
	累積	0.5%	33.9%	10.2%		累積	37.9%	37.9%	51.2%
1988年第4季	年化	27.3%	9.0%	14.5%	1992年第2季	年化	10.4%	4.3%	10.1%
	累積	27.3%	18.9%	50.2%		累積	10.4%	8.9%	33.5%
1999年第4季	年化	–10.1%	–11.6%	–15.7%	2003年第2季	年化	17.1%	10.6%	9.2%
	累積	–10.1%	–21.9%	–40.1%		累積	17.1%	22.3%	30.3%
平均	**年化**	–1.8%	1.6%	2.7%	**平均**	**年化**	21.6%	13.5%	10.0%
平均	**累積**	–1.8%	4.2%	10.3%	**平均**	**累積**	21.6%	29.7%	35.1%

資料來源：Global Financial Data.

定經濟，抑制負債。身為消費者，我們小心翼翼地不要過度消費，並認為政府也該這麼做。許多政治人物會說服你，赤字一定要削減，而且就是現在。沒有政客會說債務越多越好（即使政客有時會倡導減稅，其效果同樣會增加負債）。

殺死吸血鬼

如果你不知道英文單字政治（politics）的字源，我來告訴你。政治一字來自希臘文的poli，意思是「眾多」，而tics意指「小的吸血生物」。除非有政客站出來宣佈：「我一直在說謊、騙人和偷竊，好讓我的生涯起飛，我才不在乎你們，誰都不在乎。」否則你應該懷疑他們說的每句話。（我想你應該可以看出他們何時在說謊，因為只要他們張嘴的時候都是。）你或許覺得被羞辱了，也許妳嫁給了政治人物。嗯，問題不大。離婚就好了嘛！或者你本人就是政治人物，那很抱歉——我們愛莫能助。你的心理有病，建議你去看別的書。

人們很難接受這點。你知道你討厭跟你理念不合的垃圾政客，你知道他不誠實，是個混蛋，萬一你女兒打算跟這種人結婚，你甚至會給她洗腦以保護她。你難以接受的是有個政客說出你喜歡以及相信的事，可是他們竟然只是在說謊。（就是他們張嘴的時候。）當然，這只是我的看法。假設我錯了。

大多數的政客都不熟悉資本市場。他們通常是律師（有些例外，像是艾森豪總統、卡特總統、雷根總統、布希總統，甚至阿諾史瓦辛格），不要指望他們是金融或經濟專家。他們在進入政壇之前或許夠老實，但仍然不是市場或經濟專家，永遠不會使用本書的3個問題。政客從不反省他們的錯誤，從不思考如何測量別人無法測量的事，以及如何看出他們的腦袋在誤導他們自己。即使有必要，政客也無法使用這3個問題。（或許在前幾段我為了戲謔效果而誇張了一些，可是如果你排除97%政客講的話，你會成為更好的投資人，夜裏也會睡得更好。）

預算赤字有利於股市並非偶然。如果你能對負債與赤字有正確的理解，在經濟學上它是說得通的。（我們稍後將在第6章談到。）現在，假設預算赤字真的有利於美股，而盈餘不利於美股。若此為真，我們應該也能在其他工業國家看到類似的情形。而我們果然在海外找到這種情形。

在其他工業國家（我稍後將在第6章證明給你看），預算赤字跟隨著亮麗的股市報酬，盈餘則帶來黯淡的行情。這不是什麼社會經濟學的說詞，我們只是觀察客觀的事實，並鼓勵你也這麼做。有偏見的人總是目光狹隘，看不清眼前的真相。你要不斷問自己：你所相信的是不是錯的？

其他的赤字呢？

聯邦預算赤字並不是唯一能把投資人嚇個半死的赤字。恐怖的「三重赤字」總能成為引發恐慌的頭條新聞。在我告訴你預算赤字不會不利於股票之後，你的反應或許是不悅、生氣，然後轉移目標，認為其他赤字，像是貿易和經常帳赤字，一定是不好的。你聽過太多遍了。你也聽說它們對美元不好。

我們將在第6章和第7章討論這些說法，可是，我現在告訴你，如果你讀了這幾章，你就會相信這兩種赤字並不會不利於股票和美元。假設你聽過這種說法，也接受及相信，每次聽到貿易赤字又創新高就臉部抽搐，卻從不停下來問說：「我知道我認為那是不好的；但那是真的嗎？我如何去查證？」因為你心裏知道，如果大家是錯的，貿易和經常帳赤字並不會不利於股票和美元，這將是一大利多，因為大多數人視其為沈重負擔，你卻知道那是不值得擔心的小事。就像阿甘（Forrest Gump，電影《阿甘正傳》主角）說的：「小事一件！」這是你知道而別人不知道的。

相對的相對

投資人害怕預算、貿易和等等的赤字的原因之一，是因為他們沒有相對地思考（認知失誤）。他們聽到2006年美國的預算赤字約為4,230億美元。「老天爺！那可是不少錢！」他們心裏想著。「4,000億美元？我哪有4,000億。比爾・蓋茲也沒有那麼多錢啊。」新聞編輯和電視名嘴抨擊任何他們認為該負責的人，並用「破紀錄的」、「搖搖欲墜的」和「不負責任的」等字眼來形容赤字規模。哼，鬼扯。當然，這個金額聽起來很高。不過，它真的高嗎？我們的感覺是對的嗎？

要求得正確的答案，第一件事就是測量。我們必須測量預算赤字佔總體經濟的比例。如果你認為4,230億美元是一大筆錢，你對

13兆美元有何看法呢？這是截至2006年7月美國GDP的規模。預算赤字只佔國內生產毛額的3.25%而已。更何況，就歷史平均水準來看，根本不必大驚小怪。可是，媒體不會提到預算赤字佔GDP的比例，因為他們假設你是理性的，不會去擔心佔GDP 3.25%的預算赤字。

這個方法不僅適用於赤字。每當媒體想用龐大數據來嚇唬你時，請相對地思考，想想其比例。另一個常見的恐怖說法是伊拉克戰爭費用，每年約為800億美元（包括美軍駐守阿富汗的軍費），將拖垮美國經濟，壓抑成長，造成另一個停滯性通膨的年代，帶來鬢角、聚酯和更多低俗的迪斯可音樂。噁心！媒體希望你們這些消費者被烤玉米粒噎到，然後大叫：「800億美元！我要寫信給選區的參議員。根本是浪費錢。」意外的是，美股在2003年伊拉克戰爭爆發時由相對低檔出發，累積上揚41%，全年漲幅達到29%。全球股市更加瑰麗，2003年總報酬率達33%。

我不是要批判伊拉克戰爭或反恐戰爭的適當性。那不是我管的領域。不論外交政策高明或愚蠢，股市知道一些媒體和政客不想讓你們知道的事：管它是每年800億，或1,000億，甚至2,000億美元（將來可能更高），跟美國經濟規模比起來根本不算什麼。我們還必須記得，美國只是大世界的一部份，而全球GDP的走勢往往和美國相同。稍後我們將進行全球思考，各種數字會越來越龐大。在面對我們的腦子覺得可怕的龐大數字時，我們一定要比較，一定要相對思考。不管高明或愚蠢，伊拉克戰爭軍費在經濟上沒什麼意義，因為它只佔美國GDP的一小部份，佔全球GDP的比例甚至更加渺小。

質疑你知道的每件事

想要成功投資，你必須質疑你以為自己知道的每件事，尤其是那些你以為自己真的確實知道的事。妥善運用第1個問題，你便可避免一些基本錯誤，避免錯誤的能力是成功投資的關鍵。當你檢視迷思，並且開始發現錯誤的邏輯時，不要只是在當時矯正，以後就忘記。投資是一門應用科學，而不是一項工藝。如果你找出一項假說的答案，不要以為你可以隨時隨地運用這些結果，然後得出相同的結果。偉大的羞辱者是一個變化萬千的對手，需要不時重新檢驗假說。

知道鉅額聯邦預算赤字預示著股市的好時光將降臨，固然令人驚訝，但卻是千真萬確。將來有一天，投資大眾或許會粉碎這項迷思，並明白整個世界以前都看錯了。如果真有這天，你將失去你的優勢。屆時你就沒有別人都不知道的事了。當大家都知道不必害怕聯邦預算赤字，而該高興時，市場將有效地反應這個因素。運用第1個問題，不時重新檢驗你的投資法則，你就不會發生這種事。

你或許會說：「假如你在這本書裏告訴我股市的本益比跟未來的報酬沒有關係、鉅額預算赤字是利多不是利空，那不是全世界都曉得了？那麼這個訊息不就不管用了？」如果世人都接受這些真相，那麼由於股市反應普遍的資訊，這些真理會反應到股市，知道這些真相也無法幫助你打敗市場。它們沒有用了，因為你不再知道別人都不知道的事。但我敢打賭這種事不會在2007年發生。我敢打賭大多數人看到第1章後，都會覺得本益比和預算赤字的論點根本是胡說八道，而置之不理，仍舊相信迷思。這樣比較輕鬆安心。大部分投資人永遠都不會讀本書，買的人有一半不會去讀。有讀的人很多都因為不屑而不會看到第1章以後。他們拒絕真相，喜歡迷思，把我當成傻瓜。我希望他們這樣，因為當我看到他們以為我又笨又錯，我知道我可以利用這些真相好長一段時間。如果他們相信這些真相，我就必須找出一些新訊息，才能知道別人都不知道的事。

就好像坎貝爾和席勒的論文立刻走紅，馬上變得全球知名，因為它支持這項標準的迷思；而反駁市場迷思的證據往往像把石塊扔進湖裏，只掀起小小的漣漪，然後就從社會的記憶裏消失。這不是我第一次寫有關高本益比的迷思，我好幾年前就寫了。我敢打賭5到10年前這個迷思就像現在這麼流行，你現在還是利用它來操作。當然，我可能是錯的，那麼你就去找下一個迷思。人生就是這樣。

第1個問題的真正好處是，藉由發現你以為對的事其實是錯的，你可以知道別人都不知道的事。等你熟練這個技巧，你可以不斷改進自己。你可以知道別人所不知道的事，進而降低自己犯錯的機率。

發現新的投資真相是提出第1個問題的意外結果——幸運的意外。假如你想追查沒有人知道的事，那麼你還要學會運用第2個問題：如何測量別人認為深不可測的事？就算只是想到這種事，都會讓大多數人覺得很深不可測，但那正是我們開始要做的，你只要翻頁繼續看到第2章就行了。

第2章

第2個問題：如何測量別人認爲深不可測的事？

測量深不可測的事

測量深不可測的事，看起來讓人摸不著頭緒，所以大多數人都不會嘗試。不過，就像第1個問題，它不需要高深的學問、天生的聰穎，或者神奇超人的力量。你只需要第2個問題：我能看出什麼別人看不出來的？你問的越多，就會看到越多。因為市場操作的唯一基礎是知道別人不知道的事，這個問題提供操作的第二個基礎。不妨問你自己：我知道些什麼別人不知道的事？此時，你的答案或許是：「嗯……沒有。」這是大多數人的立即反應。

別氣餒。第2個問題不會像第1個問題那麼煩人。我們每天都聽到許多投資歪理。發現別人不知道的事並不是什麼偉大時刻，這不是蘋果掉到牛頓頭上的時刻。而是牛頓問：「到底發生了什麼事？」然後思考何種力量在作用，自然的或邪惡的？是當大家都在說X導致Y，而你卻在安靜的房間，遠離喧囂市場和媒體噪音，獨自思考Q因素是否可能導致Y結果。

全世界都堅持高本益比造成股價表現不好（通常不會），負債對股票不好（在西方國家一定不是這樣子），你不應對抗聯準會（一半是錯的），高貿易赤字造成美元疲弱（錯，錯，錯）。想要知道別人不知道的事，你得關掉雜音，思考說如果大家所堅持的貨幣影響因素是錯的，那麼到底真正的因素是什麼？（我們會在第7章討論。）如果我不應對抗聯準會，那麼我能否由收益曲線看出股市的一些端倪？或者，我是否應該用不同的角度去看？我猜想？猜想是很美好的。

猜想是很美好的

假設沒有人猜得出什麼因素導致Y結果。如果大家都知道沒有人知道Y結果的成因，因為他們認為這是在浪費時間。在現在的社會，在美國和其他地方，如果某件事被認為是深不可測，正常人會完全不去理會它。而這些領域尤其值得追查，因為它們是一片原始林。

錯用第2個問題會讓你浪費時間在普通的媒體來源找線索。客戶們時常用電子郵件寄給我一些他們認為可能對我們的投資策略有重大影響的新聞。我很感謝他們的關心，但所有的媒體幾乎無所不在，圍繞著我們。不論是《華爾街日報》、《紐約時報》、《巴隆周刊》（*Barron's*）、《經濟學人》、《華盛頓郵報》、《邁阿密先驅報》等主流媒體，或是《安大略剝洋蔥人》、《投資羅馬尼亞》等小眾媒體，不論是直接或透過《德拉吉報告》（*Drudge Report*）*或《小老弟的部落格》（*Little Brother's Blog*）等網站，各路消息來源幾乎強迫餵食我們。你的投資優勢不會出現在夜間新聞或部落格或電子郵件通訊。不論一條新聞有多麼被埋沒或者某個部落格有多麼不起眼，我們生活在一個快速行動的世界，你的「新聞」優勢必然稍縱即逝。不要絕望，你還是可以利用這些無所不在的雜音來幫助你找到一些別人不知道的事。你只需要對抗亙古以來的行為習慣。以下是做法。

別理會灌木叢裏的石頭

數千年以前，我們的祖先聚在一起以對抗其他部落和巨大猛獸。當黑夜降臨，他們圍在火堆旁取暖，守衛，偶爾烤長毛象肉。在營火照耀下，他們輪流說些打獵和神話的故事，把文化傳承給下一代。在一個晴朗的夜晚，火堆烤得暖暖，又飽食象肉，他們產生

---

* 譯註：德拉吉報告為美國自由專欄作者馬特·德拉吉（Matt Drudge）的個人部落格，1998年美國總統柯林頓與白宮實習生莫妮卡·盧文斯基的性醜聞，就是由他率先爆料。事件曝光後，傳統媒體才跟進而加以大肆報導，令事件轟動全球。

一股安全感、幸福感，還能預見光明的未來。忽然間從黑暗裏，一陣響亮又難以言喻的哺乳動物聲響劃破他們的安全感。本能地，他們立即尋找聲音的來源，結果就在灌木叢裏，他們預期將看到醜陋又恐怖的東西。或許是來偷襲的敵對部落，或許是一頭獅子或是一群奔騰的牛羚。每隻眼睛跟耳朵都集中在那股聲響，企圖擴大人類辨識的能力以及克服那股恐懼感。

如果你是敵對部落，率領一群戰士要來襲擊這個營區，你會怎麼做？聰明的話，你或許會扔塊石頭或製造一些聲音來轉移他們的注意力，然後由另一個方向攻擊。當然，一群奔騰的牛羚不會這麼做。但對營區的人來說，萬一是聰明的掠奪者計畫襲擊，比較高明的軍事反應是叫一些人不要去聽那聲音，而是注意黑暗深處，以防敵人突襲。這有什麼問題嗎？除非有良好的組織，沒有人會這麼做。你聽到黑暗裏的聲音，就會轉頭去聽。有空去露營時，你不妨注意一下。你的本能反應不是忽略噪音，而是去注意它。在石器時代，這種本能讓人類倖免於最常見的自然力量。經過數千年的進化，我們在心理上會以團體的形式去注意噪音，去面對它，本能地發揮我們團結耳力與眼力加以反應的能力。

我猜想，一些男性讀者會拍胸脯說：「我進化了。我很高級。我很現代。我會去看噪音的相反方向，拯救女人和小孩，成為部落的國王，妻妾成群，有吃不完的長毛象。」我想，許多女性讀者會用手摀住嘴說：「我會看著小孩，把他們拉近身邊來保護。我不會去聽那個聲響。」這兩群人可能都不對。下回你聽到奇怪的聲響時，不妨注意自己本能的反應，我敢說你會去找聲音來源。如果你不是這樣，你就真的很怪異。說自己絕對不會的人很可能就是最快轉向奇怪聲響的人。想要知道你的投資同伴所不知道的事，你必須去看別人沒有在看的方向。你必須訓練自己別再注意噪音。不論你有沒有聽到奇怪的聲響，你都不能去看大家都在看的方向，而是看他們都沒在看的方向。

將媒體報導打折扣與避免流行

你或許想要全然忽視媒體，因為你所聽到或讀到的若不是錯的就是早已反映到股價。這種說法有些道理，不過還是不對。無論如何，不要規避大眾媒體，在你想要知道別人不知道的事以取得投資優勢時，媒體是你的朋友和盟友。媒體是一部折扣機器，你必須讀（看、聽）才能知道別人在注意些什麼，然後你才能知道不要理會些什麼，去注意其他方面。不論他們害怕什麼，你都不必害怕，因為他們在幫你一個忙，你甚至不必付錢給他們。他們是免費幫你的。這種簡單的概念是部落導向的人類很難理解的。可是，大家都可以訓練自己這麼做。

舉例來說，我已經告訴過你們，有關所謂「三重赤字」的傳統看法都是胡說八道。你或許不相信，但我已經告訴過你們了。你們也知道大家都誤解了高本益比。（我們將在稍後的章節破除更多常見的迷思。）注意媒體的報導，然後摒棄不相干的東西，你就不會被大家牽著鼻子走，並開始探測新的道路。

不要被大家牽著鼻子走聽起來很簡單——只要留意他們的方向，不要擋在路上即可。可是，真這麼簡單的話，就不會被稱為「群眾心理」，而會被稱為「鎮靜、不勉強、沒有壓力、在我們跳下懸崖時請加入我們、不想的話也沒關係」心理。還記得令堂曾問你，難道耍帥的吉米從橋上跳下去，你也要跟著跳嗎？當然你沒有跟著跳，可是你或許會在錯誤的時點買進小型股，就因為你的牌友總是嘲笑你沒有跟著他們一起進場。他們老是吹噓自己海削了一票，你卻乾坐在那裏，因為自己的穩健型投資而感覺自己像個白癡。

我在1995年3月號的《富比世》專欄「避免流行」，解說如何不捲入群眾中。至今那仍是良心建議，所以我在此重述避免流行的4個步驟：

1. **「如果你認識的大多數人對股價波動或某個事件的看法都跟你一樣，不要以為這證明你是對的，這是在警告你是錯的。智者是寂寞的，而且還得忍受別人把你當成瘋子。」**

    現在看來還是很有道理。很多人都認為我是瘋子。如果別人把你當成瘋子，也無所謂，又不會少塊肉。拜網路和部落格的進步所賜，我已習慣人們在看了我的文章和專欄以後，寫些冷嘲熱諷的話。（當然，有些時候他們是對的，也就是說我錯了，不過他們怎麼看我都不關我的事。）我訓練自己不去理會我不熟識的人對我或我的工作的看法。如果我的老婆生氣了，我可是很重視的。她瞭解我，知道我的優點和缺點，也希望我好。家人，朋友，同事！除了他們以外，如果你對我不滿，不高興我說了些什麼，想批評就請便，不過我是不予回應的。你可以訓練自己有這種情緒反應。大多數人怎麼看待你都不關你的事；如果別人把你當成瘋子，那也很好。

2. **「如果你在媒體不只一回看到或聽到某個投資觀點或重大事件，那一定沒用。等到好些個評論員都寫過之後，新聞早已變成舊聞了。」**

    這句話在今天更有道理了。網路把新聞傳播的管道和速度增加了好幾倍。現在，每件新聞傳播的速度更快了，並且更快反映到股價上。為了配合這種速度，世界各地的股票交易員一天24小時，每周五天半交易。以前要到早上才會反映夜間新聞。可是，現在不僅新聞會在夜間上傳到網路，連你在呼呼大睡時都有人在大手筆交易。

3. **「越是古老的說法，越沒有力氣。舉例來說，通膨恐懼感或許在1994年動搖了股市，可是在1995年初這種看法將不了了之。」**

    每年的熱門恐懼到了翌年就變得老掉牙。一些沒有人料想到事才會造成群眾恐慌，而不是去年的舊聞。再仔細想想——

隨便想個議題，再想想你是在什麼時候第一次聽到它。它的時間越久，就越不可能影響到你。它越古老，大家就越有機會完全反映到股價上。以下是我記得的最佳範例。還記得大家認為電腦會在2000年1月1日當機（01/01/00——恐怖啊！），因為軟體可能發生故障。所謂的千禧蟲（Y2K）造成天下的驚慌，在1999年秋季，許多人嚇得趕快出場。我在1999年10月18日的《富比世》專欄寫了一篇「大笨蛋」，來說明何以千禧蟲不會傷害股市。我引述專欄裏的話：「千禧蟲是現代史上最廣為流傳的『災難』。大家長篇大論地討論。唯一不清楚這件事的人是住在亞馬遜北方盆地，遠離其他人類的人。我不必跟你們說明什麼叫做千禧蟲好讓你們瞭解我的意思。我在1998年7月6日的專欄就已清楚說明何以千禧蟲不會影響股市。」因為這是一個舊的論調了，早已預先反映，S&P 500指數在1999年所謂的危機裏不跌反漲，全年大漲21%。靠著這個簡單的規則，大家就可以知道千禧蟲根本沒有大礙。千禧蟲的隱憂反而是利多。可是很少人知道，因為他們無法接受這項規則。2007年的今天，你如何利用這項規則？想想禽流感吧。這是老掉牙的利空因素了。如果將來我們看到禽流感的隱憂又再升高，那會成為大利多。我會在第5章仔細討論禽流感，以及如何正確看待這件事（如果讀者有興趣閱讀兩篇有關千禧蟲的專欄，請見下面小欄）。

4. **「過去5年的熱門類股在未來5年不會再熱門，反之亦然。」**

沒錯，以後也會是這樣。可是投資人還是搞不懂。1980年的能源股、2000年的科技股、2007年小型價值股，這個遊戲你可以玩個沒完沒了。過去5年熱門，並不表示這些類股在未來5年會變成大冷門，可是沒有任何類股可以紅上10年。如果有個類股真的熱門這麼久，它就是一個嚴重警訊，叫你趕緊到別處去找尋安全的高報酬領域。

你不能用的新聞

讀者尼爾・貝爾在電子郵件中表示「搞不懂你為何不注意2000年的問題」。我回信說，我在1995年3月13日的專欄便已談過這個問題。貝爾則回覆我應該去看看幾個很詳盡的網站，說明這個千禧蟲問題到底有多嚴重。

我真的去看了，結論是和千禧蟲預言家正好相反，這個問題並不會嚴重傷害股市或者造成你的任何重大不便。

我對這種事的看法很簡單。大家應該提防媒體的熱門話題，如果沒有其他特別原因，就反其道而行。如果一個話題不只一個網站加以探討，它不是錯的就是早已反映在市場上。最基本的市場觀念是，市場（偉大的羞辱者）會將各類已知訊息打折扣。它成功的法門在於確保我們所知的一切若不是錯的，就是早已反映在股市。沒錯，熱門話題聽聽就好，千萬不要想靠它賺錢，反而要逆向操作。

千禧蟲被大幅報導，甚至連美國證管會（SEC）都宣告它對千禧蟲的恐懼。所以，別理它。偉大的羞辱者老是在幹這種事。就好像大家很害怕高本益比一樣。在股市裹，真正會害到你的是你看不見或不知道的，因為唯一會造成市場波動的是意外，在網路上到處都是的東西可不會是意外。高本益比股票最可能的意外來自利空，而不是早已反映在股價上的利多。在我26年的職業生涯裹，以及撰寫這個專欄的第15年，這項原則從未讓我失望過。顯而易見的東西絕不會影響市場，意外卻總是能夠影響市場。

1995年我寫說：「如果你在媒體不只一回看到或聽到某個投資觀點或重大事件，那一定沒有用。等到好些個評論員都寫過之後，新聞早已變成舊聞了。」

基於這種原則，我說：別理會千禧蟲。

我因為推薦日產汽車而飽受讀者抨擊，我在12美元的價位推薦這檔落後大盤的日本汽車股，現在它跌到那個價位的一半。

如果你蒙受虧損，我建議你續抱。如果戴姆勒賓士（Daimler-Benz）買下克萊斯勒（Chrysler），你不需要多少想像力就可以預見未來幾年會有大型車廠要收購日產。以540億美元的營收及135,000

人的員工，日產只有克萊斯勒一半的規模，但是更便宜，股價只有其帳面價值的大約60%及年度營收的15%。以70億美元的市值來看，日產可能收到溢價50%的出價，而仍能不及其被低估的帳面價值。

還有兩樁可能的汽車合併案可以創造更大的全球車廠，那是飛雅特（Fiat）及富豪（Volvo）。飛雅特冗員太多，但霸佔義大利地區市場，本益比為18倍，只是年度營收的30%以及帳面價值的1倍，飛雅特的品質不佳早已過度反映。富豪是高級形象，但價值合理，本益比為8倍，約為營收的55%。

讀者又問到安盛集團（AXA-UOP）。我在12月15日以36美元的價位推薦。這檔股價是不是漲太凶、漲太多了？我不認為，我很樂意長抱。它是全球第二大保險公司及第二大資金管理公司，才剛在美國打開知名度而已。以50%的營收及18倍的本益比來看，它可能在2001年前漲到100美元，那是一年28%的漲幅。

松下電器是我在1997年另一檔推薦的個股，我在1997年6月16日推薦，價位為185美元，接著在12月1日推薦，價位為163美元。儘管太平洋地區問題不斷，但這支日本個股力抗頹勢。該公司擁有Panasonic和其他很好的品牌，我還是認為它會在2000年以前漲到350美元。堅持下去。

《富比世》，1998年7月6日。

大笨蛋

從1942年到今年底這段期間我們可以學到什麼？首先，千禧蟲沒有害到股市。它甚至可能帶動一波很好的漲勢。

1942年跟千禧蟲有什麼關係？嗯，1942年說明股市是如何運作的，它的方式不會讓現在的千禧蟲構成災難。那些至今仍在擔心千禧蟲的市場衝擊的人，根本不懂股市，你根本不要去理會這些人。

我們有兩個原則。首先，市場不會等候已知的事件；股市會超前它們。其次，等待事件來推動股價的人時常被困住，然後被踐踏。

何者的風險較大：1999年的千禧蟲還是1942年的希特勒？在1942年，沒有人知道盟軍能否打贏大戰，S&P 500指數上漲20%。1943年又漲了26%，1944年又是20%，1945年又漲了36%，直到1946年初觸及高峰。最後一年大漲主要是因為先前因不確定性而在場邊觀望的人，終於投入了資金，非常好心的拉高股價，讓先前買進的人在高點出場。

為何在戰事沒有確定的結果之前，股市就會在1942年及1943年大漲？在戰爭或經濟蕭條或不好的事件發生之前，股市就會下跌。通常，股市會超前一段長時間。早在事件好轉之前，股市就已上漲。這應驗了一句古諺：「股市就是知道。」股市會將各類已知訊息打折扣。這表示不管我們知道什麼，害怕什麼，讀過什麼，談論什麼，都早已反映到股市裏。

真正影響股市的是我們不知道，不害怕，未曾讀過，未曾談論的。倒不是說這些事情無法看出端倪，通常可以的。可是大多時候，人們對於真正的市場驅動力量是盲目、無知的。

例如，很少人看到湧入美國的大量外國資金，而我早在1997年就告訴過你們，自1996年以來，美股上漲就是它們帶動的。他們不知道事情已經在進行中。（請參考我在1997年10月20日及1999年3月22日的專欄。）

千禧蟲是現代史上最廣為流傳的「災難」，大家長篇大論地討論。唯一不清楚這件事的人是住在亞馬遜北方盆地，遠離其他人類的人。我不必跟你們說明什麼叫做千禧蟲好讓你們瞭解我的意思。

我在1998年7月6日的專欄就已清楚說明何以千禧蟲不會影響股市。現在已快到12月31日，我敢進一步說，股市可望上漲，因為另一股千禧蟲勢力將抬頭。

已有足夠的投資人明白股市如何醞釀一股年底前的買進熱潮。他們會在未來幾星期察覺到，千禧蟲之說將不攻自破，到了年底，那些極端恐懼千禧蟲的人就沒有觀望的理由。那些聰明人會把千禧蟲派人士當成大笨蛋，而在年底前就把他們的資金投入股市。我從來不確定股市在很短期間內的走勢，但年底前大漲的機率非常高。

所以，把資金全部投入股市，67%投入在美國25大個股。其餘

33%應該投入大型歐洲和日本個股。組合如下：

三大電信股組成一組，包括義大利電信，法國電信和丹麥電信（Teledanmark）。他們與其他電信業的連動性很低，又有很好的成長潛力。他們可以完美補足美國25大個股裏的電信成分。

同樣的，三大精選銀行股包括荷蘭銀行（ABN Amro），西班牙對外銀行（Argentaria）以及澳洲的西太平洋銀行（Westpac Banking）。我在4月19日推薦荷蘭銀行，價位在21美元。它仍在原地踏步。可是，要有耐心。該支個股很低價，本益比為14倍，股利收益率3%。在70國有1,900家分行，它要不穩定成長，要不被收購。

西班牙對外銀行可供介入西班牙和拉丁美洲，地區成長潛力理想。我在1996年11月4日推薦，價位為21美元，我在1998年6月1日建議在43美元的價位賣出。該檔個股此後跟其他歐洲銀行同步下跌，現在又可以買進了。西太平洋銀行可供介入亞洲，而沒有太高的風險。其本益比為14倍，股利收益率4.8%。

《富比世》，1999年10月18日。

每當有人提供你投資決策時，不妨遵照上述四個步驟，你就能關掉雜音，看到別人看不見的東西。

投資專家——專業折扣者

另一個折扣訊息的來源是投資專家，包括股票經紀人、財務規畫師、理專等。他們很少能夠掌握同僚或客戶在網路上找不到的訊息。全球的經紀商都訂閱相同的新聞和研究來源。而且，他們用差不多的方法分析和詮釋相同的訊息。不論他們注意什麼，你都不必去浪費時間。如果他們撰寫報告，不要理會。去注意別的地方。

大學的經濟學和財務學教給學生的課程內容大同小異。哈佛、史丹福、密西根、波士頓、南加大、內華達州大學拉斯維加斯分校，都沒有差別。他們教的都是同一套東西。他們本來就該如此。

他們用的教科書、方法論和理論到處都找得到，當中沒有什麼東西是其他人看不到、學不到或無法反映到股市裏的。數十年來學生們在這些課程中，都在學一樣的東西，被訓練用這種方式思考。這是基本技藝。大家學的東西都一樣，課程內容雖好，卻沒有別人不知道的。它沒有提供方法去處理還沒有反映到股價上的資訊。絕大多數的市場人士只會把課程當成眼鏡來看世界。這種技藝的一個殘酷事實是，課程內容是人盡皆知的，因此都已反映在股價上了。

學習這些課程並沒有什麼錯，可是它無法教給你一些別人不知道的事。如果專家擁有相同的教育背景，查閱相同的資訊，並用大致相同的方法加以解讀，他們的優勢何在？他們掌握什麼獨家消息呢？答案通常是沒有。所以，和媒體一樣，專家可用來看出哪些資訊已經反映在股價上，可以不予理會。

是朋友就不要唱反調

媒體大多是錯的。專家大多是錯的，或者只想賺你的佣金。跟隨群眾往往充滿危險。這是否意味著你應該反其道而行？你應該做個唱反調的人嗎？

當然不是。不，不，不！

我經常被稱為唱反調的人。可是，我不是，至少不像這個字眼所說的。我被人叫過更難聽的，可是唱反調的標籤真的是錯的。這幾十年來越來越流行唱反調，反調的意見和一致的意見同樣都被反映到股市裏。現在我們都成了唱反調的人。唱反調會讓你的投資決策完全受到《紐約時報》和夜間新聞的影響。

唱反調這個名詞表示跟群眾的看法相反，假如大家看多，唱反調的人就會看空。如果大家認為選出某位政治人士是股市利多，唱反調的人就覺得是利空。如果大家認為禽流感會讓股票下跌，唱反調的人便認為股價會走高。技術上來說，唱反調的人知道大家認為會發生的事並不會發生，卻誤以為相反的事會發生。

我們再進一步探討。市場會很有效率地將各類已知訊息打折扣，我們已經說過好幾遍了，如果人們大家都認為股市會發生什麼事，它就不會發生，反而會發生其他的事。但這並不表示會發生的其他的事就是正好相反的事。假設大多數人認為股市會上漲，這不表示股市即將下跌。或許股市會下跌，但或許是原地踏步，這樣大家就都猜錯了。或許股市真的上漲，但遠超過大家的預期。大家也都猜錯了。回顧歷史，這些事情都曾發生，而且機率差不多。

如果你是個標準的唱反調的人，看到大多數人都認為市場將要走高，於是你賭它要下跌，結果市場不但上漲，甚至超過大多數人的預期，你就成了鎮上錯得最離譜的人。唱反調好過跟著群眾一起起鬨，不過好不到那裏去，你有三分之一的機會是對的。不妨把它想成一個圓圈。大家都認為市場要朝北走，唱反調就認為它會往南走。結果它可能向東走或向西走，大家都錯了。

重點是，事情或許會超乎群眾的預期，但未必是剛好相反。現在，唱反調的人猜對的機率不一定高於盲從的群眾。真正可以改變需求、驅動價格的是意外的事情。問題是，意外就是你意料之外的事。

到處都有模式

想要知道別人不知道的事，你必須撇開雜音，注意別的事。可是，你如何知道你不知道的事？

到處都可以發現模式。當然，很多是沒有意義的。不過，還有很多模式是我們尚未發現的。將來人們對於資本市場將會有新發現。你當然也可以有自己的發現。如果你去找，就可以搶在其他投資人前面找到許多模式。這就是你的優勢，你的市場操作基礎。

簡單來說，當你提出第二個問題時，你要找出兩件事。首先，你要在人們以為不相關的兩個或以上的變數之間找出模式，即一種關聯。其次，你要找出大多數人看到卻忽視、嘲諷或誤解的模式。

我們將在本章舉出兩個例子，後面章節還有更多舉例。

收益率曲線的驚人真相

你在任何財經網站都會看到或聽到利率。打開電視，你可以看到足球轉播式的熱烈利率分析，不論多頭或空頭都盯著看。

> 利率在早盤尾段之前上揚，然後大跌，接著又反轉向上。聯準會接下來要怎麼做才能扼殺通膨？房屋所有人會被封殺或獲勝？明天請繼續收看大家都愛看的肥皂劇——利率鬼扯！

雖然利率引起很大的注意，投資人卻看走眼，忽略了一個重要的模式。

在我們談到重要的模式與因果關係之前，先來釐清利率的一些背景。利率很重要。它們決定我們借貸的短期和長期利率。它們亦決定投資人將流動資產鎖定一段時日所能獲得的收益。

你是不是時常聽到或看到「利率上揚」或「聯準會將調升利率」，或者有關利率的新聞？

大家掛在嘴上的利率到底是什麼玩意兒？美國或其他地方的短率是由該國央行決定，在美國就是聯準會。央行有絕對權力可以設定該國短率。如果聯準會覺得應該調降或調升貨幣供給，它就會調高或調降短率目標。聯邦公開市場委員會（FOMC）每年開會8次，討論是否要調整聯邦基金利率（亦即隔拆利率或短期利率），以及調整的幅度。短率是銀行同業拆款利率，影響銀行付給你的存款利率（包括儲蓄帳戶和定存）。投資人談論聯準會調整利率時，指的就是這種利率，短期利率，聯邦基金利率。

一般所稱的長期利率，10年期公債利率，並不是由聯準會決定。長期利率是由全球市場力量決定的。在現代的全球經濟，交易員在全球、自由、公開市場跨國界交易債券。市場決定長期利率，不只是10年期公債，還有其他期限的公債，3個月，6個月，5年或30年期。不要誤會了，短率和長率是個別波動的，有時同方向，有時反方向。有時當聯準會調高短期利率，長期利率跟著升高。有時，長期利率下跌。有時，長期利率動也不動。這點在美國和其他地方都一樣。訝異吧！我總是告訴投資人，在談到和想到利率時，一定要把短率和長率分開。

短天期公債和長天期公債之間的差異，在收益率曲線（yield curve）的圖形上便可一目了然的看出。縱軸代表利率，底部為零，往上升高。橫軸代表時間，左邊是短天期，愈往右的到期日愈長，像是10年期或30年期。典型的收益率曲線看起來就如圖2.1所示。

短期利率往往低於長期利率，長率往往較高因為期限拖得愈長，風險也較高。在我們的圖形上，利率構成一道曲線。它的弧線

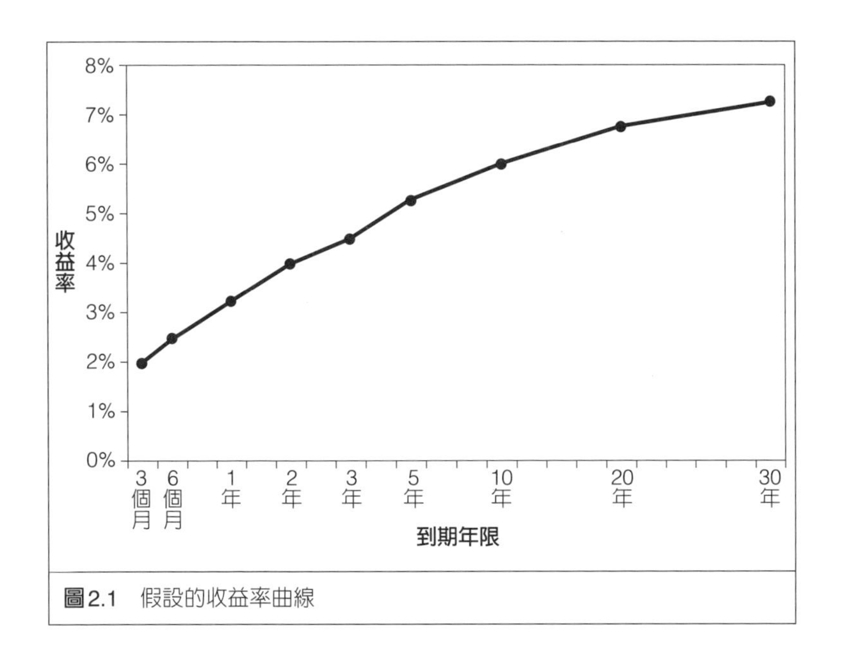

圖2.1　假設的收益率曲線

通常朝向右上方，即所謂正斜率收益率曲線。正收益率曲線通常是正常（normal）或陡峭（steep）的，端視短率與長率之間的差距。有時（但不常見）短率會高於長率，在這種情況下，收益率曲線會朝向右下方，被稱為反斜（inverted），即負斜率。還有一種也很少見，但不像反斜那麼罕見的情況是長、短率一樣水準，稱為平坦的（flat）。

利率騷動

投資人對於長、短率波動以及對股市影響的理論看法各有不同。你或許聽過一句老掉牙的話：「不要對抗聯準會」，意思是叫你在聯準會調升短期利率時賣掉股票。這是胡說八道，平均而言，聯準會調升短期利率時股票都表現得不錯，儘管不完全如此。可是，沒有什麼事是絕對的。圖2.2說明1980年以來聯邦基金利率調升與S&P 500總報酬指數的走勢。

你可以看出，S&P 500及聯邦基金利率調升有時相當密切的連動。我不會因此而引伸出任何評論，股市通常漲多跌少，所以這沒什麼奇怪。而且有時股市表現優於其他市場。可是，利率調升後，出現了股市上漲，所以，「不要對抗聯準會」這句話符合第1個問題要破除的迷思。並不是說短率調升是一種空頭或多頭指標，短率調降也不是什麼指標。短率波動與多、空頭之間沒有任何可信的關聯。

舉例來說，2001到2003年間，聯準會持續調降短期利率。那些堅持「不要對抗聯準會」的人應該會一直持有股票，然後在全球股市步入長期空頭市場之後，賠得一場糊塗。在2004和2005年，聯準會持續調升短期利率。堅持不要對抗聯準會的人應該會迴避股票，然後發現自己又錯判形勢了。他們錯在哪裏？

要成功的提出第2個問題，首先要拋下所有無關緊要的考量。只要短期利率往一個方向波動，都會反映到價格，所以，你可以不

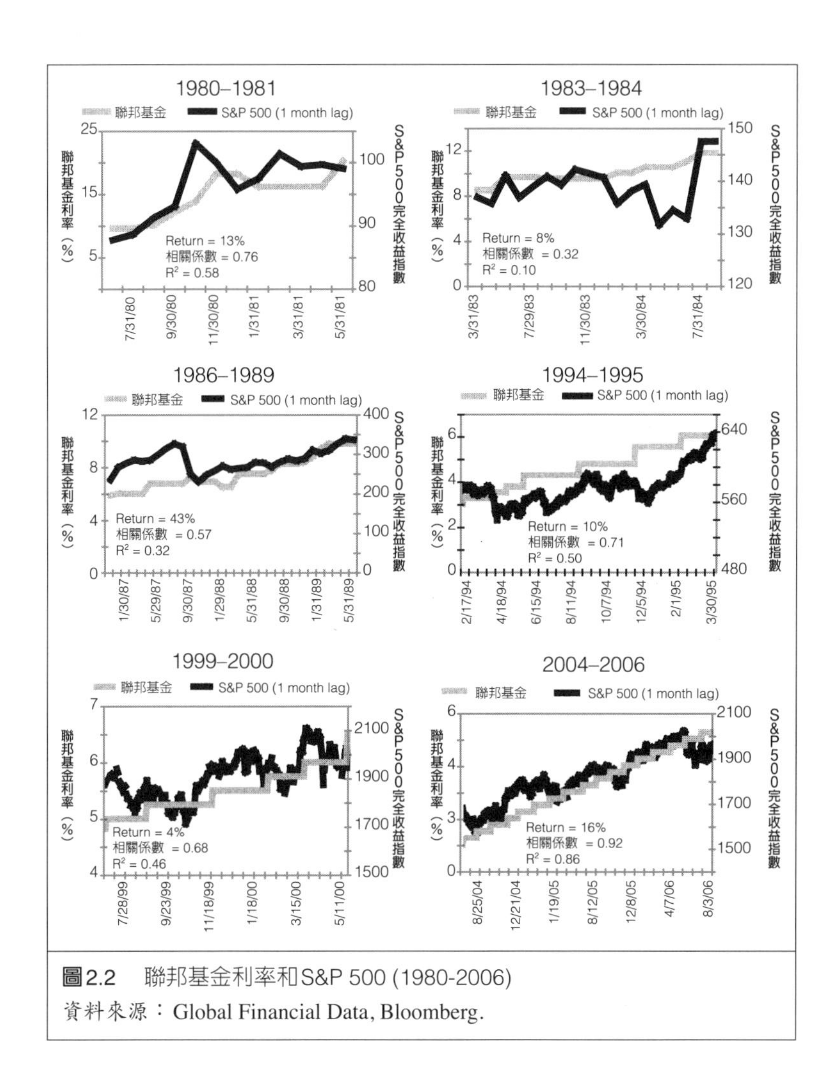

圖2.2　聯邦基金利率和S&P 500 (1980-2006)

資料來源：Global Financial Data, Bloomberg.

要管它。大家可以上Google或聯準會網站（http://www.federalreserve.gov/fomc/#calendars），去查詢開會日期。況且，自從葛林斯潘擔任聯準會主席以來，FOMC對於調整利率的動向和幅度已經愈來愈透明。在葛林斯潘任期結束時，市場很少錯過聯準會調整利率的時機和幅度。柏南克上任之初有些失言，跟葛林斯潘當年一樣，不太懂得何時該閉嘴或者乾脆東拉西扯。（葛林斯潘是出名的東拉西扯大師，沒有人有如此專業的表現。）不過，柏南克不久就學會了。無論如何，當聯準會花了數個月談論升息的預定步調時，升息1碼或2碼，都不會造成市場波動。

你不必在意短期利率波動，而要注意收益率曲線（如果你知道如何正確使用的話，我們很快就會談到）。大多數投資人會告訴你，正收益率曲線是好的，而負的是不好的。差不多如此。收益率曲線一般是正斜率的。真正的負收益率曲線不僅罕見，也被視為空頭指標。

可是，你現在對於收益率曲線的想法是不正確的，可能造成傷害。在我們討論新觀點之前，我們用第1個問題來檢驗我們以前對收益率曲線的認知是不是正確的。負斜率是否真是一記喪鐘？答案是，看你對收益率曲線的定義而定。收益率曲線的一個問題是，人們常常把經濟衰退和空頭市場混為一談。但它們是兩碼子事，沒有經濟衰退也可能發生空頭市場，反之亦然；儘管它們往往同步發生，因為股市會反映經濟衰退造成的悲觀心理，但並非總是如此（例如，經濟衰退早在預期當中，而且已充分反映）。

在這裏先提兩個定義：空頭市場是指股市長期下跌超過20%。（空頭市場與修正的差別在於幅度和持續的時間——修正的時間比較短，只有數個月，跌幅不超過20%。）相反的，經濟衰退的定義一般是指連續兩季的負GDP成長，但經濟衰退正在發生時，人們是無從得知的，因為GDP的數值在後來會大幅重估。

連續兩季溫和的負GDP成長發生時很難感受得到。經濟衰退通常要等到很久以後，才會被判定為經濟衰退，有時甚至要到結束後才被判定。例如，1973到1974年的空頭市場之後緊接著陷入又深又廣的經濟衰退，持續了整個1974年，並且延續到1975年。那是二次大戰後最大的一次經濟衰退，但直到1975年才被判定。1974年9月，福特總統和他的經濟顧問還在呼籲增稅以延緩成長與對抗通膨，那是因為沒有人知道當時正陷入經濟衰退。

雖然我當時還年輕，卻對那個時期記憶深刻。對我而言，那是一段奇特的歲月。我記得，1974年時我請教的所有人都認為經濟強勁，後來才知道其實那一整年都在衰退中。其實，我在那一年並不是很投入，我們夫妻倆剛失去小女兒，我傷心難過，有半年的時間只能勉強上班幾小時。我不信任自己對於景氣的判斷，所以我花了很多時間請教別人的看法。在無心之下，我等於是訪查了許多領域的投資人和商業人士。1974年時沒什麼人知道當時我們早已深陷經濟衰退。我猜想要一直到1975年經濟衰退都快要結束時，才有人知道那是經濟衰退，而且還是很嚴重的衰退。當時的通膨率很高，許多公司的營收仍保持在高水準，可是售貨量卻減少了；然而，若是當時鮮少有人看出此現象，可見些微的經濟衰退不易被察覺。

國家經濟研究局（NBER，www.nber.com）提供一個判定經濟衰退的良好指標。他們對經濟衰退的定義涵蓋了更多資料，而且對於經濟衰退有更準確的描述，不過其中主要的資料還是GDP。NBER對於經濟衰退有如下描述：

> NBER對於經濟衰退的定義並不是實質GDP連續兩季衰退。相反的，經濟衰退是經濟活動全面地大幅下跌，持續數個月以上，通常明顯表現在實質GDP、實質所得、就業人口，工業生產和躉售及零售額。

一般而言，正收益率曲線表示在當時的環境下，金融機構放款可以賺得到錢，而放款是未來經濟活動的重要驅動力。反之，反斜的收益率曲線讓銀行不願放款，進而降低流動性（本章稍後再談），這是經濟衰退的可靠預測指標。

但反斜的收益率曲線會不會造成空頭市場，決定因素在於相關的利空消息是否已反映在股市。舉例來說，1998年美國出現平坦的收益率曲線，令投資人惶惶不安。他們深怕即將出現反斜的收益率曲線。加上俄羅斯盧布危機以及長期資本管理公司（LTCM）的危機，預料將造成股市長期大跌。年中時股市雖大幅修正，但並非空頭市場，S&P 500指數於1998年收盤時大漲29%。由於大家太過害怕平坦的收益率曲線，它反而無法造成股市大跌。

2000年時，收益率曲線確實變成反斜的。這次卻沒有人注意；反而大家都在歌謳「新經濟」，說什麼「獲利不重要」、「這次不一樣」，興沖沖地去慶祝SweetLobster.com和其他網路股上市。1998年的往事使他們相信，負收益率曲線不要緊的。2000年時，由於沒人注意和擔心——大家都在看別的地方——而收益率曲線其實是經濟疲弱以及科技股觸頂的預兆，後來陷入3年的空頭市場。如果大家都在談論、都在害怕、都在囤積罐頭食品，那麼負收益率曲線就會失去威力。假如大家雀躍地說「哈—哈！這次不一樣」，就像2000年初一樣，負收益率曲線就會重創股票。

即使說得這麼明白了，大家仍對收益率曲線有著錯誤的看法。基於負收益率曲線所暗示的經濟狀況，我們一定要有正確的看法。你想想美國的利率水準以及它們造成的收益率曲線。為什麼不用美國利率？你想用其他什麼利率？我與大家分享的第2個問題，可以不斷套用在解決其他問題的情境中。那麼，我就要出題了。

第2個問題：我想知道是否有比美國的收益率曲線還要重要的收益率曲線？你或許從來沒想過要問自己這個問題。你為什麼會呢？還有什麼會比美國更重要？尤其是對美國人來說！

畢竟，當我們回顧30年、50年和100年前的美國收益率曲線，我們可以看出一些強烈的長期證據顯示，它們是可以預測的，大家都知道的（至少很多人是這麼認為，包括很多記者）。大家公認美國的收益率曲線很重要，並且是預期未來景氣的可靠指標。每當短利超過長率時，銀行的放款意願便明顯減弱。然後就出現了壞景氣。30年前美國出現反斜的收益率曲線，銀行放款業務獲利的唯一方法，就是以高於銀行借貸成本的利率借錢給信用評等較差的對象。這種做法有其風險，銀行並不喜歡。以前，美國的收益率曲線和其弧度是很重要的！當然啦，那時候大多數人都不知道收益率曲線很重要。

全球思考，好好思考

時至今日，我們不但有了全國性銀行，更有全球性銀行，各式各樣的衍生性商品和可供避險的金融期貨，電子設備讓人們可即時取得準確的全球會計與貿易資訊。如今資金相當自由地跨國流通。全球性銀行可以在一國借款，到另一國放款，然後進行貨幣風險避險，而且是在你看完這個句子前就完成這些動作。我可以向一家投資銀行借錢，而該銀行的資金來自歐洲的一個保險公司聯盟，他們又透過全球性銀行來匯款，但我可能永遠不知道資金來自海外。對借款人來說，資金就是資金。數十年前，在只是全國性銀行的年代，沒什麼會計與貿易資訊，沒什麼避險工具，貨幣匯率是固定而無彈性的，當時，重要的是一個國家的收益率曲線。但是這種日子結束了！全球趨勢已取代每個國家的本地趨勢，包括美國這個全球最大經濟體亦然。外國的利率和收益率曲線對美國有著很大的影響，同時也亦決定利用融資槓桿收購國內外資產的成本效益。

分析單一國家的收益率曲線，即便是美國這樣的大國，已經越來越沒有意義。正確的思考方式應該是，GDP加權全球收益率曲線，我想這是由我率先提出的想法。全球收益率曲線代表全球的放款情況。在現今的世界，如果全球收益率曲線與美國收益率曲線所代表的趨勢背道而馳，就應該跟隨全球。美國或任何其他單一股市都會臣服於全球曲線。

圖2.3表示2006年6月以前的全球收益率曲線。它為什麼重要？如果銀行可以在甲國借到更便宜的資金，再到乙國放款以賺取更多利潤，他們一定不會放過。大家都愛廉價資金，銀行和客戶皆

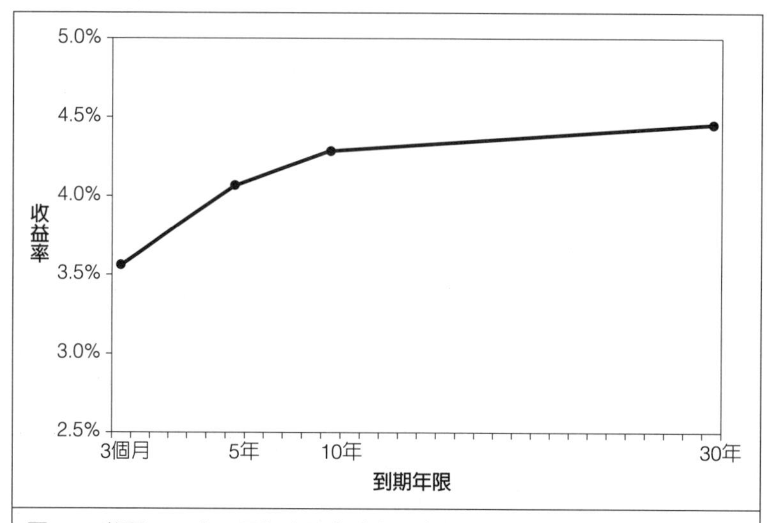

圖2.3 截至2006年6月為止的全球收益率曲線

註：無法取得30年期利率時以10年期利率代替。

資料來源：International Monetary Fund, Global Financial Data, and Bloomberg.

然。圖2.3是經過GDP加權的全球收益率曲線。想當然，GDP愈大的國家對全球收益率曲線的影響愈大。

為了製作GDP加權的全球收益率曲線，我首先列出組成MSCI世界指數的23個國家。我之所以沒有使用ACWI，是因為工業國家的GDP遠大於新興國家，所以新興國家的利率沒什麼影響力，而且他們的正確資料十分難以取得。接著，我輸入每個國家的最新GDP。這些國家的GDP可以在國際貨幣基金（IMF）的網站找到（www.imf.org）。列表如下：

國家	GDP（10億美元）	GDP加權 (%)
A國	50	14.3
B國	50	14.3
C國	250	71.4
總額	**350**	

最廣泛的全球市場

目前，衡量全球市場的最佳指數是由摩根士丹利資本國際公司所編製的MSCI全球指數。MSCI的所有指數均經過市值和自由浮動加權，我們要注意的是MSCI世界指數和MSCI所有國家世界指數（簡稱世界指數及ACWI）。

世界指數代表23個工業國家，含美國、英國、澳洲、德國和日本。我在討論市場歷史時總是引用世界指數，因為它提供豐富的歷史資料，有助於分析歷史。更重要的是，它很廣泛（代表世界市場85%的市值），每個組成項目均經自由浮動加權，意指其市場流動性。假如一檔股票交投不熱絡，就沒有什麼市場效果。範例之一是波克夏，它並未列入世界指數或S&P 500指數，因為它的交投不活絡。

ACWI也是整個全球市場的良好指標，因為它包含新興國家。目前包含48個國家——除了世界指數的股票外，還有墨西哥、巴西、中國、印度等。由於新興市場的歷史較短、資料較少，它評估歷史績效的作用不如世界指數。可是，它仍然是評估全球市場的良好指標。

有關這兩個指數的更多資訊，請上網站www.mscibarra.com。

這當然是假設資料，只是為了給你一個概念。每個國家的GDP加權，就是用全球GDP除於個別國家的。

接著，輸入短期和長期利率（我列出3個月和10年期的）。我有一些很棒的資料來源，讓我可以很快編列出利率，不過，大家可以在Yahoo! Finance網站上找到免費的資訊。

國家	GDP（10億美元）	GDP加權(%)	3個月期利率	10年期利率
A國	50	14.3	3.25	6.5
B國	50	14.3	2.5	7.2
C國	250	71.4	4.5	4.25
總額	350			

接著我把10年期利率減去3個月期，算出利差。正利差表示正收益率曲線，負利差代表反斜的曲線。

國家	GDP（10億美元）	GDP加權 (%)	3個月期利率	10年期利率	利差
A國	50	14.3	3.25	6.5	3.25
B國	50	14.3	2.5	7.2	4.70
C國	250	71.4	4.5	4.25	–0.25
總額	**350**				

請注意，C國出現負利差，代表該國的收益率曲線略為反斜。而且C國的GDP很可觀。這表示C國要完蛋了嗎？我們還沒算完呢。接著，把每個國家的利差乘以其GDP加權，再加總起來成為全球收益率曲線利差，如下表所示：

國家	GDP（10億美元）	GDP加權 (%)	3個月期利率	10年期利率	利差	GDP加權利差
A國	50	14.3	3.25	6.5	3.25	0.46
B國	50	14.3	2.5	7.2	4.70	0.67
C國	250	71.4	4.5	4.25	–0.25	–0.18
總額	**350**					**0.95**

雖然C國有著負的收益率曲線，全球收益率曲線還是正的，10年期利率高於3個月期。全球收益率曲線利差為0.95，代表正的全球收益率曲線，由低到高的利差接近於1。你可以想像GDP龐大的C國就是美國。而即使對C國這種大國而言，其他國家的收益率曲線也很重要。如果C國銀行和機構的信用狀況不佳，他們會在其他國家借錢而不會有景氣衰退的感覺，但在幾十年前他們可是不會這麼做的。（你可以使用相同方法去計算全球短期和長期利率，如果你想編製真正的全球收益率曲線，只要把每個國家的利率乘上他們

的GDP加權，然後加總起來就是全球利率。在我們的例子裏，全球3個月期利率是4.04，而10年期利率是4.99。減掉短期利率，你還是可得出相同的收益率曲線利差0.95。）

因此，美國收益率曲線出現反斜不值得大驚小怪。相反的，你應該去看全球利率和全球收益率曲線的情況。圖2.4顯示過去25年全球短期利率和全球長期利率之間的利差，這是另一個決定全球收益率曲線起伏的方法。高於0%以上的就是正收益率曲線，以下則為反斜。曲線愈高，短率與長率之間的利差愈大，曲線就愈陡峭。

請注意到全球收益率曲線在1989年出現反斜，預示即將來臨的經濟衰退（全球衰退）。再來看2000年。全球收益率曲線變得相當平坦，但沒有比1998年平坦，當時經濟與股市都十分活絡。美國的收益率曲線是反斜的，但由於全球收益率曲線相當平坦，根據NBER的測量，美國於2001年3月開始的衰退極為短暫。

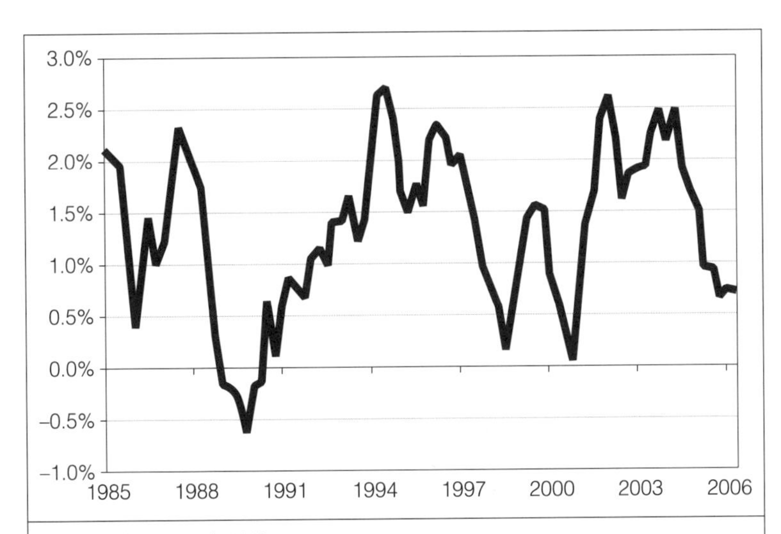

圖2.4　全球收益率利差

資料來源：MSCI World Monetary Zones.

喜歡用GDP來評估經濟衰退的人或許會很訝異，2000、2001和2002年的期間從來不曾發生連續2季GDP負成長，甚至連一季負成長都沒有。要記得，媒體在刊登一則報導後，他們很少在事後通知你先前的報導有誤。表2.1說明2000年到2002年之間每季GDP成長率。2001年第3季雖然幾乎沒有成長，但仍然是正成長；除此之外，沒有一季為負成長。

反斜，再反斜

由2005年12月一直到2006年年中，空頭人士依據平坦或略為反斜的美國收益率曲線而鼓吹他們的空頭想法。整個2006年，諸多名嘴不斷警告我們會發生經濟衰退，但後來並沒有發生。全球股市上漲，美國經濟或許會稍微不景氣，但不至於衰退。我對CNN.com每天的投票很感興趣（你可以在該網站首頁找到），有一天是詢問觀眾對於美國是否將陷入衰退的意見。事實上經濟衰退不是什麼意見，我們要不成長，要不陷入衰退，CNN.com的觀眾有

表2.1 每季GDP成長率

季度	GDP成長率
2000年第1季	1.15%
2000年第2季	2.01%
2000年第3季	0.40%
2000年第4季	0.93%
2001年第1季	0.68%
2001年第2季	1.07%
2001年第3季	0.06%
2001年第4季	0.90%
2002年第1季	1.05%
2002年第2季	0.90%
2002年第3季	0.97%
2002年第4季	0.61%

資料來源：Bureau of Economic Analysis.

什麼意見也是他們個人的意見。可是，每次我查看投票結果時，似乎有50%的人回答是，他們認為我們陷入衰退。比較恰當的問題是：「你是否知道什麼叫經濟衰退，它又是如何衡量的？」觀眾有什麼意見，交給脫口秀主持人歐普拉去處理就行了。

美國2006年的反斜收益率曲線並不重要，因為媒體已確保市場完全加以反映，而沒有人談論的全球收益率曲線依然是正向的。如果某個國家的收益率曲線是反斜的，而全球收益率曲線依然是正向的，企業、法人機構、私人客戶等就還有機會在全球做生意。銀行成天在一個國家借錢，在另一國放款，用衍生性商品和其他證券等以前未曾想過的風險管控來分散風險。他們也投資多個國家的債券來分散風險。這也說明，何以2001年短暫溫和的衰退並未造成任何大型銀行或券商倒閉。銀行控制風險，俾以渡過風暴。

你或許還是很不高興我竟然說2001年的衰退很短暫或溫和。現在很流行一個說法，2000年11月小布希當選（或者被提名，隨你怎麼想）的同時，美國經濟急速惡化。很多人認為，美國經濟不但急速惡化，在之後幾年也一直沒有復甦。為什麼經濟衰退不算嚴重、持久呢？畢竟，我們經歷了3年的大空頭市場。

因為，資料不是這麼說的。你可以在吃晚飯時跟志同道合的人讚美或貶低總統，不過假如你依據自己的政治立場來做投資決策，你就大錯特錯，且將錯失機會。2000到2003年的美國和全球熊市是比較嚴重，可是因為全球收益率曲線依然是正向的、葛林斯潘和外國央行總裁明智的貨幣政策以及減稅（供給面經濟學萬歲！），使經濟得以不受衝擊。自此之後，美國經濟穩健成長，2002年GDP成長3.4%，2003年成長4.7%，2004年成長6.9%，2005年成長6.3%（2006年也是成長的）。全球股市在2003年大漲33%，開啟新一回合的多頭市場。糗大了的名嘴趕緊找些指標來佐證他們的悲觀看法（第3章再詳談），可是，不管他們再怎麼試，他們也無法推翻事實。

所以只要全球收益率曲線依然是正向的，即使美國的收益率曲線反斜也不代表未來是苦日子。這種情況頂多是要你相對於外國股票，可減碼手中的美國部位，但沒有理由全面看空。全球收益率曲線比任何單一國家的曲線，更適合作為股市和全球經濟的領先指標。

最近的一個實際例子是2005年的英國。2005年伊始時，英國的收益率曲線跟美國2006年初的情況幾乎一模一樣，如圖2.5所示。幾乎一模一樣，平坦得跟鬆餅一樣！

可是，英國在2005年既沒有陷入熊市也沒有出現衰退，她的經濟依然強勁。股市走高，儘管落後全球，但還是走高。在其他國家多為正收益率曲線時，某個國家的收益率曲線卻是平坦或略為反斜，讓人想要減碼那個國家。豈有此理！（這是另一個測量別人認為深不可測的例子。你可以馬上測試你自己的投資組合。）

就我所知，從來沒有人編製GDP加權的全球收益率曲線以反映全球狀況。這是第2個問題的簡單、完美範例——測量別人認為

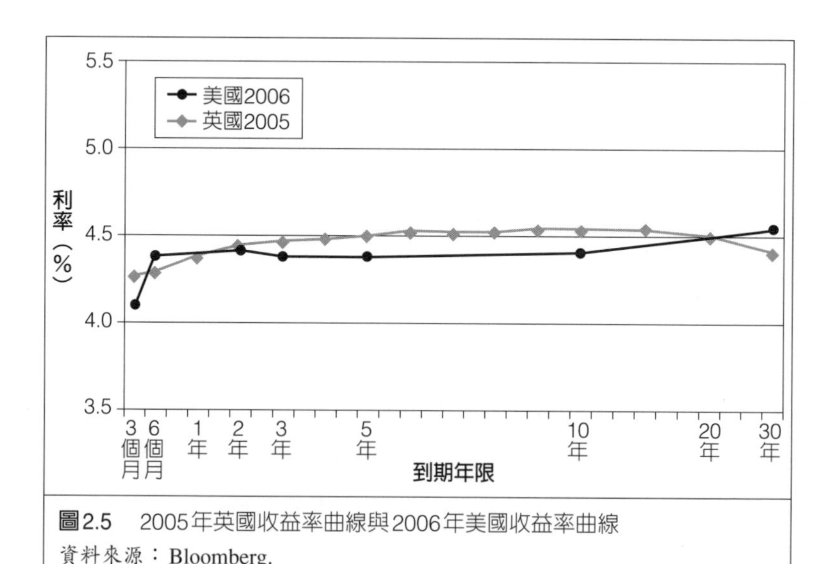

圖2.5　2005年英國收益率曲線與2006年美國收益率曲線

資料來源：Bloomberg.

深不可測的事：全球收益率曲線才是重要的，而非單一國家收益率曲線。然而，測量別人認為深不可測的事並不是那麼複雜、理論性，或難以理解。實際上，很基本，很簡單。

我們先前談到，你可以把這項原則套用在其他許多現象。對全球GDP及市場而言，重要的是全球預算赤字。帶動美國和其他地方通膨的是全球通膨。你可以用我剛才所說的方法編製GDP加權全球貨幣供給，觀察它的成長。為什麼？因為帶動全球通膨的是全球貨幣供給，而不是單一國家。你知道你擔心貿易赤字和經常帳赤字，但就定義而言，這些在全球層面根本不存在，但我們稍後會談到如何思考這個角度。你可以把全球思考應用在許多事情，「全球思維，在地行動」是一個古老卻很少被實際運用的觀念。

收益率曲線想要告訴你的事

現在你對收益率曲線有了正確觀念之後，可以開始找尋其他值得注意的模式，然後進行市場操作。再來一個「第2個問題」：收益率曲線能告訴你什麼別人不知道的有關股票的事？現在，你已經知道（或者知道自己不知道）所有的投資類別都有流行及退流行的時候，我們在後面的章節將談到為什麼。不過你可以在表2.2看出端倪，這個表說明股票規模（大型股或小型股）和市場主流的流行改變。

表2.2要說明的是沒有什麼規模或類別可以永遠流行。更重要的是，沒有什麼預測模式可以顯示接下來要流行什麼類別或規模。有嗎？你會知道什麼時候成長型股票將取代價值型？誰不想知道呢？如果你可以預測接下來會流行什麼類別以及何時將改變，你就掌握了別人不知道的事，你就可以漂亮的賺一大筆。你將可以準確地買低賣高。

再看一次表2.2。如果你買了前年的贏家，結果很有可能被今

表2.2 沒有什麼投資類別可以永遠流行

1986	1987	1988	1989	1990	1991	1992	1993	1994	1995
EAFE Growth 71%	EAFE Value 31%	EAFE Value 31%	US Large Growth 36%	US Large Bond 6%	US Small Growth 51%	US Small Value 29%	EAFE Value 40%	EAFE Value 11%	US Large Growth 38%
EAFE Value 69%	EAFE Growth 21%	US Small Value 29%	US Large Cap 32%	US Large Growth 0%	US Small Value 42%	US Large Value 11%	EAFE Growth 25%	EAFE Growth 5%	US Large Cap 38%
US Long Bond 25%	US Large Growth 6%	EAFE Growth 27%	US Large Value 26%	US Large Cap –3%	US Large Growth 38%	US Long Bond 8%	US Small Value 24%	US Large Growth 3%	US Large Value 37%
US Large Value 22%	US Large Cap 5%	US Large Value 22%	US Small Growth 20%	US Large Value –7%	US Large Cap 30%	US Small Growth 8%	US Large Value 19%	US Large Cap 1%	US Long Bond 32%
US Large Cap 19%	US Large Value 4%	US Small Growth 20%	US Long Bond 18%	US Large Growth –17%	US Large Value 23%	US Large Cap 8%	US Long Bond 18%	US Large Value –1%	US Small Growth 31%
US Large Growth 14%	US Long Bond –3%	US Large Cap 17%	EAFE Value 15%	EAFE Value –21%	US Long Bond 19%	US Large Growth 5%	US Small Growth 13%	US Small Value –2%	US Small Value 26%
US Small Value 7%	US Small Value –7%	US Large Growth 12%	US Small Value 12%	US Small Value –22%	EAFE Growth 14 %	EAFE Value –10%	US Large Cap 10%	US Small Growth –2%	EAFE Value 12%
US Small Growth 4%	US Small Growth –10%	US Long Bond 10%	EAFE Growth 6%	EAFE Growth –25%	EAFE Value 11%	EAFE Growth –13%	US Large Growth 2%	US Long Bond –8%	EAFE Growth 12%

資料來源：Thomson Financial Datastream, Ibbotson Analyst.

年的輸家套牢，唯一的例外是美國大型股，在1990年後期有很長一段時間都是市場主流。當然，在你追高之後，你就會看到2000年以後一段很長的悲慘行情（我說過了，很少有任何類別會流行10年以上）。假如確實有一種模式可以預測何時該更換類股，這些年來一直在投資的聰明傢伙怎麼會看不出來呢？

很簡單。

我們在前面已經給你看過一個跟圖2.6很像的圖，說明全球長、短率之間的利差。圖2.6是價值型和成長型股票的相對表現。例如，1987年收益率曲線變得非常陡峭，達到接近2.5個百分點的利差，價值型股票接手，接下來幾年表現超越成長型股票，幅度達到28%。後來，收益率曲線趨於平坦及反斜，成長型股票又變成主流，直到收益率曲線又變得陡峭。這個模式一再重複，有時股市主流的時間較久，漲幅更大，像是55%和76%。不敢對抗聯準會或是

1996	1997	1998	1999	2000	2001	2002	2003	2004	2005
US Large Growth 24%	US Large Growth 37%	US Large Growth 42%	US Small Growth 43%	US Small Value 23%	US Small Value 14%	US Long Bond 18%	US Small Growth 49%	EAFE Value 25%	EAFE Value 14%
US Large Cap 23%	US Large Cap 33%	US Large Cap 29%	EAFE Growth 30%	US Long Bond 21%	US Long Bond 4%	US Small Value –11%	US Small Value 46%	US Small Value 22%	EAFE Growth 14%
US Large Value 22%	US Small Value 32%	EAFE Growth 22%	US Large Growth 28%	US Large Value 6%	US Small Growth –9%	EAFE Value –16%	EAFE Value 46%	EAFE Growth 16%	US Long Bond 8%
US Small Value 21%	US Large Value 30%	EAFE Value 18%	EAFE Value 25%	EAFE Value –3%	US Large Value –12%	EAFE Growth –16%	EAFE Growth 32%	US Large Value 16%	US Large Value 6%
US Small Growth 11%	US Long Bond 16%	US Large Value 15%	US Large Cap 21%	US Large Cap –9%	US Large Cap –12%	US Large Value –21%	US Large Value 32%	US Small Growth 14%	US Large Cap 5%
EAFE Value 9%	US Small Growth 13%	US Long Bond 13%	US Large Value 30%	US Large Growth –22%	US Large Growth –13%	US Large Cap –22%	US Large Cap 29%	US Large Cap 11%	US Small Value –5%
EAFE Growth 4%	EAFE Growth 2%	US Small Growth 1%	US Small Value –1%	US Small Growth –22%	EAFE Value –18%	US Large Growth –24%	US Large Growth 26%	US Long Bond 9%	US Small Growth –4%
US Long Bond –1%	EAFE Value 2%	US Small Value –6%	US Long Bond –10%	EAFE Growth –24%	EAFE Growth –24%	US Small Growth –30%	US Long Bond 1%	US Large Growth 6%	US Large Growth 3%

擔心利率太高或太低的投資人，就錯過了這個很棒的模式。

圖2.6證明，在全球收益率曲線變得非常陡峭以後，價值型股票表現就會超越成長型股票。等到收益率曲線趨於平坦，成長型股票便取代價值型，成為市場主流。這二者的換手很奇特。收益率曲線的改變往往十分突然，投資主流的換手也是。投資類別之間的表現有很大的差異，至少是好幾個百分點。如果你能準確更換類股，就可以大賺一筆。簡單來說，全球收益率曲線告訴你何時該由成長型股票轉換到價值型，反之亦然。在曲線變得十分平坦之後，成長型股票就會引領主流一段長時間；在曲線變得很陡峭之後，你就要轉換到價值型股票；等曲線又變得平坦，就該換回成長型股票。

除非你參加過由我或我的公司主辦的座談會，否則你可能從來沒看過以這種方法來重疊收益率曲線利差和價值型與成長型股票的績效。沒有人看過這種模式，可是這個關係很重要。理由很充足。

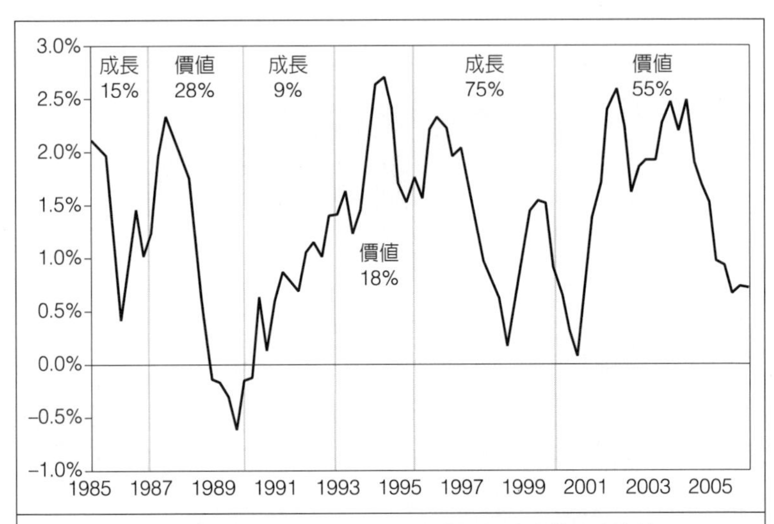

圖2.6 全球成長型和價值型股票的績效與全球收益率曲線之比較

資料來源：Bloomberg, Global Financial Data, IMF, Thomson Financial Datastream.

價值型股票與成長型股票有何不同？

什麼是成長型股票？什麼是價值型股票？你知道嗎？

在投資字典或任何網站上查詢「成長型股票」或「價值型股票」的意思，你會查到許多不正確的解釋。例如，成長型股票可能被說成是「報酬較優」但「beta係數高」，意思是風險較高。價值型股票可能被說成「風險較低」，雖然「報酬較低」，但「較為穩定」。真是一派胡言！若拉長時程來看，價值型或成長型股票並沒有優劣或風險程度之分，但他們的流行則如循環般時盛時衰。有時成長型股票輕易便打敗價值型股票，例如1994到2000年；有時價值型持續打敗成長型股票，如2000年到2006年。所以，你必須知道如何分辨一支股票是價值型或成長型。

幾乎每個人都同意，成長型股票具有高本益比，而價值型的本益比較低。可是，高低的比較基準何在？有些專家隨便挑出一個基準，你最好自己選一個基準。方法如下。

找出自己的本益比基準。首先，你可以在任何財經網站找到S&P 500目前的本益比。不過，要記得使用「預估本益比」（Forward P/E），而不是歷史的，因為我們在乎的是未來的事，而不是歷史，懂嗎？提供讀者一個參考，2006年6月的S&P 500預估本益比是13.6倍。

現在你可以把本益比高於13.6的股票當成成長型股票，低於這個水準的就是價值型。接近本益比基準的股票，基本上你會把它視為中立型（neutral）。你要記住這點，因為你的本益比基準會略為起伏。你想要成長性愈高，就要把投資組合的平均本益比提高到高於本益比基準。價值型則相反。有時，你或許想要保持中立。你還要記住，有些公司一時間可能沒有獲利及本益比，那麼你便無從以本益比去判斷他們是價值型或成長型股票。若是這類公司，你需要其他指標，像是股價淨值比（price-to-book ratio）或市值營收比（price-to-sales ratio）。你可以把相同的方法套用在這些指標，然後得出相似的結果。

在你進行分析時，不妨以羅素（Russell）及威爾夏（Wilshire）指數做為美股績效基準。這兩者都是價值型和成長型股票的明確指數，分別有各種規模的類股可供比較。這兩個指數的資訊和歷史績效可參考他們的網站www.russell.com/us/indexes以及www.wilshire.com/indexes。MSCI也有編列國際成長型和價值型指數，見www.mscibarra.com，從投資類別挑選價值型或成長型股票。現在，你可以用你自己的基準來比較這些指數的歷史資料，看他們領先或落後大盤的時期。

你看到收益率曲線趨於平坦和成長型股票引領主流的關聯性，那又怎麼樣呢？我們說過，有許多既存的模式未必有任何意義。在你一知半解、根據某種關聯性圖表大幅調整投資組合之前，你一定要用因果關係去檢查你的模式。沒有因果關係，你就沒辦法進行市場操作。如果某件事的發生是因為另一件事，那麼它們就有因果關係。但兩個相關的變數未必永遠都有因果關係。你在學校上統計課時，他們告訴你高關聯性未必有因果關係，可是因果關係一定具有高關聯性。第2個問題的主旨就是要找出高關聯性，然後看你能不能用簡單的經濟學來證明因果關係。

兩個事件可能因為意外或巧合而呈現關聯性。這是賭徒謬論的相反版本——每次你丟銅板，即使先前100次都出現人頭，但人頭出現的機率仍是50%。你不能只因為觀察Q多少次之後，得到證據顯示Y出現的機率，你就打賭Y會再出現，例如你認為第101次丟銅板，結果一定會是數字。

如果Y時常跟著Q出現，但你無法找出這種關聯性的原因，就從頭開始。也許在你觀察Q時，有別的事情發生而導致了Y，你必須找出這個神祕變數（或許是X？），才能進行市場操作。

如果你測量出Q似乎導致Y，而且好像很有道理呢？可是，你觀察到Q導致Y的機率只有七成或八成。你要放棄這個工具嗎？不行！投資時，你絕對找不到100%的關聯性。有許多的市場力量、許多的變數，假如你等待100%的關聯性，你永遠沒辦法進行市場操作。如果某件事有七成的關聯性，那就很了不起了。以後再去擔心剩下的三成吧。有時，Y有七成是Q造成的，三成是X或X＋L造成的，變數有好幾個。如果你七成的時間都能成功，你就可以打敗所有的專業投資人。所有的！如果你可以證明Q有一定的規律導致Y，並且有經濟上的道理，而別人都想不出Y的成因，你就中大獎了。

所以，收益率曲線利差的變動與價值型或成長型股票成為市場主流具有任何基本經濟理由？絕對有！理由是公司籌集資金的方法以及銀行有什麼誘因要借出那筆資金。

銀行的核心業務一定是借來短期資金，然後借出長期貸款。業界行話說：「借短放長。」短率和長率之間的利差就是銀行未來放款的毛利率。曲線愈陡峭，銀行放款所賺的利潤愈多。若曲線趨於平坦，銀行未來放款的利潤就減少。萬一曲線反斜，銀行就沒有誘因去放款了，這也是負斜率被視為空頭指標的原因。要記得，在這種環境下，銀行必須尋找風險更高的貸款才能賺到錢，而銀行不喜歡承做可能違約的貸款。收益率曲線利差決定金融體系放款的意願。

如果你是一位銀行執行長，面對陡峭的收益率曲線，而且腦袋還清楚的話，你會竭盡所能鼓勵放款主管去放款。等到曲線變得非常陡峭時，他們就變得更急切。當曲線變得十分平坦時，他們就沒那麼心急了。要理解他們是否急於放款，其實一點也不複雜。

價值型公司主要利用債務來籌集資金。他們利用財務槓桿去收購其他公司、蓋廠、擴大生產線、拓展行銷範圍等等。當收益率曲線陡峭，銀行急於放款時，他們更願意借錢給價值型公司（等一下我們會談到原因），價值型公司和他們的股東都將受益。

反過來說，成長型公司主要藉由發行新股來集資。當然他們也可以借款，也會這麼做，但他們還是會發行新股，而且發行新股的成本通常比較低（等一下我們也會談到原因）。當曲線變得平坦時，銀行不太有意願放款，因為他們未來放款的毛利率愈來愈低，有時根本沒有；可是投資銀行家仍有誘因去協助成長型公司發行新股，因為首次公開發行（IPO）和發行新股的承銷業務可是超有賺頭。所以在這種環境下，價值型公司就不受歡迎，成長型公司蔚為主流。成長型公司現在有充沛的機會去集資以衝高獲利，而價值型公司卻無法輕易募集資金。

反過來看

如果你沒辦法測量一件事，那麼把它反過來，用不同的角度去看，通常會有幫助。我們把本益比反過來看。就定義而言，你知道成長型股票的本益比通常高於價值型。他們具有良好的公眾形象，被視為偉大的公司。假設某檔成長型股票本益比為50，而某檔價值型股票本益比為5。你知道本益比50其實是50元的股價除1元的獲利。現在，我們把它反過來變成E/P——盈餘對價格比，也就是第1章提到的盈餘收益率。50反過來就是1除50，即2%。如果這家公司的帳目屬實，它的獲利又穩定，那麼2%就是它發行新股籌集擴張資金的稅後成本（P/E是稅後的，所以E/P也是），比之以公司債的利率去借取長期債務，這是很低的成本。而本益比是5的公司其E/P則為20%，比之利用債券來借取長期債務，這是很高的籌集資金的稅後成本。

公司在借貸時，他們支付的利率是稅前利率，所以本益比50（E/P 2%）的公司只需以2%出售股票，買進5%的公債，再把稅後利差做為利潤，即可推升自己的每股盈餘。本益比5（E/P 20%）的公司只需以7%借取10年期資金（假如市場利率是這樣的話），再買回自家股票，就有20%的稅後純益，即可推升自己的每股盈餘。它可以把稅後利差當成自由資金。成長型公司在可能的時候，總是傾向以發行新股來籌集低廉的擴張資金。價值型公司則不同，它會靠著儘量借取資金來取得擴張資金。

我們再反過來說。你不是公司債務人或股票上市公司，而是銀行放款主管。你有四名貸款客戶：

1. 微軟，著名的大型成長型公司。
2. 福特，著名的大型價值型公司。
3. 啥米電子，不知名的小型成長型公司。
4. 本郡水泥，不知名的小型價值型股票。

這四家公司是你的客戶，每一家都跟你借取相同的金額。假設這些貸款的條件是你可以抽回資金，逼迫債務人在你要求時償還貸款。有一天，你的銀行總裁走進來告訴你，信用市場的情況怪怪的，銀行放款這麼多已無法再賺到錢了。他叫你抽回25%的貸款，亦即砍掉一名客戶，隨你決定。你要砍掉誰？

你不會砍掉微軟這家全球公認最大的公司。你要是這麼做，放款主管俱樂部的會員會笑掉大牙。你也不想砍掉福特，它雖然沒有微軟的品質形象，但至少是知名品牌，儘管你聽說福特最近營運不順，豐田的銷售已超越他們，可是你還是不想砍掉他。砍掉啥米電子？我不贊成。一些本地人傳說他們有可能成為下一家微軟。如果你砍掉他們，萬一啥米電子真的成功了，那些俱樂部會員也會笑掉大牙，不行！你要砍掉的是小型價值型的本郡水泥。堅固、穩定、可靠，但萬一營建市場枯竭，他們的獲利也跟著枯竭，沒有看得到的成長潛能。這個決定很容易。你留下微軟、福特和啥米電子，砍掉本郡水泥。那些俱樂部會員不會笑你的。他們從來沒有想到本郡水泥，除了在嘲笑該公司的時候。他們甚至不讓本郡水泥的執行長加入俱樂部。

可是，我們幹了什麼好事？我們剝奪了價值型公司的資金，主要是小型的價值型公司。儘管你很想砍掉福特（或許你下次就會了），而不是成長型公司。本郡水泥計畫擴張，如今被迫要取消這些計畫，股價應聲重挫。展望未來，它只能轉趨保守，必須依賴現金流量，除了自己的獲利以外，沒有辦法取得擴張資金。可是，成長型股票可以靠著發行新股來取得擴張資金，因為他們有高本益比，低E/P。他們不斷成長，吸引投資人。事實上，如果高本益比的公司願意的話，它可以賣掉一些低廉的股票，進軍本郡水泥原本的水泥市場，把它吃掉。

再反過來

3年很快就過去了，你對三名貸款客戶感到很滿意，可是有一天你的老闆走進來告訴你，信用市場的情況怪怪的，現在他（我用男性的他，因為大型銀行的總裁向來是男性）要你擴大貸款組合。他告訴你收益率曲線十分陡峭，銀行未來的放款會有很豐厚的營運毛利率。「趕快去放款，強森」，他命令你。「我不叫強森」，你喃喃自語。不管如何，你打電話給微軟，可是他們不想再借更多錢了，因為他們剛發行了一些股票。福特的借貸已經誇張到像一個休假的水手喝的爛醉如泥，睡死在工廠地板上了。啥米電子只會嘲笑你，因為他們計畫要以未來獲利的1200倍發行股票，不想被人看到跟銀行家交談，以免壞了他們的好事。

忽然間，你有了一個靈感。不是有一家本地的水泥公司嗎？本郡水泥！你打電話過去，提議借錢給他們。執行長嚇得從椅子跌下來，因為好幾年沒人跟他講過話了。他打電話到樓下的地下室，要找艾德聽電話。「艾德！你還記得我們幾年前束之高閣的擴張計畫嗎？把它們找出來，撣掉灰塵，拿上來這裏。有個瘋狂銀行家要借錢給我們，我們也可以像啥米電子那樣成長了。」

事實上，本郡水泥不可能像啥米電子那樣成長，不過有了融資，它至少比較像是成長型公司。因此，收益率曲線的起伏決定銀行何時要借錢給本郡水泥、何時不要，以及它的股價何時會表現得像是成長型公司，或一灘死水，或者一坨硬掉的水泥。

這個故事說明了，何以全球收益率曲線的起伏（反映金融體系放款的傾向）決定成長型股票和價值型股票何時要交替成為市場主流。就這麼簡單。

現在，你有一個有經濟原理的關聯模式。更重要的是，其他投資人沒有想到收益率曲線是如何影響公司籌集資金，進而影響市場報酬。他們或許一開始對於收益率曲線就沒有正確的觀念。

這個第2個問題的答案為你的市場操作提供一個理性的基礎——瞭解成長型股票和價值型股票何時會成為市場主流，何時又會退流行。這對你和你的決策有何影響呢？簡單！看看美國的收益率曲線和全球利率。我們在很短的時間內，由十分陡峭的收益率曲線轉成十分平坦的收益率曲線。當收益率曲線陡峭及趨於平坦時，價值型股票在全球引領潮流，我們知道這很正常。本書在寫作時，美國的收益率曲線略為反斜，但全球收益率曲線保持正向。留心全球利率。它們會告訴你成長型股票何時將成為市場主流。可能很快，也可能不會！當全球收益率曲線完全平坦時，開始買進價值型股票，捨棄成長型股票，利用你所知道而別人不知道的事。

總統任期循環

收益率曲線利差的改變如何影響成長型股票和價值型股票的主流地位，憑著資料很容易就看出來，也有其道理。不需要財務學或統計學位，只要有公開資料和Excel試算表，甚至繪圖紙就行了。我們在第1章已談到，如果你需要亂七八糟的等式，你的假設或許是錯的。

但若你發現一個很難用資料證明卻超有道理的模式呢？萬一這個模式又很容易預測呢？這裏有個例子。表2.3是1925年以來的美國總統以及S&P 500指數的年度報酬率（1926年以來）。把4年任期分成前兩年及後兩年，你可以看出來，大多時候，總統任期的後兩年往往是上漲的。

拿一枝筆由1929年到1932年劃一條線。你要記得這是大蕭條開始的年份，但那段歲月不太可能再重現，因為大幅的金融和市場改革以及我們如今擁有當時沒有的經濟學和央行財務學知識。在大蕭條之外，總統任期的後兩年只有三個年份是下跌的。但以0.9%的跌幅而言，1939年也不算太糟；1940年也只有下跌10%。而這幾年的下跌，應該不會令你感到訝異，因為股市開始反映二次世界大戰爆發。2000年也很奇怪，在很多方面都是個特例。走過1990年代的大多頭行情之後，科技泡沫破滅，該年年底的總統大選還險些陷入憲法危機。那是現代史上美國首度出現一位沒有獲得多數選票的總統。

事實上，這是人云亦云，且不正確的說法。美國時常選出沒有

表2.3 美國總統任期與S&P 500指數年度報酬率

總統	第1年		第2年		第3年		第4年	
柯立芝	1925	缺	1926	11.6%	1927	37.5%	1928	43.6%
胡佛	1929	–8.4%	1930	–24.9%	1931	–43.3%	1932	–8.2%
羅斯福第1任	1933	54.0%	1934	–1.4%	1935	47.7%	1936	33.9%
羅斯福第2任	1937	–35.0%	1938	31.1%	1939	–0.4%	1940	–9.8%
羅斯福第3任	1941	–11.6%	1942	20.3%	1943	25.9%	1944	19.8%
羅斯福／杜魯門	1945	36.4%	1946	–8.1%	1947	5.7%	1948	5.5%
杜魯門	1949	18.8%	1950	31.7%	1951	24.0%	1952	18.4%
艾森豪第1任	1953	–1.0%	1954	52.6%	1955	31.6%	1956	6.6%
艾森豪第2任	1957	–10.8%	1958	43.4%	1959	12.0%	1960	0.5%
甘迺迪／強森	1961	26.9%	1962	–8.7%	1963	22.8%	1964	16.5%
強森	1965	12.5%	1966	–10.1%	1967	24.0%	1968	11.1%
尼克森	1969	–8.5%	1970	4.0%	1971	14.3%	1972	19.0%
尼克森／福特	1973	–14.7%	1974	–26.5%	1975	37.2%	1976	23.8%
卡特	1977	–7.2%	1978	6.6%	1979	18.4%	1980	32.4%
雷根第1任	1981	–4.9%	1982	21.4%	1983	22.5%	1984	6.3%
雷根第2任	1985	32.2%	1986	18.5%	1987	5.2%	1988	16.8%
老布希	1989	31.5%	1990	–3.2%	1991	30.6%	1992	7.6%
柯林頓第1任	1993	10.0%	1994	1.3%	1995	37.5%	1996	22.9%
柯林頓第2任	1997	33.3%	1998	28.6%	1999	21.0%	2000	–9.1%
小布希第1任	2001	–11.9%	2002	–22.1%	2003	28.7%	2004	10.9%
小布希第2任	2005	4.9%	2006	15.8%				
中位數	2.0%		6.6%		23.4%		13.8%	
上漲的年數	10		13		18		17	
下跌的年數	10		8		2		3	
平均	7.3%		8.7%		20.1%		13.4%	

資料來源：Ibbotson Analyst.

得到過半數選票的總統。高爾（Al Gore）在2000年並未獲得過半數的選票（48%），柯林頓（Bill Clinton）也沒有，因為培洛（Ross Perot）和第二屆時納德（Ralph Nader）等獨立參選人的攪局；林肯（Abraham Lincoln）在1850年也沒有得到過半數選票，他只拿到39.8%的選票，但他在1864年得到55%選票。大家要說的是高爾的得票數高於布希，他們在2000年都沒有得到過半數選票；而1960年的甘迺迪（John Kennedy）和1968年的尼克森（Richard Nixon）都是如此。

2000年真正特別之處並非沒有人贏得過半數選票，而是高爾雖然贏得較多的普通選票，卻沒有贏得選舉人團（Electoral College），而後者才是關鍵。美國因而進入前所未有的局面，高爾打官司要求重新檢驗佛羅里達州的選票以爭取寶貴的選舉人票。這場驗票形成不確定性，讓2000年底陷入詭異的氣氛中。市場討厭不確定性。2000年年底的不確定性所造成的衝擊反映在股市中，2000年9月1日時，S&P 500指數還有4.3%的漲幅，2000年全年卻收黑，原因在於最後一季的大選產生不確定性，以致於2000年成為少數總統任期最後一年股市收黑的例子。

我們可以說，除了特殊事件外，總統任期的後兩年是股市預期不會收黑的時期。你從資料也可以明顯看出，總統任期的第三年是股市表現最佳的，平均報酬率幾乎都是最高的。

撇開例外，總統任期的後兩年，股市表現都不錯。知道這點可以消除一些你在預測時的焦慮。在大選循環的後兩年，你也可以略為看多大盤。這項鮮為人知的資訊，你可以在2007年就運用——布希最後一任的第三年。

大蕭條

美國的大蕭條其實是全球大蕭條的一環，可是大多數歷史學家總是忘了這點。你常聽到大蕭條是聯準會決策失誤、個人與企業貪婪無度以及胡佛堅持自由放任的政府，給美國帶來的懲罰。雖然美國犯了許多錯誤，經濟歷史學家卻忘了大蕭條也是全球現象的一環，換言之，是無可避免的。

有關大蕭條是全球現象的完整討論，請參考筆者的第二部著作《華爾街的華爾滋》（*The Wall Street Waltz*,1987）。

相反的，市場風險往往集中在總統任期的前兩年，這裏又出現另一種模式。前兩年通常只有一年會收黑（但未必一直如此），如果第一年股市收黑，第二年通常不會；反之亦然。雖然有時前兩年都會收紅，卻很少發生前兩年都收黑的情況。同樣地，我們要撇開1929和1930年，因為那是大蕭條的年份，所以是特例。尼克森第二任的第二年亦收黑，不過，那一年也是很奇特的時刻。

你或許覺得這種預測技巧有些挑戰你的智力。「什麼，太可笑，太簡單了吧」，你或許會這麼說。它是很簡單，所以才這麼了不起。這個模式並不神祕隱蔽。它就在那裏，一目了然，很容易看到。你或許早已聽過總統任期循環，這個大家耳熟能詳的名詞被視為旁門左道（雖然沒有人像我這樣運用）。如果大家都覺得它很好用，它早已被市場反映，而失去它的威力。只要人們持續嘲弄它，你就知道自己掌握一項優勢。

沒人猜得到正港騙子會怎麼做

大家沒有觀察到或不認同的強烈趨勢是有力武器。然而，總統任期循環卻不容易用統計資料證明。不過，它是有經濟依據的。市場不喜歡不確定性，新總統，即便是連任成功的總統，也會給市場帶來極大的不確定性。如果政客是騙子，能夠贏得總統大選的人就是正港的厲害騙子。沒人猜得到正港騙子會怎麼做。

布希在2002年故意違反一項所有總統都知道的基本規則——總統所屬的政黨在國會期中選舉時幾乎一定會把一些權力輸給反對黨。但布希是100多年來第一位在國會期中選舉贏得更多席次的共和黨總統。一般由於總統知道所屬政黨可能在國會期中選舉輸掉一些權力給反對黨，所以凡是他最希望通過的大型法案、最難獲得國會通過的代表法案，一定會儘量在前兩年通過。如果他無法在前兩年通過立法，任期後兩年就更難通過了。

舉凡有關財富和財產權重分配的大型法案幾乎一定是在總統任

期的前兩年提出。資本主義和資本市場穩定的基礎是對於財產權的信心。我們時常把財產權視為理所當然，因為美國有世界史上最棒、最完善、最穩定的財產權系統。它是一個關鍵部分，回溯到喬治・梅森（George Mason）執筆的一份權利宣言，領導美國成為一個偉大的國家。任何危及財產權神聖地位的事都會讓投資人迴避風險，嚇壞資本市場。

在任期的第一年，美國總統還在蜜月期，急於花用他在競選期間累積的政治資本。漲紅著臉、眼睛亮晶晶的、身邊陪伴著羞怯的家人，新總統總會迫不及待要讓他最厲害的法案通過審查，這就是新總統上任設定政綱的前一百天。財產權變更或財富重分配的威脅讓投資人迴避風險，總統任期的前兩年正好成為熊市的溫床。所以，總統任期的前兩年往往有繁忙的立法議程，以及很高比例的熊市。要提醒的是，這不表示總統的法案都會過關，而是他試圖推動立法。法案過關的風險是存在的，而市場不喜歡這種風險。

記得柯林頓在1992年當選後，便在1993年加稅，儘管他在競選時承諾要減稅，接著在1994年他揚言要將健保國有化（財產權的轉移），這都是正港騙子前半段任期的可笑舉動。而其他時候，像是布希總統，他從未提出重大的立法，兩次任期內都沒有。有的時候，熊市就會出現。

任何新法案的提出，意味著你的資金和財產權可能改變及重分配。不管政府決定怎麼做，不管新計畫聽起來多麼棒，不管有多少好處，新法案代表資金與財產權的變動。貧民及老人的低成本處方藥！誰會說這不好？從嚴懲罰惡行重大者、戀童癖、強暴犯、虐待小狗的人？我也要加入連署！所有兒童免費贈送小馬！你若反對就是個怪物！不管是什麼，山姆大叔從一個團體拿走金錢或權利，胡搞瞎搞後，再把剩下來的交給另一個團體。我們已知道我們討厭虧損更甚於我們喜愛獲利。被拿走東西的一方討厭失去，更甚於得到的一方對獲得的喜愛。而那些置身事外的人則覺得自己看到一場攔路打劫。市場把財富或財產權重分配當成目睹一場搶劫，它引起超強的恐懼感，因為所有的目擊者明白他們也可能被搶劫。所以，市場在總統任期的前兩年可能走疲，因為市場不喜歡政治造成的變異。

到了第三年和第四年，我們熟悉總統了。他或許是個政客，我們或許討厭他，但他是經過時間考驗的吸血鬼。沒什麼好驚訝的了，我們以為自己知道他想幹什麼，他的施政大綱是什麼，以及他有多少能耐（或者沒有能耐，有時在不喜歡政治造成的變異的世界裏，沒有能耐是好事一件）。況且，總統在任期的後兩年往往不會提出爭議性的法案，因為他們可能想競選連任，不然就是厭倦了，只想拖完時間，尤其是到了第七年及第八年。

好的政客會在任期第三年放輕鬆，啥事都不幹，等到競選時責怪反對黨的政客造成他的政府缺乏效率。「我原本可以送你我承諾的免費小馬」，他可能這麼說，「如果不是那群該死政黨的參議員反對的話！所以，幹掉那些輸家，把票投給支持我的人，下次我就會送你小馬。」平靜的議程會讓市場快樂許多。（他們從來不會免費贈送小馬。）

我們還沒談完總統任期呢。你想想看，還有什麼是沒人注意或相信的？我們知道總統任期的前兩年會有哪些市場風險。連任成功的總統，在第二任任期的前兩年有什麼特別之處嗎？忘掉第一任和單一任期的總統，看看你能在表2.4找到什麼模式。

在這裏，我們一樣很少看到連續兩年收黑，除了搞砸了的尼克森以外。如果其中一年沒有收黑，就會有一年是大漲的。連任成功的總統，其任期前兩年中的大漲年份，平均漲幅分別為21%及23%。這些年份若不是收黑就是大漲，涇渭分明，在這種時候更要站對邊。我們不要去管平均值，而是要看平均值的組成。總統任期前兩年股市的歷史平均漲跌幅低於所有年份的平均水準。但在平均值裏，有很糟的年頭，也有很好的年頭。平均值是會騙人的。從這

表2.4　現任總統無拘無束

連任成功的總統			第2任任期的第1年 S&P 500 指數漲跌幅	第2任任期的第2年 S&P 500 指數漲跌幅
大選年	政黨	總統		
1900	共和	馬京利	19.8%	4.9%
1904	共和	老羅斯福	19.7%	6.8%
1916	民主	威爾森	–25.3%	25.6%
1924	共和	柯立芝	29.5%	11.6%
1936	民主	小羅斯福	–35.0%	31.1%
1948	民主	杜魯門	18.8%	31.7%
1956	共和	艾森豪	–10.8%	43.4%
1964	民主	強森	12.5%	–10.1%
1972	共和	尼克森／福特	–14.7%	–26.5%
1984	共和	雷根	32.2%	18.5%
1996	民主	柯林頓	33.3%	28.6%
2004	共和	布希	4.9%	15.8%

資料來源：Global Financial Data.

個角度來說，你在2005年的經驗讓你沒有注意到這個模式。2005年的小漲不符合連任成功總統在任期前兩年的特點，它們應該是收黑或長紅。到了2009年，我會打賭股市不是收黑就是大漲。

（技術上來說，老羅斯福在1904年不是真的連任成功，因為他在第一任不是選上的，杜魯門總統在1948年以及強森在1964年也是；但我不確定這真的會怎樣嗎。）

那麼你是否應該丟掉所有的預測，用選舉年度做為你配置股票、債券和現金的決定性因素？當然不！那也太傻了吧！雖然總統任期循環是一個趨勢，也有其社會經濟學道理，但是還有許多其他的市場力量在運作，包括美國以外的因素。例如，在全球化經濟之下，美國市場與外國市場互相連動，外國力量可能影響美國。千萬別以為自己找到了萬靈丹。

總結來說，總統任期的前兩年，市場風險通常比較高。後兩年往往會上漲，尤其第三年上漲的機率最高。總統任期的前兩年股市若沒有收黑，則往往大漲，尤其是在第二任任期（雖然2005及2006年不是這樣，但2009年和2010年大漲的機率反而更高）。政治風險消退，投資人興高采烈之餘，股市就可能大漲。2007年眼看會是溫和上漲的一年。我會把房子都押下去賭嗎？不可能。如果很多人開始說第三年會上漲，開始興奮起來，我就知道市場已經反映，便會打退堂鼓，那是空頭指標。如果很多人討論，但卻抱持嘲笑的心態，那麼我就相信股市要大漲了。我也會記住美國以外的力量和本國的力量同樣強大。這就是測量別人覺得深不可測的事的簡單範例。不過，話說回來，如果別人不知何故也開始測量起來，那它就不管用了，因為股價會加以反映。

扭轉趨勢

我在等著看會不會有哪個總統可以扭轉總統任期循環。大部份總統在任期的前兩年推動最具爭議性的政綱，因為那是他們的國會力量最強，也有政治資本可供揮霍的時候。真正聰明的騙子——超級吸血政客，會騙倒民眾，以為他也會這麼做，但實際上他在總統任期的前兩年專心收集更多政治資本，而非揮霍它。法案減少，市場也會開心，反對總統任期循環的人因此大罵這項預測工具根本是騙人的。然後，他把政治資本投入國會期中選舉，讓他的本黨同志爭取到更多國會席次。這時，他可以在總統任期的後兩年輕易推動立法。他等於扭轉了趨勢，免除總統任期後兩年會讓股市下跌的因素。有一天有人會這麼做，那很值得一見。但目前沒有政客有這種本事。或許某天吧。

測試，再測試

你或許很訝異作者在本書與讀者分享我知道而別人不知道的事。假如我知道某件事可以成為我的優勢，我何必告訴別人？現在很多人都知道了我知道的事，表示這件事很快會反映到股市裏，就不再管用了，對吧？

或許是，或許不是。長久以來，我就在談論總統任期循環，每當我這麼做，人們就想找個大網子把我捉起來。例如，我對高本益比的看法。人們以為我是個笨蛋才會相信它管用，但我知道這項小技巧還是很厲害。我在本書裏所談的許多其他例子也是一樣。當我發現某件事有用之後，我會不斷測試，確定市場尚未加以反映。等我相信自己測量到一件新事物之後，我會觀察別人是否也想或能夠測試它。我測試的方法就是和別人分享。人們愈是覺得荒唐，他們就愈不會去試，我就更明白這方法還是管用。如果他們開始接受它，認為它很好、不荒唐，那麼它就不再有用，也就過時了。當深不可測的事物變得易於測量時，就該放棄它，去測量新的深不可測事物的真相。

第2個問題的目的是要知道未來3或30年內都是常識的事。等別人都知道你新發現的真相後，它就不再管用了。所以要測試它，去問你的朋友或同事，問他們是否知道收益率曲線改變預示市場主流股的改變？問他們，總統任期循環是確有其事嗎？只要他們的反應是一臉茫然，「什麼？」或者「亂講！」，甚至是「你瘋啦！」你就掌握市場操作的優勢。

我跟人分享一些多年來的發現，但不是全部，我才知道哪些可以放心地繼續使用，哪些已經不再管用了。我的許多同儕只是一再重複學校學來的東西，不明白他們為何無法打敗大盤。投資成功需要的是不斷的創新和不斷的測試。

現在你可以利用第1個問題讓自己不再盲目，然後用第2個問題去測量深不可測的事。可是，這些都無法讓你避免重蹈覆轍，假如你無法控制自己的腦袋的話。投資本身就是要反直覺。你可以想想自己喜歡但大腦控制中樞討厭的事。在你和大腦的抗爭當中，你的大腦總會獲勝，除非你學會提出第3個問題。下一章！

第3章

第3個問題：我的腦袋幹嘛要騙我？

不是你的錯，要怪就怪進化

我們在財務學學到的第一件事是「買低賣高」。在電影《你整我，我整你》（*Trading Places*）中，艾迪‧墨菲（Eddie Murphy）與丹‧艾克洛德（Dan Aykroyd）打算操縱柳橙汁市場（不合法又不可能，但很好笑）。你可以看出編劇試圖寫出有學過財務學的台詞。所以，丹告訴艾迪：「買低，賣高。」所以你還需要什麼建議呢？真是的。

我們都知道目標所在，但卻總是去做相反的事。這有什麼難的？價格低的時候買進，價格高的時候賣出。又不是火箭科學。然而，這是一個亙古綿延的問題。投資人買進和賣出的時間點總是落後。看看圖3.1顯示每個月股票型共同基金的資金流動就知道了。

流入股票型共同基金的資金在2000年2月達到高峰。那是近年來退出股市的最佳時機——連續三年空頭市場的高峰，到了2002

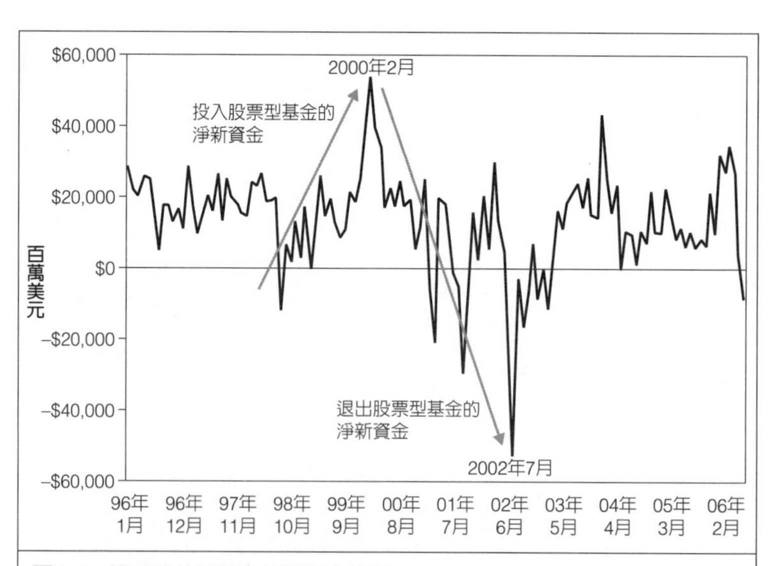

圖3.1 股票型共同基金淨新資金流動

資料來源：Invest Company Institute.

年，情況剛好相反。大家在7月股市下跌時爭相贖回基金，之後新的多頭市場就展開了。這是投資人集體買高賣低的鐵證，證明了一種普遍的集團思考——一群瘋狂的輸家湧入和湧出市場，卻總是晚一步。

沒有投資人想要買高賣低，那太蠢了。可是，怎麼會有那麼多人做這種蠢事？藉口多的是。以最近來說，自2002年以來，安隆、MCI等公司會計弊案頻傳，想要規避投資決策錯誤的責任，就把它怪到那些貪婪的執行長頭上。假如不是每個美國執行長都是小偷騙子的話，你的股票投資本來會大賺一筆，對不對？史基林（Jeffrey Skilling，前安隆公司執行長）、雷（Ken Lay，前安隆董事長）等人都被定罪了，對不對？再不然就是伊拉克戰爭（伊朗，北韓，柏克萊，任何我們當下反對的社會主義國家或共產主義國家或新法西斯政權）。再不然是委外。非法移民。通貨膨脹。儲蓄率。天災。颶風！成群的瘋野狗到處遊盪！感染了禽流感的殺人蜂！隨你講。

不要再責怪別人了。假如你想知道是什麼原因導致你的投資績效爛到爆，去照鏡子吧，最好也去做個電腦斷層掃瞄。你最大的投資天敵是你的腦子。準確來說，你最大的敵人是大腦進化，讓你的腦子在專注於面對饑荒、背叛和野獸時，能保住你的小命。

為了存活下來，我們的腦子以某些目標來進化，主要是為了在原始世界活命。輕輕鬆鬆就能在超市或館子買到好吃的食物，不必擔心被掠食的野獸咬死肢解，對人類發展而言是很新的進展。人類的進化史大多是集團狩獵，遊牧，尋找食物，求偶繁殖（這比投資股票有趣多了），躲避掠食者，尋找庇護所。這些是我們的腦子進化以面對的考驗——讓我們吃飽、穿暖，遠離張牙舞爪的老虎和大蜘蛛。

想想我們石器時代的祖先以及他們求生的方法，對現在的我們而言產生了什麼影響。我們祖先的朋友是他們的族人，他們可以信任的人。他們的敵人是異族、野獸和他們無法理解的黑暗事物。因此，他們聚在一起尋求保護，點火以驅走黑暗和黑暗事物。還記得我們提過營火附近的奇怪聲音嗎？這種直覺反應讓我們的祖先活下來了，數萬年來一直如此。直到最近，這種反應才造成我們犯錯，而且只在一些領域中犯錯，其他日常生活裏我們都活得好好的。

即便在現代社會的科技和複雜之下，這種反應依然存在。心理機制在心理學界仍是一個爭議性的概念。進化心理學有時被批評者跟通俗文化思考劃上等號。我不打算引述進化心理學的文獻，有關這個領域的入門書，不妨去看哈佛大學的平克（Steven Pinker）所著的《思想運作的方法》（*How the Mind Works*）。我堅信我們之所以無法正確預測股市，大多是因為大腦的進化，導致如今揮之不去的作用。根據我覺得合理的研究結果，我相信如果你只是去探討心理學對市場看法的影響，你會看到進化心理學是很基本的。

我們的腦袋構造讓我們在接收到一則可以接受的訊息時，我們會正確、迅速和輕易地加以處理。若這則訊息的格式是我們的腦袋無法接收的，我們時常乾脆不予理會。那是因為我們的腦袋經過進化，只會經由一定的通路接收某些訊息。你已經看到P/E和E/P之間的微妙關係。雖然行為財務學並不是根據進化心理學，但過去30年行為財務學有許多發現並不亞於進化心理學。

行為財務學

行為財務學是近期一門結合財務學和人類行為心理學的學科。這門學科的倡導者試圖拓展我們對市場運作的認識，更重要的是，我們的腦子對風險和市場的運作。直到最近，財務學的研究主要以投資工具為主，包括統計、歷史、理論和市場機制。X項目所創造的報酬高於或低於Y項目？在理論上要如何建立起一個投資組合？如何正確思考分散化？不同指數如何進行比較？什麼是波動性的最佳指標？這些都很好，但基本上屬於統計、歷史、理論和市場機制的問題。

1990年代的財務學教科書跟1970年代的差不多。書中討論新技術，法規和產品，但主要有關投資工具。傳統財務學的觀念源自傳統經濟學的觀念——人類是理性的，市場是有效率或者至少有效率的，沒有理性的個人可以不必理會。傳統看法認為，那些瘋子都被關起來了，不會影響到市場。

相反的，行為財務學假設詭異的行為是很普通的，不理性被視為潛在的行為。投資人的行為方式有時似乎不理性，而行為學家企圖找出「為什麼」。

我認為如果你能接受我們仍受石器時代祖先影響的進化概念，這些就很容易理解。沒錯，我們現代化的頭顱裹裝著石器時代的腦子。投資人不是理性的機器人，他們是人類，總是在進行金融決策時做出瘋狂行為。那是因為我們腦子的設定不是為了投資，是為了在古早以前求生存。

我聽見有人問：「明智的資金往哪裏去了？」他們口中的明智資金指的是法人，由理應冷靜、鎮定的專業人士所管理的年金、大學捐贈或者公司資金。真是胡扯，才沒有什麼「明智的資金」，或許有愚蠢資金或超愚蠢資金，但就是沒有明智的資金。在交易時，總有人對有人錯，有的法人機構對了，其他的錯了。有些專業人士對了，其他的錯了。沒有任何一種市場人士天生或者總是押對寶。押對寶的人也可能是愚笨的，只是碰巧運氣好。所有的投資決策，不論是今年的個人退休帳戶（IRA）提撥或是大型大學最新獲得的數十億捐贈，都出自人類之手，而被石器時代思考控制的人，他們面對的不是我們的投資問題。

如果我們可以瞭解人類行為的原因，我們便能瞭解市場的運作，依據我們對人類行為的知識去進行操作。如果你能好好瞭解自己的腦子，你便能知道如何控制自己，避免許多投資人會犯下的典型錯誤，開始降低自己的失誤率。因此，你需要第3個問題。在你採取任何行動前，你要先停下來問：「我的腦袋幹嘛把我搞糊塗了？幹嘛要騙我？為什麼讓我對情況產生錯誤、落後的看法和感覺？」畢竟，市場不就是數百萬人表現得像是拿黑莓機、開賓士車的穴居人嗎？如果你能破解這個密碼，充分瞭解自己的決策程序，你就能征服自己的穴居人腦袋，跟偉大的羞辱者打交道而不被羞辱，這就是我們的目標。

你的腦子像個穴居人並不是你的錯。我們的腦子就是會去做一些古時很明智但現在卻很蠢的事。第1個問題和第2個問題是為了提供你一個框架，去找出可以進行市場操作的依據。但是，如果你的腦子不管用，那兩個問題也是白費。所以，你需要第3個問題。

就某個層面而言，你非常、非常的聰明。你的腦袋是個神奇的模式辨認器，可以判別資訊是否適合接收，即使只是部分正確而已。但假如資訊的接收方式不正確，你就無法看出這個模式。

假如正確的資訊但其傳遞方式完全錯誤，你根本就看不出來。我們先前舉例的本益比正是如此。或許你一直搞不懂本益比P/E，但只要把它反過來變成E/P，即盈餘對價格比，也就是持有整個事業的稅後盈餘，你就搞懂了。本益比8倍就等於12.5%的報酬率，勝過6%的稅前債券。關鍵在於掌握你的腦袋何時看清楚了，而何時又矇蔽了你。

偉大的羞辱者

一切都得由偉大的羞辱者說起，不然你怎麼解釋為何投資人在2000年2月搶進股市，然後在2002年的谷底集體殺出？偉大的羞辱者藉由提供投資人相同的訊息擺了他們一道，就是這樣。

偉大的羞辱者有用不完的招數可以羞辱我們。多頭市場的高點充滿興奮熱烈之情，投資人對股票的熱情達到最高點，幾乎每一個可能買股票的人都進場了，股票當然只有下跌的份了。更糟的是，股市高點翻騰滾動。它們不像股市下修會出現突然下跌的情況。大家都在尋找任何跡象顯示多頭市場已經結束，卻從來沒有找到。有一個亙古永恆的真相是幾乎沒有人可以接受的：「多頭市場嗚咽一聲地結束，而非在轟然巨響中消逝。」如果歷史指標正確的話，多頭市場不會出現一段急漲而觸頂，相反的，他們會緩慢滾動數個月，像2000年那樣，在頂部徘徊了大約10個月的期間，MSCI世界指數從未脫離8.5%的震盪區間，有時上漲幾個百分點，有時下跌幾個百分點。2000年9月，S&P 500指數還有4%的全年漲幅。此時，偉大的羞辱者讓專業人士大喊：「逢低買進！還不嫌遲！多頭市場還有一段！」1999年及2000年，「當日沖銷」（day trading）相當流行，世界各地數萬人放棄白天的工作去做股票，因為有趣又輕鬆（有一段短時間內是如此），這些人自稱為「積極型」投資人。一般投資人突然間變成選擇權交易專家，說不定您的母親也在炒作水餃股呢。是的，可惡又偉大的羞辱者連你媽也不放過。

空頭市場的底部只是形式上不同而已。偉大的羞辱者只是用不同的方式來混淆我們。底部通常狂亂急劇，把大家嚇得要命，傻子們紛紛拋售股票。等那些在高點進場的人終於放棄時，股市一飛沖天，讓大家看傻了眼。「這只是空頭市場的修正」，專家喃喃自語。「別被騙了」，他們疾呼，「股市要低迷一段長時間」。此時，股市暴漲33%，就像2003年的狀況。真丟臉。偉大的羞辱者大獲全勝，大多數人都輸了，甚至連許多贏家都覺得自己像輸家。

這種情況太常見了（我們第8章再詳談）。總是有一小撮專家在高點時看空（或許前3年一直是如此）而獲得讚賞，但他們在頂部時依然看空。這些年來沒有人注意到這點，大家一直聽他們的話。偉大的羞辱者逮到你，把你生吞活剝的機會是無窮無盡的。

別以為偉大的羞辱者會在股市高峰與谷底之間去休息。在多頭市場或空頭市場的正常軌跡裏，市場可能修正好幾次，也就是跟長期趨勢短暫背道而馳，幅度達10%至20%。在1998年的修正，我們在第2章談過，美股在7月17日到8月31日的六周裏，便跌掉將近20%，真的很嚇人。儘管這種幅度的修正在多頭市場很正常，但下次它再出現時，卻沒有人記得。投資人在修正時失去理智地拋出持股，然後股市恢復，邁向新高。再次以1998年為例，秋季底時，股市全年以來的表現大約持平，但到了年底股市卻飆漲28.6%。修正來得快去得快，偉大的羞辱者手腳可是很快的。

有時股市的波動還沒達到真正修正的幅度，就會讓外表看來理智、聰明的人哇哇叫。這很正常，即便是受過訓練的人也是如此。我的客戶和讀者，大致上是很正常的人，或許大致上也比較有錢，長期以來受過必須對正常股市波動面不改色的專業訓練，可是他們仍然三不五時問我，股市在數周內下跌了幾個百分點，是否代表熊市、經濟衰退、末日降臨或是芭黎絲・希爾頓（Paris Hilton）被任命為聯準會理事。都不是，下跌幾個百分點不過是偉大羞辱者的平常日罷了。

破解石器時代密碼——驕傲與悔恨

承認自己有問題，是復原的第一步。可是，你不會知道自己有問題，假如你提出第3個問題——我的腦袋幹嘛要騙我？有關你的腦袋如何影響你，你會得到好幾個答案。有些答案要歸你的配偶、母親或心理醫師管轄，在此我們唯一關切的是有關市場行為，大部分的投資錯誤源於認知錯誤，這是本書最常談到的。

看吶！我殺了大野獸！我超棒的！

第1章曾提到，行為學者已證明一般美國人（假設您是正常的）討厭虧損的程度是他們喜愛獲利的2倍半，獲利25%產生的好感相當於虧損10%的惡感。換個方法表示，假如你這裏賺了10%那裏卻賠了10%，你會覺得自己輸了。賠了10%帶給你的衝擊更甚於賺了10%。所以，人們努力去避免痛苦，更甚於努力去獲利。這種情況稱為虧損迴避，有時稱為近視性虧損迴避（myopic loss aversion），意指類似近視，對於短期波動反應過度。這點解釋了許多投資錯誤。追根究底，近視性虧損迴避和它所導致的錯誤可歸結到兩件事——驕傲與悔恨。

我們石器時代的資訊處理器學會把「累積驕傲」（accumulating pride）和「逃避悔恨」（shunning regret）當成生死攸關的大事。想像有兩個獵人在黃昏時回到營地。其中一人兩邊肩膀各掛了一隻羚羊，另一人一無所獲，只有一些折斷的矛。

獵到羚羊的獵人一走回營地，便引起騷動。在他還沒抵達前，他就知道他今晚會在營火旁吹噓他狩獵的故事。他知道他的母親會很驕傲，在同儕間的地位大為提升。他可以想見年輕女孩瞪著大眼睛看著他，甚至希望族長馬上想把女兒嫁給他，拉他加入統治家族。真夠嗆的！當晚他向族人訴說他如何熟練高明地獵獲野獸，如何靈巧地製作矛，他的矛又是如何犀利。接著他如何快、狠、準地把矛擲向羚羊！他累積了驕傲。那種感覺很棒，促使他想再出去打獵，好讓他不斷享受那種快感。這對整個族人也有好處，因為他們需要這個年輕人去獵取強而有力的動物性蛋白質，讓他們的基因可以遺傳下去。

這時，在營地的外圍，那個沒有帶回任何獵物的年輕獵人境遇大不相同。他沒有獵到羚羊不是他的錯，他有製矛的技巧和追蹤獵物的經驗。可是那一天，一陣閃電把羚羊嚇得四處逃竄，害他無法瞄準；或者有人借用了他的矛，矛頭已經不夠鋒利；或許有獅子在他打獵的地盤徘徊；或者風太強。他捏造了很多藉口，好讓他隔天有臉再出去打獵。他逃避悔恨。如此一來，他的族人讓他隔天又去打獵了；他們相信他的故事，促使他再去嘗試。他的族人也需要他去打獵。或許那一天他真的是運氣不好。即使他是個彆腳的獵人，他或許會碰上受傷的動物。或者明天他會碰到剛被鬣狗咬死的羚羊。不管怎樣都很好，只要能吃到肉。

成功時累積驕傲，失敗時逃避悔恨，讓這兩人不斷去嘗試。這兩種趨勢對族人都是有利的，族人的生存維繫於他們不斷努力的意願。成功的獵人一再去打獵。失敗的獵人也不斷地嘗試。

許多人認為投資人受到貪婪和恐懼的策動，行為學家卻不同意，他們認為投資人和市場並非受到貪婪和恐懼的策動，而是人類想要累積驕傲和逃避悔恨的意念，呈現出來的便是貪婪和恐懼的策動。

驕傲是一種與熟能生巧的成功有關的心理程序，帶著羚羊回來的獵人認為自己不是幸運，他認為自己很高明。更重要的是，他相信他可以重複下去。本書的寫作，也是作者展示敝人自認不是僥倖造成的生涯所累積的驕傲。人類的天性認為成功是因為熟能生巧，而不是靠運氣。

想想你自己追高的行為。或許這支股票漲很多了。或許你12歲的小孩央求你買一台iPod之後，你在2002年便買了蘋果（Apple）的股票。你有沒有手舞足蹈？你有沒有恭喜自己？你有沒有跟同事、配偶和老丈人吹噓？更重要的是，你的成功是否讓你覺得自己可以重複？「我買了以後，股價就漲了。我真厲害。想不想看我再來一遍？」就像那個獵人一樣。

悔恨是一種否認失敗責任的心理程序，不說自己技不如人，而把它歸咎於運氣不好。沒有捕到羚羊的獵人不是差勁的獵人，他只是環境不佳之下的倒楣鬼，他下次會逮到羚羊的。「我買了以後，股價就跌了。是經紀人把股票賣給我，他才有問題。」或者「我買了以後，股價就跌了。那家公司的執行長是個混蛋。」人要倒楣有太多方法了。「我原本不要買的，如果不是我老婆那個早上一直在嘮叨的話。」你的想法不是：「我買了以後，股價就跌了。我不曉得該怎麼辦，所以我最好別再玩了。」或者「我最好學到一些教訓，才能改進自己。」

假如那兩個獵人沒有累積驕傲和逃避悔恨，他們會因為失敗而沮喪。他們會把獵捕巨獸當成徒勞無功的工作。他們的腦袋必須如此運作才能累積足夠的食物以便把族人的基因流傳下去，這是一種激勵的工具。如果獵人因為後悔以致沮喪，那些依靠他狩獵的人就要餓死了，那不是繁衍種族的好方法。累積驕傲和逃避悔恨是我們祖先生存的基礎。在當時是有必要的，而我們至今還是這麼做，激勵我們自己不斷嘗試。

但在現代，這些行為會導致投資錯誤。假設比爾持有一檔已經漲了40%的股票。比爾很厲害選到這檔股票。他是個聰明的選股者，他相信自己可以重複成功，他累積了驕傲。

後來，他的股票跌了10%。他對跌價的感受是漲價的2.5倍強烈，完全無視於他的股票還保有26%的漲幅。股價忽然下跌造成他想要迴避的痛苦，於是他逃避悔恨。他相信股票跌了10%只是自己運氣不好，因為先前累積的驕傲讓他相信他會成功的。他想趁還來得及的時候賣掉。他認定股票還會再下跌，忘了他的長期目標，只看到眼前，而想減輕短期的痛苦。他賣掉股票，保護他的自尊。但股票反彈，並且創新高。他決定不予理會，因為承認會讓自己更加痛苦，而忽視它可以逃避悔恨。

悔恨導致比爾採取行動來避免痛苦——在暫時的低價賣掉股票。驕傲讓他無法正確分析自己的行為，所以他註定要重複這種惡性循環。迴避虧損導致投資人買高賣低，這實在是很愚蠢的策略。

擲矛——過度自信

延續剛才打獵的話題，另一種導致投資錯誤的石器時代行為是過度自信。最近幾十年大家學到一個行為教訓是，一般投資人很明顯的過度自信。他相信自己擁有高超的技巧。這好比75%的駕駛人相信自己駕駛技術比別人好。過度自信源於長期的累積驕傲和逃避悔恨。我們就是這樣變得過度自信。如果石器時代的獵人不是過度自信，他們就不會用綁著石頭的棍子去捕殺巨獸。他們必須去捕殺巨獸，不然就會餓死，不然就得吃素，但這跟餓死也沒什麼分別。

對古代的獵人來說，生命很短暫，食物很稀少。就以最近有關肯尼威克人（Kennewick Man）的發現來說，這個傢伙在9,000年前住在現在的華盛頓州。（我一直同情名叫肯尼的人，而這個傢伙真的需要同情。）科學家發現，有一個矛頭嵌在他的臀部。那不是致命的一擊，那個創傷已經癒合，他顯然有不少斷裂的骨頭和其他創傷。在公元前7000年，肯尼威克人和同伴的生活是困苦的。可是，冒險是值得的，一次大型獵殺就可讓族人吃一個月的肉，我們根深蒂固的求生本能敦促我們去冒險，在面對挑戰時，我們時常選擇戰鬥，而不是逃跑。想想有多少人愛玩樂透，不管中獎機率有多低。

投資人總是過度自信，自以為懂得很多，或者有時高估自己的能力。每天看《華爾街日報》和一堆部落格及通訊刊物，並不會讓人變成投資專家，可是許多聰明人以為他們訂閱及吸收一般媒體的能力，足以讓他們操作致勝。投資是很難的，有太多高知識分子及熟練的專業人士在投資時跟業餘人士一樣愚蠢。

不要誤會了。我不是鼓勵你終其一生都去追求投資的學問，也不是鼓勵你聘請專家。正好相反！（記住，想要成功投資，你只需要知道一些別人不知道的事，所以，你只需要本書的3個問題。）你要注意不要過度自信，因為它會導致非常嚴重的錯誤，別人都會犯的錯誤。

舉例來說，過度自信導致投資人去投資「首次公開上市」（IPO，有時IPO是「它可能高估」的縮寫，稍後再詳談）、小型股、對沖基金和其它波動劇烈或流動性不佳的標的，反而忽略其相關風險。你是否時常聽到專家、朋友或你的經紀人把某支個股說成是「下一個微軟」。但是，很少新的企業倖存，更別說變成熱門股了。

過度自信也可能讓你死抱一檔股票，希望它有一天會反彈，即使諸多證據顯示它不會反彈。如果你在130美元買進Level 3，然後等到它跌到1.5美元時還跟你啜泣的老婆堅持說它是一家很好的公司，總有一天會反彈，你就是在逃避悔恨而表現出過度自信。

行為學者注意到一種普遍的投資人傾向，就是死抱一檔股票希望它會回到「平損點」，在那之前拒絕賣掉。每個基金經理人和股票經紀人都認識不少客戶急著在他們死抱的虧損股票一回到平損點時就賣掉。拒絕在回到平損點之前賣掉股票，意味著這些投資人在心理上拒絕承認虧損，因而不必悔恨。人類的本性是否認自己犯下錯誤並拒絕停損。毫無疑問的，只因為股價下跌就賣掉股票是輸家的策略。可是有時你必須承認自己的錯誤，把你的錢放在別的地方比較好。

圖3.2是一些績優的能源股在1980年空頭市場的落後表現。本書寫作時，能源是大家的熱門話題，不是因為能源股近年來大漲，使投資人對於它們的漲幅感到很興奮；也不是因為邪惡的能源公司執行長密謀要把我們大家搞窮，而操縱沙烏地阿拉伯、伊朗、墨西哥、加拿大、奈及利亞和委內瑞拉的原油價格（因為那些國家長久以來一直對美國言聽計從）。

然而，就曾經熱門的類股表現來看，例如1980年代的能源股，你會看到它要花上好幾年，某些個股甚至要十多年才會回到平損點。在1980年之後死抱這些股票的機會成本太高了。如圖3.3所示，S&P 500指數在那之後5年到10年大幅超越疲軟的能源股。最近科技泡沫破滅後大型科技股的情況也是一樣。股票沒有生長曲線，你也不該期望它們有。

有關平損投資人，我們知道他試圖避免悔恨的原因之一是觀察例外現象。當平損投資人急著賣掉股票承受虧損的時間就是年底到了，因為報稅時可以認列虧損，所以他就不必悔恨。美國的課稅帳戶在年底時，投資人可以賣掉虧損的股票，用以抵消其它利得及減少未來繳稅。如此一來，投資人可以避免悔恨及累積驕傲。他告訴

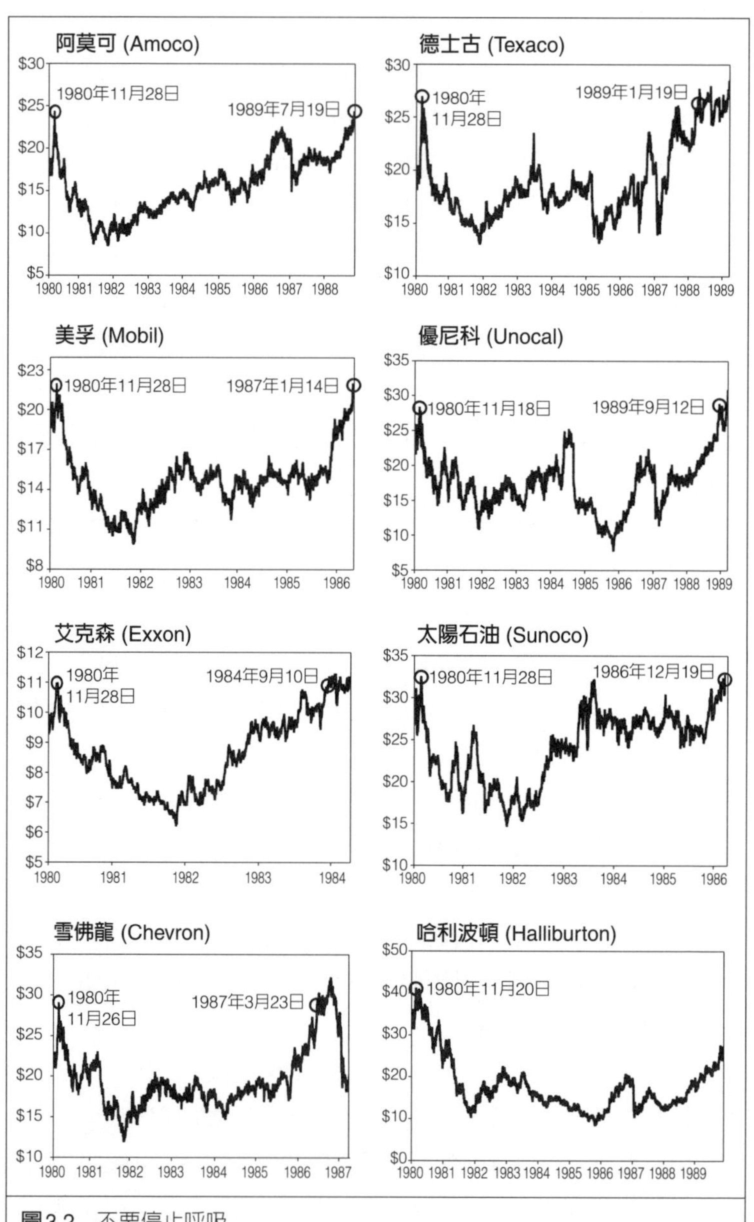

圖3.2　不要停止呼吸

資料來源：Bloomberg.

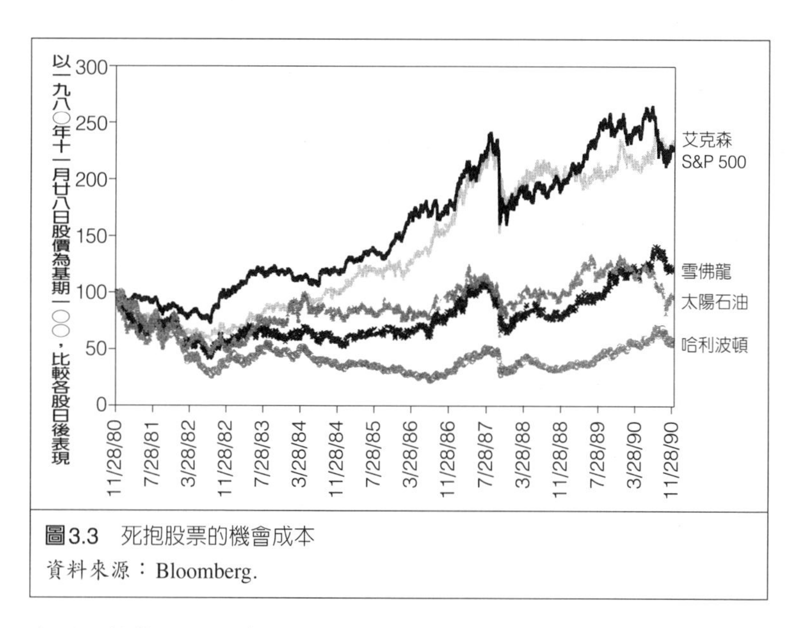

圖3.3　死抱股票的機會成本
資料來源：Bloomberg.

自己，他做了一件聰明事，而不是蠢事。雖然他的股票下跌，但用這種方式賣出，他等於變了魔術，做了件聰明事。他拒絕悔恨，而且累積了驕傲（這是大家一直想要做的）。

調查許多投資人的此類行為之後，我們發現只有不到5%的節稅型投資人曾經反省及分析自己不要這麼做是不是會比較好，由此你便明白他們根本不想知道。換句話說，如果你調查曾做過節稅型賣出的投資人，詢問他們賣出的股票之後的表現，幾乎沒有人知道。因為他們如果發現不要賣掉股票會比較好，如果他們知道股票賣掉後大漲，他們會後悔莫及，並且捨棄先前累積的驕傲。這實在太難以承受了，所以他們不想知道。我們的腦袋是個精巧的自我欺騙者，偉大的羞辱者等在每個轉角，想要讓你自欺欺人。

過度自信的個人時常持有很少的股票，或許一小撮。你或許有401(k)退休帳戶或公司股票購買計畫，亦即買進你上班的公司股票。很多投資人都有。可是，你的自家公司股票（或者任何股票）佔你整體資產配置是否超過5%？如果是的話，你就是過度自信，除非你真的知道一些別人不知道的消息。大多數這種人根本不知道別人不知道的消息。沒有任何公司可以保證股價不下跌，不管再怎麼強健。投資人囤積公司股票，因為他們聽說過某檔股票非常成功的例子。他們忘掉後遺症。投資人會說：「我不擔心長抱這檔股票，因為我熟悉這家公司。」你或許是位生產力超高的會計，可是不管你再怎麼能幹，都無法保證你的公司不會遭受大盤下跌的波及。

安隆的悲劇

記得一家休士頓的小型公司安隆嗎？假設你住在冷戰防空壕裏，與世隔絕的話，那請容我在此告訴你：安隆在爆發一連串會計弊案後破產。在股價一路重挫時，除了少數人之外，絕大多數員工都在一夜之間失業了，安隆成為企業不法的典型例子。忽然間，各地的執行長都被視為跟安隆公司主管一樣的貪婪惡棍。

安隆血淋淋悲劇所衍生的最可悲故事是成群的員工發現自己的終身儲蓄化為烏有，因為他們的401(k)退休帳戶全都是安隆公司的股票。夜以繼日的，新聞放送忠誠的安隆員工悲歌，他們虔敬地買進數萬甚或數百萬股的安隆股票，想頤養天年。一群辛勤工作、節儉儲蓄的正直德州人心想：「我熟悉這家公司。」然而，一夕之間，這些不幸的人發現他們的退休儲蓄變得一文不值。他們絕望了，被迫賣掉房屋，延後退休，或者去找其他工作。年輕的時候變窮沒什麼大不了，可是在69歲時變窮真的很惱人。

安隆真正的悲劇不是有那麼多人被奪走一切，而是它原本可以預防。不論雷、法斯托（Andrew Fastow，安隆前財務長）或史基林的心裏潛藏多少邪惡，公司的員工把畢生積蓄投入在一檔股票並不是他們的錯，把太多資產投入一檔股票原本就可能釀成巨禍，就像這些休士頓人的親身遭遇。

如果他們遵守我的優先法則，不把超過5%的資產配置在任何單一個股上，安隆的大災難便會減輕到小意外。是的，員工還是會失業。是的，他們會在惡化的環境下同時找工作，朋友們相互競爭，遞出幾乎相同的履歷表。是的，他們會損失錢財。假期泡湯了，得到附近速食店打工，也得賣掉第二部車。這些都不好玩。可是假如他們還保有401(k)退休帳戶及財產，到平價服飾店上班賺錢並不可恥。

安隆確實將員工的退休金提撥拿去買安隆股票，這是狡猾的手段，可是員工有更多沒有去買其他股票的理由，過度自信是其中之一。不是雷。不是史基林。他們有錯，但這件事不能算在他們頭上。經過5年及漫長的審判之後（這就是美國做事的方法，慢慢來，如果你不喜歡，我聽說平壤有好看的愛國舞蹈、特別的菜餚以及快速審理），那些主管被判有罪。不管審判結果合適與否，這件案子在未來都會被熱烈討論。不過，那不歸我管。

我們先來釐清他們究竟做了什麼，以及沒有做的事。我聽到一些差勁的記者和名嘴宣稱雷／史基林／法斯托三人組「偷了」員工的401(k)退休金，以及「掠奪」他們的年金。拜託，他們可沒幹這種事。想想你自己的401(k)退休帳戶。有人可以很輕易從裏頭拿錢出來嗎？再想想，你從裏頭拿錢出來很容易嗎？你得填寫一大堆文件，並且提供各式的書面身份證明。所以沒有，他們沒有從401(k)退休帳戶「偷錢」。雷和史基林被判有罪（法斯托認罪以求不受審），主要是因為做假帳，把虧損挪移到其他單位，好讓安隆公司看上去很強健，其實已搖搖欲墜。等東窗事發後，股票暴跌，所以員工的401(k)退休帳戶大幅虧損。當安隆公司宣告破產，股東幾乎不可能拿回一毛錢。

可是，不管他們多麼罪大惡極，他們畢竟沒有拿槍抵在誰的腦袋上，威脅他不可以分散退休儲蓄。是安隆員工的過度自信，才把畢生積蓄投入在一檔股票，他們應該為損失退休和儲蓄帳戶負責。這聽起來或許很殘酷，但有時真相就是很傷人。他們應該要悔悟才是。

你未必要持有一家忝不知恥的公司股票才會經歷這種遭遇。奇異（GE）向來被公認是全球頂尖公司之一，我也同意。但把全部家當都拿去買奇異股票的投資人，也難逃股價由2000年8月高峰到2002年10月谷底之間跌掉62%的命運。它的股價已經反彈，但截至本書寫作時（2006年中），距離高點仍下跌了37%。假設你原本計畫要好好退休，結果匆忙間得設法在晚年靠少了三分之一的積蓄過日子。如果你不是過度自信的話，也不會發生這種事。

看！我就說嘛——確認偏誤

投資人往往刻意尋求片面的證據來支持我們贊同的理論或觀點。我們刻意忽略那些違背我們偏見的證據。因此在不同的偏誤下，兩個投資人可能分析同一份資料，但卻做出完全相反的結論，兩人都斬釘截鐵地說資料支持自己的說法。我這輩子不知看過多少次了。更重要的是，他們都不會使用簡單的統計方法來證明自己是對的。他們有偏見，又過度自信，所以不必去檢查驗證。相關係數？別人去做就行了。

另一種支持既有觀點的簡易方法是找個論點和你相同的大人物，把他當成權威來認同你做的事。不管你相信什麼可笑的事，我敢打賭你一定找得到權威人士來支持你。

我們怎麼會這樣？再回來看石器時代的獵人。每個獵人都有自己偏愛的打獵地。或許有個獵人在北方的羚羊峽谷打到第一隻羚羊。於是他認為羚羊峽谷是理想的狩獵地，每次他在那裏打到一隻羚羊，就增強了信心。「對了」，他想，「就是這裏沒錯」。因為他對羚羊峽谷有好感，或許他在那裡打獵也比較順手。假如他沒捕到羚羊，他就安慰自己不可能每次都成功的。但平均起來，在三或四個月的打獵期間，羚羊峽谷還是最棒的。如果他永遠不去其他地方打獵，他永遠不會推翻自己的偏見。

他的打獵同伴則認為南方的袋鼠峽谷是最棒的。這兩個獵人每天狩獵，他們記錄自己捕到羚羊和袋鼠的次數。他們各自有空手而回或滿載而歸的紀錄。他們都堅信自己的狩獵地是最好的，儘管他們無法在統計上證實其長期優越性（石器時代的人不做統計，這也是你天生不會的原因）。這兩個獵人都不願測試自己的理論正確與否，因為這樣太痛苦了。

我們的進化程度不及你的希望。記得我們在第1章談到高本益比不利於股價的迷思嗎？滿口胡言亂語，卻是天下共通的觀念！這是行為學家所說確認偏誤（confirmation bias）的絕佳範例，亦即我們會尋找資訊來佐證我們相信的觀念，且排斥或忽視反駁的證據。高本益比迷思的支持者可以立刻舉出資料來支持他們的理論，可是他們往往排斥反駁的證據。

確認偏誤相當符合人類的宗教觀，由早期的異教到現代很流行的環保主義新異教，人們對於什麼對環境是好的堅信不移，卻沒有任何科學根據。（我不是反對環保，或是說環保人士沒有什麼科學根據及忽視反駁他們的確切證據。崇拜自然是我們最古老的宗教。）

許多迷思是因為確認偏誤而產生，這是人類的天性。但在市場，依循天性會讓我們受傷。確認偏誤讓我們充滿自信，相信自己是聰明的（過度自信，又來了）。我們喜歡覺得自己是聰明的。可是，每個醫師都可以告訴你，好的感受未必對你有利。

確認偏誤最能解釋「元月效應」的迷思。每年年初時，尤其開年就下跌時，名嘴就搬出那一套。有人還畫蛇添足的說：「第一周下跌，一月就下跌，全年也會下跌。」全世界因此格外注意一月是否月線收黑。這是很動聽的故事，聳動效果絕佳，電視新聞製作人愛死了。

一月及全年收黑的年份成為確認偏誤者的證據。雖然也有一月及全年都上漲的年份，但元月效應論者似乎偏好空頭結果。例如，2006年1月股市大漲，你卻很少看到媒體談論它。反之，在Google

搜尋就會找到大量有關2005年1月下跌的可怕效應的報導。不過2005年MSCI世界指數上漲了9.5%，元月效應論者卻假裝不知道。

有多少元月效應論者會在12月承認自己的過錯？沒有，沒這個必要。以2005年為例，1月份下跌，但全年上漲，投資人便重新定義（reframe）。你無法預期它每年都準確。反之，你必須拉長期間來看，像是5、7、10或23年，或者等那些名嘴退休後。「元月效應」論者排斥或忽視反駁的證據，堅持偏見，重新定義，胡亂訂出一些時程。

重新定義是確認偏誤的重要副產品，它們同時並存。行為學家認為重新定義是我們正確或錯誤詮釋資訊的基礎。若某件事的設定是我們可以理解的，那我們便能掌握它。若它的設定是我們無法理解的，那我們便是盲目的。你不應該覺得意外，因為很少人會問：「別再說元月效應了，何不講六月或任何月份？」既然談到這個，先不管美國市場，我們想想其他與美國連動的市場，例如英國。但我敢打賭只有怪胎會這麼想，當他們調查後便會發現，資料無法證明美國的「元月效應」。

雖然年復一年我們會聽到「元月效應」的警告，但這個迷思完全沒有根據。隨便一個會上網及操作Excel的國小五年級生都能想通。表3.1說明元月做為全年表現指標的效力。

還有一種方法來看待這個迷思。圖3.4顯示開年前10年股市下跌的三個年份。如果你相信這一套，你便錯過大漲的年份。反過來看，假如你以為開年上漲，全年也會上漲，那你鐵定要失望了。

相信這種投資迷思，正是腦袋被確認偏誤癱瘓的明顯症狀。

跟著足跡走——模式辨認和重複

我們的先人——那些獵人和他們的族人，學會辨認重複的報酬。他們注意到自己和族人成功的原因，並加以重複，然後得到更多成功。例如，他們可能會跟自己說「這個武器很適合打獵，所以

表3.1 「元月無效應」

年份	前10天	第1季	上半年	全年
1939	–6.67%	–16.87%	–17.83%	–5.43%
1978	–5.96%	–6.19%	0.45%	1.06%
1982	–5.08%	–8.64%	–10.56%	14.76%
1991	–4.99%	13.63%	12.40%	26.31%
1990	–4.64%	–3.81%	1.31%	–6.56%
1935	–3.71%	–10.87%	8.36%	41.51%
1974	–3.40%	–3.66%	–11.84%	–29.72%
1947	–3.29%	–0.82%	–0.58%	0.00%
1977	–3.21%	–8.41%	–6.50%	–11.50%
1957	–3.18%	–5.50%	1.49%	–14.32%
1956	–2.94%	6.62%	3.30%	2.63%
1940	–2.92%	–1.92%	–20.06%	–15.32%
1962	–2.91%	–2.80%	–23.48%	–11.81%
1996	–2.62%	4.80%	8.88%	20.26%
1960	–2.52%	–7.60%	–4.96%	–2.97%
1948	–2.30%	–1.48%	9.46%	–0.66%
1969	–2.16%	–2.26%	–5.92%	–11.36%
1998	–2.03%	13.53%	16.84%	26.67%
2005	–2.26%	–2.59%	–17.70%	3.00%
1955	–1.96%	1.68%	14.01%	26.38%
1953	–1.66%	–4.83%	–9.15%	–6.64%
1986	–1.43%	13.07%	18.72%	14.62%
1981	–1.13%	0.18%	–3.35%	–9.73%
1950	–0.54%	3.16%	5.55%	21.78%
1928	–0.45%	8.32%	8.66%	37.88%
1970	–0.41%	–2.64%	–21.01%	0.10%
2000	–0.28%	2.00%	–1.00%	–10.14%
1934	–0.25%	6.48%	–2.87%	–5.99%
2002	–0.16%	–0.06%	–13.78%	–23.37%
1968	–0.05%	–6.50%	3.22%	7.66%
1973	0.33%	–5.53%	–11.68%	–17.37%
1993	0.33%	3.66%	3.40%	7.06%
1930	0.34%	17.20%	–4.59%	–28.48%
2001	0.40%	–12.11%	7.20%	13.04%
1929	0.49%	4.85%	13.43%	–11.91%
1992	0.88%	–3.21%	–2.15%	4.46%
1971	0.95%	8.86%	8.19%	10.79%
1959	1.12%	0.42%	5.90%	8.48%
1999	1.14%	4.65%	11.67%	19.53%
1966	1.16%	–3.46%	–8.32%	–13.00%
1944	1.20%	3.00%	11.23%	13.89%

表3.1 「元月無效應」(續)

年份	前10天	第1季	上半年	全年
1952	1.22%	2.54%	5.01%	11.81%
1972	1.27%	5.01%	4.95%	15.63%
1949	1.33%	–0.91%	–6.88%	10.25%
1984	1.36%	–3.49%	–7.12%	1.40%
1965	1.72%	1.66%	–0.74%	9.06%
2004	1.81%	1.29%	2.60%	8.99%
1994	1.81%	–4.43%	–4.76%	–1.54%
1943	1.84%	18.53%	26.41%	19.45%
1988	2.01%	4.78%	10.69%	12.40%
1931	2.05%	8.79%	–3.28%	–47.04%
1985	2.13%	8.02%	14.72%	26.33%
1936	2.16%	11.06%	10.40%	27.83%
1964	2.16%	5.28%	8.89%	12.97%
1995	2.20%	9.02%	18.61%	34.11%
1941	2.26%	–5.83%	–6.90%	–17.86%
1989	2.31%	6.18%	14.50%	27.25%
1954	2.49%	8.58%	17.77%	45.03%
1958	2.50%	5.28%	13.13%	38.06%
1961	2.53%	11.96%	11.25%	23.13%
1937	2.57%	4.33%	–10.34%	38.64%
1945	2.71%	2.71%	12.65%	30.72%
2006	2.77%			
1980	2.96%	–5.42%	5.84%	25.77%
1963	3.19%	5.50%	9.94%	18.89%
1951	3.43%	4.85%	2.69%	16.46%
1997	3.57%	2.21%	19.49%	31.01%
1942	3.80%	–7.83%	–4.49%	12.43%
1946	4.03%	4.15%	6.16%	–11.85%
1983	4.27%	8.76%	19.53%	17.27%
2003	4.36%	–3.60%	10.76%	26.38%
1979	4.77%	5.70%	7.08%	12.31%
1933	4.94%	–15.17%	58.50%	46.62%
1967	4.95%	12.29%	12.83%	20.09%
1975	5.22%	21.59%	38.84%	31.55%
1976	7.12%	13.95%	15.62%	19.15%
1932	8.37%	–9.92%	–45.43%	–15.19%
1987	9.63%	20.42%	25.53%	2.03%
1938	10.75%	–19.35%	9.68%	25.33%

資料來源：Global Financial Data.

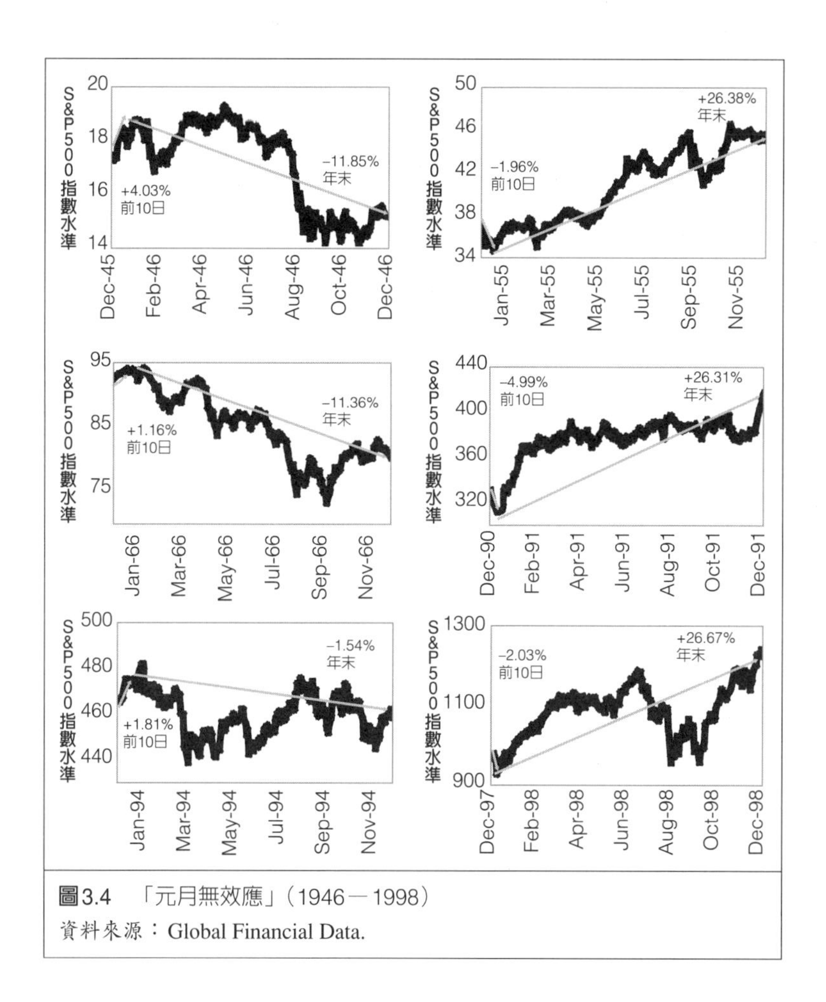

圖3.4　「元月無效應」（1946－1998）

資料來源：Global Financial Data.

我要一直用它」，或者「走在這條小徑上，我就不會迷路，所以我不要離開這條小徑」，或者「這些野莓沒有毒死我的族人，所以我也可以吃」。模式辨認和重複是安全、合理的事。誰想要冒險去嚐有毒的莓果？沒有人會故意去摘毒莓果。

而就像我們石器時代的祖先，投資人還是設立及遵守主要規則，而不是評估個別狀況。這造成「線型」的流行，以圖型來尋找可預測的模式。「動能投資」和「技術分析」形成一種家庭式工業，宣稱某些圖形，有握把的杯子（cup-and-handle）、碟型底部、頭肩形，被頭燈照到的鹿（好吧，這個是我胡扯的）可以預測股票未來的走勢。隨便翻閱一份《投資人商業日報》（IBD），你會找到「IBD 100」的名單，也就是與上星期相比股價表現最強勁的100檔股票。

這種名單有什麼作用？想嘲笑我們嗎？假如你可以搞懂如何打造時光機及成功回到過去，這些是你該買進的100檔股票？如果他們真的想幫忙，為什麼不印製下星期的熱門股？這才是我們想要的。可是他們沒有，因為他們沒辦法。他們沒辦法，因為儘管有人告訴過你，但是再大量的線形都沒辦法告訴你股票未來的走勢，除了瞎貓遇上死耗子的運氣之外。就這樣。股票是統計學家所說的非序列相關，意思是說當一檔股票朝向一個方向時，它維持那個方向或逆轉的機率是各半。任何你拿給我看說是顯示某種模式的線形，我都可以拿出更多來告訴你那種模式根本不會預示任何趨勢。股價模式經過評估根本沒有預測能力。可是，大家還是使用它們。

我們把財務學當成一門工藝，使用笨拙的技術和不確定的指標，而不是重新設計以供現代使用，或者建立新資本市場技術。我們堅持過時無用的工藝，因為我們喜愛模式，我們覺得安全，有保障。投資人崇拜各種模式的預測能力，收益率曲線、高本益比、移動平均線、消費者物價指數、預算赤字，沒完沒了的。我們很少問道：「我的腦袋幹嘛叫我看莫名其妙的東西，然後莫名其妙的行動？」如果有一項指標（或一組指標）可以準確預測市場，那我們就要發大財了。但事實並非如此，因為只有未知力量才能影響市場，我們必須捐棄跟隨已知足跡的偏誤。

視力1.0的後見之明偏誤與順序偏好

後見之明偏誤（hindsight bias）是我們想要跟隨足跡的結果之一，是指我們往往誇大我們預測的準確度，刻意忘掉先前的錯誤。

行為學家所說的「後見之明偏誤」沒有運氣成分。投資人自欺欺人地相信自己擁有某種可以創造美好結果的特殊能力或知識。以後見之明來說，每件事都以視力1.0看得一清二楚。

當一個投資人宣稱他在2000年1月買進Altria時就知道它會是一檔好股票（之後6年間上漲了352%），這就是後見之明偏誤。他的股票大漲的同時，全球股市崩盤，之後一直沒能完全恢復。他是個天才，當然，並將這個決定歸功於他的敏銳判斷。這個投資人忘記說的是，他以108美元買進雅虎，然後2年後以4美元賣掉。過度的累積驕傲及逃避悔恨，和後見之明偏誤同時併發。這些偏誤一起發作，它們無一能夠為你做出更好的決策。

後見之明偏誤讓我們假設先前的模式會持續下去，表現良好的股票會續漲，下跌的股票會續跌。牛皮股呢？不動就是不動。最簡單的後見之明偏誤就是把過去投射到未來。很簡單，而且你這麼做的時候，很少有人會反駁你。

順序偏好（order preference）是我們喜歡預測及收藏之本能的展現。舉例而言，投資人希望資產組合裏的每個部份都表現良好。如果他們與大盤比較（你也應該這麼做——使用S&P 500指數和MSCI世界指數，定期與你的資產組合比較），他們希望每支持股都超越大盤。這是天性使然，但卻不可能。在任何大盤指數裏，其組成個股的報酬率各不相同，你的資產組合絕對比不上大盤指數的分散化。即使你的持股都表現良好，那是因為你很幸運，這只是暫時的。

簡單來說，如果一個投資人有60檔股票（如果你投資遍及全球，這種數量還算好），在順序偏好使然下，他希望每支股票都上漲。他忘了投資時最重要的是整體資產組合的表現，你的財產淨值取決於它的表現。

投資人吹噓他們買的一檔股票大漲了80%，卻忘了注意整體資產組合的表現，這就是順序偏好在作怪。在評估績效時，整體的表現比部份的表現來的重要，但大多數投資人都沒辦法牢記這個觀念。

假設一份資產組合裏只有兩支1萬美元的股票，一支上漲25%，另一支下跌15%；我們的腦子會叫我們為下跌的股票感到悔恨，但標準財務（standard finance）則要我們別為部份虧損感到悔恨，畢竟整體的表現是理想的。標準財務是對的。股價的波動未必能讓我們預知未來，我們不必跟隨它們起舞。

換個方向思考，假設你在大漲的年頭買入一檔S&P 500指數基金，例如在1977年上漲33%。你覺得很棒，是吧？現在，假設你持有500檔個股。當然500檔個股實在是太多了，不過為了說明，還是假裝一下。

在這500檔個股裏，有些下跌了40%、50%和60%。那麼你對你的投資組合有何感想呢？你的感受應該和那檔指數基金一樣，因為你所持有的500檔個股正是該指數的組成股，只是經過加權而已。你有幾檔股票下跌50%沒什麼關係，因為你有一些上漲了150%。加總起來，你還漲了33%，這才是重要的。順序偏好造成你專注於個別部分，可說是見樹不見林。

偉大羞辱者最愛的把戲

如果我們能進化為投資人，或許偉大的羞辱者會被重新歸類為溫和的羞辱者，甚至是溫柔仁慈的騙子。我們的先天設定讓我們因為心理傾向而一再被市場羞辱。不幸的是，我們的偏誤並不是單獨運作，它們攜手合作，讓毫無道理的投資決策看起來很合理。你的腦袋不會在你犯下愚蠢的錯誤時提醒你，因為它不認為你所犯下的認知錯誤是愚蠢的。相反的，你的腦袋告訴你這筆投資「很不巧」。所以，你就怪到別的事情上——逃避悔恨。

你唯一的武器是第3個問題——每當你要做出決定時，問自己：「我的腦袋這次又要怎麼騙我了？」看起來越是理智的決定，你越是要問。我已經舉例說明你的腦袋如何跟你作對，稍後我還會談到更多。我會教你如何使用。你可以列出一張清單，放在案頭或床頭。你一定要在每次決策時不斷問自己這個問題：「我的腦袋幹嘛要騙我？」

記住，你的腦袋設計是為了讓你活命，而不是金融投資。逃避張牙舞爪的野獸偷襲的本能，在分析資本市場時卻可能變得危險、有害。提出第3個問題以及認清腦袋不清楚的徵兆是你對抗自己的最佳防禦。

以下是名為吉姆的假想投資人所面對的情況，看看你是否也做出類似的決定。假設吉姆的投資組合在過去3年增值了50%。在多頭年代，這種績效是有可能的。後來市場下修，投資組合在幾個月內便跌掉18%。多頭市場發生修正是很正常的，每一、兩年就會出現一次。史上出現修正的年份多於沒有出現的。吉姆知道，也明白市場劇烈震盪，可能下修10%到20%，但仍維持上升趨勢。他知道他是做長線的，短線波動不要緊。話雖如此，當事情降臨在自己頭上時，感覺糟透了。真的很糟！

首先，近視性虧損迴避。18%的虧損感覺像45%。吉姆對短期虧損18%的難過，和他對近年來獲利的高興不相上下。（近視性虧損迴避只看到最近及短期的發展。我們往往重視短期甚於長期，儘管我們要的是長期結果。）吉姆開始想要停止這種（近視性）痛苦。如果吉姆問自己第3個問題，或許他就可以阻止這種惡性循環。他會明白近視性虧損迴避讓他在考慮在很糟的時機——市場修正期賣出。不幸的是，吉姆沒有買這本書，只能任由他的石器時代腦袋做主。

其次，順序偏好。他注意到他有些股票下跌，而且還是大跌。但他看不見即使市場正在下修，他的整個投資組合仍然上漲了20%以上。他只注意那幾支下跌超過40%的個股，其中一檔XYZ股已經跌掉65%。他心想，要是沒有買XYZ股，他的人生會快樂多了。打牌的牌友告訴他，它可能還要再跌。他痛入心扉。他有幾支股票還有80%以上的漲幅。那些股票好少啊。他幹嘛要買討厭的XYZ股，竟然跌了65%！他為什麼不多買一些上漲了80%的股票？

接著，逃避悔恨。他真不該把投資決策託付給經紀人，如果他有在注意的話，情況會好很多的。

然後，確認偏誤和更多逃避悔恨。他自己挑選的上一支股票馬上就漲了50%。至少這支XYZ股不是他的錯。假如是他一個人的決定，他不會允許一支股票下跌65%。都是那個白癡經紀人的錯，我吉姆可是個聰明人。

緊接著是後見之明偏誤。當經紀人選股時，他早就知道XYZ股不好。他本來打算不要它的，改買另一支現在大漲140%的股票，他應該這麼做的。如果不是他沒有在注意的話。他應該相信自己的直覺，因為他通常都是對的。那麼，他幹嘛心情那麼不爽？

更多虧損迴避。如果他不快點採取行動，他的老婆可能認為白癡的是吉姆，而不是經紀人。（嘿，吉姆，我不知道你明不明白，可是你老婆或許在心底早已認定你是個白癡。她吃定你了。）

接著，過度自信。不要理那個白癡經紀人了。雖然吉姆沒什麼金融或市場背景，可是他知道自己可以做得更好。畢竟，他可是醫學院畢業的。這有什麼差別嗎？假如你是聰明的，什麼事都很聰明。況且，吉姆真的、真的很聰明。

吉姆受夠了。他不能再忍受18%虧損的痛苦，以及持有一檔下跌65%的XYZ股的羞恥，於是他每隔一陣子就在低點賣掉股票。2星期後，大盤和吉姆賣掉的股票結束修正，開始上漲。吉姆手頭上擁有四成的現金部位。他努力專心於行醫以及即將來臨的假期，不去想股市。

吉姆原本會更加富裕，假如他有（1）提出第3個問題，或（2）

不做任何決策，或（3）明白他的腦袋是要保護他不受猛獸攻擊，而不是導引他進行理性的投資決策。我們這位聰明的醫師在逃避悔恨之際，並沒有從他的認知錯誤學到任何教訓。「至少我沒有賠得更多」，他心想。後來，他一再重複這些錯誤。

把頭探出洞穴

吉姆不是無藥可救，你也不是。我們確實有這些行為，但未必就完蛋了。想要克服石器時代的想法，我們要不斷及嚴格執行第3個問題。在你問過你所相信的是否正確，以及你能否測量別人無法測量的事以後，你務必要把頭探出洞穴，問問你的腦袋是否發送出錯誤的訊息。

現在，你要開始做一些實際的事來幫助你對抗更多常見的認知錯誤，你可以開始運用下列方法，讓自己在這個世紀站對邊。

另一面——累積悔恨，逃避驕傲

聖經說，驕傲必敗。在資本市場，驕傲必招致近視性虧損迴避與過度自信、後見之明偏誤，以及其他各種邪惡，包括低檔賣出。你必須永遠扭轉自己的天性。你必須逃避驕傲及累積悔恨。這是我所知道成為一個優秀投資人最簡單、最基本的訣竅。如果你有一檔股票漲了很多，假設你不是個天才，假設你的運氣很好，但運氣總有用完的時候。如果你有一檔股票跌了很多，不要逃避悔恨。每次的虧損都累積一些悔恨。接受它。假設自己不是安隆醜聞、你的股票經紀人或配偶的受害者（最後這點，恕我愛莫能助），假設你才是要為股票下跌負責的人，然後記取教訓，學著在下次做對。記住，重點是不要在你害怕的任何價格賣出。

累積悔恨和逃避驕傲有很多好處。首先，你可以從錯誤中學習。第二，你不會變得過度自信，反而變得謙虛，更能看清市場。

研究顯示，不過度自信投資人的操作績效優於過度自信的投資人，只要累積悔恨和逃避驕傲，你就不會那麼過度自信。

你是否曾經因為某一檔個股下跌就賣了它，改買其他的，從來不回頭檢討？你很慶幸自己甩掉燙手山芋？或許你賣的不只是一檔個股，而是全部賣掉，改買安全的債券，因為股市把你嚇壞了。很多投資人都會這樣——情緒化的行動，從不檢討他們的決策讓自己變富有或變窮了。他們從不進化。

接納自己的悔恨。瞭解自己可能是錯的以及你的決策會導致的後果。在投資時，如果你有70%的時間都是對的，長此以往，你就會超級成功。雖然這也表示你時常犯錯，但犯錯沒有關係。你越能接納自己的錯誤、把它當成學習的機會，你就越能減少長期的錯誤機率。當賣出時機不對或買錯股票時，別急著安慰自己「沒有賠得更多」。或許你賣掉的股票不是燙手山芋，而你買進的才是。或許你賣掉的股票在數年後變成績效最佳的，你賣掉它只因為你犯下虧損迴避、後見之明偏誤或其他單純的認知錯誤。或許市場沒有陷入下跌漩渦，或許大盤全年上漲25%，而你的現金只有3%的報酬率，遠遠落後大盤，削弱你達成長期目標的機會。但只要你明白自己又錯了，設法在下次儘量由錯誤中學習，將來便可減少錯誤。

第3個問題可以阻止你採取瘋狂、不理性的行動。更重要的是，你需要一個全方位的首要策略來導引每個決策，你絕對需要一個標竿。（我們將在第4章討論標竿以及它重要的理由。）現在，你必須知道一個架構良好的指數可以作為標竿，並且作為你建構投資組合的道路地圖。如果你的標竿是50%的美股，唯有在你知道為何美股表現將優於或遜於外國股市時，你才能持有高於或低於50%的美股。如果你的標竿是10%能源股，你就只能持有10%的能源股，除非你運用這3個問題而獲悉了別人不知道的事，你才能加碼或減碼能源股。我們的績效目標是與你的標竿相仿，但如果你知道什麼消息的話，還可超越標竿。長時間下來，這個標竿將協助你達

克制你的過度自信

標竿往往可以抵銷你的腦袋可能犯下的許多認知錯誤，但這不表示你不會犯錯。我要和大家分享一些我很努力卻事與願違的例子。

在2000年到2002年3月之間成功看空科技股，然後看空整個大盤之後，我的公司太早回到市場，還小幅加碼科技股。好痛！股票下跌時，真不好受。後來，行情略有好轉。加碼科技股在2003年產生不錯的績效，全年科技股上漲49%，而MSCI世界指數上漲33%。

遺憾的是，我們又維持加碼科技股兩年，以為科技股將領先其他類股。運用3個問題，我們找出數個科技股將勝出的理由。第一，投資人仍相當看空，所以我知道最重要的決定是要留在股市。第二，科技股尤其被看淡，預示投資人心理將反彈。運用本書稍後將提到的工具，我們可以測量出投資人的信心太低了。第三，我們看出美國GDP成長將比民間預期更加強勁，穩健的美國企業獲利將成為一項驚喜，美國也將領先全球脫離經濟衰退和空頭市場。因為大型科技公司大多是美國公司，我們自然預期科技股將有良好的表現。

最後，我們預估波動率將升高。部份原因是總統任期的前兩年往往是市場波動最大的時期，如同我們在第2章所提到的。（人們時常以為波動率下跌是不好的，波動率升高則不算波動率。不是這樣。波動率就是波動率，不論升高或下跌。）當股市向上波動時，高BETA係數的股票就會脫穎而出，科技股就是高BETA係數類股的典範。我們預期2004和2005年將是大漲及波動的年頭，於是預先部署。亦即加碼科技股。

結果，科技股是2004和2005年表現最糟的類股之一，那2年的累積報酬率只有12%，而MSCI世界指數上漲了26%。以下是出錯的地方。

雖然科技股的信心偏低，但我的公司卻低估了它疲乏的程度。經過2003年的波動及上漲之後，科技股在2004年高處不勝寒。我們無法預測到這點，因為科技股和2000年或2001年相較之下依然大跌。可是投資人用2002到2003年的低點來比較科技股，因而覺得科技股已到高檔，可能反轉下跌。我們沒有注意他們已經用相對低點來比較科技股。現在檢討起來，他們是預期2000到2002年的跌勢將重演。擔心高檔加上近視性虧損迴避，讓投資人對科技股下跌的恐懼程度是他們喜愛科技股上漲的二倍半。科技股的信心偏低，而且還繼續下跌。我們看走眼了。

我們預期股市在2004年到2005年會上漲，所以對這兩年的平靜無波以及平庸的報酬感到格外訝異。我們看對走勢，很好，可是卻猜錯上漲力道。那兩年是40年來波動率最低的24個月，而我們預測的是股市大漲及波動劇烈。沒有了波動，我們的科技股操作就賺不到錢。

為什麼股市聞風不動？我不知道。那是我既有的知識無法解釋的。我曾試著去想通。我試著由錯誤中學習。我累積了悔恨。我知道科技股操作失利不是別人的錯。不是我老婆的錯。不是公司裏跟我一起做出投資決策的同事的錯。我們都有相同的看法。這不是別人的錯。現在，我們知道我們沒有可以預測波動性的依據。我們對於別人不知道的事知道得還不夠多。

等到我們發現錯了，知道我們無法預測波動性，我們立刻結束操作，但在這之前兩年我們的客戶忍受了落後大盤的績效。

不過，這些年來我們許多其他的操作都十分成功。原料股，金融股和能源股都和我們預測的一樣成功，唯獨科技股！現在，我還在反省對於波動性的預測為何出錯。有時要花很久的時間來檢討自己的錯誤。這和1980年能源泡沫後的情況雷同——能源股落後大盤一段長時間，但卻在波動中下跌，而不是走高。假如當年我有好好研究，或許會有幫助。（當然，我們現在還在檢討。你可以在圖3.2看到那段時間幾檔能源股的表現。）另外，小型股領先大盤一段時間了。小型股和主要為大型股的科技股正好相反。我應該想通的。我們沒有把已知的兩件事湊起來。我們不會再看走眼了。

這有什麼值得高興的嗎？第一，每回我們犯了錯，我們就能替下回做更好的準備。第二，如先前提到，我們只是小幅加碼科技股和美國，所以後果不是太嚴重。儘管相信我們可以進行操作的依據，但我們沒有賭上全部家當。即使我確信自己獲悉了別人不知道的事，我也覺得自己可能出錯，結果真的出錯了。我做每件事都秉持這個原則。

> 我當然喜歡決策正確的感覺。大家都一樣。可是我知道我有時很可能會出錯。那沒關係。這是累積悔恨和學習，將來日益精進的好機會。這種事情會一再發生，而且一點也不好玩。不過，因為我每次都以標竿為準，因為我設法不要過度自信。所以我出錯時不會太嚴重也不會太久。然後，我會反省。使用3個問題和一個標竿，你的決策正確的機率會越來越高，且不會錯得太離譜。最後，你可以避免過度自信的危險。

成目標。萬一你的腦袋騙了你，像是近視性虧損迴避，以致大幅偏離你的標竿，將會嚴重影響你達成長期目標的能力。

我舉一個例子。2000年3月，我看科技循環看得神準，這是我過去20年來做的很漂亮的一次。（我會在稍後章節告訴你們，我是如何辦到的。）我的公司調降客戶的持股，由小幅加碼（當時科技股佔美股的三分之一，佔全球市場的25%），降到原有權重的一半。客戶後來吵著說我們怎麼不多降一點，不過我知道我有可能出錯。尤其是當我知道別人不知道的事，我的腦袋還是可能騙我，所以我努力不要得意忘形，我不會下大注。你也該這麼做——總是去挖掘別人不知道的事，但永遠提醒自己可能會出錯。如果看空科技股，結果它卻變成最強勢的類股，而你還持有一些，便不會落後大盤太多。但如果你對了，你就超越大盤，長期來下你就贏了。

累積悔恨。逃避驕傲。注意你的標竿。唯有在3個問題讓你相信你獲悉了別人不知道的事時，才能偏離標竿。這樣才能打敗近視性虧損迴避和過度自信。這是跟偉大的羞辱者打交道而不被羞辱的方法。

數小便是美

談到對抗過度自信，女性比男性來得佔優勢。有一項很棒的學術研究目的是要調查男性或女性是比較優秀的投資人。結果他們發現女性比較優秀，長期績效較佳，這我一點也不訝異。為什麼？在石器時代，男性在獵山豬和羚羊時，女性則去採莓果和穀物。採莓果和對著衝過來的野獸投擲石矛不同，不需要那麼多的過度自信。因為女性大致上並不是由獵人進化而來，所以不會像男性過度自信。她們往往交易規模較小，較少改變投資組合。其實男性和女性犯錯的機率都高於對的機率，而且男女機率相同。可是，由於男性比較自信，往往在沒有什麼依據下便進行交易。這些沒有依據的交易常常傷害男性，更甚於女性。較少改變投資組合反而有更好的投資績效。除非你真的知道別人不知道的事，可以頻繁進行交易。或許這也是女性比較長壽的原因。她們比較有錢可以過日子。（我一直覺得那是因為她們以為我們男性又笨又過度自信，所以她們叫我們去做各種危險的事；可是我不是很確定。）當然，這是值得男士們思考的事。

女士們需要思考什麼嗎？回顧歷史，幾乎所有最頂尖、最知名和最富有的投資人都是男性。唯一的例外是19世紀的海蒂・格林（Hetty Green，請參考在下的另一本著作《主導市場的一百個心靈》〔*100 Minds That Made The Market*〕）。女性幾乎從未躋身最成功投資人之林。為什麼？許多女士會告訴你，歷史上（或目前的社會偏見從中作梗，讓女性無法嘗試。當然，偉大的羞辱者不在乎你是誰。它是機會均等的羞辱者，男性或女性一律會被羞辱。海蒂・格林在125年前證明在當時就可以辦到，而且過去35年也有許多女性投身投資圈。我猜史上之所以少有女性成為最佳投資人，原因是女性不像男性那麼過度自信（如前述研究顯示），投資績效也比男性優秀（這點仍不被廣泛接受）。不過，把單一個案當成常態是不對的。因為女性不像男性那麼過度自信，她們或許也不像極少數超級自信的男性那麼幸運。

話說回來，減少過度自信便可減少不必要的交易，這點絕對是女性佔優勢。如果減少交易等於減少沒有依據的操作，並等於更好的績效，那麼請放棄當日沖銷。沒有人有好理由進行當日沖銷，除非他有上帝情結或者是個無可救藥的受虐狂。當日沖銷客為了每天能夠起床，他們一定要累積驕傲，而不會累積悔恨，毫無依據便下大注。你明白這有多糟糕。當日沖銷客會吹噓他們在某支個股大有斬獲。但若問起他們的整體績效，他們會立刻閉嘴。他們不知道嗎？或者難以啟齒？還是他們要說謊？或許視情況而定吧。當日沖銷是順序偏好、逃避悔恨及過度自信的組合。

每當你想進行一項交易時，用另外2個問題來確定你不是根據迷思來交易，你的行動是根據一項優勢。如果你不確定自己交易的理由是否正確或者你是否真的知道別人不知道的事，那麼你就是過度自信。有時被動是最主動和最適宜的行動。不要只為了交易而交易，自取其辱。

是天才？還是幸運及健忘？

在幸運地操作某支個股、類股，甚或大盤成功之後，你很可能會出現後見之明偏誤。

一點點的逃避驕傲和累積悔恨就可以大大對抗這種偏誤。當你操作成功時，你的反應不該是「我就知道我是對的」。相反的，你應該是「我知道自己可能會出錯，至少我運氣不錯。我的好運在哪裏呢？我怎樣會出錯呢？」你每次做決策時，都應假設自己可能會出錯。如果你這麼想，你就會設法確保自己被錯誤的假設給害慘了。

你想要建置一份全部是能源股的投資組合？（如果你有設定標竿的話，這種事就不會發生，不過我們先這麼假設。）或許你在2005年或2006年曾想過這麼做，因為你看到艾克森（Exxon）、康菲（ConocoPhillips）、雪佛龍（Chevron）的股價已經漲了幾年。選中這些股的你真是天才啊！你知道全球經濟擴張，包括中國和印度的勞動改革和經濟發展，將使全球石油需求大增以及石油公司股價上漲。你知道高油價推升通膨的恐懼其實是太誇張了，市場也已反映。同時，你很確定在2003年就跟打網球的球友講過這些。他們不記得這段重要的對話，可是你確定自己講過。

夠了。你怎麼不問自己萬一出錯了該怎麼辦？萬一你的成功不是因為你精闢分析全球石油需求，而純粹是運氣呢？你還會豪賭一把嗎？只因為你對了一次（或兩次），並不表示你下次還會再對。許多投資人在1998年和1999年大量投資科技股，有人把全部資產都投入科技股。過度投資於一個熱門類股，會讓你變成冒險的資金經理人，卻不會讓你成為市場天才。如果你曾是大量投資科技股的人，你或許在1999年讚美自己，如同某些人在2006年因為能源股而讚美自己。但若你在1999或2000年錯看了科技股（或者是今日的能源股，或者是下一個輪替的熱門股），你會輸得精光。運氣不是管理資產的方法。謹慎正確的機率高於出錯的機率，才能打敗市場。每當我看到投資人誇口他們有多了不起，我總是嗤之以鼻，他們等著被偉大的羞辱者修理吧。

如果你曾誇口你就知道Altria會是超級明星，或者你知道蘋果會暴漲，但你知道有哪些股票會大跌嗎？你不知道嘛，否則你就不會買了。逃避那種驕傲，累積悔恨，遵守你的標竿，以及避免後見之明偏誤。

整體vs.部分

至於順序偏好，要記得最重要的是整體的結果。沒有人在乎你有一檔個股漲了800%，如果你有一檔個股跌了80%，你也不用在意。你的個股會劇烈波動，和他們的類股相似（例如科技、健保、大型股、價值股、日本）。告訴自己：「我有一檔個股漲了800%，那又怎樣？我想我很好運。真奇怪？」以整體來看待投資組合的進展。太過注意個股會導致嚴重的虧損迴避以及其他認知錯誤。你在檢視個股時，不要管它們是漲還是跌，也不要管它們跟投資組合比較的表現。如果你的投資組合全年漲了25%，而一些個股漲幅不及這個幅度，甚至跌了，這不表示它們是壞股票。假如一支股票表現和類股相仿，那麼它就算不錯了。

一或兩個月表現略佳或略差，實在不必予以理會。但若一檔個股在長期遠高於或遠低於同一類股，那麼你可以開始問為什麼它與眾不同。

如果你挑選的個股是你的標竿裏類股的績優代表，那麼你根本不必在意個股的表現。進行操作的唯一根據，包括某個類股裏的一支個股，就是知道別人不知道的事，而且知道自己可能會出錯。這表示不要太鑽牛角尖。如果你的投資組合表現與你的標竿相仿或略佳（不是一周或一個月或一季，眼光放長一點），你就做對了。

兔子或大象？相對規模至上

對抗各種認知錯誤的另一個方法是相對性思考。每個投資因素、每個財務問題、每則新聞都有其相對規模。記得我們在第1章曾談到伊拉克戰爭的例子嗎？記者總愛嚴肅地報導每年或者累計的戰爭經費。當他們說「伊拉克的戰費迄今已達3200億美元」，你的石器時代腦袋只聽見「3,200億美元，嗡——嗡——」，那麼多個零你的腦袋甚至轉不過來了。可是當你相對性思考，用戰爭經費佔美國GDP的年度比率來想，就沒那麼嚴重。戰爭的功過仍有待評論，不過當媒體企圖播報一則新聞來引發恐懼時，你要理性思考。

我們的石器時代同胞知道兔子是小的，而大象是大的。他們也知道大象不太好獵殺，或許還會被牠踩死，毛絨絨的兔子可愛又好捉，又軟又好吃。大的很恐怖，小的很好吃（而且不可怕）。不過，若是問石器時代人，悍馬吉普車比大象大或小，他就無從比較起。當然，那個時代沒有悍馬車。（我想摩登原始人佛林史東開的是原始版的Sand Rover。）

現代人可以學會相對性思考。可是，投資人在做投資決策時很少相對性思考。無法比較規模是我們在看到很大的數目時，我們的穴居人腦袋容易犯下的認知錯誤。很大的數目很嚇人，像瘋狂踐踏的大象。不過，比較規模可以讓我們正確看待很大的數目，像是負債、赤字、GDP、戰爭、土耳其的病死雞等等。當你在看新聞時，不妨比較規模。漂亮的女主播播報最近的貿易逆差有多少多少億美元時（天啊！好多個零！），她有幫你看個明白嗎？你可以想想這個很大的數目佔GDP的比率？更好的是，佔全球GDP的比率。通常在你相對性思考之後，就沒什麼好擔心了（我們稍後再詳談）。

你應該可以看出一種模式。只要你用這3個問題來判斷你的腦袋在騙你，只要你逃避驕傲，累積悔恨，遵循標竿，擬定對策，相對性思考並專注在你的長期目標，許多認知錯誤都是可以避免的。

第1個和第2個問題給你操作的依據，掌握其他投資人沒有的優勢。但沒有第3個問題的話，你會迷路，任憑你的石器時代腦袋指揮。在第9章，我會告訴你如何綜合運用這3個問題，以及擬定策略，好叫你的腦袋聽話。可是，首先在第4章，我們要談談這3個問題如何結合，形成一種先進科技以打敗市場。請繼續看下去。

第4章

資本市場技術

打造與運用資本市場技術

現在，你已知道這3個問題可以綜合運用，幫你找出一些你知道而別人不知道的事情。雖然本書已證明如何用這3個問題破解一些常見的迷思以及挖掘一些驚人的事實，但你不應局限在本書有限的篇幅所能列舉的例子。重點不在於蒐集一些實用的投資撇步，而是在每次決策都運用這3個問題。停下來問：「為什麼我要買或賣這支股票、這個類股或基金？為什麼我覺得這是一個好主意？我知道什麼別人不知道的事情嗎？這裏有什麼是我相信但卻錯誤的事嗎？我可以測量什麼？」只要提出這些問題，便足以讓你領先大部分投資人。然後再問：「我的腦袋是不是在唬弄我？」本書不是呆板的指導手冊，而是要告訴你一個動態的程序與工具組，讓你在投資生涯永遠領先其他投資人三步。

這3個問題的答案，提供你探索市場的新方法，類似一種你可以重複測試及運用的技術。我們重複運用這3個問題的目的是建立一座資本市場技術的彈藥庫。

跟未來10、20或50年所能知道的相較之下，我們現今對於資本市場運作的瞭解十分有限。想要知道什麼別人不知道的事，方法之一是打造未來的資本市場技術。如果你能知道別人在未來10、20或50年都不會知道的事情，你就領先了一大截。資本市場技術有助於解釋以前沒有人瞭解的投資領域，並賦予你可靠、實用的工具。你所創造的技術能讓你做出更加準確的預測及自由市場操作，甚至分析個股。更重要的是，你將能探索及創造更多獨門技術。

研究室的歷史

想要有正確的投資手法（像個科學家，而不是鐵匠），你必須測試自己的資本市場技術。測試新技術的最佳實驗室就是歷史。有太多的投資迷思，包括被廣泛接受與報導的，都源於意識型態、政治傾向，或者認知偏誤。若用歷史資料加以測試，它們根本不堪一擊，就像對高本益比以及鉅額聯邦預算赤字的莫名恐懼。證明某件事是對的比起證明某件事是錯的還要辛苦。想要證明某件事是錯的，你只要提出一些不怎麼樣的關聯性即可。

如果整個歷史上，X與Y並沒有緊密關聯，事實上除了Y以外，X與很多事都有關，那麼你就沒有理由打賭X會突然造成Y。頑固地堅持一項流行的說法，而沒有證據支持，因而造成迷思在我們的文化盛行。但一項迷思歷時越久，就越少人會想去驗證它的真偽。好在你不一定要有財經新聞終端機才能取得資料。許多網站都提供免費的大量資料，而且還整理得好好的。下一頁會列舉一些實用的網站。

假如你不會用Excel下載與分析資料，不妨參考第1章的例子，或者找個高中生來教你。我假設大多數讀者至少都已習慣上網。不過，你要用的資料可能是定量的，也可能是非定量的。高本益比的迷思是用定量資料去破解的。你可以看到很容易便能用標準資料推翻一項公認的理論，只要根據問題去做測試即可。

萬一資料很難取得或很難測量呢？你的資本市場技術是否屬於定性的（qualitative）？只要你有許多例子可以分析而且有經濟根據，就沒有關係。我們先前檢驗過的總統任期循環就是一個好例子。這種循環很難用數字去測量，但仍是個強力的循環。你可以檢驗回溯至1926年的所有大選循環。這不完全是定量的，但其中顯然有清楚的模式，而且有其基礎。當然，這種循環產生作用的一個重要原因就是沒人瞭解它的基礎，它的模式也沒有廣為流行，有關它的報導大多是在嘲笑它。

不過，你的證據一定要符合基本的經濟原理。如果你找到一個可靠的模式卻沒有好的解釋，就不要用它進行操作。你知道自1926年以來每逢尾數是5的年份，股市都收紅嗎？每年都是。你或許想說下一個尾數是5的年份，你一定要押注在某個類股（或個股）。

機構	網址	資料
彭博	www.bloomberg.com	全球股市新聞和報價、計算器
經濟分析局	www.bea.gov	GDP、經常帳收支、進／出口
勞工統計局	www.bls.gov	CPI、失業人口、生產力、通膨
疾病管制及預防中心（CDC）	www.cdc.gov	統計數字：出生、死亡、健康趨勢和年齡層分布
商務部	www.commerce.gov	貿易
能源資訊管理局	www.eia.doe.gov	能源統計數字、歷史資料
《富比世》雜誌	www.forbes.com	商業及市場新聞、個人金融
國際貨幣基金	www.imf.org	國際經濟和金融統計數字
Lexis Nexis	www.lexisnexis.com	新聞綜合研究引擎、公共紀錄、資訊來源
摩根士丹利國際資本	www.mscibarra.com	MSCI指數、資料、特色、績效
全國經濟研究局	www.nber.org	景氣循環（判斷衰退時間）
紐約證交所	www.nyse.com	紐約證券交易
經濟合作暨開發組織	www.oecd.com	國際經濟和貿易統計數字
Real Clear Politics	www.realclearpolitics.com	重要的政治新聞、部落格、民調等
羅素指數服務	www.russell.com	羅素指數資料、特色、價值
標準普爾指數服務	www.standardandpoors.com	標準普爾指數、資料、特色、成分股
《經濟學人》雜誌	www.economist.com	全球財經新聞、時事
英國《金融時報》	www.ft.com	國際股市、商業和全球新聞
湯瑪斯／美國國會圖書館	www.loc.gov	立法資訊
美國人口普查局	www.census.gov	地區統計數字
美國國會	www.house.gov	議員網站、法案、法律
美國國防部	www.defenselink.mil	官方新聞、報告
美國聯準會	www.federalreserve.gov	銀行收支帳、信用統計數字、貨幣存底、資金流動
美國政府官方入口網站	www.firstgov.gov	連結所有政府機關部門
美國眾議院辦公室	clerk.house.gov/	立法分支機構歷史、選舉統計數字
美國預算管理署	www.whitehouse.gov/omb	美國預算
美國財政部	www.ustreas.gov	稅、利率、社會福利、健保
美國《華爾街日報》	www.wsj.com	國際股市、商業和全球新聞
威爾夏指數服務	www.wilshire.com	威爾夏股價指數、價值
世界衛生組織（WHO）	www.who.int	全球衛生和疾病統計數字、死亡率、新聞

千萬不可！因為這只是數字遊戲，沒有什麼經濟理由！這麼說來，自1955年以來，尾數是5的年頭都會出現較多強烈的登陸颶風。但那又怎樣？我懷疑氣象局會依賴這種理論來做預報。你當然無法反駁風災造成尾數是5的年頭股市走高。這是天災所致，是統計異常，就像連續50次擲銅板擲出人頭。這種事就是會發生，所以要小心。再說一遍，沒有因果關係的關聯性不足以做為操作的依據。

話說回來，或許你可以找到強力的經濟理由，說明何以尾數是5的年頭股市總是收紅，這可以成為你個人的資本市場技術。非常好。那麼你已經問了第2個問題，測量了我們認為無法測量的事。假如你做到了，你就有了操作的依據。

若你測試並證明一項新的資本市場技術超好用，切記不要過度自信，以為每次操作都是勝券在握。沒有什麼是萬無一失的。假設X有七成機率會導致Y。很好，這值得放手一搏。可是，也有其他事情有三成機率會造成Y。所以，雖然你可以打賭X會造成Y，但還是有三成機率出錯。天底下沒有完美的事。

美好卻短暫

市值營收比（PSR）就是一個好例子，當年我首創這項突破性的資本市場技術時，它的威力強大，如今威力則減弱了。我發現了一個沒有人用來判斷股價是否高估或低估的方法，並在1984年寫了一本書《超級強勢股》（*Super Stocks*）。雖然班哲明・葛拉罕（Benjamin Graham）*曾提及股價與營收的關係，但我可是首先出書討論的。我對此十分驕傲，就像我在三年級寫的瓜地馬拉報告一樣。可惜它們到了今天都不值一晒，空留回憶而已。但在25年前，假如你可以找到低PSR個股，你就能打敗大盤。在我出書後，

* 譯註：巴菲特的啟蒙導師。

PSR廣為流傳，有時甚至變成CFA考試的必修課程。今日的分析網站大多包括PSR。以資本市場技術與預測工具來說，PSR大多已反映在市場裏，走入歷史了。再偉大的發明流行久了以後，也會變得陳舊。

一般投資人現在也不必自己計算PSR，你可以在很多網站找到，像是www.morningstar.com，在股票本益比、市值和每股盈餘附近。PSR讓你知道股價與其每股營收之間的關係。它就像本益比，但比較的是年度營收，而不是盈餘。假設一檔25元的股票，每股營收為25元，則PSR為1。很簡單。現在聽起來或許沒什麼，但在我首次發表時，沒有人這麼做。現在大家都在用，所以它的效力也減弱了。我提這件事是要告訴你，不能死守自己的發現。如果你的發現廣為流傳，就失去效力了。這時你得準備進行另一次探索。

在此，我不再多談PSR或我的第一本書《超級強勢股》，畢竟那是四分之一個世紀以前的書了。但我要提幾個重點。第一，閱讀以前的投資書籍是學習開發資本市場技術的好方法，而且你不需要去買新書。近年來我覺得最好的舊書搜尋引擎是ABEbooks. com，不妨去看看，它所包括的書商遠多於其他單一來源。

無中生有找獲利

想要靠股票賺錢的人都知道，你得在一檔個股起漲之前買進。最好的是，你得在它疲軟不振時買進。絕竅在於知道哪支股票是現在不動，但即將起漲的。你怎麼會知道呢？這就是當初我對PSR感興趣的原因，後來我便想到要開發資本市場技術。

投資人長久以來利用本益比去找尋低價股，大約已有100年以上的歷史了吧！即使大公司在景氣滑坡及公司危機時也會不賺錢，此時就是考慮買進的時候。這時你無法使用本益比，因為公司沒有盈餘。有時公司本益比可達1,000倍，因為它幾乎沒有獲利。有時本益比為5倍，因為被暫時性的高毛利墊高，但那是不持久的。

但就算一家公司沒有盈餘，它還是有營收（不然公司就慘了）。這就是幾十年前我想到第二個問題的時候——我如何測量別人無法測量的事？與先前12個月的營收比起來股價偏低的股票會上漲，理由很簡單，它未來的獲利只要大到足以讓目前的PSR變成未來的低本益比即可（換個角度，未來的高盈餘收益率）。今天人們不喜歡的東西，明天或許就會喜歡。這有什麼難的？大家終會發現這支低價股締造了超級營收，毛利率高，又便宜，他們就會搶著買，推升股票。所以，如果你是理性的，你會在股價對營收比偏低時買進該公司股票，而不是根據本益比。不僅跟大盤比要偏低，還要跟類股以及未來獲利比較。我在寫《超級強勢股》時，我把低PSR股票定義為該公司的總市值低於其年度總營收的75%，高PSR股票的定義則為該公司的總市值超過其年度總營收的3倍。

當時，沒有人引用PSR。沒有資料庫，沒有彭博和晨星的網站替我計算每支股票的PSR。我瀏覽所有的公開資訊，自己建立資料，計算PSR。當年，靠著編製資料就能賺錢，因為資料既稀少又昂貴。現在，資料幾乎是免費的。如果你還年輕，你或許無法理解當時資料有多難取得。1981年時，我付給高盛2萬美元，只為了看一次以現今PSR估算的紐約證交所（NYSE）資料。現在免費的東西，當年卻那麼貴。以人工方式建立歷史資料相當困難，因為你不知道該怎麼做。

我用歷史資料去測試PSR，證明我的理論是對的。低PSR的股票表現比高PSR的個股好很多。當然不是沒有例外，但正確的機率已足以供我做為一個可靠的預測指標，以及進行市場操作的依據。換言之，低PSR的股票是強勢股，最後還成了我的書名。

在我寫《超級強勢股》之前，我靠著這項新技術賺了不少錢。PSR在許多方面讓我的事業更上層樓。你或許又會想，我為什麼要寫書宣揚我的競爭優勢。你或許認為我應該把PSR當成祕密，才能保有我的競爭優勢。不是這樣！這種想法是錯的。

你的所有競爭優勢都可能是暫時的。在你後頭一定有人在研究你新近的發現。我知道自己發現了好東西，可是我沒有變魔術或做超複雜的數學。我做的事誰都可以辦到。我只是用新方法去審視既有的資料，再做一些回顧測試（backtesting）及連結一些基本理論。遲早會有其他人看到我的發現。於是，我不斷對外宣傳這個想法，試探大家是否接受。有一陣子根本沒有人相信。

等我出書後人們才接受，但已是好久以後。在十年間，PSR幾乎是我個人專用的。例如，1997年詹姆士・歐沙那希（James P. O'shaughnessy）寫了暢銷書《華爾街致勝祕訣》（*What Works on Wall Street*），他在書中分析了各種常用的比率，看看何者可以導致較高的未來報酬。他把PSR封為「價值因素之王」，又說他的分析顯示PSR比其他任何比率更能創造較高的未來報酬。他把手稿拿給我看，上頭寫著：「你有用過好用的比率嗎！想想看，假如S&P用低PSR股票來編列其指數，我們這些可憐的資金經理人會有多淒慘。」歐沙那希的書讓PSR變得家戶喻曉，沒多久它便失去效力，被反映到市場裏了。

我會不會不喜歡自己的創新廣為流傳而且被徹底反映到市場？才不會！我開心極了。首先，如果我的創新真的很好，那是必然的發展，我欣然接受。網路時代降臨，帶來各種免費資料，總有人會發現PSR而推廣它。我靠著這項技術賺了不少，也明白我該再去找尋新技術了。80年代和90年代的電子浪潮讓收費昂貴的資料不復存在。大家都能輕易瞭解PSR。市場不斷前進，我們也要跟上。

假如PSR不再有用，我幹嘛浪費篇幅跟你們扯這些？首先，因為有些人依然相信這項古老的技術跟以前一樣管用。有位名叫傑克・休斯的仁兄在2006年投書《華爾街日報》，吹噓自己用PSR預測股票報酬的功力有多麼高強。就像任何曾經流行的比率，有時它還管用，有時則否，恰好讓人們對它感興趣，就像本益比、股利收益率（Dividend Yield）、股價淨值比（Price To Book）等。你甚至可以找一些最沒有意義的比率，發現有時它們似乎可以創造高報酬。例如，每股現金最多的公司有時可以打敗大盤；每股現金最少的公司有時也會打敗大盤。但這二者都無法長期打敗大盤。

過去15年來，低PSR的股票的波動幅度略低於低本益比股票和大盤，也沒有創造長期高報酬。它們已被反應。不過，當價值型股票的表現超越成長型股票時，低PSR的股票大多可以超越大盤和價值型股票，波動幅度也超過大盤。反之，當成長型股票打敗價值型股票時，低PSR的股票便會落後大盤和價值型股票。

等一下。我剛才跟你說了什麼？你現在可以怎樣運用這項新資訊，運用你由第1章到第3章所學到的思考方式？你如何運用我剛才告訴你的，去做出理性、有效的操作，至少在這種操作開始流行之前？我們來提出第2個問題：你如何測量別人不曾測量的東西？我們在第2章看到如何判斷成長型股票將打敗價值型股票。我剛才跟你說當價值型股票領先大盤時，低PSR的股票仍將領先價值型股票，但在成長型股票引領潮流時就不行。所以，我剛告訴了你在什麼時候可以用PSR來預期暫時性的高報酬。你的目標是要找出價值型股票何時將領先大盤，然後挑選低PSR的股票，但在成長型股票領先大盤時就不要這麼做。當成長型股票領先大盤時，你要挑選高PSR的股票。現在，PSR不適合一年四季使用，但在與其他成功的資本市場技術合用時，倒是可以暫時使用。找出價值型股票何時將打敗成長型股票，然後把低PSR的股票納入你的投資組合，你便擁有一項工具可以幫你打敗大盤。在這段時間，低PSR的股票不僅可以暫時創造超越大盤的報酬，還可以暫時打敗其他價值型工具。當然，你必須使用第2章的技術來判斷何時該下車，賣掉低PSR的股票，然後轉進到高PSR的股票。

股市不是病，痛起來要人命

有些類型的股票超前大盤五年。於是，一票投資人搶搭列車，想仿效前幾年的成功經驗。可是，那些東西在之後5年並不管用，投資人便以為它們永遠都不會有用。由於認知錯誤，它們不再被反映到股價上，而遭到忽視。低PSR、低本益比和股利收益率就是這樣。有一段長時間它們並不管用，於是被忽略了好長一段時間。等到價值型股票受歡迎時，它們暫時可以發揮功用。老派的工匠討厭這種短暫的市場現象，因為他們希望自己的工具一直有效。

這進一步說明了持續測試和不斷創新的重要性。我重複測試我的PSR技術才加以運用，這樣我才不會在它變得無用時還傻傻地信任它。很久以前我就不再把它當成主要工具，轉而開發其他資本市場技術，因為開發新事物才是關鍵。不過，它仍然是個可以偶爾使用的次級工具。

你可能會使用這3個問題好幾次，偶爾想出一兩件別人不知道的事。但若你不把這3個問題變成你的思考方式，你終究會失去你得到的優勢。有個名詞專門用來形容發現了一項技術便不再創新的投資人——一招半式走江湖。投資史上多的是這種人。書店和MSNBC裏充斥這種一輩子出名15分鐘的半仙。

我們再回頭來看巴菲特。他從來沒有像我這般思考，我猜他會覺得我講的很多話都是傻話，可是我不在乎別人怎麼說我。但我花了很多時間去想他，理由很多。例如，我曾替羅伯特・海格斯壯（Robert G. Hagstrom）的《勝券在握》（*The Warren Buffett Way*，遠流出版中譯本）第二版寫推薦序，這是巴菲特的暢銷傳記。巴菲特有個特質是他變形的能力，如果你看過他自1960年代以來的資料，他說的話和70年代與80年代初期很不相同。早期他用簡單的統計標準買進超低價股和小型股，亦即今日所說小型價值股（可是這個名詞直到80年代後期才出現）。後來他買進他所謂的「特許權」

（Franchise），接著他開始買進管理良好的大公司，然後長期持有，亦即今日所稱的大型成長股，許多人認為這是家父和查理・蒙格（Charlie Munger）的共同影響。當巴菲特買進可口可樂和吉列（Gillette）時，你無法把它們跟他20年前持有的東西聯想在一起。然後，7年前，時機掌握得正好，他又買進低價股，因為價值型股在21世紀初又開始走紅。我在本書對於巴菲特有其他評論，不過我希望你們明白，雖然巴菲特從來沒有脫離他的核心，他這幾十年來不斷在變形。隨便模仿他在某個年代的手法，然後套用在之後的年代，你絕不可能像他一樣成功。本來就該這樣。巴菲特從未開發資本市場技術，我想他的直覺超敏銳，但這種例子很少見。不論是開發資本市場技術，或者像巴菲特這樣敏銳，變形、適應和改變是成功的基礎。停滯不進將在長期後造成失敗。而因為我不知如何培養直覺，所以我依賴這3個問題以及建立開發資本市場技術。

準確地預測，別像個專業人士

有時會有某項開發資本市場技術在一開始應用後便反應在市場上，但在其他地方依然有用。大家採用一項新技術，但未必能正確使用或儘可能運用，又或者它可以運用在他們沒有想到的事情上。例證之一是我所謂的信心鐘形曲線預測，這是由我開發並使用了好幾年的技術。和PSR一樣，我最初在1990年代公開的這項技術，迄今已大多反應在市場上，但在其他一些地方還是派得上用場（稍後再談）。

我怎麼會想出信心鐘形曲線預測技術？我們現在已經知道，如果每個人都認為市場將發生某種變化，那就不會真的發生。記得我們在前言裏談到挑選具代表性的投資人樣本以進行調查嗎？你知道民調技術是有效的，因為它在可預測的誤差裏，事前預測出選舉結果。你聽到民調結果預測，張三以52對48擊敗李四，誤差值為

5%，但你還是搞不懂到底誰會勝選。但若是阿珠以60%對40%擊敗阿花，誤差值為5%，你就明白誰贏了。這項技術已經成熟。民調機構首先要建立實際選民的代表性樣本。如果建立的樣本不正確，民調就不管用；若樣本具代表性，並不需要很大的樣本，只有500人的樣本就可以預測一個大州的選舉，只要樣本挑選正確的話。

所以，我們用想像的投資人樣本（價值型，成長型等），訪問他們對市場下個月走勢的看法，假設是3月。他們一致認為市場在3月將大漲。於是，我們知道股市不會大漲。因為如果是他們自己的看法，股市會上漲；但若他們反映的是同一類型投資人的看法，那麼他們在3月以前就會進場買進，於是便沒有後續買盤來推升股價上漲。他們的想法已被反應，所以不會實際發生。

很遺憾的是，我們沒有技術可以正確建立一個代表今日所有投資人的樣本。有各種信心指數宣稱自己管用，其實不然。大家常用的一種是所謂的投資人情報資料，根據投資通訊的作者們而編列。另一種是定期訪問美國散戶投資人協會的成員。史塔特曼和我仔細調查之後，證明它們不具預測性，儘管時常被許多投資人使用，好像煞有介事。（有關這項研究的詳情，請參見〈投資人信心與股票報酬〉〔Investor Sentiment and Stock Returns〕。）這些工具經不起統計分析。

我們不知如何建立一個正常樣本的理由很多。首先，散戶投資人不太願意告訴調查人員他們的看法。我為什麼要把我的投資生活告訴你？就像我也不想透露我的性生活一樣。況且，不同的投資人所使用的相同字眼可能代表不同的意義，導致調查結果矛盾。股市術語一簍筐，大家使用的方式可能不盡相同。你找來一個焦點團體，這種情況就會很明顯很有趣。消費品公司的行銷人員最愛焦點團體，例如寶僑公司（P&G）。他們或許付錢給十個人，理論上是經過精挑細選以代表一些類型，他們和主持人談話，並被告知單面觀察鏡後有人在觀察及旁聽。主持人和這十人討論，或許是新牙膏，行銷人員則在鏡子後面蒐集有用的資訊以改善產品或行銷。在熱烈討論之下，參與人員往往忘了鏡子後面有人，討論內容變得非常親密，超乎你的想像。在下的公司是少數定期與各類投資人進行焦點團體座談的資金管理公司，他們帶來有趣的資訊，直接反映股市裏的人類行為。但若你跟高淨值的投資人座談，你會發現相同的用語卻具有多種、矛盾的意義，讓你完全無法好好調查他們。

此外，散戶投資人極不願意對訪查人員敞開心胸，這早就不稀奇了。早在1954年赫夫（Darrell Huff）寫作《別讓統計數字騙了你》（*How to Lie with Statistics*，天下文化出版中譯本）之前，這個問題早已被廣泛討論；不過這是史上最好、最簡短、最易讀的書籍之一，我鼓勵大家都去讀。

越錯，越強，越久

在我們想出如何建立這種棘手的樣本之前，還是有彌補的方法。專業投資人總是積極追查資訊。他們所取得的資訊和其他投資人一樣，更好的是，他們是較小的樣本空間，統計上更易管理，更容易分門別類。他們亦勇於發表意見。專業投資人發言受過統一訓練，所以他們的發言相當一致，不像散戶投資人。最好的是，專業人士的意見比較真心。因為他們信任自己受過的訓練，堅持自己意見的時間比較久。但他們把某件事反應到市場上時，他們往往越錯，越強，越久。當他們認定某件事要發生時，就有好長一段時間不會發生。如果你可以確定專業人士相信會發生什麼事，而你雖然不知道會發生什麼事，但你知道他們認定的那件事不會發生，而這是判斷未來走勢的重要第一步。以下是方法。

除非你住在北亞馬遜盆地與世隔絕，否則你在每年新年就會看到專業金融人士發表年度預測。大量的一月份預測是順序偏好的結果（在此處是指堅持某些事要按照某種順序，因為那是社會習俗），以及我們的腦筋打結的另一症狀。不論好與壞，對與錯，每年大多數的投資機構均參與這項儀式。券商有專屬經濟學家進行預測，基金經理人也有他們自己的一套，小型的專業資金經理人可能是發表季報給客戶。許多知名大師會告訴你市場不可預測，接著馬上就告訴你他們的想法。你不能付錢叫部落客不要發表意見，部落格污染無所不在！大家都有意見。這沒什麼不對。這些年來，越來越多人發表公開評論，所以現在我們有形形色色的預測師。

不過，大多數是錯的。你早就知道了。

有時有些人會是對的，因為他們知道一些事，但更有可能的是他們運氣好，就像擲銅板連續擲出50次人頭。大多數人的預測通常不對。他們做出預測的因素可能早已人盡皆知或是全盤皆錯，而且都已被市場反應。因為他們不斷蒐集資訊並取得各種已知資訊，他們的意見早已被市場反應，因此不會再發生。當ABC證券公司的「了不起」先生告訴你，他認為股市在2008年會上漲XY.Z%，ABC早已通知客戶趕快採取行動。資金經理公司、共同基金、對沖基金等也是如此。等到我們進行調查時，他們的看法早已被市場反應，不論他們有何一致意見，我們知道那不會發生。

90年代初期，我想知道預測師之間有多少差異。我儘可能從各種來源找來所有已發布的年度預測。然後，我把每種預測及其實際報酬畫在圖上。我發現，預測形成一個自然的鐘形曲線。意見一致的人數是最多的，極為看多或看空的人數則分布在兩端，人數遞減。每年總有一些黑馬，但大多落在意見一致的區間。

圖4.1說明1996到2003年的一致意見鐘形曲線與每年的報酬（稍後再談為何我們沒有列出2006年）。每個數字代表一名專業預測師的預測。鐘形曲線的中段是他們的一致意見。你可以看到每年的實際報酬並未落在一致意見區。有好幾年，有一兩個幸運的傢伙猜對了，但不會每年都中獎。有幾年，人們看多，股市卻表現欠佳。有幾年，人們看多，股市卻表現好得超乎預測。有時，股市走勢詭異，難以預測。這足以證明為何做個徹底的唱反調者也沒有

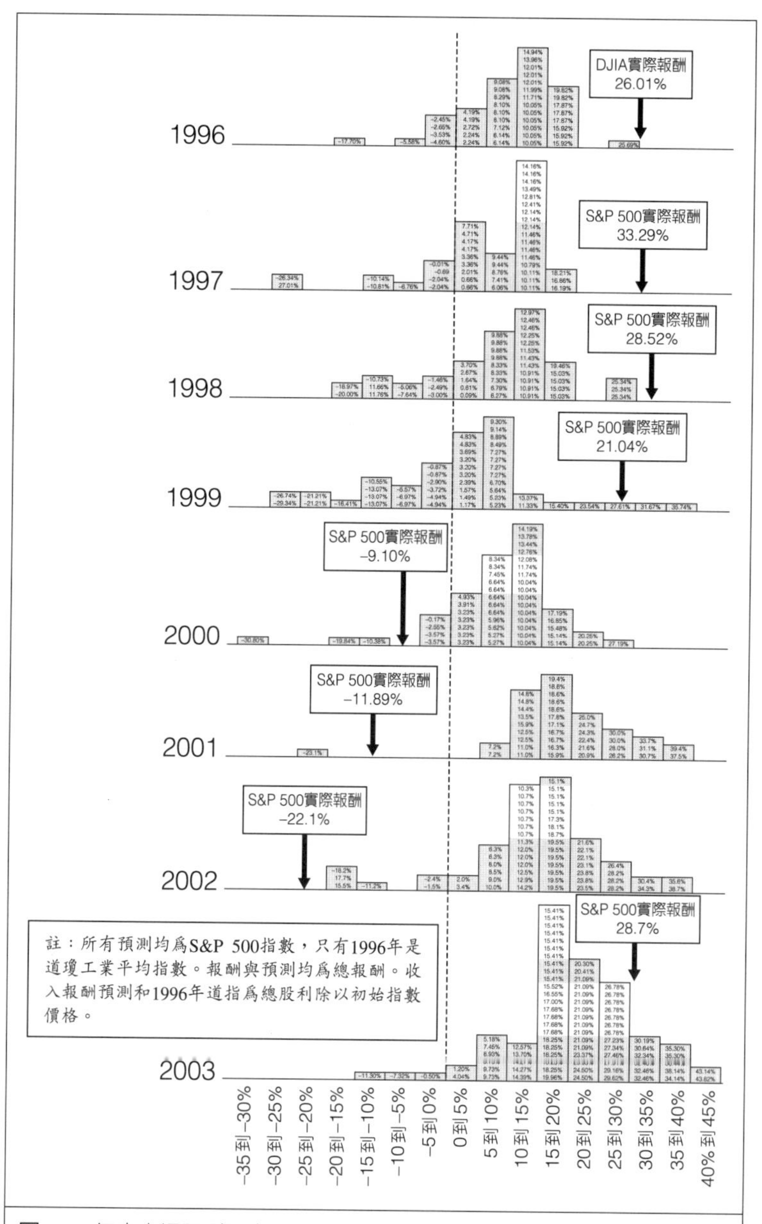

圖4.1　年度市場預測調查

資料來源：*Business Week*, Fisher Investments.

用，如第2章談到的。市場會有不同的走勢，但未必跟人們的預期正好相反。

圖4.1說明預測失誤以及早已被市場反應的地方。一致的意見落在某個區間，亦即大多數人認為會發生的，因此沒有發生。所以我認定，市場共識是可以操作的依據。（如果你自己製作鐘形曲線，因為取材的緣故，無法像我做的那麼廣泛，但美國《商業周刊》〔*Business Week*〕每年的最後一期都會列出一長串S&P 500的專業預測。）

有了這項技術，預測變成負面表列。我知道一致意見不會成真，所以我考慮極端狀況以及共識區間內的任何單一落點。我還知道市場每年只會出現四種走勢裏的一種——大漲、小漲、小跌或大跌，就這四種（第8章再詳談）。我排除我認為不可能的狀況，我的預測是我認為最有可能，而別的預測師不這麼認為的情況。這種邏輯乃基於市場會消化各種已知資訊，並符合歷史，也是第二個問題的範例——測量預測師無法測量的事，他們是市場的一環，可以跟他們對做。

換句話說，你等到年底大家都公布預測之後再進行你的預測，至少你要確定你的預測跟大家不一樣。

例如，在1999年，市場都在擔心Y2K，打算在大漲10年之後大舉殺出股票。有些人預測股市將大跌。每天的晚間新聞都會看到許多利空的擔憂，可是我覺得所有的利空都已反應完畢，所以我排除大跌的可能性。還有人預測上漲15%到23%。我看到有些被大家忽略的事可能推動股價上漲。先前在第2章討論過，我覺得Y2K根本不是問題，這對那些囤積罐頭、戴著鋁箔帽的人可能是個驚喜。大家亦忽視了大選循環，1999年是柯林頓第二任任期的第三年。第2章談過，第三年任期股市很少下跌，通常是大漲。大家看淡美國景氣前景，可是我認為公司獲利將繼續令人驚豔。我認為美國股市很可能大漲，或許在1999年漲逾20%。我在1998年12月28日

《富比世》專欄的標題是「看多1999年」，並預估S&P 500指數將上漲20%。確實如此，S&P 500指數那一年上漲21%。我的預測極為接近實際結果可說是超級幸運，可是我在90年代中期喜愛使用的鐘形曲線讓我站對邊。

我是不是很自豪自己在1999年眼光神準？當然啦，那年的新年夜我和朋友歡欣慶祝，一如往常。20%的漲幅確實值得多喝一杯。Y2K的理由也讓那一夜值得慶祝。除此之外，我沒有特別慶祝。因為那會是後見之明偏誤與過度自信。我預測市場的目的不是要猜對實際漲幅。我根本不在乎預測實際的漲幅（是《富比世》的編輯要求我預測的）。更重要的是我使用這3個問題去猜對大盤走勢，走勢比幅度來得重要多了。如果我猜對走勢，但猜錯幅度，我同感開心（第8章再談）。

以上是舉一年的例子，你瞭解我的意思就好。這項技術讓我站對邊，一直到1990年代後期及21世紀初期，我的年度《富比世》預測都是根據這項技術，這些年來我一直是對的，運氣很好。我等到大家都做出預測之後，才進行我的預測；我讓他們先出手，再出招破解。聽起來很棒，對吧？像銀子彈一樣。有一陣子確實是彈無虛發。不過，就像PSR一樣，它現在不管用了。至少，不像以前那麼好用。

你可以清楚看到，它經得起回顧測試。當我首度在《富比世》披露或者投稿到《研究》（*Research*）雜誌時，它被批評為旁門左道。2000年時，批評聲浪消失，我開始緊張。大家逐漸採用這項技術或類似的技術。剛開始，鐘形曲線被誤用為唱反調的工具，如果大家一致看多，早期的採用者就看空。他們回顧2001年及2002年，大家一致看多，結果實際上是大跌。這進一步增強了唱反調者的信心。他們誤打誤撞卻矇對了，因而更有信心。

雖是瞎貓碰上死老鼠，但他還是誤用方法。假如你用法正確，在大家一致看多，你也可能是看多的。1996、1997、1998、1999

與2003年，都是這樣。在這幾年，大家一致溫和看多，實際結果是大漲。如果你用鐘形曲線在那幾年做出看空的結論，你或許就錯過大賺的機會。

後來，大家逐漸弄對用法了。當理查・伯恩斯坦（Richard Bernstein）被升任為美林證券的首席投資策略分析師時，我知道我有麻煩了。伯恩斯坦開發了一項類似的技術，在1990年代十分好用。史塔特曼和我在先前提到的〈投資人信心〉論文亦引用他的資料。伯恩斯坦的模型具有實用的預測能力。他變成大人物，預示著我的鐘形曲線技術已到了尾聲。等到2004年時，它便完全失效了。那時，你可以在網路上找到許多來源抄襲我原創的鐘形曲線，你現在還是找得到。有些人乾脆直接照抄。就像PSR，曾經是新奇的，後來流行起來，被市場反應，就變得落伍了。

隨著越來越多專業預測師爭相採用這項技術，我知道它註定要走上末路。等到2005年，它就報廢了。

現在，每年都有一大批預測師彼此觀望，然後修改自己的預測。他們首度做出預測，並不像幾年前那樣擲地有聲。大家都想欺敵制勝，所以我們得想出新遊戲才行。這項技術已被市場反應，喪失了預測能力。

至少對美國股市來說是這樣的。

在我開發出這項技術時，我發現只要有夠多預測師做出公開預測，它適用於任何自由交易的市場。我們時常使用它來預測那斯達克市場及S&P 500指數。事實上，這項技術是我決定在2000年2月看空科技股的部份原因之一。（你可以參考我2000年3月6日的《富比世》專欄「1980年再臨」，第7章有摘錄內容）。當我看到這項資本市場技術已不適用於美國主要指數，我們決定瞭解其他地方的人是否也想使用這項技術。

你或許無法在2007年的克羅埃西亞股市使用這項技術，因為你很難找到足夠的公開預測來編製鐘形曲線。可是沒有人用它來預測德國的DAX指數，儘管那裏有很多公開的年底預測（除了我們德國分公司的同事湯瑪士・葛魯納）。記得我說過，如果某件事在美國行得通，應該在其他地方也要行得通。它確實如此，如圖4.2所示。如果你是一名全球投資人，這是預測外國股市的有力工具。你可以把它運用在任何有大量當地預測的外國股市。我最常用來預測的兩個外國股市是德國和英國。其他國家則不一定。有時他們有足夠的預測，有時則否。

在圖4.2，你可以看到德國的一致意見是股市將溫和上漲。2005年的例子說明，實際報酬都不在一致意見的區間內。此外，我所謂「任何自由交易的市場」並不是指股票而已。這項技術雖不再適用於S&P 500指數，但仍適用於美國及外的長期利率以及大型主要貨幣。圖4.3說明2002年到2005年美國10年期公債的鐘形曲線及其結果。

年復一年，市場的一致意見一再猜錯長債，從來沒有學到教訓。這是你的利多，因為你現在可以繼續使用這項技術。鐘形曲線很容易製作，《華爾街日報》在每年的前兩個禮拜，公佈多項經濟指標的專業預測，包括短期和長期利率。（《商業周刊》也有公佈預測，但《華爾街日報》的利率預測比較齊全。）雖然它還是沒有我蒐集的樣本齊全，不過你仍可獲得超越同儕的優勢。

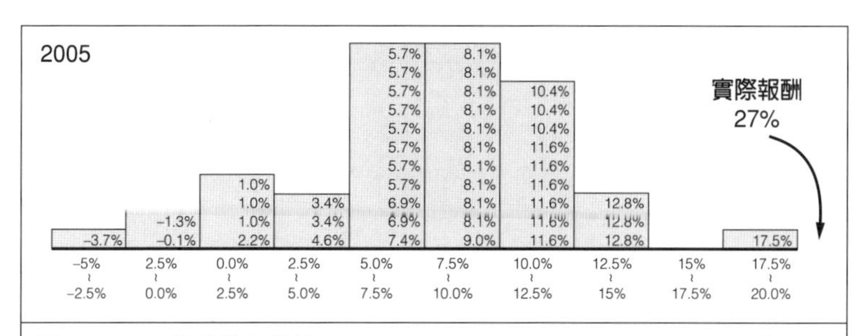

圖4.2　DAX指數鐘形曲線

資料來源：Thomas Grüner, Fisher Investments.

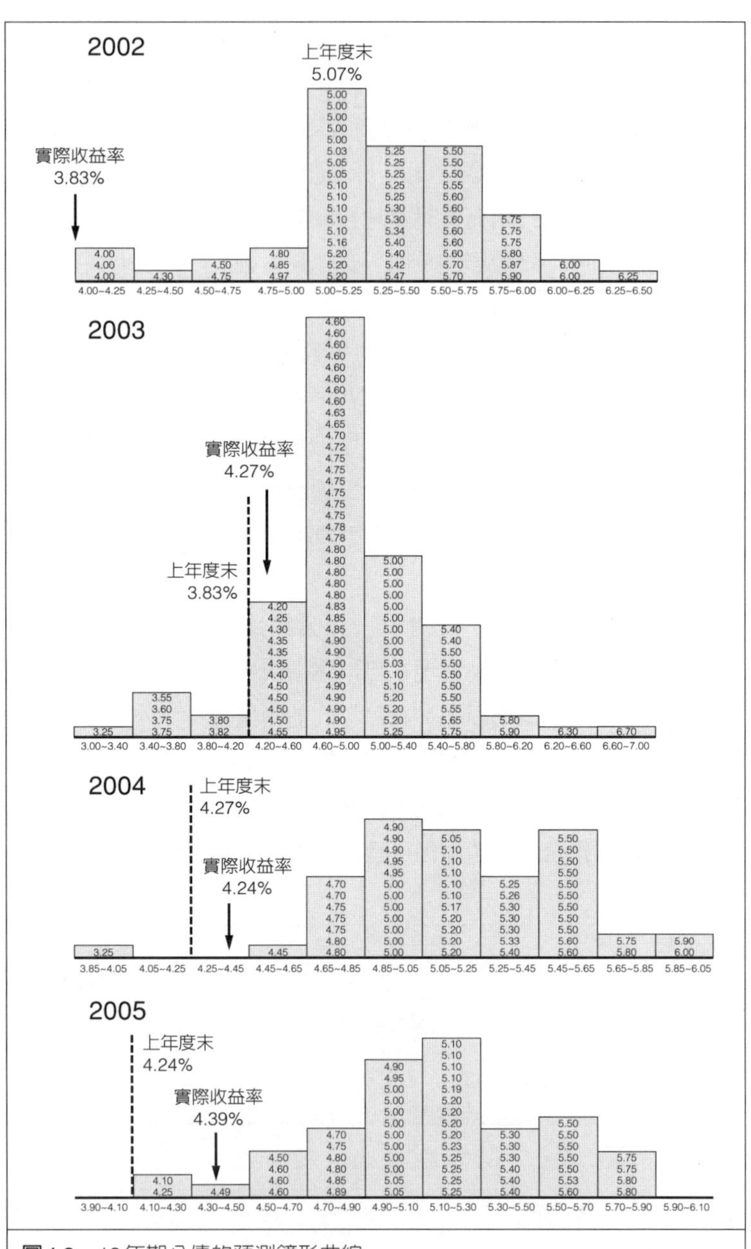

圖4.3 10年期公債的預測鐘形曲線

資料來源：*Wall Street Journal*, Fisher Investments.

這項技術並不保證你會猜對走勢，或者說每一年都管用，有時會發生怪事。可是，它可以辨別不太可能發生的事，讓你知道有哪些其他可能性，留下幾個選項，增加你成功的機率，避免犯下大多數人所犯的錯誤。如果你知道哪些事不會發生，你就可以消去一大部份的可能性，留下可能發生的。不過，你仍得在留下的少數可能性裏挑出最正確的。

雖然這項技術目前適用於長期債券，但你卻不能指望它適用於聯邦基金利率。短期利率並非自由市場，不同於長率。許多人猜測短率的走勢。你甚至可以到www.tradesports.com去下注（在下不建議，但你還是可以去逛逛，這個網站很有趣，可以看到人們對很多事的看法）。聯邦基金利率是由美國央行系統獨家設定，所以你不能用一致意見去操作。不論市場共識對於短率的猜測是否正確都不是市場活動，而是利率決策機構的規畫。鐘形曲線技術僅適用於自由市場，包括貨幣。

幹嘛跟你講這些？

你或許又會納悶我幹嘛開這個金口。為什麼不閉嘴好多用一下這項技術？這倒不一定。假如我不聲張出去，我或許可以多些年把鐘形曲線用在美國市場。但伯恩斯坦和其他人都已追上來，遲早會製造出相同的效果。美國佔全球公開交易市場的50%，所以失去這項預測美國市場的工具非同小可，對吧？或許吧。在1990年代中期，把預測繪成鐘形曲線是我的獨門研究，你在別的地方看不到的。這是隨時提出3個問題的衍生品。那麼，為何要公開結果和發現？理由有二！第一，因為當我們不斷在創新與探索時，我不害怕失去一項技術。第二，因為世人如果不斷嘲弄我心目中的好技術，例如他們嘲笑總統任期循環或者我的本益比版本，那麼我就知道它還有一段時間可用。我知道我的技術可以持續一段長時間，世人的認知偏誤讓他們看不清真相，所以這個工具依然有用。那麼，我便能專心在其他領域創新，不必擔心這個領域。這值得我公開給世人，看自己是否必須加快創新腳步或者可以長久依賴舊工具，如果世人都不接受它的話。除非你公開，你永遠都無法獲悉這點。

假如鐘形曲線預測是我唯一的武器，我會小心翼翼的保護這個祕密。但若運用這3個問題，不斷開發資本市場技術，你就會一直追尋新事物，不怕失去舊的。沒有這3個問題，若我失去一兩個工具，我可能得提早退休了。但有了這3個問題，你一直會發現新事物。不斷的創新是我做資產管理最有趣的部份，如果我在這個年紀沒有創新，我就不配為別人管理300億美元的資產。

想在這個遊戲裏保持競爭力，你需要不斷創新，但大多數人不喜歡或不懂。大型經紀公司尤其不懂。當我想為自己的公司找個企業模範時，我不會想到大型華爾街公司。我的企業模範是1970年代初期的英特爾、同時期的山姆・華頓（Sam-Walton）和沃爾瑪（Wal-Mart），行銷方面是寶僑，管理方面是奇異。這些是我年輕時的遠景創新者。我景仰英特爾共同創辦人，積體電路的共同發明人羅伯・波伊斯（Robert Boyce），及其長期合夥人葛登・摩爾（Gordon Moore）。波伊斯明白他和摩爾永遠不能停止前進，當時我並不明白。雖然身高不高（其實還挺矮的），他卻是個智識的巨人。大家都以為不會再出現像英特爾這樣的公司，但他們當時就知道，他們對於半導體的知識不久就會被創新者追趕過去。他們的目標是要在摩爾定律上比別人搶先一步。他們特有的東西是他們對摩爾定律的信心和創新。

這個模範奠定我要不斷創新的想法，我不要我的公司像美林，我要像1975年由波伊斯和摩爾主持的英特爾。因此，當我開發出我自認很棒的東西時，我不介意它廣為流行、被市場反應，然後失去功效。我認為這應該發生。這才叫做進步。

公佈我的創新或許會加速它們被市場反應。但其中最好的，讀者認為可笑的則不會，至少不會在近期內。在我第一本書出版後，

PSR至少花了十年才完全被市場反應。如果更多投資人買這本書，市場反應的速度或許就快一些。如果本書賣了十萬本，就會成為投資書籍的超級暢銷書。相較之下，《富比世》的讀者群約為它的15倍，我多年來在該雜誌談了許多這些事，而《富比世》只觸及一小部分的全球投資人。即使看過本書的全球投資人只有一小部分相信我的話也不錯，可惜大多數人不相信。我和投資人打交道的時間久到知道，我們石器時代的腦袋難以克服，大部分讀者都會抗拒。很多投資人看到本書就會大叫：「胡說八道！只有瘋狂的白癡才會覺得預算赤字並不糟，反而是好事！」或者他們會說：「這個叫費雪的傢伙真是白癡。他懂什麼本益比？我才懂呢，因為我很聰明，而且我每天都看《投資人商業日報》，還擁有CFA證照，在業界做了20年，我只買低本益比股。」

反對我的人沒搞清楚這3個問題的重點。我確信他們在五千年前能夠好好生存。不過，你不需要依賴本書所舉的例子和我的結論，不論你同意與否，你都可以學會方法去開發你自己的資本市場技術。

全球標竿讓你的日子更好過

我的公司仍然愛用的一項成熟的資本市場技術，就是我已經誇讚過的全球標竿。這不是我發明的！我們在第3章談過以標竿來根治許多石器時代的毛病。你或許會嘲笑挑選一支指數做為管理及衡量的依據根本算不上是一項技術。這太簡單了，也不是什麼新觀念。而且誰都做得到！沒錯，它很簡單，誰都做得到，可是大多數人都不做，即使做了也經常是錯的。假如他們做對了，他們會更加成功，減少犯下大錯的機率。這就是它好用之處。你用標竿來衡量自己，更重要的是，你用它來自我管理。

和許多美國投資人一樣，你或許不喜歡全球投資，而偏好S&P

500指數、美股和共同基金。畢竟，你比較瞭解國內股市，也比較放心。然而，全球思考有助於改善你對每件事的想法，包括更加瞭解本國。全球標竿的一大目的就是更周全的思考。

舉例來說，許多人宣稱他們不需要全球思考或持有外國股票，因為他們透過海外銷售比例高的美國跨國公司，就可以同樣達到佈局全球的效果。這是一種常見但錯誤的想法，我已經在第1章教過你如何證明它是錯的。現在你可以自己試試看。如果美國跨國公司能讓你佈局全球，他們應該跟外國股票密切相關，是吧？如果不是，你就達不到佈局全球的效果。但若你找到一堆美國、日本、德國和荷蘭跨國公司，你會發現他們跟本國公司的連動比較密切，彼此間則沒什麼關係。換句話說，艾克森石油、可口可樂和福特汽車彼此間的連動以及他們與S&P 500指數的連動密切，超過他們與新力、豐田汽車、日立和摩根士丹利Topix指數的連動。這種連動關係讓你明白，美國跨國公司的表現和美股一樣，不會讓你佈局全球。理由是每個國家對於個股均有其文化影響，跟他們在何處創造營收無關。日本公司大多為日本員工，以日本法律為主，主要在日本取得融資。這個例子告訴你，除非你開始全球思考，你便無法真正瞭解美國跨國公司，這就是我的基本重點。想要更加瞭解美國，不論是透過全球收益曲線或美股之間的關係，你必須要全球思考。

有恐外症的人很難理解，如果你把投資時程拉得很長，你挑選什麼指數作為標竿並沒有太大的差別。信不信由你，所有大型股票標竿在30年後大概都達到差不多的地方，只不過中途的路程不一樣（我稍後再詳談）。理性的人會挑選一個以最少波動達到長程股票報酬的標竿，亦即一路平坦。理性的人也會運用這3個問題挑選一個提供最多機會以進行市場操作的標竿，而那必然是全世界，所以我們又回到全球思考。

標竿是很重要的，因為它是你投資組合的道路地圖。沒有標竿的投資彷彿是在陌生的地方開著陌生的車在陌生的道路上，沒有地圖或方向的亂開，一直到不了目的地。其實你也不確定自己的目的地，只是當你看到時可能會認出來。有了標竿做為你的道路地圖，便可指示你該把什麼加入你的投資組合，佔多少比重，以及何時加入。

你的標竿是你長途旅行的道路地圖

2001年9月11日的早上，我正和一群東岸的員工搭火車由華府到費城。前一天我們才為華府的客戶辦了座談會，我們正要轉往費城時，恐怖攻擊便發生了。在費城，大家要設法各自回家。由於無法飛行，我和兩位同事租了部車往西開回加州。我們一路上儘可能超速。有兩條路線可以選。我們走了比較遠的往南路線，經由聖路易，因為我們害怕會有更多炸彈，而往北經過芝加哥的路線似乎比較有可能成為目標，所以我們選了一條比較少人走的路線。一位同事在聖路易下車，打算搭午夜列車往南回達拉斯的家。我們輪流開車，每3小時換手（乘客鎮定個45分鐘，再睡個90分，然後工作45分鐘），然後我們在加油站停下車加油、吃東西，再換人開3小時，一路重複下去。我們花了32個小時便橫越美國。如果你鐵了心，沿路不停，就只需要這些時間。

沒有道路地圖，我們永遠無法辦到。我們在地圖看到往南的路線並沒有遠太多，而且車輛很少。它告訴我們怎麼開到丹佛。從丹佛出發有兩條路，一條往北經由鹽湖城及唐納山口（Donner Pass），或者往南經由摩拉維沙漠（這回我們往北走）。它幫助我們規畫行程，控制風險。好的股市標竿也能提供相同的助益。

標竿亦可做為衡量績效的標準。你每年檢討自己的投資組合時，你是不是會看漲了多少或跌了多少？你怎麼知道你這一年做得好不好？假如你漲了20%，這算好嗎？萬一你發現大盤漲了35%，那還算好嗎？假如你跌了5%，這算糟嗎？萬一你發現大盤跌了25%，那還算糟嗎？當你由費城開車到舊金山，有些路段你可以超速，有些路段你只能耐心地開。股市也一樣。我不是個有耐心的人，但我知道何時該有耐心，在必要時也會有耐心。

許多投資人宣稱他們的目標是打敗「大盤」，卻搞不清楚他們所謂的大盤是什麼，又該如何打敗它。大盤可能指的是美國股市、全球股市，甚至債市。有好幾年，許多投資人都想打敗那斯達克市場。除非你選定一個市場，否則你無法合理地希望自己打敗大盤。你所選的市場將成為你的標竿，引導你所做的每個投資組合決策。一旦你選定了標竿，你可以集中火力在一個類股以打敗大盤，但萬一你選錯了，風險會很大。標竿可以讓你認清風險——跟你的道路地圖相較之下，你的投資組合有多麼集中或分散。

大型股市指數，例如S&P 500指數、MSCI世界指數和MSCI ACWI等，都很能代表市場績效，因此適合作為管理與衡量成果的標竿。可是，你的標竿也可以是任何架構良好的指數，如果你喜歡小型股，羅素二千（Russell 2000）指數就很棒。大多數英國投資人用FTSE指數，德國人用DAX指數。假如你愛科技股，就選Nasdaq。不論用什麼指數，你一定要確定自己要比較的投資組合和投資活動。

挑一支指數，隨便都好（但不要以為高波動帶來高報酬）

科技股泡沫破滅的記憶猶新，或許令你害怕Nasdaq。Nasdaq在2000年、2001年和2002年大跌，拖累全球股市陷入超長的熊市。所以大家應該避之唯恐不及？但Nasdaq並不是什麼不好的指數；事實上，它是架構良好的指數。只不過它太過集中，所以容易波動。指數越是狹隘，就越容易波動，這是相當直覺式的投資真理。以科技股為主的Nasdaq只會隨著科技股起伏，如同我們近年所見。別擔心，此後在長期內不會再有這麼強烈的大漲大跌（例如在20年或30年的投資時程內），所有架構良好的指數到頭來應該會產生相似的報酬，只是路途大不同。或許你不信，但我希望能

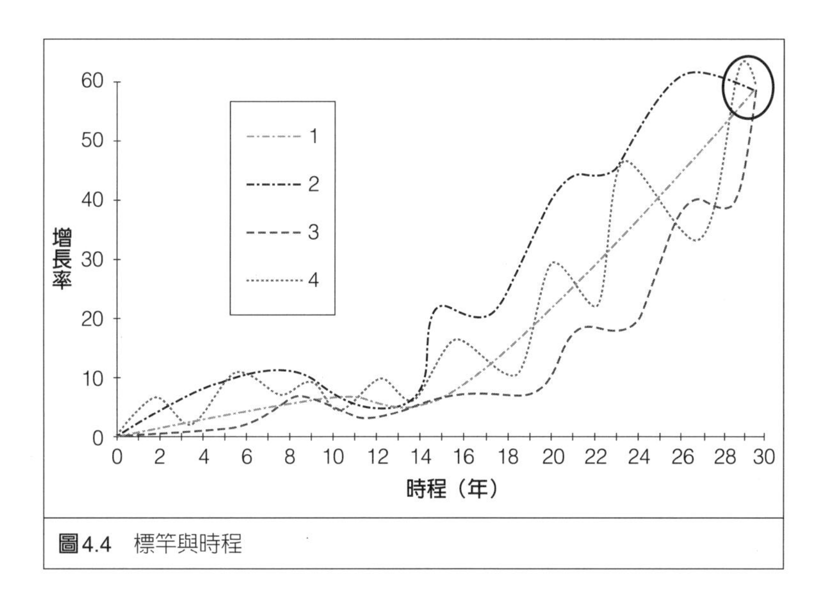

圖4.4 標竿與時程

說服你。

倘若你可以接受所有架構良好的大盤指數最終都會帶你到相同的地方，最大的考量在於路程是否平穩。圖4.4說明一些指數最終會聚合在一起，但中途的過程大不同。這些不是真正的指數，而是代表不同的類型。

第4號指數是波動劇烈的標竿，在高峰時大幅超越其他大盤指數，但低點時大幅落後，不妨把它想成Nasdaq。第3號指數一開始略為落後，但後來追上，就像過去30年的美股。第2號指數可能是外國指數，開始時表現超前，但過去15年略為落後。理性的投資人會喜歡波動最少的指數，亦即第1號指數，平穩地達到終點。最平穩的會是涵蓋最廣的標竿。現今，最廣泛的指標是全球型的MSCI世界指數，代表已開發國家，而且歷史悠久；還有ACWI，它包括開發中市場（我比較喜歡稱之為「較不開發國家」，畢竟他們有部分已開發，有些則否）。ACWI的歷史較短，比較不適合衡量歷史績效，但仍適合作為指標。

風險與報酬？

為什麼波動劇烈的Nasdaq指數在長期後，會和S&P 500指數甚至廣泛的ACWI到達相同的地方？如果Nasdaq波動較大，你應該得到較高的報酬，不是嗎？

許多讀過財務學的人都相信這個常見的迷思，但這是一個錯誤的傳統看法，許多受過教育的人也這麼說，他們應該要認清事實，但卻沒有。他們的觀念是，要有高報酬就得承受高波動帶來的高風險，所以如果你想打敗大盤，就要建立波動劇烈的投資組合。這適用於股市、債市與現金。但就股市歷史來說，這是大錯特錯。這也是歷史適合用來測試傳統說法是否正確的理由之一。如果它是對的，科技股應比波動較低的指數帶來更高的長期報酬，但卻沒有。

波動率與指數組成股之間的短期連動性有關，亦即指數內部的短期波動有多高。也就是說，波動率代表指數有多狹隘——短期內所有組成股往同一個方向移動的程度。只要蒐集短期內往同一個方向移動的同一類股，你就可以建立一支狹隘、高波動的指數。這樣一來你便有了波動率，但與長期報酬絲毫沒有關係（我們在第7章討論供給變動決定長期價格時將會詳細談到），否則大盤指數裏的類股指數，波動程度均高於大盤指數，其報酬應高於大盤指數，但不是這樣。這是一個可以測量的第2個問題，可是大多數人都想不通。在股票裏，短期波動無關長期報酬。如果你投資30年，所有架構良好的指數都應該帶給你相同的報酬。領先的指數不會領先太多，也不會領先太久，很快就會反轉。

許多讀者或許以前被人灌輸錯誤的觀念，但這是可以證明的錯誤假設。歷史會告訴你：「那不是真的。」歷史真好用啊。

圖4.5說明「高風險」的Nasdaq與大盤指數之間的報酬差距。圖4.5a說明Nasdaq與英國FTSE綜合指數的關係（由1972年Nasdaq成立的第一個完整年度開始）。在0%以上，表示Nasdaq領先，若

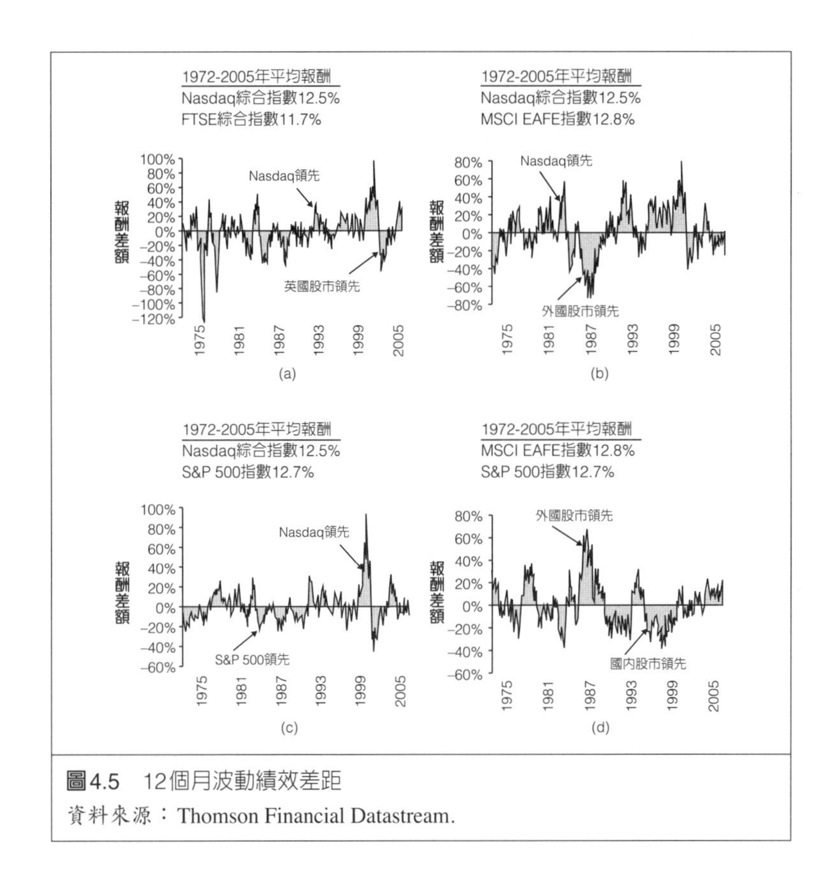

圖4.5　12個月波動績效差距

資料來源：Thomson Financial Datastream.

在0%以下，表示FTSE表現超前。你可以看到不同指數輪漲時的漲幅差距頗大。隨便一年的績效差距都很大，40%、80%；1970年代中期甚至一度達到120%。在80年代，有幾年FTSE似乎一再打敗Nasdaq，但在90年代後期，情勢又逆轉。儘管有這些變動，但在長期後，你並沒有得到超額的報酬。目視之下，你可以看到0%那條線上方和下方的灰色陰影區塊是差不多大小的。簡單來說，由1972年到2005年，FTSE的年化報酬率為11.7%（以當地貨幣計價），而「高風險」的Nasdaq為12.5%。我認為這種報酬其實是很接近的。或許你不這麼認為，或許你認為Nasdaq的較高報酬源於其較高的波動。那麼我們再看一下。

你可以在圖4.5b和圖4.5c看到兩個大盤指數，分別是MSCI歐洲、澳洲和遠東指數（EAFE），以及S&P 500指數。EAFE的波動高於S&P 500指數。這兩支指數與Nasdaq的績效差距頗大，有時長期領先，有時長期落後。但同樣的，你的「高風險」並未帶來超額的報酬。你可以看到線上方和下方的灰色陰影區塊是差不多大小的。在相同的期間內，EAFE的年化報酬率為12.8%，S&P 500指數則為12.7%，是不是相當接近於Nasdaq的12.5%？那麼，Nasdaq的高波動所帶來的超額報酬在哪裏？

你不能期望波動較大的股市或類股在長期創造超額的報酬，因為所有架構良好的指數在長時間後都會落在同一區間。請參考EAFE指數S&P 500指數的報酬（圖4.5d）。你已知道他們的長期平均報酬是大同小異的。有時領先，有時落後，或許為期數年，但就長期而言這種績效差異並不重要，最後大家還是到達相同的地點。

這個第1個問題的迷思之所以揮之不去，是因為我們不去質疑我們的假設，也不以歷史去驗證這個說法是否正確。投資人對自己偏愛的股市本來就有偏見，而確認偏誤正增強了他們預植的觀念。許多投資人誤以為他們偏愛的股票，例如小型股、成長股、能源股、科技股、大型價值股、新興市場等，具有天生的優越性。這很容易證明是錯的，但卻很少人去檢驗，所以這是一個值得破解的大迷思。絕對沒有證據可以證明任何類型的股票具有永久的優勢。支持某一類股的人會告訴你，該類股在一段時期打敗大盤；但換一段時期，就不是這麼回事了。

有時人們可能刻意或無心地挑選資料去證明自己的看法，但若你用稍微不同的資料或改變時間，他們的說法便無法成立。以小型股優於大型股這個長期迷思為例，在歷史上這個說法不無道理，因為自1926年以來，小型股平均報酬確實優於大型股。可是，大多數人弄不清楚平均值以及最常發生的狀況以及事實。我們知道它是一個迷思，因為如果你使用相同的資料，但除去四大空頭市場的底部（這段時間小型股總是表現優秀），亦即1932-1935年、1942-1945年、1974-1976年與2002-2004年，再去看這段時期的資料，你會看到其餘時間大型股每年的報酬都高於小型股2%以上。所有的小型股超額報酬均來自那些空頭市場谷底。但若你可以正確察覺四大空頭市場的底部，你不需要小型股就能打敗大盤。（或者，如果你剔除最小型、最不流通的小型股，這種說法同樣不成立。）

我的重點是，許多人讚揚的小型股長期報酬真的很糟。許多人都掉進這個陷阱（感謝偉大的羞辱者）。這個迷思毫無根據。有時，像是自2000年以來小型股確實大幅領先；但其他時候，它又長期落後大盤。

再換個角度，假如你在1945年時是35歲，剛打完二次世界大戰回來，開始投資，心想小型股的平均報酬優於大型股，你便可以在1975年65歲時好好退休，結果卻看到大型股這段時期的平均報酬打敗小型股。又或者你在1973年25歲時由越南回來，做了5年的心理治療，剪了頭髮，在1978年30歲時開始投資，接下來的二十多年，大型股平均報酬優於小型股（雖然前幾年小型股表現良好，而讓你增強了確認偏誤）。結果你要等上四分之一個世紀的漫長時間，才能看到平均報酬反轉。

只要特意挑選時期，你就可以證明許多事。但沒有幾個人能承擔得起看錯四分之一個世紀的後果。

如果某個類股優於所有股票，我們都會知道並投入資金；其他類型的股票將會消失。但我們活在資本主義中，股價是由供需來決定。沒有一個指數、類股或風格會永遠佔上風。沒有。你沒有四分之一個世紀去等待某個類型的股票打敗大盤。

我討厭基金

本期的共同基金手冊，很適合讓我來告訴你們：我討厭基金。所以，大多數人也應該討厭。一般的《富比世》訂戶（上次統計的淨值是210萬美元）有錢到不適合基金，基金本來就不適合你。它們適合有一小筆資金又想分散化的人。但要付出代價，很大的代價。

多年來我一直呼籲要佈局全球。我不再贅述（請見我2000年11月27日的專欄）。但外國和全球基金可不便宜。

一般不收銷售手續費的全球型共同基金年費率為1.8%，包括資產管理與人事成本。此外，還要收取銷售佣金以支付經紀公司的研究費用等。一般的基金銷售佣金為每年資產的0.3%。這等於是剝你一層皮，但是合法的。基金應該用他們自己的營收去支付研究費用。

然後，人們還得花錢請人告訴他們該買哪一檔基金，因為實在太多了，叫人眼花撩亂。一般的費用是每年1%。以上三類費用就可能讓你每年花上3%才能持有一分全球股票資產組合。你得真的是個天才，才有可能賺錢。假如股票長期上漲10%，而通膨率平均為3%，你的實質報酬便是7%。其中，3%的年費要吃掉將近一半的報酬。最後你得到近似債券的報酬，卻得背負股票的風險。傻瓜才玩這種把戲。

還有績效的問題。大家都知道一般的共同基金跟不上大盤，卻不瞭解為什麼。那跟選股無關，而是結構性問題。理由如下。

基金往往加碼在小型公司，減碼大型公司。理由很多，但主因可能是資產經理人若一味持有奇異、艾克森美孚等必選的股票，他們就很難收取高昂的資金管理費用。於是在過去10年間，當大型股領先小型股時，這些基金必然會落後由大型股組成的S&P 500指數。

你可以把這種差異量化。基金有所謂的加權平均市值。一檔基金80%投資於100億市值的股票，20%投資在一支市值1,000億美元的股票，其加權平均市值為280億美元。若是追蹤S&P 500指數的指數型基金，其加權平均市值會是1,100億美元。如果是一般美股基金則有240億美元。

一檔積極管理型的基金很難讓加權平均市值接近1,100億美元。目前只有15家公司的市值超過這個金額。而基金持有的公司家數絕不止這些。

當小型股擊敗大型股的時候呢？基金又輸了，假如它們是積極交易的話。小型股（意指市場低於50億美元的公司股票）往往股價較低，買進賣出價差較大。如果一檔基金買進一檔20元買進、20.50元賣出的股票，它就要付出2.5%的交易成本。這跟3%的年費一樣糟。

所以，我討厭基金。積極交易的基金會讓你付出高昂成本。被動的指數型基金雖然比較便宜，S&P 500指數也會密切追蹤該指數。可是，我也不喜歡它們。為什麼？稅。基金沒有節稅的優點，只有缺點。

基金的愛好者，包括本雜誌的編輯群，已說明指數型基金具有節稅功能。換句話說，他們沒有習慣去強迫公司把應納稅資本利得分配給基金股東。他們的投資成功，有一大主因是他們在過去十年吸收了新資金。當資金大量贖回時，指數型基金可能被迫賣掉一些低成本股票，應納稅分配就無法避免。另外，即使有節稅功能的基金也不能把資本損失分散給股東。如果你使用資本損失做為退稅，還不如直接持有股票。

只要你擁有35萬美元以上，亦即《富比世》大多數的讀者，買股票絕對勝過基金。今年呢？我過去一年都看好現金。當我轉成多頭時，我會推薦股票，而不是基金。

《富比世》雜誌，2001年8月20日。

全球思考即優越的思考

你的資產配置越是分散到全球，就越能分散風險。沒有國家可以永遠領漲，誰也無法確知接下來要領漲的國家。表4.1說明各國股市領先漲勢的替換，不做地理分散的機會成本實在太高了。你不要害怕不熟悉的地方，反而應該害怕錯失佈局全球的大好機會，而且你應該害怕自己的國家可能是接下來風險最高的地方。

表4.1 領漲的國家不斷在改變

	1	2	3	4	5
1990	英國 10.3%	香港 9.2%	奧地利 6.3%	挪威 0.6%	丹麥 –0.9%
1991	香港 49.5%	澳洲 33.6%	美國 30.1%	新加坡 25.0%	紐西蘭 18.3%
1992	香港 32.3%	瑞士 17.2%	美國 6.4%	新加坡 6.3%	法國 2.8%
1993	香港 116.7%	芬蘭 82.7%	新加坡 68.0%	紐西蘭 67.7%	瑞士 45.8%
1994	芬蘭 52.2%	挪威 23.6%	日本 21.4%	瑞典 18.3%	愛爾蘭 14.5%
1995	瑞士 44.1%	美國 37.1%	瑞典 33.4%	西班牙 29.8%	荷蘭 27.7%
1996	西班牙 40.1%	瑞典 37.2%	葡萄牙 35.7%	芬蘭 33.9%	香港 33.1%
1997	葡萄牙 46.7%	瑞士 44.2%	義大利 35.5%	丹麥 34.5%	美國 33.4%
1998	芬蘭 121.6%	比利時 67.7%	義大利 52.5%	西班牙 49.9%	法國 41.5%
1999	芬蘭 152.6%	新加坡 99.4%	瑞典 79.7%	日本 61.5%	香港 59.5%
2000	瑞士 5.9%	加拿大 5.3%	丹麥 3.4%	挪威 –0.9%	義大利 –1.3%
2001	紐西蘭 8.4%	澳大利亞 1.7%	愛爾蘭 –2.8%	奧地利 –5.6%	比利時 –10.9%
2002	紐西蘭 24.2%	奧地利 16.5%	澳洲 –1.3%	挪威 –7.3%	義大利 –7.3%
2003	希臘 69.5%	瑞典 64.5%	德國 63.8%	西班牙 58.5%	奧地利 57.0%
2004	奧地利 71.5%	挪威 53.3%	希臘 46.1%	比利時 43.5%	愛爾蘭 43.1%
2005	加拿大 28.3%	日本 25.5%	奧地利 24.6%	丹麥 24.5%	挪威 24.3%

資料來源：Thomson Financial Datastream.

如果你不放心挑選外國個股，你可以透過低成本的指數股票型基金（ETF）佈局全球。代表已開發外國市場的MSCI EAFE多年來一直是一檔便宜的指數型基金。利用這種投資工具來分散風險，得到你所需的外國佈局，但仍保持被動。請注意，本人可不是共同基金或指數型基金的粉絲（我曾在《富比世》專欄裏寫過，如左列）。它們通常太昂貴，高淨值投資人又享受不到什麼納稅優惠。但若你的資金不太多，它們可以幫你達到分散化的目標。若你不知道什麼別人不知道的事，被動永遠是上策。

假如你想買共同基金，務必買範圍廣泛的基金或一批基金。還有，別忘了檢查費用比率。大多數的基金都太貴了。將投資組合分散到全球是聰明的做法，只要別讓費用吃掉所有的好處。

真的，你不必害怕外國投資。許多外國股票可以用美元以美國存託憑證（ADRs）的方式購買。更好的是，你只要看看家裏的冰箱、藥箱、櫃子或車庫（或者你的老闆），你就會找到許多熟悉的外國品牌。

絕口不提道指

我一直重複你挑選的標竿一定要是「架構良好」的指數，但我沒提到什麼是「架構不良」的指數。道瓊工業平均指數（Dow Jones Industrial Average）就是道地的架構不良指數。許多投資人依賴道瓊工業平均指數而活，老是稱之為道指（The Dow）。人們把道指上漲聯想到市場穩健，經濟強勁，天氣晴朗，作物豐收等。投資人以為道指是一項可靠的市場指標，但其實它的架構不良，不具什麼代表性，根本不該被當成一個標竿。我數十年來從未注意道指，甚至不知道它的點數，正如同我1999年11月19日的《富比世》專欄標題「絕口不提道指」。我奉勸各位，假如你這輩子都不要理會道指，你會把市場看得更透徹。

第一，道指由30檔大型股組成，佔總市值16兆美元的美股還不及四分之一（根本無法代表美股）。道指組成股是隨便選的，由道指委員會挑選。它在通俗媒體屹立不搖，主要是因為信心與文化因素，與市場迷思流傳數十年的理由相同。（與它的母公司發行《華爾街日報》與《巴隆周刊》，亦不無關係。）但它最大的缺點在於它是一支價格加權（price-weighted）指數。絕對不要注意任何價格加權指數。我再強調一遍：絕對不要注意任何價格加權指數。

舉例來說，在2006年中，3M公司對於道指的影響力大於其他股票，但當時它不過是美國第80大的股票。為什麼美國第80大的股票影響力會超過美國第1大的股票？都是價格加權在做怪。儘管IBM是美國第16大的股票，比3M還大，但對道指的影響力卻很低。

像道指這類價格加權指數，組成股的每股價格越高，對指數的影響力越大（順帶一提，也不要用日經指數，它是相當誤導的價格加權指數）。在價格加權指數，一檔100元的股票對指數的影響力是10元股票的10倍，即使10元股價的公司在任何方面可能都是更大的公司。真是瘋狂。

價格加權指數天生就有問題，因為若是股票分割，它在指數裏的權重亦被分割。整體指數未受影響，但分割卻會減弱該支個股相對於其他組成股的影響力。你不想相信，大多數人也不相信這種事，但卻是千真萬確。反之亦然，若一檔股票減資（意思是你原先持有2股可能只能換到1股，但很少發生），該股在指數裏的權重便加倍。股票分割與減資純粹是帳面變化，並不改變公司市值、股利、投資人淨值等實質狀況。可是，分割卻會改變股票對價格加權指數的影響。除非你能預測到股票分割，但迄今沒有任何技術可以辦到，你便沒有理由預測價格加權指數一、二年內的走勢，即便你可以百分百預測到每檔成分股的股價走勢。這是事實。有些年裏，道指可能比實際狀況好10%或糟10%，就看組成股有沒有股票分割。

每當有股票分割，道指便偏離經濟現實（這種情況時常發生）。就數學上來看，道指每年的價值相當紊亂，就看哪支組成股分割與何時分割。

在任何一年，假如分割的股票表現遜於未分割的股票，那麼指數表現便優於一般股票；若分割的股票表現優於未分割的股票，指數的表現便遜於股票平均報酬。

換句話說，若高價股表現領先低價股，那麼道指表現便優於組成股的平均報酬。反之，若低價股表現領先高價股，那麼道指表現便遜於其組成股。

你不相信這是事實。你聽說過道指有一個「除數」可以調整股票分割。我們來讓你認清事實吧。當道指的組成股分割時，道瓊公司確實調整了「除數」，一如任何價格加權指數。這個「除數」讓整體道指維持在分割前的水準，表面上看來天衣無縫。亦即藉由調整除數以消除股票分割對道指的影響。這個除數是不斷在調整的。本書寫作時，這個除數已調低為0.125，這也是你不會在近期內看到波克夏加入道瓊30種指數的原因（其股價最近為每股9萬美元）。波克夏沒什麼不好，但以9萬美元的股價，一旦納入該股便會扭曲指數，因為其權重太大。若道指納入波克夏，未來走勢幾乎完全看波克夏的表現。波克夏有九萬個重要的理由，而另外29檔組成股加總起來只有數千個重要的理由。這實在不公平。

2支個股的指數

以下舉個簡易例子說明為何要迴避價格加權指數，以及不要理會道指的理由。我們用2支組成股來編製一檔價格加權指數，分別是ABC和XYZ個股，起初每股100元。這檔指數和道指一模一樣，但只有2支組成股，方便大家瞭解其運作方法。簡單來說，它們的市值相同，其他計量特性亦相同。唯一不同的是它們的名稱：ABC和XYZ。要求指數的初期價值，我們只需把ABC和XYZ的股價相加再除以股票檔數（2檔）即可，便得出100元。所以，這個由2支組成股組成的指數初始價值為100。你根本不需要計算機就能算出來。

某個星期一，ABC上漲10%達到110元，XYZ則下跌10%為90元。110元加90元等於200元，再除以2（我們最初的除數），還是得到100元，這很有道理，因為分別漲跌10%而互相抵銷了。很簡單的數學吧！到了星期一午盤，走勢逆轉，2支股票又回到100元，指數還是100點。等一下！

星期二時，2支股票開盤時都是100元，但ABC宣佈1股拆成100股的計畫。請注意，大多數股票分割通常是將1股分割為2股或3股，但為了舉例、方便及瘋狂（因為價格加權指數本來就很瘋狂），我們用極端的數字。ABC現在為每股1元，但公司總市值不變。股東沒什麼改變。如果一位股東原先有100股100元的ABC，現在他有10000股，每股1元，兩者的總值都是10,000元。現在ABC每股1元，XYZ每股100元。加總起來是101元，除2為50.50元。等一下，這不對，說不通。

我們知道指數一定要維持在100點，因為除了股票分割之外，沒有任何改變。該調整除數了！道指該怎麼做呢。我們不除以2，現在我們要問說：「什麼數除101會得到100？」簡單的代數，你在國中就學過了，答案是1.01。所以我們設定新除數為1.01，大約是股票分割前的一半，我們的指數還是100點，這下子我們心滿意足了。道指也是這麼做的。如果除了股票分割的帳面改變之外沒有其他變動，指數的價值應該不變，對吧？方法就是像我們剛才那樣調整除數。

星期三，ABC又漲了10%，XYZ下跌10%。可是，指數沒有像股票分割前那樣維持不變，現在反而劇烈波動。ABC如今是1.10

元，XYZ現在是90元。加起來是91.10元。除以我們的新除數1.01，得出的指數是90.20。搞什麼？沒有什麼原因，只不過2支股票分別漲跌10%，指數就跌掉快10%。怎麼可能？這就是價格加權指數不為人知的祕密。雖然公司的實際價值自指數成立以來都沒有改變，指數本身卻已大幅變動。如果公司的價值不變，他們對指數的影響也應該不變，但在價格加權指數卻不是如此，連神聖的道瓊工業指數也不例外。

再說一遍：任何時候，假如分割的股票表現遜於未分割的股票，大盤指數的表現就會優於平均股票報酬。假如分割的股票表現優於未分割的股票，大盤指數的表現就會遜於平均股票報酬。

我一直訝於專業人士在訓練過程中很少上過編製指數的課程。幾乎沒有！真是想不通！想要自己研究編製指數的人，我推薦法蘭克・雷利（Frank Reilly）所著《投資分析與資產組合管理》（*Investment Analysis and Portfolio Management*）的第5章。這是我最欣賞的投資教科書之一，法蘭克也是我最欣賞的學者之一，他是個好人。

架構良好的指數是市值加權（market capitalization-weighted），意思是市值大的公司佔指數的比重愈大。市值超過3.7億美元的艾克森石油，在S&P 500和ACWI的影響力大於3M，因為後者的市值僅6,000萬美元。本來就該如此，沒有人會反對大型股佔指數的權重應該更大。

絕對不要擴大報酬

總言之，標竿應該是市值加權指數。這項特別的資本市場技術——全球標竿，不是為了預測報酬，而是要讓你不迷路以及全球思考。它主要是克服你的石器時代腦袋以及自我控制，以協助你熟練這3個問題。

但即使挑選了一個合適的標竿，許多投資人還是受了傷，因為他們想儘量擴大報酬。他們想要每年看到增值，卻忘了標竿的作用是要讓你控管風險。由於順序偏好，他們無視於相對報酬的重要性，只在乎絕對報酬。如此一來，他們就把風險完全拋到腦後。相對報酬是相對於你的標竿的報酬。例如，如果你的投資組合一年報酬有5%，你或許認為這種表現很差勁。但若你的標竿在同期內下跌15%，你就領先了大盤20%——這很了不起（但你必然冒了很大的風險才有這種績效）。同樣的，如果你的投資組合一年上漲了15%，你或許認為這種表現很好。但若你的標竿在同期內上漲30%，你就遠遠落後大盤15%。以此類推，如果大盤上漲5%，而你落後15%，你就等於跌掉10%。

通常你應該要注意相對報酬，亦即跟你的標竿比較的績效，而不是絕對報酬。為什麼？因為我們早已知道你在長期可以略為超前大盤，你會超前其他投資人，就這麼簡單。更重要的是，你應該要向標竿看齊。若你的標竿一年內上漲了20%，如果你有23%或25%的報酬，你便略為打敗大盤，算是豐收的一年。若大盤上漲20%，而你上漲了40%，你會飄飄然，以為自己是個天才。然而，若你下了大筆賭注要超前大盤20%，而且很不幸的你賭錯了，你就會落後大盤20%。若大盤上漲20%，而你那一年卻持平，你就不會覺得自己很聰明了。記住，不要一心想打敗大盤，卻不在乎自己落後大盤。我們在第3章已談過這點，但這是管理資產風險的關鍵，值得重述好幾遍。你想要領先大盤的幅度絕對不要大於你所能忍受的落後幅度。

假如你不想落後大盤5%以上，結果領先大盤30%，你可以一路跳舞到幸運之神的跟前，但不要認為好運會重複降臨。你為了績效冒了太大的風險，你要想清楚成功的原因，免得下次站錯邊。那些想要短打的人，安打率往往高於平均。當你想儘量擴大報酬，你反而可能擴大了虧損。沒有人喜歡這樣。

這通常表示，若你的標竿下跌，你也會下跌（稍後我們看一下例外情形）。若你的標竿一年內下跌了10%，而你下跌5%，你就不算糟。你的標竿下跌了，這種事常有，別在意。這一年你實際上表現得很好，還打敗了大盤。若你知道了別人不知道的事，你可以平均每年領先大盤2%，長期加總下來，你就能領先95%的投資人。這很好了。現在，開始想著相對報酬，而不是絕對報酬。做好風險管控的工作，你就會得到好成績。資產管理的重點就在於風險管控，而不是全壘打。若你沒做好，冒太大或太少的風險，一年內你就會搞砸達成目標的機會。若有一年遠遠落後於你的標竿，你可能會被嚇得很長一段時間都不敢奢求能達成目標。

最大的風險

長期來看，你身為投資人的最大風險是標竿風險。標竿風險（benchmark risk）是指你偏離標竿的程度，不論是好是壞。假如你選了一支全股票標竿，因為你需要長期與大盤齊平才能達成你的目標，但為了安全與保守而在多數時候持有大量現金和債券配置，你就冒了很大的風險。你考慮的不只是波動的風險，你在賭長期後，股票的表現會比現金和債券差，這是很長期的預測。需要高於債券報酬的人卻永遠持有現金和債券部位，不僅是很大的風險，而且傻得可以。

假設你需要平均一年8%的報酬（當然是在一段很長的期間）才能負擔你想要的退休生活，你可能因為持有太多的現金和債券，只得到4%或5%。如果你的時程拉得很長，你可以應付短期波動，這很正常。但你可能無法應付在20或30年內把生活水平降低一半，因為你現在冒了很大的標竿風險，而你的長期報酬太低。為了這個緣故，真正厲害的投資人已鍛鍊自己完全不去在意正常的波動。

時程拉得很長的投資人誤以為現金和債券是「安全的」，渾然不知他們已冒了最大的風險。如果你需要股票的報酬，你就不能太過偏離你的標竿。我們將在第9章討論全股票標竿是否適合你。

標竿風險不只適用於股票對債券。若你在某個類股的持股比重遠高於標竿，你也冒了標竿風險。想想在最近的科技泡沫遭到坑殺的投資人，或許你也是其中之一。若你的標竿在1999年的科技股持股比重是30%（大約是當時S&P 500的比重），而你讓科技股配置升高到50%或60%（或80%或90%），你就冒了極大的標竿風險。在這麼高的相對加碼之下，當科技股崩盤，你的投資組合必然遠遜於大盤。太多人發生了這種事，卻不明白自己出了什麼事。他們出了什麼事？缺乏風險管控，因為他們未能管控標竿風險！當你注意標竿風險時，你事先就會看清科技股比重太高的風險。一定會的！

投資人把科技股崩盤怪罪到每個人身上，例如前世界通訊董事長艾伯斯（Bernard Ebbers）之輩的貪婪執行長，楊格（Arthur Young）之流的混帳查帳員，行為不檢的投資銀行家——隨便你講。你也可以怪罪於布希－錢尼－哈利波頓邪惡軸心（小心了，布希2000年才上任，但他還是被罵。為什麼不呢？他很容易挨罵。他是個政客），購買美債的邪惡外國人（噁！中國人！），或休旅車蔓延和市郊擴張現象。但真正的禍首是過度自信導致太多投資人干冒過高的標竿風險，盲目地集中在他們認為萬無一失的熱門領域。

過度自信也可能導致其他方面的標竿風險。大幅減碼或完全迴避一類標竿可能造成的傷害，跟瘋狂地過度投資是一樣的。好比在1995年有些人說不買科技股，因為他們不瞭解這個類股。其實科技股並不難瞭解。在那之後的5年，科技股一飛沖天，空手的人就少賺了很多。說那種話的人有點像是說「我不懂女人，所以我不要跟她們有任何瓜葛」一樣。愚蠢的抉擇！這是很大的標竿風險，以及很大的終身機會成本。

以後見之明來說，許多大幅加碼科技股的投資人，在2002年底時就大受打擊，希望他們從來沒買過科技股。許多人再度冒了過高的標竿風險拋售這個類股，如同當年他們大買科技股一樣。由於反科技股，這些投資人便錯失科技股在2003年大漲49%，或許再一次大幅落後他們的標竿。

大幅加碼或大幅減碼任何類股的投資人，都沒有問這3個問題。他們犯了過度自信及其他的錯誤，看不出自己可能操作錯誤。因為這樣，我才在2000年保留一小部分的科技股，儘管我確信自己知道什麼原因可能導致科技股崩潰。我打算利用這些別人不知道的事進行操作，但我不敢賭太大，唯恐我是錯的。如果你的操作偏離你的標竿，結果不幸錯了，你就無法達成和標竿一樣的績效。在2000年加碼科技股的投資人就錯了，而付出代價。在2003年迴避科技股的投資人錯過了大漲，因為偏離標竿，結果不幸錯了，便落後標竿的績效。落後標竿可是很難彌補的。解決的辦法很簡單——如果你不相信自己知道些別人不知道的事，只要跟隨你的標竿就好；若你相信自己知道些別人不知道的事，就去進行操作，但不要太過頭，因為你還是有可能出錯。有時就會這樣。

有一個唯一的例子是我們可以冒很高的標竿風險，大幅偏離你的標竿，但我稍後才會談到。遵守這3個問題，我們將在第8章談到如何辨認與避免真正的空頭市場。

你或許不知道如何倣效你的標竿績效，或是標竿的組成。所有的主要股票指數都有網站（例如，www.standardandpoors.com和www.mscibarra.com），公布其組成類別或是權重。通常你也可以找到指數的本益比，幫你決定你要操作價值型或成長型。讓這些比率引導你，而不是過度自信的石器時代腦袋。把標竿的權重做為起點，然後根據你知道而別人不知道的事決定偏離標竿的程度。可以的時候就大膽操作，不可以的時候就採取被動，跟著標竿走。標竿是通往長期股票報酬的優良道路地圖。

你也可以打敗大盤

打敗大盤不應該是偶一為之的幸運事件。有很多專業人士和學術人士會跟你說大盤極有效率，如果你打敗大盤，那也是難得一見。他們會跟你說，米勒、葛洛斯和林區只是好運而已。胡說！他們有什麼共同點？他們知道別人不知道的事。只要你利用這3個問題知道了別人不知道的事，你就可以開始打敗大盤。怎麼做？衡量標竿風險。重點在於押對寶的時候超越大盤，萬一押錯寶了，也不要造成太大的傷害。你不必每次操作都押對寶。只要平均起來，對的時候多於錯的時候就好，重要的是，每次操作不要太極端。

記得你在第3章學到的嗎——如果你真的看多一個類股，而該類股佔你的標竿的10%，不妨考慮把你的持分小幅提高到總資產的13%或15%。假如這3個問題讓你相信自己發掘了獨家消息，管它的，就把權重加倍到20%吧。假如你是對的，你在這個熱門類股的比重已提高。萬一你錯了，你也不會太受傷。反之亦然，如果你認為某個類股不行了，而它佔你的標竿的10%，不要完全砍掉你的持分。反之，把它降到5%或7%或8%。假如你對了，你在這個下跌類股的比重已降低。萬一你錯了，它成為今年績效最好的，你也不會因為沒有搭上車而扼腕不已。

每年你都會面臨許多決定，每次都是操作的機會。要加碼外國或美國？加碼價值型或成長型？小型股或大型股？健保股或科技股？能源、原物料、電信、公營事業股？決定何時及如何根據你的標竿加碼或減碼（務必要根據你知道而別人不知道的事）。你不需要對每個類別都有高深的見解。不知道如何分析電信股？假如你不知道該如何利用別人不知道的事去進行操作，就跟隨標竿好了。電信股佔你的標竿的8%？那麼就持有8%的電信股，為了分散化，不妨在幾支電信股分別配置2%到3%，或是去買電信ETF。那很容易。

長期下來，如果平均起來，對的時候多過錯的時候，你便能打敗大盤。如同巴菲特常說的，在這場遊戲裏，你可以耐心等候一記好球，你掌握獨門消息的一記好球。

假如你利用標竿，打敗大盤就會比別人說的更容易，不是每一年，也不是連續兩、三年，可是長期內會三不五時出現。有好幾段時期我落後大盤好幾年，因為我押錯注，但因控制標竿風險，我沒有落後太多，事後還能彌補，尤其是空頭市場終於來臨時。許多人失敗的理由，包括很多投資專家，是因為：第一，他們並非利用別人不知道的事作為投資決策的依據；第二，他們沒有使用標竿來控管風險，而高風險的操作不幸失利了。

一些人宣稱自己有使用標竿，而且每年都確實檢查S&P 500指數的表現。可是，這些人一心只想要擴大報酬，而非擴大打敗大盤的機率。他們沒有以持續、前瞻的方式去管控標竿風險。他們只是用標竿報酬來判斷自己操作的好或不好——在事後。即便是專注於相對報酬的投資人，也時常錯用標竿。把他們的資產組合拿來與標竿的權重做比較，你會發現他們在自己偏愛的類股配置過重，而他們「不瞭解」或「不喜歡」的配置太少或者是零。所以，良好的全球標竿是一項你馬上就能使用且絕佳的資本市場技術，而且不論多少人使用，它都不會退流行。

新興市場與GDP迷思

近年來新興市場引起媒體大量的報導。跟人提起「新興市場」，你會得到兩種反應。投資人不是被未知的恐懼給嚇壞了，就是認為新興市場是通往暴富之路。新興市場充斥著悔恨迴避以及驕傲累積。你或許記得，中國在2000年大漲136%及2001年上揚92%之後成為許多投資人的最愛。之後，中國股市反轉下跌，2002年下跌34%，2003年跌8%，2004年跌28%，2005年再跌18%。2005年，辛巴威股市締造38%的漲幅。（快，說出2支辛巴威股票？不然1支就好？）

你或許認為新興市場很危險，上檔無限，風險也無限。可是現在你有標竿了，假如你有興趣投資新興市場，就去吧，但要注意標竿。本書寫作時，新興市場佔全球市場大約8%。表4.2列出ACWI所有組成國家的權重。

表4.2 MSCI ACWI國家權重

國家	權重	國家	權重
美國	46.67%	丹麥	0.32%
日本	10.81%	希臘	0.29%
英國	10.65%	奧地利	0.24%
法國	4.34%	以色列	0.20%
加拿大	3.57%	葡萄牙	0.14%
德國	3.07%	波蘭	0.12%
瑞士	3.01%	智利	0.12%
澳洲	2.33%	土耳其	0.11%
西班牙	1.68%	匈牙利	0.08%
義大利	1.67%	紐西蘭	0.06%
荷蘭	1.45%	捷克	0.06%
韓國	1.32%	阿根廷	0.06%
瑞典	1.04%	埃及	0.05%
台灣	1.01%	祕魯	0.03%
香港	0.73%	哥倫比亞	0.02%
中國	0.69%	摩洛哥	0.02%
南非	0.66%	巴基斯坦	0.02%
芬蘭	0.65%	約旦	0.01%
俄羅斯	0.64%	委內瑞拉	0.01%
比利時	0.51%	巴西	0.00%
印度	0.45%	印尼	0.00%
挪威	0.38%	馬來西亞	0.00%
新加坡	0.37%	墨西哥	0.00%
愛爾蘭	0.35%	泰國	0.00%

資料來源：Morgan Stanley Capital International, as of June 30, 2006.

權重最小的國家對全世界的影響很小。別人或許會告訴你，投資中國、印度、波蘭等國家風險很高。這些人錯了。就好比假如標竿的科技股比重是20%，你就不該把60%配置在科技股，你不該大幅加碼任何單一國家，包括已開發和新興市場。坦白說，在你的資產組合配置幾個百分點在新興市場的風險遠低於完全沒有，因為小幅配置讓你更貼近於全世界的權重。如果你很喜歡中國，也要限制在小幅部位。中國佔全球股市的權重不到1%，所以你在資產組合配置2%是很合理的，不會害死你。即使你超級看好英國，你也不能大幅加碼。新興市場並不危險，標竿風險才是危險。

假如你沒有使用全球標竿但又想介入新興市場呢？我跟你保證，你在S&P 500指數裏絕對找不到巴西。你還是可以承受小幅的標竿風險，去持有你的標竿之外的小幅部位。個別國家及類股亦是如此。例如，你在許多股票指數裏都會找到房地產投資信託（REIT）。你可以持有一些部位，但切記不要過度自信，太過頭了。接著，根據你的標竿來判斷哪裏有風險，哪裏沒有。你所挑選的標竿是有其道理的，假設它適合你的話。（我們將在第9章分析如何挑選適合你的標竿。）當你偏離標竿，你就是在承擔標竿風險。

投資人在投資海外時，包括投資已開發和新興市場，常犯下一個大錯，那就是以為GDP成長的國家必然會有良好的股票報酬。同理，GDP沒有成長或負成長的國家就常跟不良的股票報酬畫上等號。這個很容易破解的第1個問題迷思，是過去幾年來投資人對中國感興趣的主因。中國經濟飛快成長，2003年成長11.5%，2004年17%，2005年33%。你已知道中國股市在2002到2005年績效欠佳，不如全球水準。強勁的成長有時帶來強勁的股市，有時則否。（還有，注意沒有言論自由的國家所公布的官方數據。那些數據不可靠。）價格是由供需變化來決定的，未必等同於GDP成長的強弱。

GDP成長不一定是一個國家資本市場成長的決定性因素（我們在第7章將討論）。中國GDP一直在成長，那又怎樣呢？德國的GDP成長率在2003、2004和2005年分別是0.9%、2.4%及1.4%。很平緩，也落後美國的強勁成長。可是，德國股市在那三年分別大漲38%、8%及28%。日本呢？日本2005年的GDP成長率是1.3%，跟中國比起來根本不夠看，可是日本2005年的股市報酬率高達45%。

現在，你已看過這3個問題，也能夠開發工具去預測市場及約束自己，你可以學習更多有關3個問題的實際應用，以獲悉其他投資人不知道的事。換言之，你準備要打敗大盤了！加油！

第5章

不存在的地方！

約翰霍普金斯、我的祖父、人生課程與漫談葛楚

本章將再舉例說明如何用第1個問題去破解「大家」都知道卻沒人肯去查證的迷思。但在我們開始舉例之前，我想談一些私事。跟很多人一樣，我的祖父在我童年時對我很重要。家母的父親在我出生之前便已過世。家父的父親，從我有記憶起就是我的偶像。我是他最喜愛的孫子。我們一直是很好的玩伴，直到他在我八歲時去世。我的座位附近一直擺放他的照片。他是我的英雄。我想要當個醫師，跟他一樣。直到後來我才明白我一點也不喜歡醫學，尤其是血。我很欽佩醫生，可是我不想當醫生。

我的祖父，亞瑟・費雪（Arthur L. Fisher），做了一件超酷的事。他是約翰霍普金斯醫學院（John Hopkins School of Medicine）第三屆畢業生，於1900年拿到醫學學位。嚴格說來，他在該校有第一屆畢業生且聲名遠播之前就已經在約翰霍普金斯就讀。他是位先驅者，在別人還不知道之前就做了某些事——就像比爾・蓋茲創立微軟時的信心滿滿。畢竟，在比爾・蓋茲之前就已經有了電腦和軟體。他只是用先驅的願景改變了一切。而在醫學，約翰霍普金斯改變了一切。

不管從什麼標準，霍普金斯都是美國第一所現代醫學院，締造無數的第一紀錄，最後變成了標準組合。例如，它要求學生接受我們今日所謂的醫學院預科（premed）教育，當時幾乎沒有其他醫學院這麼要求。（我的祖父的大學學位是加州大學柏克萊分校的化學學位。）霍普金斯也是首創注重我們所謂的住院實習，在熟練醫師指導下接觸真正的病患。當年，幾乎大多數的醫師都是在完全沒有病患經驗之下取得執照。

霍普金斯自第一屆便開始招收女生，在當年是首開風氣之先。後來的年代，霍普金斯奠定美國的現代醫藥。在它之前，想要當個好醫師的美國人得遠赴歐洲留學。但即使有了霍普金斯，留學仍是

一種風氣，我的祖父便是在歐洲進行博士後研究，專攻整形外科（當時沒有所謂專科醫生）。不過，霍普金斯是美國學院結合先進醫學與醫學技藝的早期模範。

即使不是霍普金斯的也源於霍普金斯。例如，對醫學貢獻頗大的洛克斐勒大學，其前身是1901年創立的洛克斐勒醫學研究中心。它源於約翰・洛克斐勒（John Rockefeller）的願景和慈善，但是由霍普金斯的傳奇人物威廉・威爾許（William Welch）在巴爾的摩指導成立。洛克斐勒知道，別人也是這麼告訴他，除了威爾許之外沒人可以勝任這份工作。威爾許在創辦洛克斐勒醫學研究中心時，我的祖父於1900至1902年間在巴爾的摩的霍普金斯進行博士後研究，就是由威爾許指導。我的祖父是得到約翰・洛克斐勒的資助。我有一些珍藏的威爾許親筆信函。我的祖父或許是第一個拿到洛克斐勒醫學獎學金的人。霍普金斯的檔案室裏至今仍收藏著我祖父的一些研究手稿。霍普金斯正是孕育美國二十世紀初葉醫學成就的搖籃。雖然在1950年代我就把祖父當成偶像，我卻不知道他身處在美國早期轉型進化的核心。當我經歷資本市場科學與科技的轉變時，我一直把霍普金斯當成科學與科技在美國生根並與技藝結合的長期典範。

你或許納悶我幹嘛講這些。霍普金斯初期的第一批女學生之一，跟我的祖父一起學習的，是一位休學、日後成為國際文人的女士，葛楚・史坦（Gertrude Stein）。她幼年時便與科學為伍，和我的祖父一樣是德國猶太人。我祖父的家族來自德國巴登海姆（Buttenheim），和李維・史特勞斯（Levi Strauss）*同鄉，我的曾祖父菲力浦・費雪是史特勞斯的首席會計師，直到他1906年退休為止。和我祖父一樣，史坦出生在美國，在加州奧克蘭長大。德裔的美國猶太人在當時很少見。她比祖父晚一年進霍普金斯，兩人都

* 譯註：Levi's牛仔褲的創辦人。

來自灣區，在小班制的學校裏，他們自然變得很親近。

我們可以從葛楚・史坦身上學到好些經驗。我第一次聽說史坦女士時，我不知道祖父認識她，而且還一起上學。我聽到的是她對加州奧克蘭的經典名言，有關我生長的灣區東岸——「不存在的地方，就在那裏。」（“There is no there, there.”）*真瞧不起人！這或許是她最有名的話！真刻薄！自1902年起，葛楚就竭盡所能地與她在平凡的奧克蘭度過的童年切割。當然，那個地方是存在的。不過，她的重點「不存在的地方」是我們第1個問題的文學名言。她提出了正確的問題，只不過得出錯誤的答案。你以為存在的地方，到底存不存在？你可以對每件事都提出這個問題，而葛楚・史坦會幫你記牢。這就是我的葛楚・史坦流派投資學。

葛楚鮮為人知的一件事是她有個富裕的父親。她在霍普金斯就讀時以及她日後的文學生涯，都由她父親的資產收益資助。父親死後，她對現實世界並不感興趣。幸好，她有個關愛她的哥哥麥克，他是個很好的投資人，對她很好，終其一生替她管理資金，讓她過著不食人間煙火的生活，直到她的作品開始流行及賺錢。她最出名的作品是《愛麗絲・B・托克勒斯的自傳》（*The Autobiography of Alice B. Toklas*）。我要跟大家分享葛楚・史坦一生的十堂投資課程，但我只能解析其中六堂。抱歉了，祖父！

葛楚・史坦的六堂投資人生課程

第6堂最重要的葛楚・史坦人生課程

有錢的老爸和豐厚的遺產是很棒的人生，假如你很早就能得手的話。史坦是靠著它過活的。或者，靠婚姻到手也行。如果你是這

* 譯註：“There is no there, there.” 這句話意指奧克蘭是空乏的，沒有實質的。這是美國女作家葛楚・史坦（1874-1946）在1937年的作品《每個人的自傳》（*Everybody's Autobiography*）中描述奧克蘭的名句。

種人，那麼你或許不需要這本書了。

第5堂最重要的葛楚・史坦人生課程

如果你有兄弟姐妹是個很棒的投資人，像史坦的哥哥麥克，一個你真正信任的人，一輩子替你管理資金，不論你做了什麼愚蠢、令人難堪的事，那麼你不必讀這本書了。你已經浪費時間讀到這裏，接下來快去法國盡情揮霍吧。沒有人可以阻止你。

第4堂最重要的葛楚・史坦人生課程

葛楚可以因為第3個問題而受益。不要讓你的腦筋誘拐你去做一些蠢事。她在一個蛻變的世界由霍普金斯休學，對於周遭的環境似乎茫然不知。她的腦袋為什麼要欺瞞她？霍普金斯的人比她那些19世紀初葉的巴黎文人朋友酷太多了。可是，史坦只是在回顧人生。話說回來，許多投資人也是這樣，因為他們沒有使用第3個問題。霍普金斯的人拯救生命，永遠地改變了現代醫學和現代生活（我們待會談到禽流感時，再來談這點），這比葛楚的朋友所做的事酷太多了。（或許她的好友海明威例外。我承認他有段時間很酷。但在淪為酒鬼之後，他自殺了，那可一點都不酷。）

第3堂最重要的葛楚・史坦人生課程

做事要有頭有尾。為什麼不呢？當你還有課要上的時候，不要休學。只有比爾・蓋茲跟麥克・戴爾可以這麼做，但你不是他們，不然你現在也不會看這本書。假如史坦留在霍普金斯並且畢業了，她將瞭解到世界已然改變，而那是她的小說、文藝世界無法測量的。學習資本市場和建立資本市場科學與技術需要花一段很長的時間。不要在大一或大二就休學，因為你的學問還不夠。目前，你才讀到本書的一半。讀完它。假如你想放下書本，你可以晚點再做，如同她原本可以晚點再離開學校一樣。

第2堂最重要的葛楚・史坦人生課程

在想到股市時，想想史坦沒弄懂的一點──科學遠比藝術來得重要而且務實。人們會說：「市場既是科學也是藝術。」想想資本市場科學吧。市場其實既是科學，也是犯錯。學習一些以前從來沒有人知道的。想像你置身於1900年的霍普金斯，你的目標是要學習前人不知道的。能幫你賺錢的是別人不知道的事，而不是你虛構的作品。如果你想從事藝術，去巴黎做個藝術家。如果你想參與市場，就要做個資本市場科學家。

第1堂最最重要的葛楚・史坦人生課程

那個不存在的地方，到底存不存在？這基本上是第1個問題的另一種問法。誰會料到葛楚・史坦會用不同的說法把第1個問題變成世界名句，早在我想成為一個資金經理人之前？

忘掉奧克蘭，想想禽流感

我不是社會或文化議題，或者藝術的專家。所以，我實在不太懂葛楚・史坦為何把奧克蘭說成不存在的地方。它是一個真實的地方，有著許多美國常見的特質。而美國是最酷的地方了。如果你不瞭解這點，你就沒有完全瞭解資本主義的好處、宏偉和包容度，透過創造性毀滅，美國數十年的成長時期，已為人類帶來無與倫比的貢獻。沒有其他地方像美國這般持久地發展資本主義；那麼，如果奧克蘭代表美國本色，那裏應該具有更大的意義。當然，我說過，我不是這種社會問題的專家。所以，我可能是錯的。

可是，我是提出第一個問題的專家。例如，最近許多人對禽流感很緊張。有些人是基於健康因素，有人則是為了股市。大家常有的恐懼是禽流感爆發疫疾將造成股市崩盤。在跟客戶溝通時，不論是個人或團體，我都無法說出禽流感問題在2005年及2006年被提及的確切次數。太多次了。

我在跟團體溝通時的一般反應是假設屋子裏的每個人大概都聽說過禽流感，並請聽說過的人舉手。通常，幾乎每個人都舉手了。然後，我說明凡是被廣泛討論的事，你都不必擔心股市的影響，因為股市會反映所有已知的訊息，而大家都知道的事必然已被充分反映。接著，我詢問他們是否早已聽過禽流感，比如一年以上，他們都點頭。如同在第2章所提，我告訴他們老舊議題對市場的影響不如新興議題，因為舊議題已被充分反映。

此時，就會有人反駁說，如果那是金融訊息的話還好，但來自非金融現實世界的大事件，比如大批人口死亡把倖存的人都嚇壞了，那麼或許市場反映的效用就不管用了。

於是，我再舉兩個例子。第一個例子他們可以輕易想：如果禽流感一直沒有爆發疫情，會怎樣呢？他們不難想見那樣挺好的，沒什麼好怕的。就像大家先前一直擔心Y2K，市場也予以反映，事後它確實沒有釀成任何災難，股市熱烈慶祝。因為先前太多人擔心，等到平安渡過時，大家信心大增（需求也大增），推升股票上漲。沒什麼人反對我的說法。

接著，我舉第二個例子，我請他們假設自己是葛楚。記得，史坦女士唸過美國頂尖醫學院。問她如果禽流感爆發疫情會怎樣？她怎麼會知道？這很簡單，卻很少人懂，除了葛楚、我的祖父、霍普金斯的人、我和一些金融界的人，現在我希望你也能懂。讀到這裏，你應該看得出我要問你了。假設真的爆發疫情了。以前我們有沒有發生過大型疫情？有的話，是什麼時候？什麼地方？市場受到什麼影響？後來呢？葛楚受過科學家的訓練。她會知道該怎麼處理。這是一個簡單直接的「不存在的地方，就在那裏」的問題，大多數人不懂，但你可以。

最好的例子是1918年的全球流感。如果你不清楚這個史上死亡人數最多的悲慘疫情，我建議一本簡單易讀的好書，約翰・貝瑞（John M Barry）所著的《大流感》（*The Great Influenza*），該書還有對禽流感的附加評論。很棒的一本書！我不再詳述1918年的大流感，如果你不想去讀那本書，你從Google或雅虎網路搜尋也可以找到許多資訊。簡單來說，在比今日少很多的全球人口當中，大流感在不到二十四個月內害死了大約一億人，重創了整個西方世界！它的起源可能在一次世界大戰方熾時的美國內陸，當時全球都無法動員起來對抗任何事。如果你有讀貝瑞的書，你就會看到霍普金斯醫學院對抗這次疫病的力量。它詳述當時對抗流感的只有霍普金斯的人，你可以看到威爾許、洛克斐勒以及許多人等，但你不會看到史坦。

要想像自己是葛楚，你只須問自己，股市是否也有「不存在的地方」。發生什麼事了？整個1918年，除了幾波小幅修正以外，股市超強勁的。1918年底時有一小波修正，僅此而已。當1919年流感蔓延開來，股市更是一飛沖天。股市在流感疫情爆發之際或之後崩盤？沒發生過！沒有這回事。股市在史上最大規模的瘟疫發生時表現理想。

老實說，股市因為戰事而在1917年遭受重創，所以在疫情爆發前，股市就已經有些消氣。雖然瘟疫會擾亂生活，卻未波及股市，即便沒有長時間來加以充分反映，如同今日我們對禽流感的恐懼。

我說過，我不是什麼醫學專家，但我的直覺反應（當然有可能是錯的）是這波禽流感可能不會突變，成為人傳人的途徑。畢竟，這株病毒有一段長時間可以突變，但卻未充分變形。它當然有此可能，但實際上沒有，我所舉的第一個Y2K例子適用於此。所以，不會爆發禽流感疫情，這對股市是利多。即便病毒真的突變，1918年的例子也足以做為我們的借鏡。如同Y2K，你會聽到許多「負責任的專家」告訴你災難要降臨了，所以我們應該給他們錢。如果講到股市，我會叫你不要擔心。不存在的地方，就在那裏。現在，我們要回到現代來漫談葛楚。

好戲登場——原油vs.股票

身為投資人，我們似乎會去捏造因果關係，塑造錯誤的投資「道理」。當我們的石器時代腦筋試圖在失序的世界建立順序，我們搜尋資料以證明我們的偏誤，忽視反駁的證據，而犯下其他認知錯誤。不幸的是，這種把兩件不相干的事兜在一起，以刻意的因果關係來製造一股狂熱的傾向，從來沒有停歇的跡象。所以，我們需要第1個問題。

記住，你提出第1個問題的目的是要證明或破解你做出決策的原因。當你用第1個問題發現了一項毫無根據的迷思，你不只是避免了一項錯誤的投資。你還有了一項市場操作的依據。如果大家都害怕一件他們認為必然會造成股票上漲或下跌的事，而你可以證明之間沒有關聯性，你就可以逆勢操作而致勝。你發現了一件大家預期的結果不可能發生的事。最好的例子，也是現在很常引發恐慌的事，那就是高油價。投資人假設高油價是股票的利空。如果油價持續上漲，股市必然受打擊。幾乎大家都同意。你聽到媒體不斷地播報，因此這是最適合運用第1個問題的標的。

石油向來會造成市場的歇斯底里，每隔幾年就會有一波流行。1970年代流行迪斯可，吉米・卡特和石油禁運。1980年代流行權力套裝（power suits），查理辛主演的電影《華爾街》（*Wall Street*），還有油價崩盤。1990年代初期以及最近有幾場戰爭，有人說打仗的唯一目的是竊取一位美索不達米亞暴君的石油。顯然，45萬名士兵在第一回合偷油失敗，所以我們得在2003年再派25萬人去。真是的！偷油有什麼難的？我們把油偷了，然後把大兵送回國再好好運用。比如入侵加拿大！畢竟，美國自加拿大和墨西哥進口的石油多過自伊拉克或沙烏地阿拉伯進口的，而且北美的運輸成本也比較低。如果我們真的想要好好偷油，就該加強渥太華、卡爾加里和坦皮科的基地。

先不談美國差勁的偷油紀錄，石油往往高居投資人驚慌事項的榜首。最大的憂慮來自於我們依賴如此有限的商品。在信口開河的媒體上，你聽說我們未來將耗盡石油。加州柏克萊的所有居民要失望了，因為這不會發生的。石油確實是有限的，可是我們不斷發現新的儲藏。很少人知道一件事：我們今日已知的石油儲藏遠多於1970年代。我們老早就該耗盡石油了。石油不會神奇地再生，但是石油公司投資科技，發現及取得新油田。我們還會再找到更多油儲嗎？當然！我們終有一日會耗盡石油嗎？不會。不會在你這輩子。

我們無從得知

你不相信我，可是我們現在無從得知石油的總供給有多少，從來都不知道。石油公司不會無止境地探勘，因為一旦他們取得足夠的油儲，再進行探勘就不敷成本效益了。除了他們以外，沒有人會去做研究。數十年來有一波又一波的探勘，以後也會持續下去。每一代都以為沒法再找到更多油儲了，但每一代都找到更多。等到油價夠高，油儲夠低了，他們就開始尋找，然後找到更多。將來也會找到嗎？除非事情成真，沒有人會相信。找到多少？誰知道？我們可以隨便臆測能夠找到多少。但那純屬臆測。

石油供給面的大問題不在於油儲不夠，而是煉油廠不足。國會的鴕鳥心態議員立法，使得美國本土自1976年以來便無法再興建新的煉油廠。美國的煉油產能跟不上需求，即使石油供給充沛。發生意外時，像是墨西哥灣岸的天災暫時打斷大量的煉油產能，油價便上漲。如果有更多的國內煉油廠，美國就更能因應天災、戰爭、白癡議員，以及其他的供給干擾。

那些預測末日的人堅稱，不論我們多有效率，都無法避免耗盡石油的一天。他們當然是錯的。或許短期內無法證明，但日子一久就知道了。很多人擔心油價高漲，小老百姓無法加滿休旅車油箱，人們會失業，經濟會衰退，月亮會染血，蟾蜍會從天上落下來。

（後面兩個是作者捏造的。）這些人在經濟學入門課程上到供給與需求時一定翹課了。石油是自由交易的公開市場商品。全世界能夠決定油價的兩件事就是供給與需求。不是小布希，不是哈利波頓公司，不是賓拉登，不是石油公司主管。而是供給與需求。

我們的官員以為我們是一群笨蛋，需要他們的專業哄騙。他們似乎不相信供給與需求，所以他們三不五時提議用加稅來刻意提高油價，以「根治我們的油癮」。唯有政客才能想出這麼愚蠢的主意。你不用上華府就能見識到。在紐約，汽油稅是每加侖43.9美分，加州是44.7美分，而在阿拉巴馬州只要20.3美分。政治愚蠢在各地都是無限供應。

大多數專家都同意，我們還有五十年的石油供給，假設我們沒有再發現更多油儲以及沒有變得更有效率的話（我們會的，兩者皆是）。很自然的，隨著供給減少，而需求沒有消退，油價就會上漲。我們不需要稅或法規或任何其他東西來減少用油。不是因為石油公司邪惡或貪婪，而是因為自由市場就是這樣運作的。長期來說，如果政客不再插手，市場將反映供給減少，油價將上漲到替代能源減緩供給壓力，或是需求開始下降為止，或者兩者皆有。有一天你到了加油站，赫然發現沒有油了——那是絕不可能發生的事！隨著石油愈來愈貴，我們的汽車和電腦將找到替代能源，我不知道會是什麼，但它會成真的。或許是氫，太陽能或核能。不，車子不能用彩虹果汁糖（Skittles）或果汁來發動。不過，早期的蒸汽引擎發明者也不會料想到日後汽車可以用汽油發動，就像你無法想像用糖果發動引擎一樣。

你或許認為我太隨便了，可是需要為發明之母，我是認真的！我們永遠不會用完最後一桶石油，然後說：「唉，至少有油用的時候挺不錯的。」到了2110年，使用汽油的休旅車在我們的曾曾孫子眼裏，會像蒸汽火車在我們眼裏一樣古色古香。

拉拉雜雜講了一堆石油的東西，為的是說明人們認為高油價對經濟和股市形成的漣漪效應。這種憂慮是不對的，而且很容易推翻；高油價不會打擊經濟或市場——成長中的經濟會使需求增加，因而推升價格。投資人把因果關係弄反了。

這些標題很聳動：

油價創新高！

油價再度創新高！

昨天是開玩笑的，今天油價真的創下紀錄新高！

可是，報紙很少提到「通膨調整」這個神奇字眼是個關鍵。2005年到2006年，油價創新高一直是頭條新聞。但在經過通膨調整後，這條新聞就不那麼聳動了。我們在27年前經歷過更高的通膨調整後實質油價，但是西方世界依然安然度過，我們現在的狀況甚至更好（我們很快就會看到）。

大家亦誤以為高油價導致通膨、經濟停滯或更糟的事情。若思想停留在1979年的環保戰士倡導下，這似乎很合理。你不妨回想，1979年時美國和狂熱宗教基本教義派分子領導的新伊朗政權處於緊張情勢。對於「大撒旦」（The Great Satan）*感到憤怒——不論是真實或想像，但可能是出於想像——伊朗學生綁架了66名美國人，其中52人被挾持了444天。在這之前，美國已實施十年的制裁與石油輸出國家組織（OPEC）的禁運，致使汽油價格上漲，加油站大排長龍，甚至實施配給。在你覺得今日的伊朗問題讓你感到往日重現之前，請回想美國在70年代實施的可怕通膨式貨幣政策。在美國國內外無止境創造貨幣之下，失控的通膨重創原已滯緩的經濟，進而造成什麼東西都上漲，包括油價和長期利率，還有美

* 譯註：大撒旦（The Great Satan）是伊朗領導人柯梅尼（Ruhollah Khomeini）在1979年11月5日一場演講裏對美國的形容詞，他指責美國助長全球的腐敗及帝國主義。此後，伊朗便時常用大撒旦一詞來指稱美國。

國高達9%的失業率。當時的經濟狀況並不太理想，主要是因為治理不良。

科羅拉多（Colorado）、加拿大（Canada）和中國（China）的共通點——不是「C」

我們沒有供給的問題，反而有訂價的問題。在1973年石油禁運之後，福特總統實行「能源政策和節約法案」，建立了戰略石油儲備（SPR）。以將近七億桶的存量而言，SPR是全球最大的緊急原油供給，美國因而有了龐大的新原油庫存。剛開始儲存時，油價在1970年代後期出現不正常的上漲，這點很少美國人瞭解。美國迄今只有兩次緊急動用SPR，一次是在1991年波灣戰爭，賣出一千七百萬桶；第二次在卡崔娜颶風之後，賣出一千一百萬桶。2001年布希總統下令補足庫存，美國買進這二千八百萬桶原油是近年油價上漲的原因之一。如果我們曾經大幅緊急動用這批原油，油價必然會大幅低於今日的水準。不過，那就是它的作用。

高油價真的那麼糟嗎？請提出第1個問題。首先，到了某個價位，為了經濟因素我們會尋找替代品。除了原油之外，科羅拉多、猶他和懷俄明州地下的油頁岩估計有二兆桶的油儲，是沙烏地阿拉伯已知油儲的八倍以上。別忘了加拿大的焦油砂，超過所有已知中東油儲的許多倍。要不要開發這些油儲，只是價格的問題。這是事實。在我看來，當然我可能是錯的，油價只要再漲個一倍，大家必然會去開採。當然，這是我個人的意見，不是事實。所以，石油禁運的威脅不會造成我們擔憂的後果。到了一定的油價，油頁岩會被開採，意味著美國永遠不會沒油可用，因為隨著油價上漲，頁岩油會取而代之。這是簡單的經濟學，但令我驚訝的是，世上很少人認同這點。

你是有選擇的。你要油價上漲或下跌？除了墨西哥灣岸颶風等幾次短暫的供給干擾之外，油價的波動主要是因為經濟擴張帶動需求成長，不只是美國，還有全球各地，包括中國和印度。高油價是穩健、成長的全球經濟的表徵，而非不健全的表徵。然而，人們恐懼中國未來的成長可能對能源需求及價格造成衝擊，以及美國可能受到傷害。中國的煤炭所能提供的能源，遠超過她今後數十年全部的能源需求。如同北美的頁岩，中國是否用煤炭取代原油只是價格的問題而已。事實上，中國未來的能源需求是以煤炭為依據而非原油，原因不言而喻。

祈禱高油價，而不是低油價

除非我們發現巨大新油田或是超新科技，否則油價大跌將肇因於我們經濟衰退導致需求萎縮。你不會喜歡這樣的，我跟你保證。祈禱我們有高油價。你以為我在說笑話？不是！

高油價不會傷害我們。首先，不管你聽到些什麼，今日我們對石油的依存度已是史上最低。如果這讓你嚇一跳，害你在開著休旅車，聽著本書的有聲書CD時，把你的印度茶拿鐵潑到iPod上，真抱歉。但這是事實。我們對能源的依存度已不及二十五年前。1980年，美國的能源密集度（energy intensity），亦即每一美元GDP的能源消耗，為每一美元一萬五千熱量單位（Btu）。

可是，隨著能源密集度不斷下降，現在每一美元GDP的能源消耗已不到一萬Btu。我們的GDP組成已大大不同。成長最為快速的兩大部門，資訊科技和金融部門，其能源密集度遠低於製造業和農業，後二者的相對規模皆已縮小。這表示自1970年代以來，我們已變得更有效率，較不依賴石油。假如油價維持在高檔，甚至更高，我們將變得更有效率（圖5.1）。

即使油價飆升，整體經濟也只會受到很小的衝擊。以下是簡單的思考方式：目前，石油和石油相關產品只佔美國GDP的2.5%。很難想像，是吧？但這是真的。石油對全美所得的衝擊很輕微。況且，我們的名目（未經通膨調整）GDP自1980年以來每年以平均

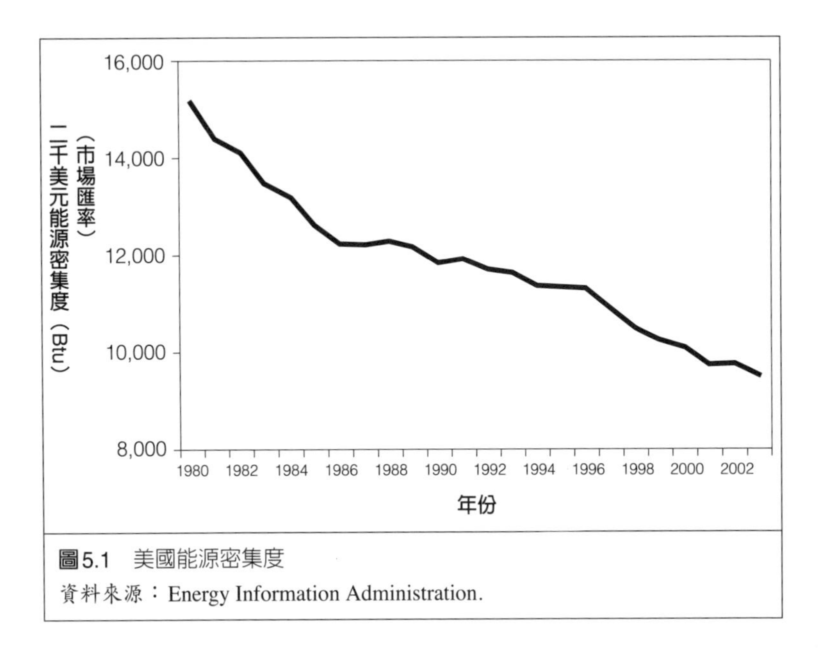

圖5.1　美國能源密集度

資料來源：Energy Information Administration.

6%的速度成長。未來的成長會讓石油變得更不重要，因為我們成長最快速的都是非能源密集的產業。

相信股市，不是我，股票和油價不相干

假如你不相信我，就相信股市吧。投資人的一大顧慮是石油與股票具有反向關係。人們相信當油價上漲，股價就下跌，反之亦然。油價上漲被視為利空，而利空會反映在股價上。投資人擔心石油大戰，供給減少，環境破壞，以及鄰居開著悍馬車（Hummer）到處跑。他們相信這都會造成油價上漲，股價下跌。沒有人喜歡這樣。這種看法有很多人支持。隨便哪一天，你可以上你最喜歡的網站，看到「股票因石油而打滑」，「股票因石油上漲而下跌」，或者「沙國增產造成油價下跌，股價上漲」，「股價上漲，因為油價下跌」。這只是隨便舉例。不妨到Google去搜尋一下，看看有多少文章宣稱石油與股票之間具有反向關係。

這似乎是常識。高原油價格造成高汽油價格，害人們花在其他東西的錢變少了，像是日常雜貨、機票和長筒襪。生產和行銷雜貨、機票和長筒襪的公司要遭殃了，因為美國老百姓堅持不穿長筒襪，拒絕搭飛機去渡假勝地，以致營收下滑，股東嚇壞了。油價上漲，股票下跌，完蛋了。石油與股票真的具有反向關係嗎？油價上漲真的會造成股票下跌嗎？這兩種價格一直存在。如果確有其事，我們便可以加以測量。

我們在圖5.2為大家提供資料，但若你想自行測試，你可以從Yahoo! Finance網站下載S&P 500的歷史資料。你可以在美國能源資訊局（EIA）找到油價的歷史資料。如果你不懂如何用Excel來分析資料，請翻到第1章參考簡短的解說。在圖5.2，我們繪出1982年到2006年之間的歷史油價與S&P 500指數。你可以看出其間沒什麼關聯，除了二者這些年來都有上漲以外。你無需訝異，因為大多數價格日積月累都會因為通膨而上漲。

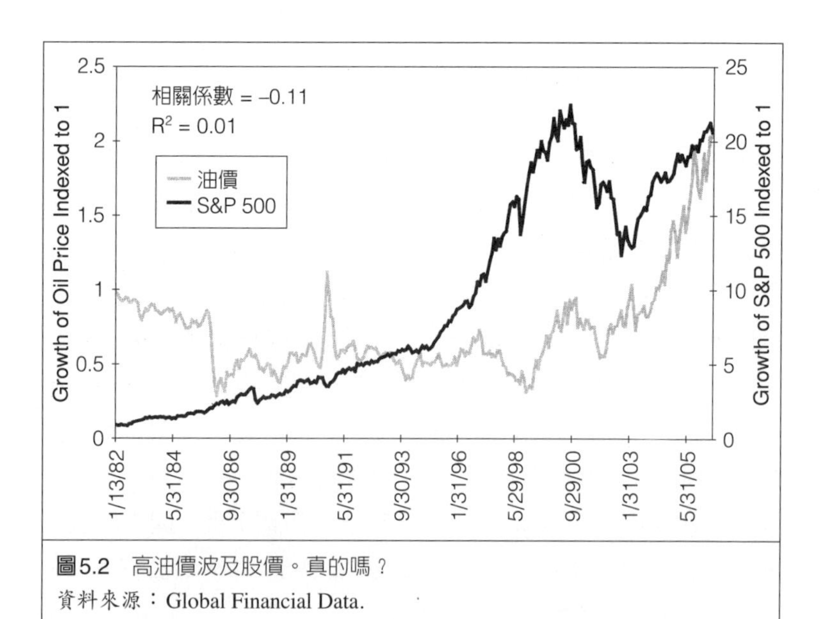

圖5.2 高油價波及股價。真的嗎？

資料來源：Global Financial Data.

這張走勢圖看起來不具說服力，和第1章的高本益比散佈圖一樣。為了得出明確的答案，我們需要相關係數（請再次翻回第1章或找個青少年來）。如果變數同步漲跌，而且幅度相同，那麼相關係數為1，代表1比1的關係。如果它們有強烈的反向關係，即一個大漲時另一個大跌，如同我們想像中的油價與股價，相關係數將接近-1。相關係數愈趨近於0，兩個變數之間的關聯性愈低。

1%的解決方案

事實：石油與股票的相關係數為–0.11，幾乎無關緊要，遠不及人們的想像。要知道兩個變數互相影響的程度，你可以繪製第1章提到的R平方（R平方顯示兩個變數之間的相對關係）。在此，R平方為0.01。這表示你只能把1%的股票波動歸咎於油價波動。只有1%！把你的念頭放在其他的99%吧。

再換個方式來看，因為石油與股票價格時常一起波動，有時幅度劇烈，其中一個可能影響另一個。圖5.3顯示一年期的單月滾動相關性。

圖5.3清楚顯示相關性的高峰和谷底。你可以看到1980年的尖峰，因為石油泡沫破滅。你也可以看到90年代初期負相關的谷底，就在1990到1991年的衰退之後。但持續的時間很短，相關性幾乎不存在。另一個方法是顯示兩個變數之間影響程度的滾動R平方（圖5.4）。

由1992年底到1994年初，有20%以上的股價波動可以歸咎於油價，那是個不正常的高點，但當時沒有人注意到，你也沒有注意到。即使有時有些微的跡象，但稍縱即逝，我們都沒注意到。在那之前與之後，油價都無力左右股價。一點也沒有。可是人們卻以為有。豈不妙哉！你，我和葛楚都知道。

現在，你或許很滿意知道油價波動不會大幅影響股價。但要記住，如果在美國是真的，在大多數地方也應該是真的。如果某件事

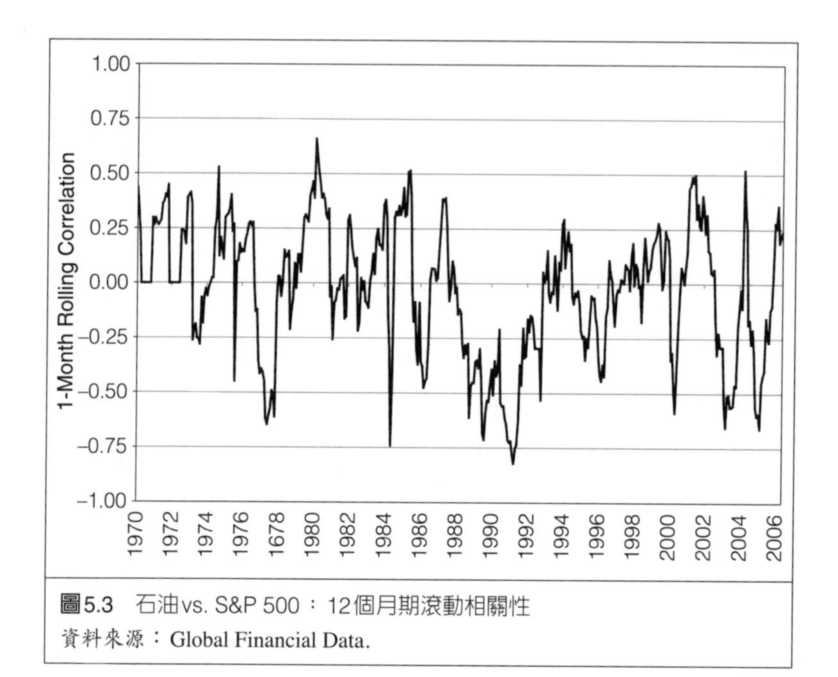

圖5.3 石油vs. S&P 500：12個月期滾動相關性
資料來源：Global Financial Data.

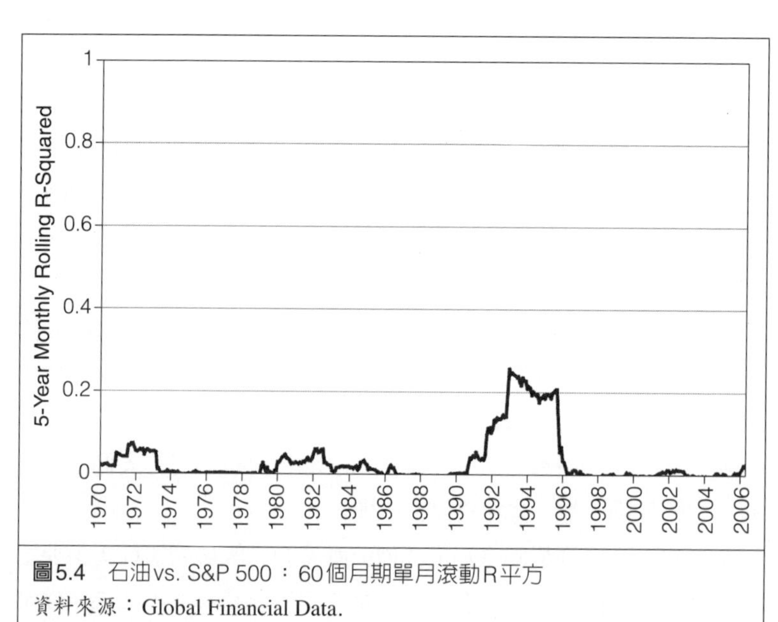

圖5.4 石油vs. S&P 500：60個月期單月滾動R平方
資料來源：Global Financial Data.

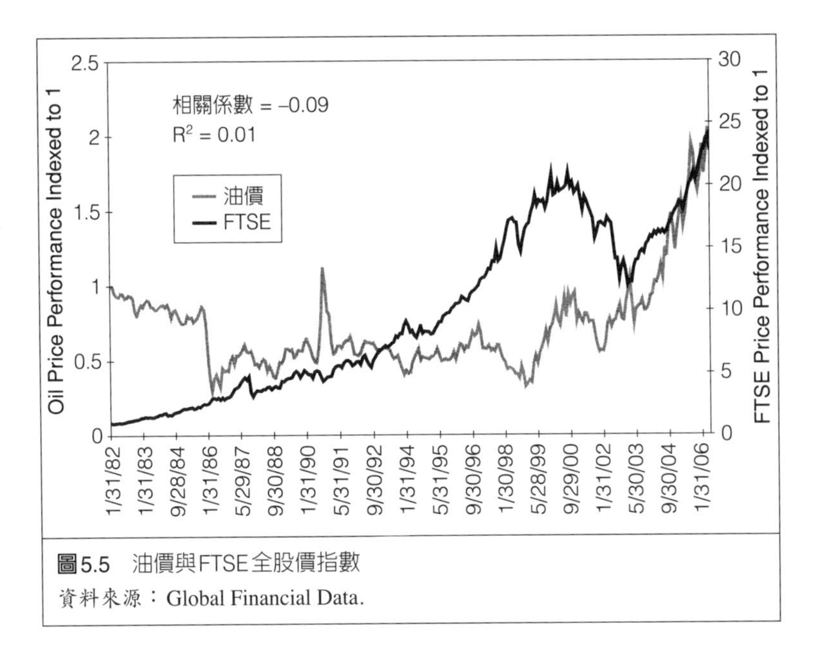

圖5.5　油價與FTSE全股價指數

資料來源：Global Financial Data.

只適用於美國，可能是某種國內特有的狀況（例如大選循環），或者是湊巧。連葛楚都會想到國外，即使她不明白美國其實更好。圖5.5是油價與股價在英國的關聯性。

在英國，你看到非常相似的結果。相關係數是–0.09，R平方則為0.01。幾乎沒什麼關聯，可是英國人跟美國人一樣擔心高油價造成股價下跌。事實上，我覺得他們還更加擔心（我花了很多時間研究英國）。而比較油價與外國股價指數顯示，以全球而言，油價不太會影響股價。圖5.6顯示，相關係數為–0.05，R平方為0.00。沒有影響，一點都沒有！可是其他投資人卻不能或不願看出其間沒有相關性，不論是正相關或負相關，沒有就是沒有。

我可以確認這是確認偏誤

這項確切的證據可以反駁這項常見的迷思。那麼，為何這種迷思歷久彌新？現在，第3個問題要派上用場了。你的腦袋正在用確

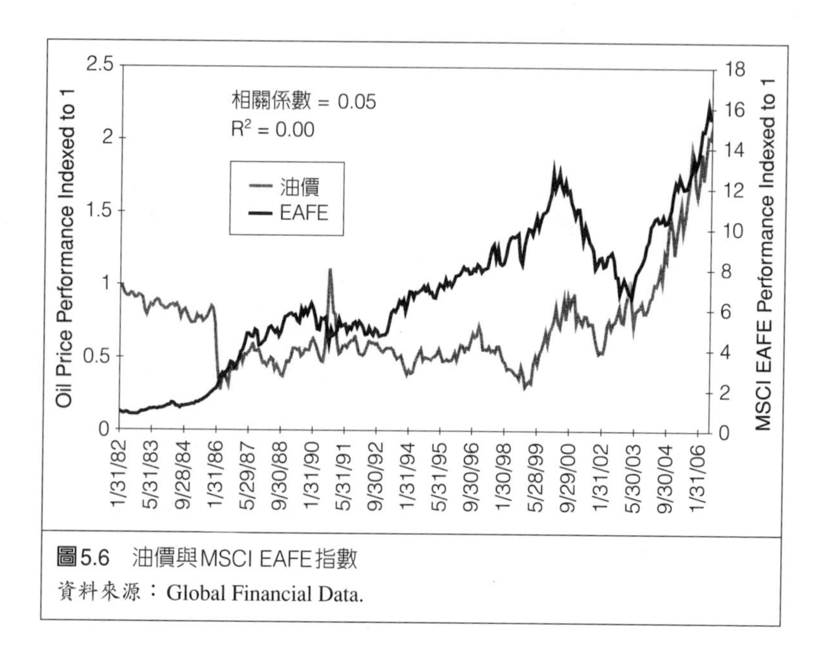

圖5.6 油價與MSCI EAFE指數

資料來源：Global Financial Data.

認偏誤（confirmation bias）和有效幻覺（illusion of validity）。我們的腦袋會堅持可以肯定我們先前的偏誤與「常識」的例證，而忽視反駁的例證。葛楚終其一生都飽受確認偏誤之苦。所以她才會認為巴黎人比美國人好太多了，不論是奧克蘭或是約翰霍普金斯醫學院。她只看到她想看的證明，大多數人都是這樣。請回想先前的新聞標題。那樣的新聞標題很常見，但你何時曾看到新聞標題說：「油價上漲，推升股票！」沒有吧，因為這不是好的報導！油價上漲時，股價下跌的機率就跟擲銅板一樣。可是，我們的腦袋不是這麼想。報紙也不希望我們看到這類報導。它們和我們只記得肯定我們的偏誤的例子，亦即只記得油價和股價反向波動的日子。即使我寫這本書來教育讀者或記者去做一些簡單的計算，也無法改變我們人類的確認偏誤。

當油價與股價同步漲跌，投資人會用重新框架（reframing）＊來解釋這種事。不要管每天的油價與股價，他們堅持某個時段才重要。他們把問題重新框架，說你不能只是看單日波動，而要拉長期間，像是一個星期、三個月或一年，或者是一些極端的例子。（當然，他們沒有加以證明。）凡是符合他們偏誤的單日波動，都可以佐證他們腦袋裏的迷思，而需要一段較長或不同觀察期間的反駁證據則不被採信。根本說不通嘛。

有些人說油價上漲不會在同日造成股價下跌，而有時間落差，這是另一種重新框架。他們嘴上這麼說，卻不去驗證。我可是有去驗證，但我找不出什麼時間落差足以證明明顯的關聯。我不相信這種說法。不管用什麼時間落差去驗證，三天、一星期、2.5個星期、七個月、7.82個月，結果都是類似的。不論你挑選任何時間落差，油價和股價波動都不具有足夠的關聯性，讓理智的人去進行操作。堅持時間落差只是另一種資料探勘（data mining）和重新框架，屈服於你的確認偏誤。它證明人類是一部超優秀的石器時代認知錯誤產生器。你愛怎麼探勘資料都可以，但你絕對找不到油價與股價之間的可信關聯。或者，我是錯的，你找得到關聯，那麼你比我強多了，我也認了。到時候別忘了通知我一聲。但我打賭你不會。我也敢打賭本書的許多讀者（不是您，而是其他讀者）都覺得我是錯的，卻永遠不會動手去尋找關聯。

這是個很好的例子，證明無需昂貴的工具或複雜的算式即可破解迷思。請記住，若是你的分析要拐彎抹角才能證明你的假設，它可能是錯的。我再為你加些油吧。

加油機小測驗

為了緩和油價歇斯底里症，我建議每位消費者在加油之前做個小小的考試。不及格的人笨到不應該去投票。下列五個問題至少答對三題者，才有投票資格：

＊ 譯註：重新框架是從另一觀點或不同角度，把現有的情況賦予新的意義。

1. 原油，也就是汽車使用的汽油的主要原料，是：
   a. 惡魔的工具
   b. 德州想出來的陰謀
   c. 商品
   d. 全球暖化的主因
2. 油價是由何者決定的：
   a. 布希總統
   b. 哈利波頓公司
   c. 供給與需求
   d. 布希和哈利波頓
3. 美國政府可以怎麼做好讓油價立即降低：
   a. 減少管制
   b. 減稅
   c. 派遣錢尼副總統去獵鳥，找蜆殼石油公司執行長一同前往
   d. 減少管制和稅率
4. 出口石油到美國最多的國家是：
   a. 伊拉克，可是別告訴他們，因為我們在偷油
   b. 沙烏地阿拉伯
   c. 哈利波頓公司
   d. 加拿大
5. 反恐戰爭主要是：
   a. 不過是另一場石油戰爭（恐怖喲）
   b. 德州想出來的陰謀（恐怖喲）
   c. 全球暖化的主因（恐怖喲）
   d. 以上皆非

別擔心，我的小考不列入計分。不過，你有了一項可以進行操作的籌碼了。每當大家怕得要命，預期股價將因油價上漲而下跌，

你便知道不會發生這種事。第一個原因是這個憂慮已經被市場反映，第二是它完全錯誤。我建議你今年讀這本書，因為高油價仍將造成憂慮。別理它。油價愛怎麼漲都沒關係。

法國人能做的，我們都能做得更好

最後，我們來談談葛楚、有趣的法國人、布希總統、德州石油商人和中國。首先，如果我真的去探索葛楚・史坦的第七堂人生課程，我要建議「在美國度日好過在法國」；另一個政治不正確的說法是「法國人能做的，美國人都能做得更好」。我說那正是加州居民和加州紅酒。你希望油價重回每桶二十美元嗎？這很容易。這是必然的。技術上來說，這是枝微末節。只要記得法國有半數的能源都來自核能，而且行之多年。小布希沒辦法連續兩句話都講出「核能」這個字眼。在2006年的國情咨文裏，他倡導代替能源，但一次都沒提到那個字眼。他顯然一點也不想用核子替代能源來讓美國戒掉化石燃料。

如果美國、英國、日本和中國宣佈一項合作條約，在十年內建立核電產能好讓這四大國的核能供給比率跟有趣的法國一樣，德州原油的價格會在你來不及眨眼之前就跌到二十美元，這是一定的。柏克萊人不必想像該如何懲罰臃腫、有錢的德州白人油商，因為他們早已受到懲罰了。

美國已有三十多年不曾興建核能電廠了。核子嚇死人了！那些政治和社會決策由來已久，難以撼動。當我說出「核能」時，我都能想見許多現在已滿頭白髮的70年代環保戰士，一想到要叫美國人去做法國人做的事，已經氣得發抖。記得葛楚嗎？到底安不安全？法國人數十年來一直與核能安全共處。如果法國人能做，我們就能做得更好。假如我們去做了，我們不只會有五十年的已知油儲，而是數百年。我不知道葛楚對這點有何想法，但我爺爺會喜歡的，他喜歡開著旅行車去探索加州的內華達山脈。

五月賣出，因爲元月效應會破壞耶誕老人漲勢，除非出現巫時效應

另一個迷思，或者說是一組迷思，我統稱為「五月賣出」（Sell in May）。五月賣出來自於古諺：「五月賣出，退場。」（Sell in May, go away.）意思是說夏季的行情通常不太好。這類迷思包括某月，某天或某個假日的迷思等等。耶誕老人漲勢，十月效應，星期一效應，星期五效應，夏季漲勢，三巫日（triple witching）*，月底效應，上弦月第三個星期四效應，棒球季每個月的第二個星期二效應。好啦，又被你逮到了。最後兩個是我亂掰的，但它們聽起來就跟前面的一樣愚蠢。

投資人通常不會馬上照單全收。他們有的相信，有的不信。但他們不會去查證真偽。「誰會相信星期五效應？真傻。」某個投資人可能會這麼說，但同時準備迎接耶誕老人漲勢。你或許直覺知道其中大有蹊蹺。可是，媒體總愛提醒我們，告訴我們市場在周五會有怎樣的表現，所以我們知道下周一會發生什麼事。有許多已發表的研究，包括理應比大眾媒體更加清楚的學術期刊，都說假如在X到Y的時間內，你在A日買進，C日賣出，你就能打敗大盤。可是，如果你變更開始和結束的日期，或者看看海外的例子，就完全失去效應，顯示那是刻意或無心的資料探勘。

或許近來最流行的迷思是五月賣出，因為已持續了好久，就像有人丟五次銅板出現四次人頭一樣。這個迷思已流傳數十年，有時流行，有時消退。有一度，它甚至看起來有些經濟道理。很久以前，夏季時的美國景氣總會略為減緩，先是因為農業循環，後來是因為暑假循環。即使在今日，歐洲人在暖和的月份基本上都會出門渡假。如果以前曾是如此，現在也是這樣嗎？它從來都不是真正的

---

* 譯註：指股價指數期貨、股價指數期貨選擇權及個股期貨選擇權同時到期的狀況。每季發生一次，為三月、六月、九月、十二月的第三個星期五。

股市循環。它很可笑，而且可以證明它是錯的。在即時、無線、全年無休的通訊時代，有可能夏季的月份大家都昏昏欲睡，懶得交易嗎？許多可敬的投資人衷心相信夏季月份對股市不利。這點很容易用第1個問題來測試。表5.1說明，自1926年開始，六月到八月的股市報酬，以及每一年的全年報酬。

表5.1可看出，六月到八月期間的平均總報酬率是4.7%，平均報酬是正的，而且超越現金或債券。當然，大盤本身上漲的時間通常多過下跌的時間。注意：有很多時候夏季月份都出現大漲。漲多跌少的紀錄告訴你，「五月賣出，退場」是賠錢的策略。有的投資人會說，「五月賣出」的意思其實是一年裏夏季的那半年比不上冬季的那半年，也就是說五月到十月的報酬比不上十一月到四月。唉——你究竟要探勘多少資料啊？看看資料吧。沒錯，五月到十月的平均報酬率是4.4%，而冬季的那半年是7.4%。這告訴了你什麼？你要死抱現金，得到的報酬率反而更低？沒有什麼經濟道理說某一段六個月的期間會好過另一段六個月。為什麼是五月到十月？為什麼不是「七月賣出，不會哭」？有些年頭似乎證實了這種假象。2006年5月的大跌確實讓一些人相信了這種策略。這當然又是確認偏誤和有效幻覺。同樣這批人也會對擲銅板連續三次擲出人頭感到驚奇。

這不像油價與股價的迷思，這兩個變數有五五波的機率證實投資人先前的偏誤（相信這個迷思的人一定也有確認偏誤和有效幻覺的毛病）。假如某一年的夏天是正報酬，「五月賣出」的支持者可能會說，你應該把觀察期拉長一些（或者縮短一些）。他們沒有看到的事實是，股市在夏季月份通常漲多跌少，這不需要什麼花俏的分析。當然，夏季月份有時股市是下跌。任何季節或任何月份都是相同的道理。

其他有關季節的迷思呢？像是提醒我們要注意某幾天、某幾月或某個假日等等的。這些迷思有沒有道理呢？沒有。它們禁不起統

表5.1 五月賣出，退場？

年度	夏季報酬率（6月－8月）	全年報酬率（1月－12月）	年度	夏季報酬率（6月－8月）	全年報酬率（1月－12月）
1925	5.7%	29.6%	1966	–9.7%	–10.1%
1926	12.3%	11.1%	1967	5.9%	23.9%
1927	11.5%	37.1%	1968	0.9%	11.0%
1928	5.4%	43.3%	1969	–6.9%	–8.5%
1929	28.7%	–8.9%	1970	7.6%	3.9%
1930	–11.8%	–25.3%	1971	0.2%	14.3%
1931	7.9%	–43.9%	1972	2.2%	19.0%
1932	91.4%	–8.9%	1973	0.1%	–14.7%
1933	15.9%	52.9%	1974	–16.4%	–26.5%
1934	–3.9%	–2.3%	1975	–3.7%	37.2%
1935	19.3%	47.2%	1976	3.7%	23.9%
1936	12.1%	32.8%	1977	1.9%	–7.2%
1937	–0.1%	–35.3%	1978	7.5%	6.6%
1938	31.9%	33.2%	1979	11.8%	18.6%
1939	–2.4%	–0.9%	1980	11.5%	32.5%
1940	15.7%	–10.1%	1981	–6.2%	–4.9%
1941	12.2%	–11.8%	1982	8.5%	21.6%
1942	7.8%	21.1%	1983	2.3%	22.6%
1943	–1.3%	25.8%	1984	12.0%	6.3%
1944	5.1%	19.7%	1985	0.6%	31.7%
1945	4.5%	36.5%	1986	3.1%	18.7%
1946	–12.3%	–8.2%	1987	14.5%	5.3%
1947	7.7%	5.2%	1988	0.6%	16.6%
1948	–3.0%	5.1%	1989	10.5%	31.7%
1949	9.2%	18.1%	1990	–9.9%	–3.1%
1950	–0.1%	30.6%	1991	2.2%	30.5%
1951	10.0%	24.6%	1992	0.4%	7.6%
1952	6.5%	18.5%	1993	3.7%	10.1%
1953	–3.6%	–1.1%	1994	4.9%	1.3%
1954	3.5%	52.4%	1995	6.0%	37.6%
1955	15.0%	31.4%	1996	–2.0%	23.0%
1956	6.1%	6.6%	1997	6.5%	33.4%
1957	–3.8%	–10.9%	1998	–11.9%	28.6%
1958	9.3%	43.3%	1999	1.8%	21.0%
1959	2.4%	11.9%	2000	7.1%	–9.1%
1960	2.9%	0.5%	2001	–9.4%	–11.9%
1961	3.0%	26.8%	2002	–13.8%	–22.1%
1962	0.0%	–8.8%	2003	5.1%	28.7%
1963	3.2%	22.7%	2004	–1.0%	10.9%
1964	2.6%	16.4%	2005	2.9%	4.9%
1965	–0.7%	12.4%	平均	4.7%	12.3%

資料來源：Global Financial Data, S&P 500 Total Returns.

計分析的驗證。要記住，根據第2個問題，假如某件事似乎具有關聯性，你必須證明它在海外也成立，以及證明它成立的基本經濟原理。這些季節性迷思通通不成立。

假設星期一效應是真的。星期一效應告訴我們星期一會延續星期五的走勢。假如星期五是上漲的，星期一的股市也會漲；假如星期五下跌，我們可以預期星期一也會跌。這顯然跟另一個常見的迷思「周末效應」互相矛盾，後者是指股價過個周末就會下跌。現在，我們先不管，就假設星期一效應確實是對的。在大盤上漲的年度，星期五和星期一和任何其他一天，上漲的機率都高於下跌的機率。所以，在這些年頭，任何一個星期五，不論是上漲或下跌，都可能跟隨著一個上漲的星期一。由於在多頭的年份，星期五上漲的時候多過下跌的時候，這種說法便成立了。在空頭的年份，星期五和星期一和任何其他一天，下跌的機率都高於上漲的機率。空頭年份的任何一個星期五，跟隨著一個下跌的星期一的機率，高於出現一個上漲的星期一的機率，同理可證於任何其他一天。所以，這個迷思是成立的。

不過，這只是你看到你想看見的，因為在多頭的年份，若你打賭股市星期五下跌，星期一也會跟著下跌，那你會賠得很慘。在空頭的年份，你打賭股市星期五上漲，星期一也會跟著上漲，那也會賠得很慘。事實上，平均而言，股市有三分之二的日子都是上漲的，所以後一天跟隨前一天上漲的機率必然高於下跌，在基本原理上也成立，但這仍然是一項誤導且賠錢的策略。

況且，沒有確切的統計證據可以支持這些迷思。表5.2顯示1926年以來S&P 500指數的平均單月總報酬率。

那些年間的單月平均報酬都是正的，除了九月小跌之外，理由是，跟我複誦一次，股市上漲的時候多於下跌。假如這些季節性迷思有任何真實性，某個月（某幾個月）一定會遠遠超越其他月份。平均而言，有些月份是略勝一籌，但要記住，這是平均報酬，別忘

表5.2	S&P 500指數平均單月報酬率
1926-2005年	單月平均報酬率
1月	1.69%
2月	0.26%
3月	0.62%
4月	1.50%
5月	0.30%
6月	1.37%
7月	1.87%
8月	1.25%
9月	–0.80%
10月	0.62%
11月	1.17%
12月	1.78%

資料來源：Global Financial Data.

了股市波動劇烈的本質以及機運的因素。你不能期待每年的四月都有1.50%的正報酬，每年十一月都有1.17%的正報酬。過去的平均資料不能讓你預測未來，因為那些數據有機運的因素，而未來的機運可能不同。這證明了任何有關日子、月份、季節等的迷思都不足採信。一年裏的月份能夠告訴你的是何時該調整你的時鐘*，或者何時該播種玉米了。

這些迷思有很多是在以前由某人杜撰出來，因為他們希望投資人頻繁交易好多賺些佣金。我確信有些顧問會因為看了立意良善但腦袋不清楚的分析而建議客戶。假如你想要基於季節的因素而進行操作，不妨要求對方提供證明。你或許會收到他的公司或其他地方的「研究報告」，詳細說明季節性的操作。但它不會附上原始資料，而是根據一段可以證實這項偏誤的特定時期的平均數值，而且

* 譯註：因為日光節約時間。

年化與平均

我們時常提到「年化」（annualized）報酬率及「年化」平均數。到底什麼是年化平均數？它和一般的平均數有何不同？當然有的。

一般的平均數，或者你的統計學教授所說的算術平均數（arithmetic mean），不同於年化平均數（又稱幾何平均數）。這兩種都有它們的分析用途。但在談到報酬時，通常使用年化平均數。為什麼？因為算術平均數並不反映事實。

為了說明，我們使用一個具有極端報酬率的假想指數。在年度一，我們的指數上漲75%。在年度二，它下跌40%。在年度三，它又上漲了，幅度是60%。你知道如何計算算術平均數：75%+（–40%）+60%，再除以3，得出31.7%的平均報酬率。

若是年化報酬率，你得用1加上每一年的報酬率，再相乘，再乘以n次根，n為年數，在此為3。算好之後再減1，便得出18.88%的年化平均數。你在Excel試算表可以輕易計算，方程式如下：

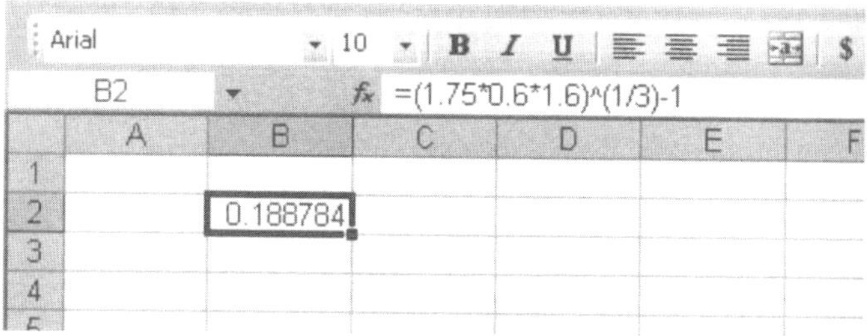

Arial　10　B　I　U　$

B2　fx　=(1.75*0.6*1.6)^(1/3)-1

	A	B	C	D	E	F
1						
2		0.188784				
3						
4						

我把1加上每一年的報酬率（75%變成1.75，–40%變成0.6，諸如此類），相乘後，再乘以n分之一（在此為3），然後減掉1。

我們得出兩組很不同的平均數，怎麼會這樣呢？算術平均數是31.7%，年化平均數是18.88%。技術上而言，它們都是正確的，但是年化平均數比算術平均數用途更廣，而且更真實。

如果你在年度一開始時便投資10,000元在該指數，在年度三結束時變成16,800元。若有人告訴你該指數三年間，平均一年上漲31.7%，你會預期自己得到22,843.22元。怎麼會少掉六千元？你可沒有把錢搞丟。18.88%的年化平均數比較能反映出你的資產的變化。現在算一下，一萬元的本金，而年化報酬率為18.88%，三年後你便得到16,800元。

何必麻煩？你必然能夠正確計算資產組合的績效。假設有人跟你推銷一檔共同基金。他說這檔基金十年間有19%的平均報酬率，打敗大盤10%的平均報酬率。他沒有說謊，他可能告訴你基金的算術平均報酬率及大盤的年化平均報酬率，好讓你跟他買基金。該檔基的算術平均數較高，可能是因為一兩年波動劇烈扭曲了平均數，而年化報酬率會低很多。記得要詢問年化平均數。

沒有考慮到股市上漲多於下跌的常態。可是，你能夠取得原始資料。附錄B是單月報酬率，或者你可以在網路上搜尋。你有Excel試算表。你可以用第1個問題來檢驗是否真有其事，自行回答問題，而不必假他人之手。事實是，在你進行檢驗之後，就會發現那真是個不存在的地方。

該做些功課了

既然你看了一些例子，可以計算相關係數和R平方，那你現在可以開始自行檢驗迷思了。起步很容易，對某件事提出第一個問題即可。任何事！找那些你十分相信不需要檢驗的事，沒有人會以為你瘋了。即使他們覺得你瘋了，也無妨。你知道什麼才叫沒有損失嗎？少犯些錯誤，多賺些錢。假如你的牌友笑你，你就這麼告訴他們。

以下是一些投資觀念，可供你練習第1個問題，就趁現在！你或許相信下列的一些觀念，或許不信，但大致上它們都是普遍流傳，很容易檢驗及破解的：

很多投資人相信高失業人口是股市利空，低失業人口則是利多。真的嗎？我告訴你，兩者之間沒有關聯性，你可以自行檢驗（你可以在美國勞工統計局的網站找到失業人口數據，www.bls.gov）。

你上了該網站之後，不妨看看失業數據，不論高或低，是否影響GDP成長率。大多數投資人會告訴你，高失業人口會拖累GDP。我則是告訴你，成長創造就業，反之則否。不過，你不妨自己看看！

芝加哥選擇權交易所（CBOE）的波動率指數（VIX），是S&P 500指數常見的一個反向指標。大家常說，VIX高的時候，就該買進！真的嗎？動手做些關聯性的計算，我敢打賭你會發現VIX不具統計意義。

高股利收益率（dividend yield）長久以來被視為代表高股票報酬，低股利收益率代表低報酬。在網路上搜尋股利收益率的歷史資料，看看自己是否可以根據這個迷思進行股市操作。（提示：你當然不能。）

專家學者感嘆低消費者信心以及GDP與股市所受的衝擊。這是一定的嗎？我告訴你，沒這回事。去查一下紐約經濟諮商理事會（http://www.conference-board.org/economics/consumerconfidence.cfm）和密西根大學（http://www.sca.isr.umich.edu）所公佈的消費者信心指數，看你能否推翻我的話。

投資人擔心，美國和伊朗及北韓話不投機，是否將釀成另一場戰爭。我也擔心！但股市會受波及嗎？大概不會——股市已加以反映了。看看美國所參與的戰爭爆發之初，股市的表現，你便會明白戰爭，即便是世界大戰，也不會擊垮股市。

不久，你便會成為運用第1個問題的高手。但運用第1個問題的真正有趣之處就在你探索一個廣為流傳、堅信不移、沒有人敢加以質疑之迷思的當下。你可以找出錯得離譜、正好相反的投資觀念。我們現在就來找吧。

第6章

不，正好相反

當你錯了——眞的眞的眞的錯了

這一章或許在你看來有些荒誕，其實不然。第5章說明第1個問題如何發掘「大家」都知道卻懶得去檢查的迷思。好奇心是你投資與日常生活的最佳武器。這3個問題不僅可用於投資，你也能用在許多生活抉擇中。例如，假設你正在辦離婚。沒有人想離婚，卻有很多人離婚。離婚讓人耗損精神與錢財。假設你在決定結婚時提出了這3個問題，或許你就不會惹上麻煩了。假如你對要跟你分享人生與銀行帳戶的人做了一些科學調查，事情或許會很不一樣。我們來看看該怎麼做：有什麼事是我相信的，但卻是錯的？我如何探測別人認為深不可測的事？我的腦袋現在幹嘛要騙我？我是否犯下確認偏誤？還是有效幻覺？我是否過度自信？一旦你的婚姻觸礁，你才發現自己真的真的真的錯了。嗯，我有些離題了。

使用第1個問題，你可以發掘更多迷思。更有趣的是，你會找到一些根深柢固的迷思，跟它正好相反的事才是正確的。當迷思真的真的真的錯了，就變成相反的，像是聯邦預算赤字的例子，它其實為股市帶來利多，而非災難。你把第1個問題連結到第2個問題，便發現一些常見迷思的反面是你可以進行操作的事實。酷斃了，對不對？只要從一些人們深信不疑的事來著手。你或許會被朋友說成是異端，那又怎樣呢？（別人要怎麼說你，是他們的事，記得嗎？）很多投資人失敗的理由之一，是他們不敢提出一些讓他們聽起來像怪人的問題。別害怕被當成怪人，該害怕的是依據不實的理由進行操作。

負債是好的！

首先，我們來探討一個讓所有人都會同聲怒吼的話題，包括在耕耘機上收聽魯斯・林鮑（Rush Limbaugh）*廣播節目的堪薩斯州

---

* 譯註：美國最紅的電台名嘴，擅長嘲諷性政治評論。

農民，以及舉著「布希說謊」標語牌、穿著紮染衣服的舊金山素食人士。

負債。

在第1章，我證明了全世界都悲慟的聯邦預算赤字不會造成股市下跌，反而是利多。我給你看了資料，但沒告訴你為什麼。要瞭解這點，你必須對債務和赤字有更深入的認識——知道別人不知道的事，看看它們如何被使用、濫用及被誤解。

打從小時候起，我們就被教導負債是不好的，負債越多越糟糕，負債累累簡直是不道德。我們迴避負債已近乎宗教行為。多少世紀以來，基督教認為放貸收利是一種罪惡，把錢借給可憐的社會邊緣人吧。千萬別被說成是派對動物，大伽圖（Cato the Elder）*認為高利貸等同謀殺。早期的基督教、猶太教和伊斯蘭教均禁止收取利息的放款。（猶太人不准向其他猶太人收取利息，伊斯蘭教法至今仍禁止收取利息。）現代社會（至少在西方現代社會）對於莎士比亞筆下的夏洛克（Shylock）†的描述還有所爭議。伊莉莎白女王時代的觀眾就沒有那麼挑剔——他們把放款者視為壞人。

投資人把負債和預算赤字視為沈重的經濟負擔，因為總有一天得有人還債——把債務留給我們的子女，子女的子女，他們的子女，他們的寵物，未來將統治這些曾曾曾子孫的外星人以及推翻他們的蟑螂——負債累累地活在一個第三次世界大戰後、宛如電影《衝鋒飛車隊》（*Mad Max*）的世界裏，卻沒有凱文・柯斯納或梅爾・吉勃遜來拯救我們。（喔喔，或許梅爾・吉勃遜也不喜歡放款者。）都是債務的錯！

---

* 譯註：大伽圖（Cato the Elder），西元前234—西元前149年，羅馬政治人物、演說家和第一位重要的拉丁散文作家。他企圖恢復羅馬古風，力抗他認為有損羅馬傳統道德的希臘影響。

† 譯註：夏洛克（Shylock），莎士比亞名著《威尼斯商人》裏一名放高利貸的猶太商人，一般認為他貪婪、狡詐、吝嗇而殘酷。

大家都知道我們負債過度。你到處都可以看到，這是無庸置疑的事實。即使我們的聯邦債務不會撐到下一個冰河時期，大家還是認為總得有人出來還債。到時候就糟透了，股票不會上漲的，對吧？我們不妨提出第一個問題。負債是否果真不利於經濟和股市？我們是否真的過度負債到不勝負荷的地步？

要解答這個問題，你必須知道我們究竟有多少債務。接著你必須提出一個沒有人想到要提出的基本問題。首先，如果你聽到晚間新聞的主播說美國聯邦政府有將近5兆美元的負債，你或許忍不住吞了一口口水。5兆美元不是筆小數目。

1兆等於一千個十億，而光是十億就讓我們的石器時代資訊處理器很難理解。例如，十億小時前，我們的祖先還在石器時代。十億分鐘以前，耶穌還活著。所以，5兆美元一定很驚人，對吧？但是，它很糟嗎？大多數人這麼認為。還記得第3章談到的兔子與悍馬吉普車嗎？你必須相對思考，每當你看到巨大數字時要考慮其比例。因此，你必須瞭解正確的美國硬資產（hard asset）負債表（請見表6.1）。

除非你是本公司的客戶，否則你大概從來沒有看過表6.1顯示的美國資產負債表。（這張資產負債表並不神祕，所有的資料都是公開的。）它就像企業的資產負債表，加總美國所有的資產和負債。它包括各種形式的公部門與私部門債務以及資產。把左邊的資產欄加總起來，美國大約擁有111兆美元的資產。（5兆美元立即顯得少很多，不是嗎？比例問題！）再換到右邊（負債欄），我們有50兆美元的未償債務。和一般的資產負債表一樣，資產減掉負債之後，美國的淨值為61兆美元。*

---

* 註：這張資產負債表並不涉及相互抵銷的資產負債，像是壽險保單和存底、年金和福利。它們相互抵銷，因此不影響我們的分析，健保和社會安全等資產負債表外的義務也是，政客只需投票便可輕易取消它們。

表6.1　美國硬資產負債表

資產	（十億美元）	負債	（十億美元）
現金或同類	$10,224	房屋抵押貸款	$8,683
官股*	15,542	信用卡和汽車貸款	2,178
其他公司股票	6,617	非公司商業債務	2,763
非公司商業	9,305	非金融公司債務	5,350
固定收益	34,625	金融部門債務	12,880
總金融資產	**76,313**	儲蓄／支票帳戶	11,918
		聯邦政府債務	4,702
住宅不動產	21,648	州及地方政府債務	1,851
其他不動產	13,091	**總債務**	**50,325**
不動產**	**34,738**		
		淨值	**60,727**
總資產	**$111,051**		
		總負債及淨值	**$111,051**
美國所得（GDP）	**12,766**		

* 截至2005年12月31日的市值。

** 不包含政府擁有的不動產。

資料來源：Standard & Poors and Federal Reserve Flow of Funds Accounts (FYE 2005). Note: Other assets and liabilities consideered one-for-one offsets excluded. Examples of such items are life insurance policies and reseerves, consumer durables like a sofa or dishwasher, and pension obligatons and benefits.

當然，50兆美元聽起來仍是一大筆債務，可是111兆美元的資產也很多。看待債務的一個好方法是債務對股東權益比率（Debt to Equity Ratio），就像研究上市公司一樣。為了瞭解美國的債務以及情況是否很糟，將債務除以股東權益，得出我們現今的債務對權益比率為83%。現在，我們可以疑惑3%的債務對權益比率是不是很糟（我們稍後會解答）。

殺手級問題——一個社會的合適債務金額是多少？

不過，真正的殺手級問題——第二個問題是，一個社會的合適債務金額是多少？你怎麼知道那是合適的金額？我從來沒有在公開場合聽到有人問過或評論這個問題，從來沒有。這是一個牛頓式的問題，因為它的根源是無從想像的基本因素。一個社會各種債務的合適金額是多少？大多數人以為債務越少越好，最好是沒有。但我們知道那很可笑。看看企業界。他們利用債務謹慎地融通他們的活動，向來如此。他們設法創造高於借貸成本的資產報酬，藉以擴增其淨值。沒有負債並不是最好的，那麼什麼才是最好的？你如何計算？這個金額是多一分債務不好，但少一分債務也不好，換言之，剛剛好的金額。沒有人想過去問這個金額，因為他們的確認偏誤讓他們以為債務越少越好。或許你也是，但你可以提出第1個問題，看看自己是否可能錯了。如果你錯了，那麼很多人都跟你一樣。

為了找出合適的負債水準（以及不合適的負債水準），我們必須回頭看看基本經濟學和財務理論，我們把債務單純看待，而非不好的、不道德的或個性弱點。債務顯然是資本主義的合適與必要工具。我們把資本主義定義為本質上是好的。企業財務的第一堂課是如何計算一家公司的最合適資本結構，或是公司資產負債表上的債務對權益合適組合。如果你是財務長，你要為公司計算最合適的資本結構，以取得最大的投資報酬。雖然每家公司都不一樣，甚至每個部門也不同，但合適的負債水準絕不是零。大部份公司若沒有融資便無法擴增獲利。因此，沒有負債對一個社會來說並不是最合適的。那麼，到底是多少？

借錢是好的——不論你是管理一家千億美元巨擘的執行長或是五口之家的主婦，只要借貸成本（利息）在扣稅後，遠低於一項謹慎投資的保守預期報酬率。我想你不會反駁我這論點才對。這兩者之間的差距就是利潤，很簡單。當漸增的借貸成本正好等於那筆資金的漸增投資報酬，你就達到最合適的債務對權益比率。你會對「正好等於」感到緊張。但若我告訴你，我們的公司有15%的投資報酬率，稅前借貸成本為6%（假設稅後為4%），你不會反對我們借錢去擴廠。你知道我們會賺錢，你會開心的。不過，「正好等於」

還是很嚇人。

你在學校有上過個體經濟學嗎？沒有的話也沒關係。只要忍耐我說幾句話，因為接下來幾句話是給上過課的人看的。假如你上過課，請回想經濟理論，當邊際成本等於邊際營收（銷售）時，就產生利潤最大化（profit maximization）。你在任何個經入門教科書都可以看到。我不是在講什麼新奇的東西。邊際成本可能是借貸產生的利息成本。他們在學校教你，當借貸的邊際成本略高於借貸資金投入的活動所創造的邊際報酬時，你就達成最適水準。因為我們已借取用以創造利潤的最大金額，亦即達到最大效益！

我要說了——就在下一句話

一個社會的合適債務金額是各種邊際借貸成本等於各種資產邊際報酬的金額。這很簡單，純理性，源於經濟理論。從這點延伸下去。如果一個社會的資產報酬跟其借貸成本相較之下頗高，她應該借更多錢去投資，用資產報酬讓人民更富裕。堅持道德及反對債務的人聽好了，富裕的人民是道德的，貧窮的人民才是不道德的。懂了嗎？

當我們在討論債務是越多越好還是越少越好的時候，關鍵在於資產報酬。如果資產報酬相對高於借貸成本，債務越多越好，太少反而不好。若資產報酬低於邊際借貸成本，則債務越少越好。那我們怎麼知道美國的負債水準是否合宜？很簡單，只需比較資產報酬與借貸成本。你要怎麼做呢？

為了理解我們的借貸成本，請再看一下我們資產負債表的負債欄。你大概知道不同債務的利息。房貸利息大多是可以扣稅的，所以這部份的成本比你想像的低，假設三十年期房貸利率是6.8%，但扣稅後可能只有一半，期限短一點的房貸利率可能會再低一點。信用卡利率超高的，在欠繳第一個月後可能達到17%、19%到23%，但其實沒那麼多！（信用卡債務佔債務總額的比率遠低於你的想像，其實很少。）若再加上汽車貸款，基本上車貸是無息的，總消費者債務的比率並不高。我們已在本書討論過公司借貸利率和聯邦債務。你直覺知道，州和市政府的債務因為免稅，利率更低。把這些債務加總起來，我們可以假設所有債務的平均利率約在5%到6%之間，差不多啦。稅後更低，可能只有4%。大概吧。等一下你會明白我們的舉例不一定要準確的數字。

給你個驚喜！

真正重要的是美國的資產報酬率，但我們如何估算？它簡單到沒有人想過它有多簡單。就像公司一樣！用我們的GDP除以我們的資產總額。美國的GDP大概為13兆美元。GDP是不錯的數據，因為它代表一個國家的所得，全民有福同享。我們的所得即為我們的「報酬」。就跟家庭和公司的所得一樣。在我們有更多所得時，人民生活更優渥。當然，這是我們的目標。越多人有更多所得，就更道德。雖然你沒有這麼想，GDP也是一個稅後數字，因為你的所得稅仍含在GDP裏，而這部份屬於政府所得。所以，GDP除以總資產便得出大約12%的資產報酬率。

啥？

是的，容我指出我們的資產報酬率遠高於大約4%的稅後借貸成本。我們的資產報酬大約是借貸成本的三倍。所以，在定義上，我們並沒有借貸過度，我們是低度借貸。搞什麼……？誰……？怎麼……？我懂。你應該被嚇個半死。假如我們對於平均借貸成本的估計有些偏差，或是GDP和資產總額有些偏誤，因為政府帳目本來就潦草，其實都沒什麼關係，因為不論我們錯得有多離譜，我們的借貸成本跟資產報酬相較之下還是微不足道。

首先，12%的資產報酬率相當驚人！其次，為達到最佳報酬率，我們需要借貸及投資，直到我們的借貸成本升高或是資產報酬下跌，直到兩者趨近。在那之前，我們需要更多負債。我們是低度負債，跟著我說：「我們沒有借貸過度，債台高築；我們是低度負債，需要更多借貸。」哎呀！有些人受不了了。

我們從未達到足夠的負債。以我們的狀況而言，更多負債是好的，減少負債是不好的。我們沒有承擔足夠的負債。如果我們再多借一些，我們會造成利率上揚，對吧？假如我們買進更多資產，我們將參與更多邊際活動，資產報酬率必然會趨於下跌。同時進行這兩者正是實現經濟理論的最佳化。屆時，我們把全體人民的利潤和財富擴大到最大，在那之前，我們都算是低度負債及道德上貪污，因為對不起我們的人民。你難以置信，因為這違背你所學的一切。不過，請再忍耐一下。為什麼？第一，因為我可以想見你把本書從行駛中的汽車車窗扔出去，這一段的文字變得越來越小聲，像都卜勒效應（Doppler Effect）*。第二，假如你還沒扔掉本書，準備度過一段歡樂時光吧。

歡樂時光——就在今天

單是想到我們沒有過度借貸，而是低度負債，就讓人覺得開心，不是嗎？我們不必擔心我們的子孫將活在《衝鋒飛車隊》的悲慘未來，想到這點就令人覺得放心、開心。注意：沒有人曾開口問我們的負債是否太少。沒有人曾這麼問，因為大家都有的迷思一致傾向減少負債。它就像是一種社會學宗教，質疑其神話者都會被視為異端。可是，針對這點提出第1個問題是你在財務學所能享受到的最大樂趣。我們來搞怪一下：聯邦債務越多是否有益於經濟及股市？這個問題如何呢：如果我們是低度負債，我們應該再借多少

---

* 譯註：西元1842年奧地利物理學家都卜勒（C.J. Doppler）發現，當波源接近觀察者時，所發出的波就觀測者而言似乎是堆聚起來，故觀測到其波長變短；反之，當波源後退時，觀測到的波因擴散而波長加長，例如火車接近時，我們察覺到汽笛聲（波）因波長變短頻率變大，故聲調較高，這就是有名的都卜勒效應。

債，我們可以如何運用這筆融資？這是第2個問題的開端，在問答之後，你便能探測別人無法測量的事情。為了瞭解這個問題，我們先由公司觀點出發，再轉移到個人與政府負債。

S&P 500企業的平均債務對股東權益比率為172%，是全美企業83%的兩倍。有些人認為奇異公司是全球經營最好的大企業，至少是相當不錯。它也是市值名列前矛的公司。而它的債務對股東權益比率是339%。如果奇異沒有達到最佳的債務對股東權益比率，應該也很接近。奇異和其他公司，如同稍早談到的，合理運用負債，達到最佳資本結構，以擴大利潤。

你或許會說：「我對於理論上的公司負債沒意見。我也不反對奇異借錢去建廠賺錢，企業界對於負債的運用很理性，但白癡消費者可不是這樣，更糟的是，白癡政府。」

你應該反對是一名海洛因毒癮犯刷卡借錢去吸食更多海洛因，以及在蘋果音樂商店iTunes購買平克・佛洛伊德（Pink Floyd）的歌曲——把一點點借來的錢浪費在愚蠢的事物和毒品上。真是白癡！不過，很多人能接受海洛因毒癮犯的iPod債務，反而不能接受聯邦政府債務，因為你認為海洛因毒癮犯基本上比聯邦政府更明智，更有紀律，更懂得花錢。說起所有的政府負債，你討厭市政府的負債，但認為他們沒有州政府那麼愚蠢，而州政府又沒有聯邦政府那麼愚蠢。（除非你住在加州，那麼你就會覺得這個州更加愚蠢。）現在，如果你不認為海洛因毒癮犯和你的政府亂花錢，你就不必讀以下幾段。可是，我真的認為他們很愚蠢，所以我寫了以下幾段。

要好好瞭解政府和海洛因毒癮犯的債務問題，我們得再回到企業債務。假設你是一家一般債信的公司執行長，具有BBB的標普中等債信。在2006年中，你的公司可用6%的利率借取十年期融資。為了負擔這筆債務同時創造額外的所得，你的資產報酬必須高於淨稅後借貸成本。假設你適用33%的公司稅率。那麼6%的借貸成本在稅後為4%。如果你不認為自己可以在長期創造4%以上的報酬，你一開始就不該當上執行長，董事會也會開除你的。所以，如果你可以興建一座新廠或推出產品或做任何事，創造出12%的報酬，只要遠高於4%都可以，你借錢去投資以創造財富，在道義上就對得起股東（以及你的客戶和員工，換言之，一般民眾）。那麼，借錢對大家都好，是正確及道德的。

接著舉一個債務與公司士氣的例子。假設你是名執行長，而你的公司股票本益比為十六倍，亦即盈餘收益率為6.25%。記得嗎，這是稅後的，因為本益比是稅後的。（我希望你已看出我要說什麼。）如果你可以用稅後4%去借貸，買回自家股票，減少流通的籌碼，你便能提高每股盈餘，賺取2.25%的差價做為利潤，亦即為股東帶來更多資金。只要你的獲利不致下跌，這是穩賺不賠的交易。如果你是執行長，誰會比你更懂呢？同樣的，假如你做不到，你應該被開除。這是對的事。不去做才是不道德。或許不是！或許你可以對借來的資金做出更好的運用，因為你的建廠計畫可以創造15%的報酬。那就去做，或者買回你的股票。或兩者並行。你應該不斷借貸，只要你有充分的機會賺取遠高於借貸成本的報酬。我相信你會認為這是合理的，與社會上對於債務的負面觀感沒有關係。

以這些方式運用債務可以提供研發與併購資金，增加股東價值以及改善公司的長期前景——我們都瞭解。公司進而以更具競爭力的價格提供更好的商品與服務，受惠的是消費者。別忘了員工也能得到更好的薪水、健保和其他福利，因為公司成長。太棒了！

乘數效應和海洛因成癮的iPod債務人

接著來談海洛因成癮的iPod債務人和同樣愚蠢的政府。上過大學經濟學課程的人或許還記得，當銀行放款時，貨幣數量便增加，這跟放款的對象沒有關係。增加的貨幣數量便是貸款的金額。當銀行放款時，就如同憑空印出鈔票一樣。我在此不再贅述，而是請你認同這是一個事實。（如果你想進一步瞭解，請去看任何一本總體經濟學概論。）簡單來說，每筆貸款都有其乘數效應（multiplier effect）。在美國，經由貸款新增的貨幣在其創造後的前十二個月，換手的速度平均為六倍。既有貨幣換手的速度在經濟學上稱為貨幣的流通速度（velocity）。假如你上過經濟學課程，你可能記得這點。可是，我們現在討論的是銀行貸款創造出來的貨幣的交易速度。

假設有個銀行家竟然笨到把錢借給一名海洛因成癮的人，他厭倦了舊的蘋果iPod，想要借錢去買更多海洛因，順便換一台iPod Nano。蠢到不行了吧？這名銀行家借錢給他了。這名癮君子跟藥頭買了一些海洛因，另外跟經銷商買了一台iPod Nano。這筆錢以愚蠢的方式換手了。可是，Nano經銷商是理性及正常的。他拿了那名毒癮犯的錢，一些用來繳營業稅，一些拿去向蘋果補充存貨——這很正常，蘋果也很高興——另一些用來養家活口，一點也不愚蠢。你習慣了這種事，這是這筆錢被創造之後，六次換手的第二次。還不到第一年，這筆錢就換手了四次，在那位毒癮犯愚蠢的消費之後，每一次都正常到乏味，理性正常的人民和公司。在愚蠢的第一次消費之後，接下來的五次結果都很普通。

這個海洛因成癮的人把借來的錢付給Nano經銷商之後，其他就給了毒販。他顯然沒有繳營業稅。這名毒販還沒笨到這種地步，不然老早去坐牢了。畢竟，美國監獄關最多的就是笨毒販。逍遙法外的毒販夠聰明而不被逮到。那麼，這個夠聰明的毒販把到手的錢拿一部份去補貨，跟Nano經銷商一樣（這顯然也不會列入GDP帳目），其他的也拿去養家活口。比如，他在服飾店買了衣服，然後服飾店又用正常的方式把錢花了。他或許會跟當地的嬉皮有機農民購買一些產品，後者又用正常的方式消費，或許光顧了紮染T恤店。這名毒販或許有些手下，所以他付給手下薪水和健保的費用。這筆錢之後也是很正常地花用，在第一年又轉手了四次。

在放款給某人時，即便是海洛因成癮的iPod債務人，乘數效應會確保這筆錢轉手，而且在第一次愚蠢的花用之後以正常方式花用。當某人（或某公司，或任何人！）花錢時，他們只能把錢轉手給一些不同的受款人：公司／商業實體，其他人，政府，或慈善機構。就這樣。當然，人們一般不會借錢去捐給慈善機構，但就是有這種情形。政府向來都是這麼做！不過，慈善機構拿了錢之後，花在嬰兒奶粉、電燈泡、意外責任保險、職業訓練等等。在第一次花用之後，還是用在很正常的地方。

所以，當海洛因成癮的iPod債務人借錢去消費時，並不像奇異公司那麼好。但在第一次消費後，其餘的都很相近，很正常。假如你和我去借錢然後花錢，只是比海洛因成癮的iPod債務人花用的六次略為聰明一些（或許六分之一聰明吧），但比奇異公司借錢來蓋廠賺錢來得愚蠢一些——唯一不同的在於第一次的花用。唯有第一次的花用！白癡政府借錢時也是一樣。

這純屬個人意見，不過我認為各級政府一般而言都是愚蠢的付款人。但這未必會讓他們愚蠢的花用形成糟糕的結果。雖然不像奇異公司那麼好，但至少不壞，因為接下來五次正常的花費。假如政府可以聰明地消費，其結果當然會更好。不過我認為，即使政府是愚蠢的消費者，其結果也是好的，因為只有六分之一是愚蠢的，其他的都很正常。政府愚蠢的第一次花費所創造的經濟活動與收入，只略少於第一次聰明及有效率的花用。

沒錯！不論他們是把錢花在　把500美元的鋤頭、修橋鋪路建水壩，或是買烈酒給海洛因成癮的iPod債務人，不管有多麼愚蠢，還是只有幾種花錢的方式。要不就付給政府員工（人們），廠商（通常是公司，但有時為人們），或者轉帳給人們、公司、慈善機構或其他政府實體。你想想看。

唯一不同的方式是花在海外，但這跟你到海外渡假消費差不多。錢或許會流出美國，但若你採取全球思維，你明白它將促進全球經濟。即使它們變成炸彈炸在伊拉克，接下來的五次花費還是正常的。當他們花錢在另一個政府實體，例如聯邦政府撥款給州政府，州政府再撥款給郡政府，還是相同的情況。郡政府只能做相同的事——花錢在人們、企業實體、慈善機構或其他愚蠢的政府部門。沒有別的選擇。受款人再用正常方式將錢轉手五次。

所以，如果一個社會低度負債，意味著它有遠高於借貸成本的資產報酬，和美國的情形一樣，那麼這個社會借錢是好的，即使第一次的花費有些愚蠢，相當愚蠢，甚或蠢到不行。為什麼？因為接下來的五次花費是正常的，經濟將因這五次花費而受惠，勝過沒有借錢及愚蠢的花費。越多錢花費、換手、投資，不論第一次花費是多麼聰明或愚蠢，最後的花費、換手和投資都將讓經濟擴張，為更多人提供更多財富，以及高於平均水準的股市報酬。

我在第1章已經證明這點，請翻回去參考圖1.6。你會看到在預算赤字高峰之後的年份都是多頭市場，勝過預算盈餘之後的年份。在美國呈現赤字的年份，我們在低度負債的時候增加債務，更加趨近於最佳負債水準。所以，未來的所得和財富將更高，市場知道並予以反映。在盈餘的年頭，我們在低度負債的時候減少債務，更加遠離最佳水準。市場也知道並予以反映，所以行情不佳。市場知道我們是低度負債，而不是過度負債，而它對政府負債增減的反應，是極端的理性，遠勝過你的友人的反應。它知道增加債務對大家都好，即使是愚蠢的舊政府債務。

如果你還是不相信，我們再來看看美國股市在預算赤字與盈餘高峰之後的年份的實際報酬，請再翻回第1章看表1.2。

這些事實很清楚。在赤字高峰之後，亦即圖1.6顯示的低谷，股市在12個月之後平均上漲22%，在36個月之後累計上漲36%。

在盈餘以及我們接近平衡預算的高峰之後，股市表現差很多，12個月上漲不到1%，36個月之後只漲了36%。你應該會喜歡較高的報酬。但或許未必。也許你是個法國人，或海洛因成癮，或兩者皆是！至少我沒有說你是個海洛因成癮的法國iPod債務人。

記住，假如聯邦預算赤字高峰真的意味著美國股市的好時光，在其他大多數的西方已開發資本市場也應該如此。確實如此。高預算赤字在其他工業國家同樣帶來良好的股市報酬，而盈餘則帶來差勁的報酬，如你在圖6.1所看到的，它說明世界各地的工業國家都有同樣的現象。赤字使他們更接近最佳資本結構，而盈餘則遠離最佳結構。

別再提道指了！噁！

我們換個方式來考慮這個問題，並回到我們原先的問題——負債不好嗎？我們的聯邦負債是長期預算赤字的結果。我們的州和地方債務也差不多。我們先由最蠢、最大、最笨的政府，山姆大叔說起，為什麼聯邦赤字和債務有利於股市報酬，但盈餘卻是不好的。我們把山姆大叔想成是一家利用財務槓桿來刺激成長的公司。沒有人反對執行長利用槓桿去追求成長。大家不會上街高舉標語牌，上頭寫著：「我們的子孫得為奇異公司還債。」

圖6.2說明以往的聯邦政府債務總額（包括社會安全體系的債務）佔GDP的比率。目前，此類債務約佔GDP的65%。

如我們的理論所說，和今日債務比率類似的時期，例如1942、1956和1992年，之後的股市和經濟表現都很棒，所以，你明白我們目前的債務比率並不是麻煩的指標。假如我們以前過得去，現在也會做得很好。事實上，我們的債務只是二次大戰時的一半而已，我們在那之後還不是活得很好。

由此來看，我們是低度負債，而不是過度負債。你曾經聽別人

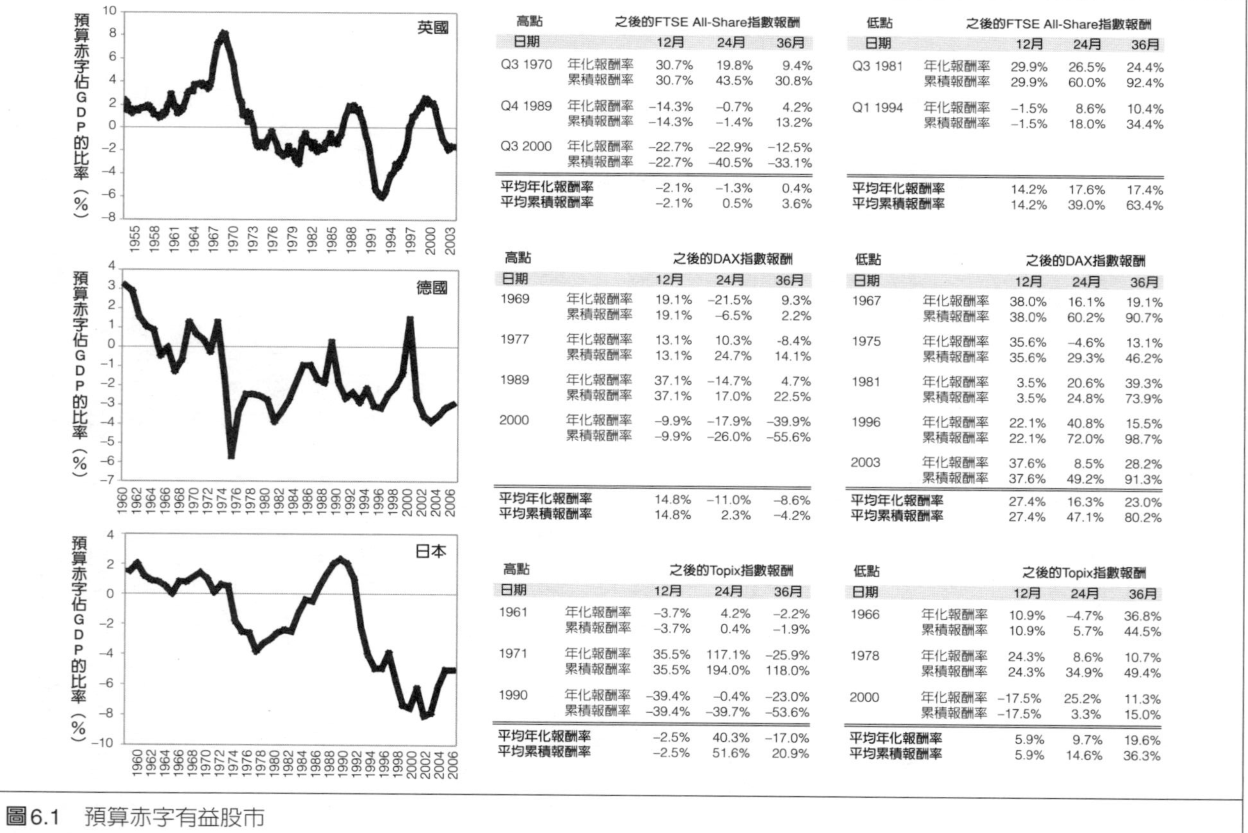

高點 日期		之後的FTSE All-Share指數報酬 12月	24月	36月
Q3 1970	年化報酬率	30.7%	19.8%	9.4%
	累積報酬率	30.7%	43.5%	30.8%
Q4 1989	年化報酬率	−14.3%	−0.7%	4.2%
	累積報酬率	−14.3%	−1.4%	13.2%
Q3 2000	年化報酬率	−22.7%	−22.9%	−12.5%
	累積報酬率	−22.7%	−40.5%	−33.1%
平均年化報酬率		−2.1%	−1.3%	0.4%
平均累積報酬率		−2.1%	0.5%	3.6%

低點 日期		之後的FTSE All-Share指數報酬 12月	24月	36月
Q3 1981	年化報酬率	29.9%	26.5%	24.4%
	累積報酬率	29.9%	60.0%	92.4%
Q1 1994	年化報酬率	−1.5%	8.6%	10.4%
	累積報酬率	−1.5%	18.0%	34.4%
平均年化報酬率		14.2%	17.6%	17.4%
平均累積報酬率		14.2%	39.0%	63.4%

高點 日期		之後的DAX指數報酬 12月	24月	36月
1969	年化報酬率	19.1%	−21.5%	9.3%
	累積報酬率	19.1%	−6.5%	2.2%
1977	年化報酬率	13.1%	10.3%	−8.4%
	累積報酬率	13.1%	24.7%	14.1%
1989	年化報酬率	37.1%	−14.7%	4.7%
	累積報酬率	37.1%	17.0%	22.5%
2000	年化報酬率	−9.9%	−17.9%	−39.9%
	累積報酬率	−9.9%	−26.0%	−55.6%
平均年化報酬率		14.8%	−11.0%	−8.6%
平均累積報酬率		14.8%	2.3%	−4.2%

低點 日期		之後的DAX指數報酬 12月	24月	36月
1967	年化報酬率	38.0%	16.1%	19.1%
	累積報酬率	38.0%	60.2%	90.7%
1975	年化報酬率	35.6%	−4.6%	13.1%
	累積報酬率	35.6%	29.3%	46.2%
1981	年化報酬率	3.5%	20.6%	39.3%
	累積報酬率	3.5%	24.8%	73.9%
1996	年化報酬率	22.1%	40.8%	15.5%
	累積報酬率	22.1%	72.0%	98.7%
2003	年化報酬率	37.6%	8.5%	28.2%
	累積報酬率	37.6%	49.2%	91.3%
平均年化報酬率		27.4%	16.3%	23.0%
平均累積報酬率		27.4%	47.1%	80.2%

高點 日期		之後的Topix指數報酬 12月	24月	36月
1961	年化報酬率	−3.7%	4.2%	−2.2%
	累積報酬率	−3.7%	0.4%	−1.9%
1971	年化報酬率	35.5%	117.1%	−25.9%
	累積報酬率	35.5%	194.0%	118.0%
1990	年化報酬率	−39.4%	−0.4%	−23.0%
	累積報酬率	−39.4%	−39.7%	−53.6%
平均年化報酬率		−2.5%	40.3%	−17.0%
平均累積報酬率		−2.5%	51.6%	20.9%

低點 日期		之後的Topix指數報酬 12月	24月	36月
1966	年化報酬率	10.9%	−4.7%	36.8%
	累積報酬率	10.9%	5.7%	44.5%
1978	年化報酬率	24.3%	8.6%	10.7%
	累積報酬率	24.3%	34.9%	49.4%
2000	年化報酬率	−17.5%	25.2%	11.3%
	累積報酬率	−17.5%	3.3%	15.0%
平均年化報酬率		5.9%	9.7%	19.6%
平均累積報酬率		5.9%	14.6%	36.3%

圖6.1 預算赤字有益股市

資料來源：Thomson Financial Datastream, Office of National Statistics.

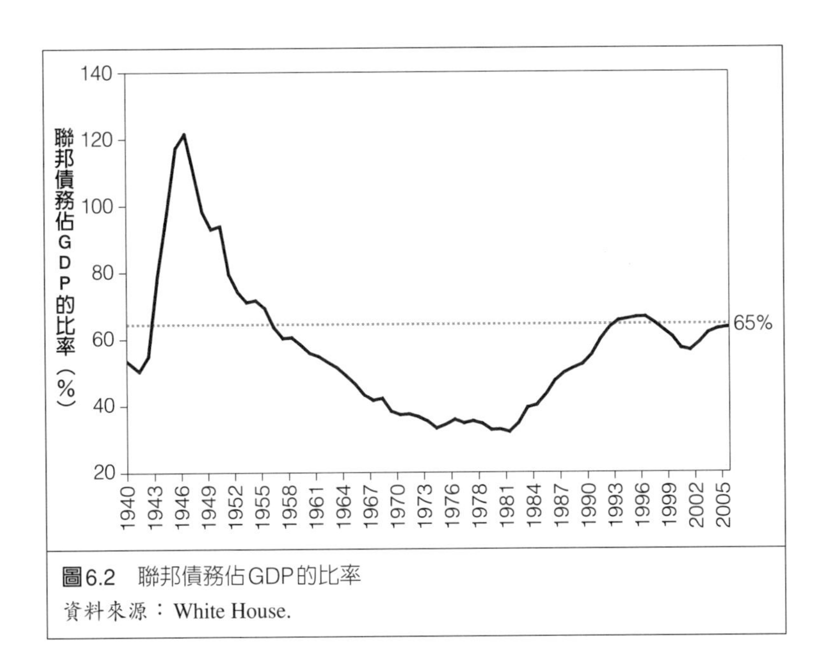

圖6.2　聯邦債務佔GDP的比率

資料來源：White House.

說過股市在1965到1981年的17年間表現很糟嗎？我們時常聽到應該很懂的人竟然宣稱股市在1965到1981年間表現平平。可是，那是因為他們無知到使用道瓊工業指數（我們在第4章談到，就經濟事實而言，這是個完全誤導的指標）來衡量報酬。如果你使用S&P 500指數為美股的代表，該指數在那段年間達到7.7%的平均年度總報酬——低於平均水準，但仍為正報酬，而且不如你想像的那麼低於平均水準。即使如此，對大多數投資人來說，那是一段漫長的——將近二十年的低於平均水準的股市報酬。部份原因是大多數的報酬來自股利而非股價上漲，所以感覺上股市原地踏步。可是，那一段漫長的低於平均水準的股市報酬，正是美國債務佔GDP比率降到歷史谷底的時期。減少負債比率並不是什麼好事，因為低度負債是不好的，而股市知道並加以正確反應。

假設美國完全沒有政府負債呢？你或許以為債務是二十世紀的產物，很多人都這麼認為。但並非如此，美國一直有負債，除了

1830年代中期以外，當時安德魯・傑克森（Andrew Jackson）*用拍賣西部土地所得的黃金還清債務。想要瞭解這場災難的始末，請參考在下的拙作，《華爾街的華爾茲》。傑克森清償債務是一大災難，導致1837年的大恐慌以及1837到1843年的大蕭條，這是美國史上三大規模最大、歷時最久及最嚴重的經濟衰退和股市崩盤。清償債務不利於股市和經濟，因為它在我們低度負債時做了不該做的事。

請再翻回去看第1章的表1.2，看看柯林頓總統開始償還聯邦債務之後的狀況。美國跌入猛烈的空頭市場，歷時三年，為美股史上第四大空頭時期。諷刺的是，美國不是唯一這麼做的國家。當時整個歐洲也在清償債務。同樣的，外國的情況與美國一樣，以致全球股市陷入百年來第二大空頭市場，外國的跌勢甚至比美國慘重。

布希總統惹到我了嗎？當然有！他是總統。他是政客。所以，他當然有惹到我。可是，他的雙赤字嚇到我了嗎？沒有，因為我知道我們是低度負債。我不知道他了不了解這點，但這不影響股市。

有人必須還這筆債嗎？沒有

可是，有些批評者因為數十年來被債務嚇到腦殘，一直搖頭歎息，擔心我們現在貪婪地攢錢，卻債留子孫，他們害怕後代子孫總有一天得還債。

這裏，我們要提出第1個問題：我們真的必須還債嗎？看看以前我們還債的下場。不妙！如果我們可以負擔債務（我們可以的），並且擁有良好的資產報酬率（我們有的），就沒有必要浪費現金流量去還債。我們只需展延舊債，隨著我們一路成長，我們增加更多債務。先前說過，美國是低度負債，所以應該增加負債以提高

* 譯註：美國的第七任總統（1829-1837），是一位擁有英勇傳奇故事的將軍，後來成為美國總統。

淨值。我們信任公司可以這麼做。而即使我們知道政府亂花錢，在乘數效應之下，其他沒那麼愚蠢的機構會負責大部份的花費，平均之後就沒那麼愚蠢了。所以，我們第1個問題的答案是——債務對股市或經濟並非利空。事實上，正好相反。負債是好的、對的及重要的，我們尚未達到最佳負債水準。大家不必害怕美國的聯邦債務，並加以妖魔化，或刻意去還債。

別誤會了。我支持政府精簡，而且一點也不喜歡政府支出。我希望看到政府支出佔GDP的比率大幅縮減。我已經跟你說過，我認為政府是很愚蠢的花錢者。基本上，我很反政府，但絕不是因為它會削減美國的負債！我反政府是因為我覺得政府所做的事大多是反資本主義的，而我認為所有的好事都來自資本主義。所以，減少政府活動就會減少反資本主義的活動，挺好的。

那麼，假如美國是低度負債而不是過度負債，我們應該再增加多少美元的債務？我毫無頭緒，只能隨便猜。我們應該再增加的債務的金額等於借貸成本與資產報酬約略相等的金額。以實際金額來講是多少呢？回去看美國的資產負債表，你會看到美國有50兆美元的債務，我認為美國可以輕鬆應付兩倍的債務，假如其組成比例也相對提升的話。兩倍的政府債務。兩倍的公司債務。兩倍的個人債務。這樣可能使我們的借貸成本與資產報酬同步接近到8%。但我可能猜錯，正確金額可能多出或少了數十兆美元。我隨便猜隨便猜的。

不過，我們先假設這是正確金額。想像我們可以加碼買進50兆美元的資產。那實在太好玩了。我不想用我的主意來煩你，而是要提供你我的最佳建議。針對這點提出第2個問題，那會很好玩的。

儲蓄率下降以及人性的墮落

新聞媒體另一個熱愛的迷思是「奢靡享樂的消費者」。奢靡消費者的形象刻意把典型美國人描繪成肥胖、懶惰、放縱、過度負債、不在意卡債、死都不肯儲蓄、老是瀕臨破產邊緣。真是不要臉啊！法國人就是這麼看美國人的。美國人活該被這麼消遣嗎？我們不妨用第1個問題來檢查。

大家對卡債憂心忡忡，但你現在應該很輕鬆就能破解這個迷思。請再翻回去看美國資產負債表。美國有2兆美元的個人債務，但這個項目分為汽車貸款和信用卡債務。車貸現在幾乎是無息的，根本不必擔心。我們在面對龐大的數字時，一定要用相對思考，以比例來看待。個人債務只佔全美債務的4%，其餘的是公司債、房貸和其他不會衝擊你個人預算的債務形式。此外，個人債務只佔美國總淨值的3.6%。我根本不認為我們已被債務「淹沒」。我不是鼓勵你衝到最近的百貨公司去刷爆你的信用卡，但你可以放心，卡債會拖累美國經濟的憂慮純粹是庸人自擾。

不過，外界指責我們散漫的美國人根本不儲蓄則比較嚴重。沒有儲蓄，我們如何花費、投資及推動經濟與市場前進？官方個人儲蓄率，由美國商務部公布，在過去二十年來不斷下降，確實如此。近年來美國儲蓄率確實已跌成負的，意味美國人坐吃山空，而我確信你聽過這是快要完蛋的徵兆之一。我們在坐吃山空！低儲蓄率或負儲蓄率，加上高負債（在許多被誤導的人的心目中），終將使美國崩潰。如果美國不儲蓄，反而吃老本，股市必然會大跌，對吧？如果大家都不儲蓄，就沒辦法投資了，對吧？錯！大錯特錯。

我們可以再使用第1個問題：低個人儲蓄率是否不利於股市？以下是後續的第2個問題：政府所計算的儲蓄率是否真的具有任何指標意義？還有，有沒有可能低儲蓄率或負儲蓄率不但不壞，相反的還挺好的？（我希望你已看出每個問題都會衍生出更多問題，每個問題都能給你市場操作的基礎。）

在開始評估儲蓄率的問題，我們要用全球思考。在過去二十年美國經濟強勁成長，個人與公司淨值增加，但儲蓄卻不斷蒸發之際，日本卻有著高個人儲蓄率，可是經濟與股市長期滯緩。有人或許會想，由這個簡單的觀察來判斷，儲蓄率與經濟成長的關聯可能不太正確。日本儲蓄但經濟並未成長。美國不儲蓄但經濟成長。重點是什麼？

首先，個人儲蓄率不值一哂，無法反映真實情況。你根本不應該把政府資料當成一回事。政府的總經資料根本不太正確，包括GDP、消費者物價指數（CPI）、生產者物價指數（PPI）和失業率等。他們蒐集資料的方法和建構指數的技術都有待改進，不僅原始，而且包括很多假設，粗略的概括，會計方法更讓企業帳相形之下太過精確了（而公司帳本身即已太過粗略及不精確）。官方數據會經過多次大幅修改，而最後的數據還是不夠準確。分析政府經濟數據根本沒有用，反而有害。

舉例來說：官方儲蓄率是一種「殘餘」（residual）計算，亦即政府視為「個人可支配所得」（稅後）與「個人消費支出」之間的差額。我們來看看這個數值是如何計算出來的，以及為什麼這個數據不值一哂。

實在太詭異了——詭異一、詭異二、詭異三、詭異四

第一，個人所得包括僱主提撥給員工的年金和保險基金，卻不包括這類基金支付的津貼。退休人士領取年金的所得，但美國政府卻不想把它列入所得計算。沒有理由不把這一大筆所得納入官方儲蓄率，但它就是沒有被納入。當你繳納時，儲蓄減少了。當你領回時，卻不算所得。這就是政府計帳的方法。詭異一！

第二，個人消費支出包括「自有非農業居住空間租金」的支出。用白話來說，這是房屋所有人當房東把房子租給自己的租金。啥米碗糕？這純粹是虛構的帳目。例如，2005年的儲蓄因而「減少」了9,630億美元，是伊拉克戰爭經費的許多倍。但實際上，全美真正的房客支付租金只有2,570億美元。因為房屋所有人通常不

會住在他們自己的房子，還得付給自己租金，他們可以儲蓄的現金必然多於個人儲蓄率所估計的。詭異二！

第三，最令人訝異的是，官方儲蓄率不包括資本利得。而在美國，人們就是這樣儲蓄的。隨著個人儲蓄逐漸趨近於零，總家庭淨值持續攀升到紀錄高峰。這主要是證券與房地產增值的結果，使得家庭愈來愈富裕，儘管政府資料顯示個人並未儲蓄。圖6.3顯示，儲蓄率下降以及個人平均淨值的成長。很顯然，美國人的淨值並未受到低（或負）儲蓄率的影響。詭異三！

再從另一個更基本的方法來思考。美國人主要是透過資本利得來「儲蓄」。美國最大的個人儲蓄戶，比爾・蓋茲，據信是全世界首富，財產超過500億美元。基本上，他所有的財產都是因為成立微軟公司而來的，大家都知道該公司有一度一文不值，但現在很值錢。根據儲蓄率資料，蓋茲一輩子從來沒存過什麼錢。他唯一儲蓄過的東西，是部份的微軟股利和他（微不足道的）60萬美元年薪的

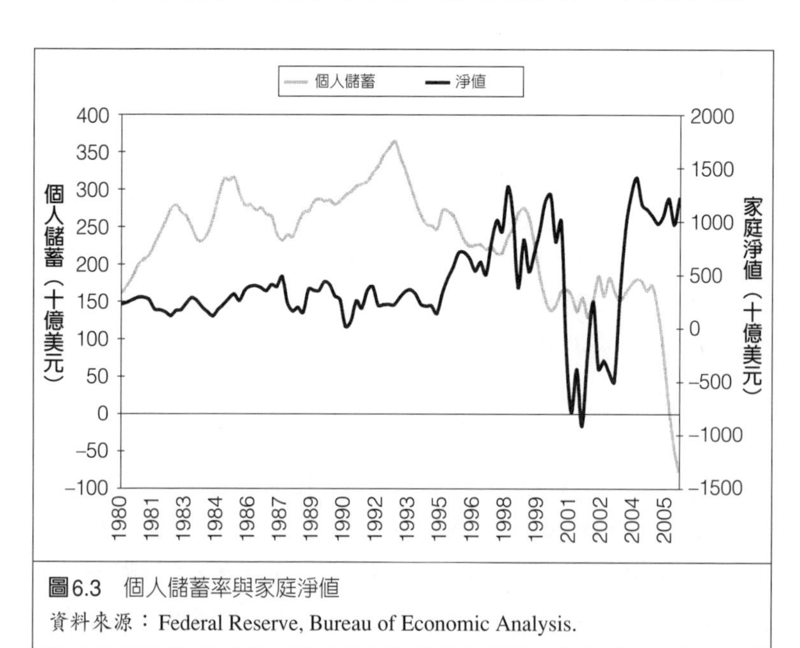

圖6.3　個人儲蓄率與家庭淨值

資料來源：Federal Reserve, Bureau of Economic Analysis.

一部份。他從來沒有把五百億美元的財產存起來。事情就是這樣。當他做慈善捐款時，他花的是他從來沒有存起來的錢。他一定是靠著「不儲蓄」而有錢的世界首富。他做的是成立一家公司，將利潤與現金流量投入於未來成長（大多數人都會認為這是儲蓄），但只因為公司有這麼做，而他本人沒有，即使他主管微軟公司，他還是不被列入官方儲蓄。

跟蓋茲比起來，我是個貧窮的勞工，只有他五十分之一的財產。可是，根據儲蓄率資料，我也從來沒有儲蓄過，因為我領了微薄的薪水（比蓋茲少），並且全部投入於拓展我的公司。同樣的，大多數人都會認為「投入」就是儲蓄。但政府不這麼想。

假設某人1956年在加州花一萬美元買了一棟房子，一直持有到2006年已增值到150萬美元，官方也認定他從來沒有儲蓄過。美國人實際上存了很多錢，實質儲蓄率或許是全球最高，但因為那些大多是資本利得，所以從來沒有出現在政府奇怪的官方儲蓄率。媒體絕對不會跟你解釋這個，因為那不是一條好的爛新聞。詭異四！

隨著嬰兒潮世代退休，我們或許不久便會看到長期且持久的負個人儲蓄率。這沒什麼好大驚小怪的，也不代表你必須多賺一些來加以彌補。它唯一的意義是，個人儲蓄率無法衡量你希望它能衡量的東西，除了製造新聞媒體熱愛的驚悚感之外，沒有任何作用。事實上，低個人儲蓄率，如同山姆大叔現在的評估，似乎是透過資本利得的負責任公民儲蓄。下一回你看到大家對於儲蓄率的恐懼，單是這種恐懼就足以讓你更看好市場，因為對於不實迷思的恐懼永遠是一種利多。

讓我們用這個赤字交換那一個

那麼，或許債務與預算赤字是OK的。或許我們真的需要更多債務。或許人們真的有在儲蓄。但是，還有其他時常登上頭條新聞，讓投資人驚慌失措的赤字，尤其是貿易與經常帳赤字。經常帳赤字主要由貿易赤字組成，所以，我們首先來看貿易赤字。2005年的貿易赤字是7,170億美元（喔！數不完的零！），嚇死人了，尤其是那些擔心美元疲軟的人。反對貿易赤字以及希望予以矯正的心理是根深柢固的。你不會在任何地方讀到你根本不必擔心它的訊息。如果你在公開場合這麼說，你會被眾人嘲笑。這是提出第1個問題的最佳時機。貿易赤字真的不利於經濟、股市和美元嗎？接著，我們再提出第2個問題：有沒有可能貿易赤字不但不是壞事，還是好事？果真如此的話，為什麼？

這種投資顧慮似乎衍生自常識分析、確認偏誤和未能做比較（所有錯誤都可以用第3個問題解決）。貿易赤字似乎顯示我們花在進口的錢多於我們出口賺到的錢，因而不斷花錢出去。對貿易赤字神經兮兮的人把它當成一場巨大的零和遊戲——如果你的負數多過正數，你就輸了。根據這種邏輯，貿易赤字不利於經濟，因為它無法持久而且會掏空國庫。如果美國是一個巨大的五金行，持久的貿易赤字可能不太好。你希望你的五金行賣掉更多東西（螺帽、螺栓、鑽孔器），而不希望買進更多東西（電腦、員工時間，員工休息室的奇多〔Cheetos〕餅乾），不然五金行就要破產啦。

可是，這麼想的人犯了數個認知錯誤。第一個解決方法，全球思考。如果你這麼做了，你會明白貿易赤字的擔憂在全天下都是庸人自擾。注意，沒有人擔心蒙大拿州是否與美國其他地方出現貿易赤字。或者加州或紐約州有貿易赤字。全世界顯然不可能出現貿易赤字或順差——它會趨於平衡。在工業國家，貿易赤字及順差對於全球股價的影響絕不會大於蒙大拿州與紐約州之間的貿易平衡。這有點難以接受，可是我會說給你懂。

釐清這點的一個關鍵是美國與外國工業國家有相似的表現。她們往往同步起落。有時，美國表現比較好。有時，其他國家表現比較好。其他同樣具有貿易逆差或順差的國家也是如此。美國有鉅額的貿易赤字、經常帳赤字、預算赤字和債務。有些國家則統統沒有。有的有鉅額貿易順差。如果赤字不好的話，美國股市和外國股市應該有不同表現。美股應該大跌，而外國股市應該持平或大漲。但事實並非如此。

自1926年以來，有四十七年是美股和外國股市都上漲。那麼有多少年是美股大跌超過10%，而外國股市上漲？不多，三年而已。而在過去25年美國呈現鉅額貿易赤字和經常帳赤字的期間呢？完全沒有！數十年前股市連動性不高，近十年赤字大幅增加，但這些不同國家的股市表現卻越來越相似。以大盤走勢而言，不同國家走勢相同的時間遠多於相反的時間，我們可由圖6.4看出。

圖6.4清楚顯示，美國和外國股市的波動雖不完全相同，但走勢是一樣的，有時連幅度都一樣。

我們想想這個邏輯。等你明白美國股市或領先或落後其他地方，但走勢並未明顯不同，你就知道貿易收支與全球股市根本沒有

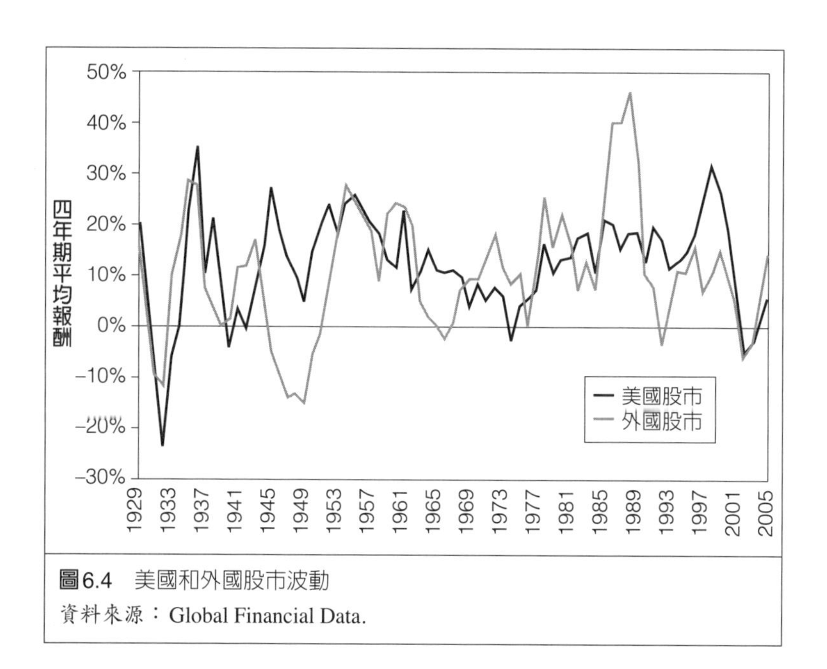

圖6.4 美國和外國股市波動
資料來源：Global Financial Data.

關係。如果赤字有影響的話，美國對世界各國都有鉅額赤字，何以美國與外國股市有那麼高的關聯性？如果美國貿易赤字不利於美國和美股，那麼貿易順差就應該有利於美國和美股。不是嗎？如果美國的貿易順差有利於美國和美股，那麼其他西方國家的貿易順差應有利於該國和該國股市。這表示美國的貿易赤字，亦即外國的貿易順差，應該有利於外國股市，這二者應該相互抵銷，絲毫不會對全球股市造成影響。（要記住，美股規模幾乎佔全球股市總額的一半。）有道理吧？大家說得好像有那麼一回事。如果真是那樣，美股和外國股市應該是負相關，而不是正相關。

我還是堅持使用第1個問題。只要看看全球市場，貿易赤字不利於美股的邏輯就說不通。以全球來說，貿易收支是達到平衡的。要說美國貿易赤字造成全球市場下跌，那麼貿易赤字的負面衝擊必然大於貿易順差的正面衝擊。迄今以來，沒有人公開表達這種觀念，應該是這種觀念沒什麼理論基礎。

再來談美國的鉅額貿易赤字，以及美國人的生活所受的影響。美國的貿易赤字是否真的不利於美國股市和經濟？投資人在這裏犯下的另一個認知錯誤就是忘了把一個大數目做比較。美國的貿易赤字是很巨大，但經濟規模也很大，全球最大。圖6.5顯示1980年以來，美國貿易收支佔GDP的比率。這段時期以來美國都是貿易赤字，佔GDP的比率愈來愈高。

目前的水準大約為5.8%。我們要問：這樣的貿易赤字是否太大，太不利於經濟和股市？或者提出第2個問題：鉅額貿易赤字是不是象徵健全的經濟和金融體系，而不是未來財政崩潰的指標？

沒錯，美國的貿易赤字自1980年以來已明顯擴增。在過去25年，美國也是全球最穩健的經濟體之一，幾乎一直有成長。事實上，這段期間的美國經濟可說是工業國家成長最快速的。因為美國自1980年以來一直是貿易赤字，而得以享受3%的平均年化實質GDP成長率以及13%的年化市場總報酬。如果貿易赤字是不好

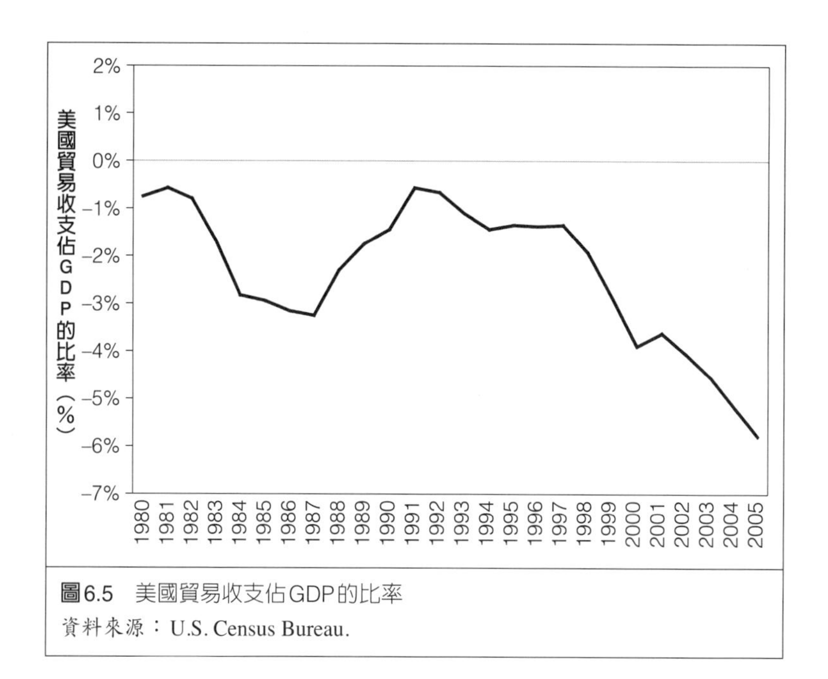

圖6.5　美國貿易收支佔GDP的比率

資料來源：U.S. Census Bureau.

的，美國的股市報酬應該低於平均水準，GDP成長也不應該是全球最佳水準。因此，美國的經濟在工業國家可是人人稱羨。或許在街頭抗議爭取終身公職權的尊貴法國學生並不羨慕，可是法國不瞭解資本主義，他們過去四分之一世紀以來滯緩的經濟即為證據。

所以說，貿易赤字可能是美國表現良好之下的產物。有可能嗎？批評者提出數項說法。第一，他們說不是不報，只是時候未到，未來一場猛烈的金融危機就會衝擊到你家後院。好吧，要何種程度的貿易赤字或累積總額才會發生那種狀況？直到目前，我從來沒聽過有人計算這個觸發點，或者是思考過為什麼會有這種觸發點。第二，有些人或許認為貿易赤字尚未造成足夠的傷害，讓美國折損經濟成長，但我們如何知道沒有貿易赤字的話，美國經濟成長會是如何呢？如果沒有這種破壞性的赤字，美國經濟成長或許更高。以英國為例。他們的市場表現良好，他們的貨幣比美國強。事實上，英鎊可說是近幾十年來全球最強勁的工業國家貨幣。所以，這是貿易赤字對美國造成傷害的鐵證。

大錯特錯。英國實際上是美國許多經濟狀況的石蕊試驗，因為英國的經濟狀況幾乎和美國一樣，像是赤字比率等。英國自80年代初期以來便有貿易赤字，佔GDP的比率和美國幾乎一樣，你在圖6.6可以看到。英國目前的貿易赤字（會計方法和美國相同）約佔其GDP的5.5%，只比美國的比率小一點而已。英國的經濟和股市跟美國同樣強勁。英國股市自從1984年出現貿易赤字以來，創造平均年化報酬率13%。巧合的是，英國經濟也很穩健，這段期間GDP每年成長2.7%，只略低於美國（見圖6.6）。

除了英國貿易赤字佔GDP的比率與美國相似之外，英鎊也很強勁。為什麼？這件事讓你對貿易赤字有什麼認識？它告訴你，赤字不會影響貨幣。如果貿易赤字會打壓貨幣，而英鎊卻一直強勁，

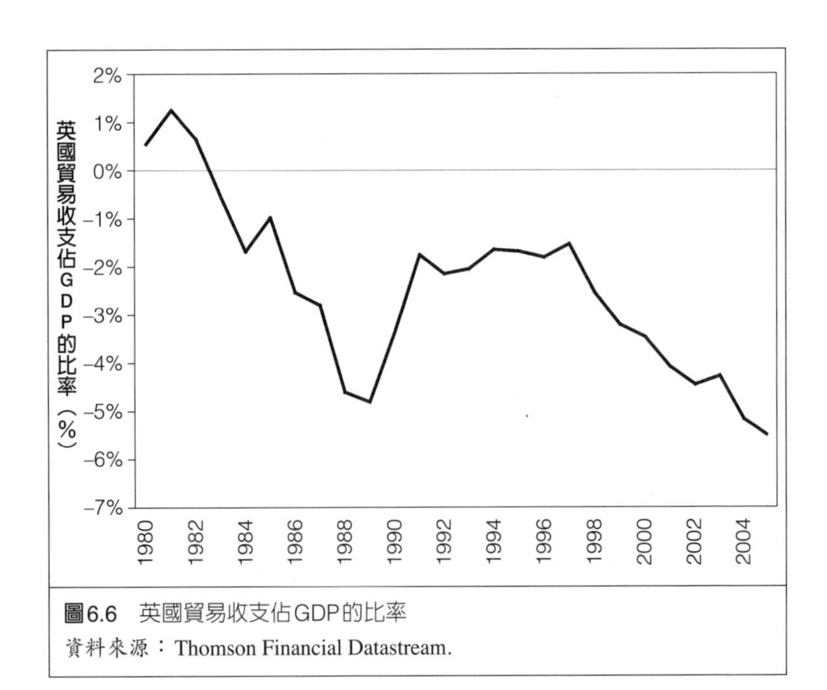

圖6.6 英國貿易收支佔GDP的比率

資料來源：Thomson Financial Datastream.

怎麼可能英國貿易赤字對英鎊有利，但美國的貿易赤字卻對美元不利？批評者說：「那只是今年的赤字。」再看一下圖表。你看到級數都很相似。如果你把美國這些年來的貿易赤字加總起來，便得出5.096兆美元。再除以13兆美元的經濟規模，得出39.2%。再把英國算一遍，你會得出38.8%，在統計上沒有差別。你不能說美國貿易赤字佔GDP的比率太大，以致於美元貶值，而相同的狀況卻讓英鎊走強。只有傻瓜才會這麼說。是不是有其他原因讓美元與英鎊強弱不同？當然，我會在第7章談到。性情乖戾，認定貿易赤字必將帶來不良後果的人士從未考慮過這項石蕊試驗。

我們來玩「你要當哪一國？」的遊戲

再換個方式來看。如果貿易赤字是壞的，而貿易盈餘是好的，我們只需看看擁有鉅額貿易赤字及鉅額貿易盈餘的工業國家，便可解決這個問題。在決定你要做哪一國之前，再回頭看一下圖6.5和圖6.6，它們都顯示鉅額且正成長中的貿易赤字。你想成為擁有鉅額且不斷成長的貿易赤字，過去四分之一世紀GDP和股市報酬強勁的美國和英國？或者，你寧可當持續有貿易盈餘的國家？比如，聰明的德國人，他們的汽車工藝一流，火車準時。他們在過去25年一直有貿易盈餘（見圖6.7）。

不幸的是，他們大吹大擂的貿易盈餘卻伴隨著世人皆知的遲滯經濟以及小幅落後世界平均的股市。還有可憐的日本！他們過去25年來鉅額的貿易盈餘完全幫不了日本經濟或股市（見圖6.8）。

所以，你要當哪一國？你想當有貿易赤字但經濟強勁，股市報酬高於平均的國家？或者你想要吹噓貿易盈餘，但低迷的成長率？只有不理性者才會不選赤字和成長。再說一次，美國的貿易赤字表現出美國的經濟活力和快速的成長，而不是有待解決的政治問題。不同意的人都是無知的。

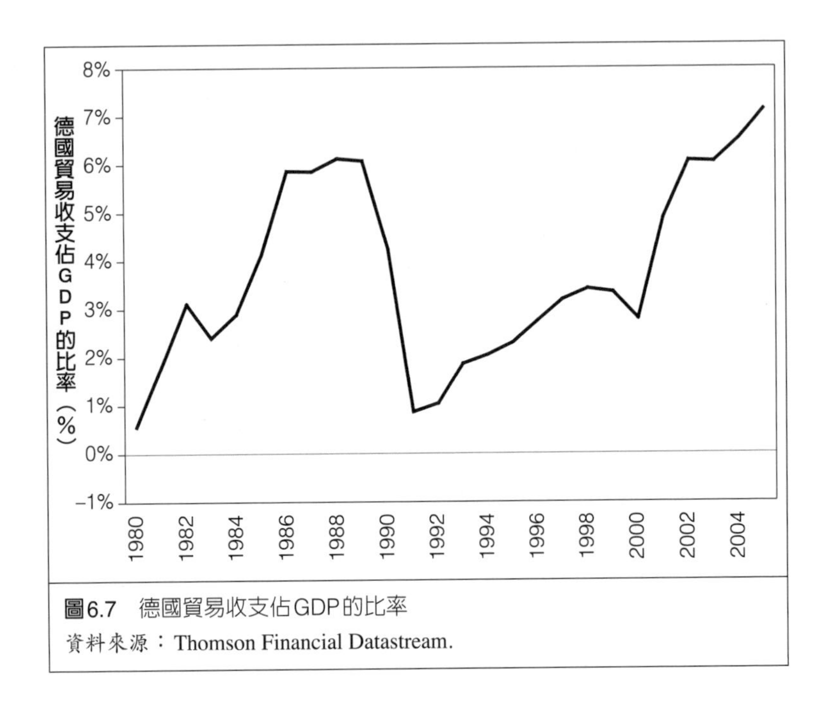

圖6.7 德國貿易收支佔GDP的比率

資料來源：Thomson Financial Datastream.

回到經常帳赤字，我們先前提到，它主要由貿易赤字組成。如果你不擔心貿易赤字拖累股市和經濟，你就不必擔心經常帳赤字。可是，人們就是會擔心。

我們用於貿易赤字的邏輯可套用在這裏——不可能有全球的經常帳赤字。就定義而言，經常帳赤字會自行融資。經常帳赤字跟資本帳盈餘是互補的。經常帳赤字造成誤解的主因，是收支帳的原因和結果時常被弄相反了。經常帳不會影響資本帳。美國並未「輸入」資本來「融通」貿易赤字。相反的，外國人自願（沒錯，心甘情願）選擇投資美國證券和其他直接投資（因為美國相對於其他工業國家，高於平均的成長和豐富的機會）。由外國流入的資本投資於美國和美國證券，美國被視為理想的投資機會，所以美國才有錢花在外國商品和服務，擴大了貿易赤字及經常帳赤字。兩邊會平衡的，你根本不必擔心。可怕的是沒有人能夠理解其間的奧妙。

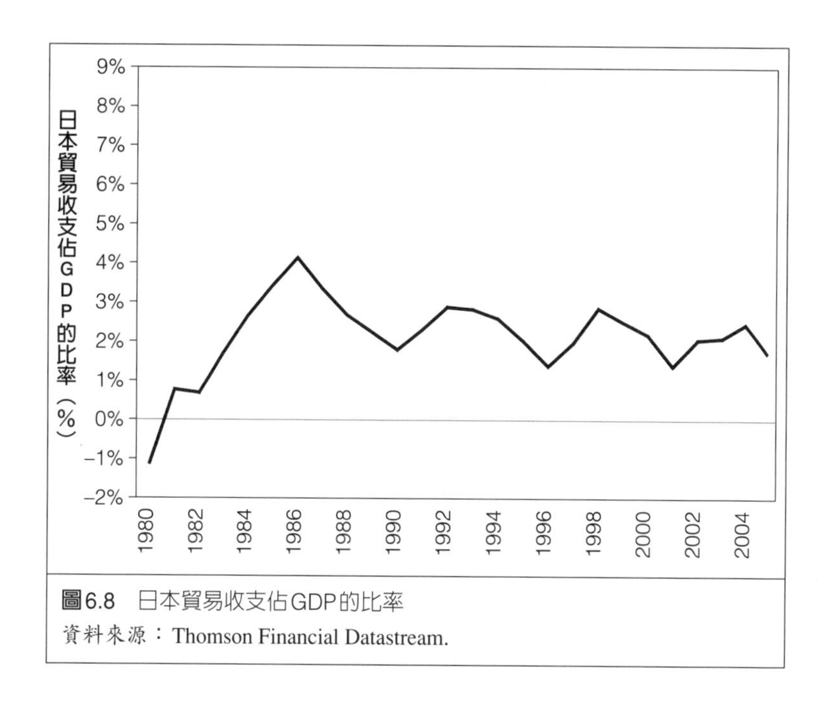

圖6.8　日本貿易收支佔GDP的比率
資料來源：Thomson Financial Datastream.

重商主義者跟共產黨差不多糟糕——而我討厭共產黨！

請注意真正的問題：德國和日本以及許多歐洲國家的貿易盈餘。為什麼他們有貿易盈餘，又為什麼這是一個問題？那一定是個問題，因為有貿易盈餘的國家經濟成長都遠低於有貿易赤字的國家。為什麼？在資本主義成為英、美創造商品與服務的主要手段之前，重商主義（mercantilism）盛行。大家都忘了重商主義，可以找本經濟史基本教材來看看。我個人最喜歡的是諾思（Douglas North）所寫的《美國過去的經濟成長與福利：新經濟史》（*Growth and Welfare in the American Past: A New Economic History*），在他的參考書目裏你可以找到許多其他資料。美國誕生的同時，真正的資本主義也才萌芽。亞當史密斯著名的《國富論》（*The Wealth of Nations*），資本主義的發源書籍，正是在美國成立的那一年發行。

當時重商主義發展到一個極端，更甚於現在的德國和日本。他們實施以政府為主的經濟控制手段，刻意製造貿易順差，以為順差有益於經濟。他們的想法就像我們以為貿易赤字是不好的。他們以為貿易順差有助益，而貿易赤字有傷害，所以他們故意製造貿易順差，藉由擴大公共支出與推動出口。但犧牲自由市場與純粹資本主義的經濟政策，徒然導致成長減緩。向來如此！為何？為了擴大成長，你要完全放任資本主義。完全放任！這是過去二百年來的基本經濟教訓。赤字。看空赤字的人太過自以為是，而無法領略亞當史密斯「看不見的手」（invisible hand）的好處。他們想要干預——以政策加以阻撓而抑制了成長。要押注在資本主義和成長，而不是重商主義和貿易順差。美國的成長創造資本流量，足以支撐貿易赤字；只要美國維持快速成長，就會有鉅額經常帳和貿易赤字，美國人還是會快樂過日子。萬一美國的成長減緩或停止，雙赤字也會消失。就是這樣。

總結來說，提出第1個問題及第2個問題後，我們明白債務與三重赤字——預算、貿易和經常帳，並不像大多數人希望你相信的那般負面。除了腦袋不清楚的人胡言亂語之外，沒有確切的證據支持赤字與債務將使我們的世界毀滅的論調。事實上，你看不到也聽不到有人合理地解釋赤字及債務相對於什麼才稱得上是太高的程度。當你聽到有人警告股市將因赤字或債務「太龐大」或「難以維持」而下跌時，你便明白這種對於不實判斷的恐懼是一項利多。你可以逆勢操作，打賭股市不會因此而下跌。請牢記這點，因為赤字或債務時常被視為看空股市的原因。

你應該害怕的是，有人企圖強行扭轉這些赤字，通常是參議員。你還應該害怕盈餘。跟我說一遍：「我寧願不要看到美國出現預算，經常帳和貿易順差。」下次當你參加雞尾酒會時，如果你這麼說，可能有人會把飲料潑到你臉上。這種反應告訴你，第一，事實總是令人難以接受。第二，嘿，有免費飲料！

新的金本位

再用第1個問題來破解迷思。還記得布萊安（William Jennings Bryan）嗎？這位有著震耳嗓門的人民黨政治家，他著名的黃金十字架演說（Cross of Gold），以及他在即將邁入1900年時支持改採銀本位制（silver standard）*？

美國在1971年放棄金本位，但興起了另一個新的本位——大家普遍相信黃金是終極的資產避險。2006年，你總是聽到有人說股票下跌時黃金便上漲，反之亦然。一般的專家都建議人們在資產組合裏持有一些黃金，做為下檔波動的避險。另一種長期說法是，當資本主義終於失敗時，黃金可以保護你。諸如此類！

這種迷思還認為金價是可靠的通膨指標。金價上漲應被股市投資人視為利空，因為股價會下跌，通膨上揚將拖累成長。這是真的嗎？人們對於黃金的喜愛是一陣一陣的，若金價上漲了一段時日，大家的喜愛自然會增強。若金價急漲，像2005和2006年（漲到25年高峰！）通膨隱憂達到狂熱的程度，投資人碰都不敢碰股票。

如同所有自由交易的股票，黃金有其死忠粉絲。隨著金價漲到五百、六百、甚至七百美元，突然間那些在三百美元以下價位時從未考慮過黃金的投資人都想要它了。黃金投資產品應運而生，像是在拉斯維加斯舉辦的黃金投資座談會以及電視上的金幣廣告。擁有歷史！用印有電影《綠野仙蹤》（*The Wizard of Oz*）圖案的純金幣來保護你愛的人！（你知道我們的朋友布萊安因為這部電影而名留青史嗎？請參考以下本人對《綠野仙蹤》的評論。）你不必購買這種商品就能趕搭黃金熱潮。你可以買金礦股，或是礦業REITs，或

---

* 譯註：威廉・詹寧斯・布萊安（William Jennings Bryan），美國民主黨和人民黨領袖，三次競選總統均未成功（1896年、1900年、1908年）。黃金十字架演說是著名的美國政治演說，發表於1896年芝加哥民主黨全國代表大會。這篇演說有力地批駁了黃金是貨幣唯一堅實後盾的論點，並以下列警句收尾：「你們不能把這頂荊冠扣在勞工的頭上，你們不能把人類釘在黃金的十字架上。」

者開一間牙科診所幫饒舌明星裝金牙。如果你有訂閱通訊刊物，你或許收到叫你買黃金的直銷傳單，因為他們會出售訂戶名單，包括所有的黃金通訊刊物。

黃金避險

和許多投資人根深柢固的想法一樣，黃金避險迎合我們的常識。黃金是一種商品——它有重量，你可以看到、摸到及擁有它。股票是一張紙，現在可能連紙都沒有，你只能在帳戶裏看到你擁有價值不斷變動的一丁點公司。這兩種不同的資產有不同的表現，似乎很合常理。因為先前政府將貨幣價值連結到黃金，大家對於黃金都有一份情感。

《綠野仙蹤》和一盎司的黃金（The Wizard of Oz and an Oz of Gold）

你知道法蘭克．鮑姆（Frank Baum）開始寫作《綠野仙蹤》時，他並不打算寫一本魔幻童書嗎？不是的。他是要寫作尖銳的政治諷刺及貨幣寓言，把1890年代的經濟辯論和政客寫進去。

別責怪電影沒有忠於原著。這部1939年的電影只想在灰暗的年代讓觀眾輕鬆一下。回到原著的時代，1900年時沒有人可能忽略桃樂絲腳上那雙銀鞋的意義。（在彩色銀幕上，紅鞋好看多了。）你應該明白奧茲（Oz），就是黃金的單位「盎司」。以下是鮑姆原本打算寫的故事。

在1890年代及二十世紀初葉，支持貨幣金本位以及支持金銀複本位甚至銀本位的兩派看法激烈論戰。美國在1879年恢復金本位之後，隨即出現嚴重的通貨緊縮，全國的物價和薪資都往下掉。國內外的多項政策失誤造成了1893年的大恐慌（the Panic）以及後來的全球蕭條。這不是美國史上最嚴重的蕭條，但也挺嚴重的。雖然我們現在知道沒有單一的原因，美國經濟不景氣是全球趨勢的一環，但金本位也挨罵了。

忽然間大家開始熱烈支持取消鑄造銀幣的限制。布萊安和他的震耳嗓門是「解放白銀」運動的先鋒和中流砥柱。批評者認為此舉必然將推升通貨膨脹。支持者則認為一些通膨並無妨。在媒體上，這場抗爭時常被形容是「老百姓」（銀本位及通膨上升可為他們帶來好處）與控制政客的美東銀行業（現狀對他們有利）之間的對抗。這當然是過度簡化了，但也八九不離十。巧合的是，「老百姓」對抗「大公司」的故事仍在今日上演。有些事永遠不會改變，真好玩。

在這種背景下，鮑姆創作了這個故事，顯示他支持銀本位以及人民黨厭惡格羅弗・克里夫蘭（Grover Cleveland，美國第22任及第24任總統）以及威廉・麥金萊（William McKinley，美國第25任總統），還有他們那些支持金本位的黨羽。他所創造的角色在二十世紀初葉的讀者眼中可說栩栩如生。

桃樂絲，來自貧瘠的堪薩斯州（民粹運動發源地），貧窮但勇敢的農場小女孩，象徵老百姓。她有勇氣，並且代表著美國的精粹——純真、善良、年輕、充滿活力和希望。奧茲則是用來隱喻黃金的單位，而奧茲國就是美國，尤其是美東，特別是曼哈頓——被黃金和金本位遮蔽的土地。還有黃磚路！那些黃磚是什麼？當然是黃金！

東方女巫是支持黃金的前民主黨總統克里夫蘭，被人民黨視為精明的惡棍，因為他在1892年再次當選總統（克里夫蘭在1885—1888年就擔任過總統，但在1888年輸給哈里森），1893年的大恐慌便在他的任期內展開。他也是個惡棍，因為他是支持金本位的民主黨，背叛了人民黨，當時人民黨認為民主黨應該要反對支持金本位的共和黨。就如同克里夫蘭在政壇失勢，龍捲風（銀本位運動）吹起桃樂絲的房子，壓死了東方女巫，留下寶貴的銀鞋。當然，住在奧茲國東方郊區只會盲目服從的夢奇津人（Munchkin），不明白銀鞋的威力。這些小矮人甚至在地圖上找不到堪薩斯，他們是鄉下的東方人，所以他們要桃樂絲去見巫師。

她的第一個夥伴是稻草人，實際上很機伶的西方農民。他在銀鞋的爭論一直被忽視，因為奧茲國的人認為他太單純無法了解這麼複雜的議題，直到桃樂絲和她的銀鞋解放了他。接下來是錫樵夫。邪惡的東方人把這名勞工變成機械，並偷走了他的技藝和他的心。如同

1890年代的衆多人們，這位曾經樂觀健壯的勞工失業了（生鏽而無法舉起他的斧頭）。最後加入的是膽小的獅子，獅子正是布萊安，1869年及1900年的民主黨總統候選人，兩度都敗給麥金萊。布萊安確實有個大嗓門，但他終究是個輸家，缺少獅子的勇氣。隨著美國經濟在1890年代後期好轉，他的支持者出現分歧。有人覺得他應該專注於其他迫切的政治考量，其他人則希望他繼續為銀本位奮戰，不然就是臣服於東方的勢力。他失去勇氣，他沒有獅子心。

偉大的巫師所住的翡翠城，當然是指白宮，充斥順從的官僚。巫師看起來友善，想要幫忙，可是他卻把這四人送進西方女巫的巢穴，根本算不上是朋友。巫師其實是影射麥金萊總統的顧問哈納（Marcus Alonzo Hanna）。來自俄亥俄州的哈納可說是美國歷史上的頭號政治藏鏡人，他操控1890年代共和黨的政治及麥金萊。巫師這個角色沒有真正的力量，只會製造幻象，就是在影射政治不過是幻象。

邪惡的西方女巫是麥金萊總統，他也來自俄亥俄州。來自俄亥俄州的人怎麼會是邪惡的西方女巫？很簡單，從鮑姆的觀點而言，邪惡的紐約市金融業控制著一切，所以紐約市哈德遜河以西的地方都算是「西方」。在當時，明尼蘇達州和威斯康辛州時常被稱為「西北部」。所以，「西北航空」的總部仍設在明尼蘇達州。現在我們還是稱俄亥俄州為中西部。在美國口語裏，美國是沒有「中東部」的。

麥金萊總統堅決支持金本位和關稅（政客！），在人民黨眼中比克里夫蘭還要糟糕。（他併入波多黎各、關島、菲律賓和夏威夷，更是讓他的政敵視他為貪婪的帝國主義者。）這個女巫迫不及待要在桃樂絲了解銀鞋真正的力量之前搶到銀鞋，並想殺了她（以及銀本位運動），而不斷嘗試（先前提到的併入殖民地和西班牙美國戰爭）要分開這一行人以及他們團結起來的力量。南方女巫格琳達，揮動魔杖便解決了這四人的問題，象徵著南方的支持加強了民粹運動，直到最後結束為止，桃樂絲回到堪薩斯州，留下銀鞋。

這個故事充滿許多政治和貨幣隱喻。飛天猴、罌粟田（黃金）、甚至是巫師送給主角們的禮物（例如給膽小獅子的一滴「勇氣」液，大家都知道布萊安是出了名的禁酒主義者），逃不過讀者的法眼，他們都明白其含義。

> 不相信我？1990年有一篇很棒的論文，作者是洛克歐夫（Hugh Rockoff），題目是〈綠野仙蹤的貨幣寓意〉（The "Wizard of Oz" as a Monetary Allegory）。洛克歐夫對於經濟、貨幣和政治環境，以及角色和故事本身，都有更詳盡的說明。讀者不妨去看這篇論文，然後再重讀故事。你會大開眼界。有時，即便是你喜愛的童書也不是表面上看來的樣子。想想第1個問題。第2個問題。第3個問題。

但這是對的嗎？我愈是聽到政府政策代表我們對黃金的信心，我愈是懷疑，尤其是我記得金本位發源於重商主義的政權。

使用第1個問題。黃金真的是一種理想的避險工具嗎？如果黃金是理想的避險工具，它應該跟股票有負關聯。考慮長期和短期走勢。2006年中這些字眼大量出現在報紙之時，全球股市出現正常的修正。全球股市下跌了10%，假如黃金真的可以避險，金價應該在股價下跌時反向上漲，不然至少也要持平。圖6.9顯示2006年初到年中的金價與S&P 500指數走勢。

很顯然，黃金沒有達到避險客的預期。在這段期間，黃金與股市關聯性很強，而不是背離。市場大幅下跌，金價亦然。如果你希望用黃金來避開股市下檔的風險，反而是偷雞不著蝕把米。金價與股市同步波動，而且同樣劇烈。況且，如果你在接近歷史高檔時買進一種資產，而且你所認識的人幾乎都為之瘋狂的話，你可能已犯下一堆認知錯誤。

假如黃金不構成股票避險，那麼它可以是一項長期投資嗎？雖然金價已達到25年高峰，但在通膨調整的基礎上，其報酬率仍然很可悲。股票在過去25年顯然是一項更好的投資。回溯到1926年也是一樣的情形。投資黃金勝過把錢藏在床墊下，可是比不上股票甚至債券。黃金的粉絲可能快要聽不下去了，但連現金部位的長期績效都比黃金好。眼前這股黃金熱不過是我們石器時代心理所造成的盲從。黃金或許會繼續上漲，或許不會，但可以確定的是，如果

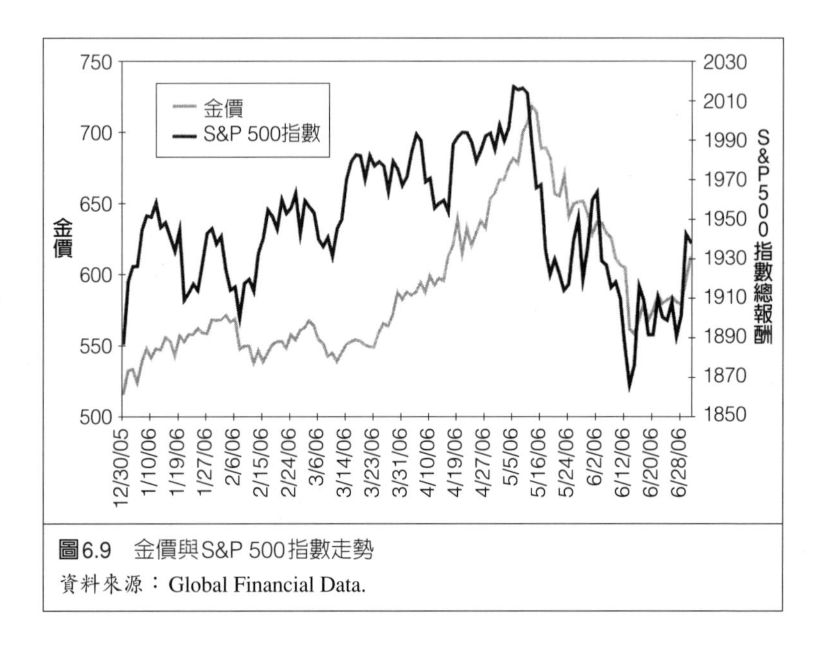

圖6.9 金價與S&P 500指數走勢

資料來源：Global Financial Data.

你的目標是追求成長，黃金無法勝任避險工具或長期投資。要成功投資黃金，你必須擅長買進和賣出。如果你正有此打算，你還得問自己，如果你都不擅長買進賣出股票了，為什麼你會擅長買進賣出黃金？和其他事情一樣，答案可歸結到這個問題：你是否知道一些有關黃金的事是別人所不知道的？

黃金、通膨與206年的長債

假如金價可以讓我們知道通膨的走向，黃金就有了實用的用途。看看圖6.10，它顯示1926年以來的金價和S&P 500指數。經過通膨調整後，金價幾乎是持平的。如果金價基本上跟著通膨率而升值，或許它便可預測通膨。支持這種說法的人到處都是，還有人說通膨要飆高了，因為金價上漲。

不過，第一個問題告訴我們，這也是一個迷思。通貨膨脹是一種貨幣現象，與貨幣政策寬鬆或緊縮有關，由央行的決策導致並控

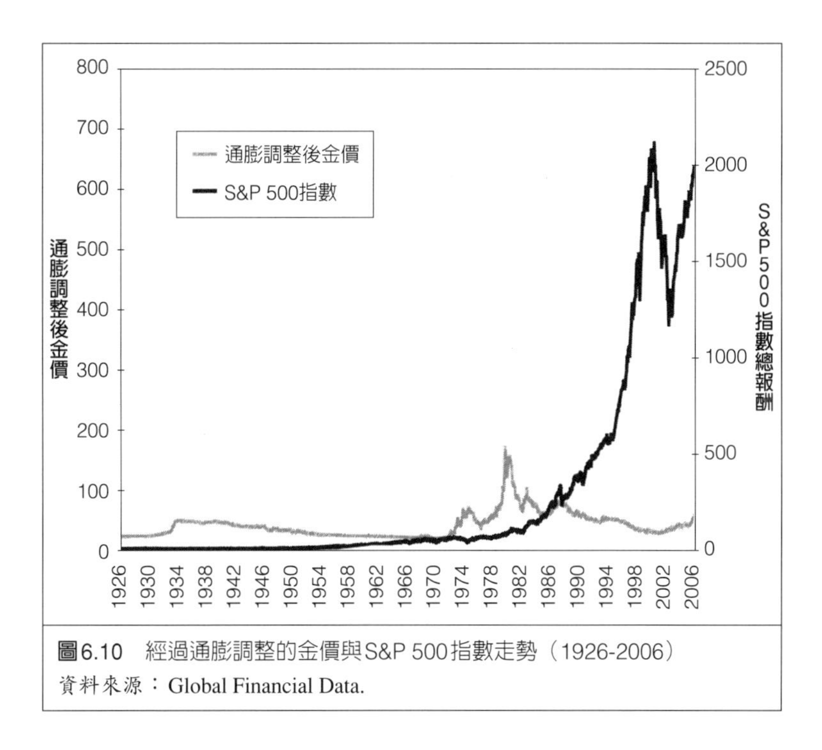

圖6.10　經過通膨調整的金價與S&P 500指數走勢（1926-2006）
資料來源：Global Financial Data.

制。當央行製造的貨幣多於社會所製造的商品與服務時，就會發生通膨。通膨未必是壞事。很少人會擔心超低通膨，但大家都害怕高通膨。

例如1970年代的通膨失控是一個問題，這無庸置疑。大家很容易把高通膨聯想到極端的狀況。回想1920年代的德國威瑪（Weimar）共和國。當時的央行政策極為寬鬆，大量印製鈔票，結果鈔票變得一文不值。德國人把鈔票當成柴火來燒，因為成堆的鈔票也買不到煤炭或木柴。沒有多久，納粹便接管政權了，所以你明白超級通膨不太好。但低通膨並不嚇人。你喜歡哪一個，溫和的通膨或溫和的通縮？可能是通膨，雖然在統計上而言，它們是一體兩面。因為製造的新貨幣少於新產品或服務而造成的通貨緊縮，造成物價下跌，並造成各種問題，包括大量失業和衰退。不好玩！

這一切跟黃金有什麼關係？沒有關係。黃金是一種商品，在自由及公開市場交易。通膨是一種貨幣現象，傅利曼（Milton Friedman）*曾說過一句名言：「隨時及無處不在。」你不能只因為黃金約略以通膨的速度升值，便認為黃金可以預示通膨的走向。你只會知道，長期以後，黃金投資人得到超低報酬——你可以預期大多數商品都是如此。就是這麼簡單！

可是，大家還是認為金價上漲表示通膨升高。回頭看圖6.9。金價（S&P 500指數也一樣，不過現在先別管那個）和通膨同步上漲。然後，金價反轉下跌。如果黃金上漲果真顯示通膨升高，金價下跌必然顯示通貨膨脹減緩（disinflation），亦即物價上漲的速度減緩。

就官方紀錄來看，2003、2004、2005和2006年的通膨都很平穩。所以，這些年來，金價一直在上漲，而官方通膨卻維持溫和。有人會告訴你，官方通膨數據無法正確反映通膨，我們稍後再談這點。大多數黃金迷會跟你說，通膨馬上就要飆高了——從黃金上漲就可看出。我們馬上就要出現超級通膨了嗎？或許會，或許不會，但黃金不會告訴你的。因為理論的進步、經驗累積和科技，我們當然不太可能再犯下1970年代及之前的貨幣政策失誤。但不表示通膨不會偶爾升高到超高水準。但你如何得知那是否會發生？在釐清黃金迷思之後，你可以用第2個問題來找出什麼才是理想的通膨指標。這一題真的很簡單。

通膨是什麼？通膨不是什麼？

這個第2個問題，需要用第3個問題來提示：全球思考。首

---

* 譯註：密爾頓・傅利曼，二十世紀最具影響力的經濟思想家之一，屬於芝加哥經濟學派，1976年諾貝爾經濟學獎得主。2006年11月16日辭世，享年94歲。

先，我們來思考通貨膨脹是什麼，又不是什麼。它跟你的生活成本沒有關係，人們時常搞混了。通膨是所有新製造的商品與服務的平均價格，不論你有沒有購買。通膨跟黃金或任何其他商品沒有關係，它跟藝術收藏品也沒有關係，儘管它們可能會跟著通膨而投機性波動。它跟中古車價格沒有關係，雖然中古車價格可能受通膨影響。它不反映薪資，雖然薪資是它的一環。它是所有製造的商品與服務的平均價格，就此而言，它只反映購買一般物品的貨幣價值的變動。

或許有些價格大幅上漲，有些小幅上漲，有些小幅下跌，有些大幅下跌。汽油漲了很多。健保費用漲了很多。電子裝置大幅降價。證券經紀佣金跌了一些（服務也跌了一些）。鞋子價格跌了一些！在零通膨的完美世界，並不是指所有的價格都持平不變。在這種世界，其實是一半的價格上漲，一半下跌。

老一輩的美國人為自己的健保和子孫的私立學校花了一大筆錢，便以為通膨大漲，官方的通膨指數大幅低估了通膨。我總是聽到客戶這麼說。人們把自己花錢的價格和通膨混淆了。我不想為通膨指數辯護，因為我先前說過，幾乎所有的政府經濟指標都不太準確。我會教你如何正確估計通膨。不過，消費者物價指數是否正確反映通膨，跟你買的東西是否反映平均商品價格，進而反映通膨，一點關係也沒有。沒有。很少人的經驗是平均的經驗。消費者的購買習慣是很不相同的。年輕人和老年人大概不會買相似的一籃子東西，中年人買的也不會一樣。

在1900年，美國人買的東西大概都是在美國製造的。在今日的全球化世界，美國的商品來自各地，連標示美國製造的也只有部份在美國製造。如今來自一個國家的一種商品漲價，可能被來自另一國的另一種商品降價全部或部份抵消。現在的通膨也有全球面貌。在過去15年，我們看到美國有通膨，日本及許多亞洲地區有通縮，因為他們製造的商品多於他們製造的貨幣，而他們製造的商品種類通常是容易跌價的。不過，即使他們有通縮，某些價格仍然上漲，某些則會小跌，其他的則大跌。通膨這個概念一定和平均有關。日本當時的通縮，包括當地製造的產品以及外銷到美國的價格，壓低了美國的通膨。在某種層面來說，美國輸出通膨給日本，日本則輸出通縮到美國，彼此部份抵銷了。

所以，如果你買的價格未必反映通膨，那麼美國的平均價格也未必完全反映通膨。對於通膨的考量，最好由全球來看。想想全球，你就不會那麼擔心了，因為全球化可以降低個別國家的通膨效果。全球競爭導致勞工和科技益趨分工化，一個國家短期的過剩產能可抵銷其他地方的產能短缺。許多與外國競爭的商品及服務的美國價格實際上都在下跌。經過通膨調整後，直筒襪、玩具、汽車到雜貨等日常用品，都比幾年前便宜。很少媒體報導這件事，因為油價上漲的電視新聞比較吸引人。媒體讓消費者專注於原油和鋼鐵漲價，所以他們沒有注意要加油的汽車已便宜許多。汽車降價是好事，汽油漲價則是討厭的事。

是不是有什麼事可以顯示通膨在上揚？嗯，絕不會是你的購買習慣。不會是瑪丹娜的購買習慣。也不該是美國的購買習慣。應該衡量橫跨全球貨幣價值的東西，因為那才是通膨。使用第2個問題來思考，什麼是貨幣價值的良好評估方法？今日的貨幣價格是多少？明天的價格又會如何？

我們都知道，我們可以今天借款，明天使用。長期而言，借錢的價格就是我們所謂的長期利率。例如，十年期公債利率就是評量在美國借取長期資金的一種方法。

對於放款人來說，借出去的錢很容易受到通膨加速的傷害。放款人希望拿到較高的利率，才能彌補通膨及通膨風險升高。美國或許不能代表全球的購買習慣，可是全球長期利率會反映全球長期通膨的恐懼。有關這點，我建議你回頭去看第2章，我們談到全球短期和長期利率。我們告訴你的全球長期利率（你可以自行以網路上找到的GDP數據和利率來製作），是衡量全球通膨是否升高的好方法。本書寫作時，可以清楚看到沒有升高。如果通膨升高構成了問題，全球長期利率必然會升高。如果通膨下跌構成了問題，全球利率必然會反映。記住，全球利率是借錢的價格。圖6.11顯示全球自由市場準確地衡量全球或各國的貨幣價值。全球長期利率近年來保持平穩，告訴你通膨並未大幅升高。美國的利率在過去幾年小幅升高，這告訴你美國雖然有點小問題，但大多在海外被抵銷了。你剛剛探測了大多數人無法測量的事。更重要的，我們看到長債對於通膨極為敏感，是一個良好指標。

自1980年代開始，圖6.11說明各國央行在自由貿易及全球化的協助下，逐漸在1970年代的對抗通膨佔得上風。結果全球長期利率由歷史高檔開始下滑。2005年，十年期公債殖利率在經歷數十載的通膨衝擊後，甫回到歷史平均水準。

或許你不記得了。圖6.11看起來，好像十年期利率在這段長時期一直在下跌，途中只有一些起伏。它怎麼可以用來預測通膨呢？

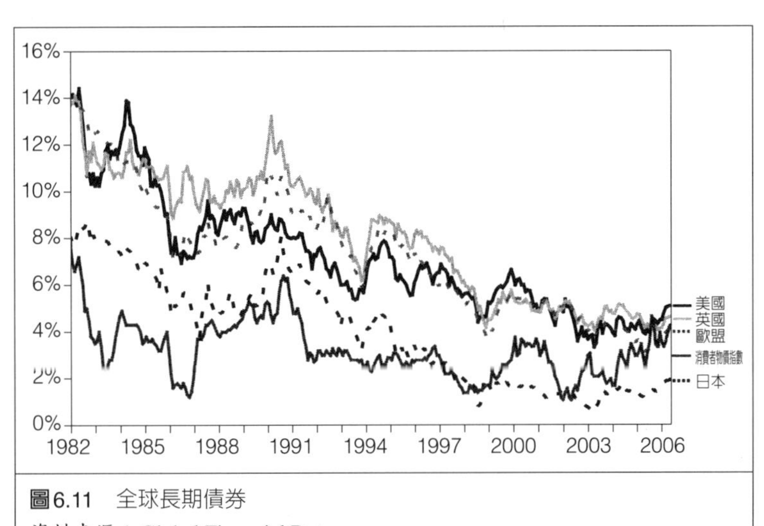

圖6.11　全球長期債券

資料來源：Global Financial Data.

還有，近年來，專業預測師一直相信這個25年的下跌趨勢將會反轉。可是，翻回第4章，你就會知道專業人士對於長期債券預測也一直是錯的。我們所經歷的並不是異常的下跌時期，而是重回歷史正常水準。圖6.12顯示美國長期利率回復到古早的1800年。

圖6.12可以清楚透視長期利率。第一，投資人往往認為現在的十年期公債利率處於「歷史低點」。錯！1970年代的長期債券利率「高得嚇人」。投資人或許難過他們不能再像1970年代年輕時那樣，以13%的票面利息購買公債，可是他們卻不記得當年的股市報酬糟透了，經濟滯緩，通膨甚至吃掉超高的票息。把你對1970年代的懷舊情懷留給比吉斯合唱團（Bee Gees）吧。好吧，我收回這句話。

第二，長期利率突然急遽升高顯然與嚴重的貨幣管理失當，進而導致1970年代的超級通膨有關。為什麼？因為長債是在自由公

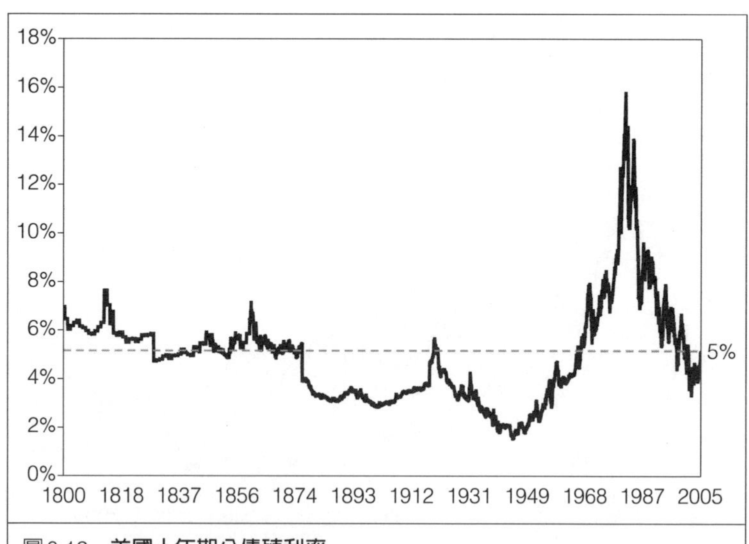

圖6.12　**美國十年期公債殖利率**

資料來源：Global Financial Data.

開市場交易，準備地反映市場的通膨預期。別注意短率，記住，短率由央行一手操控。長期債券利率則完全沒有被操控之虞；反之，它們完全由自由市場設定，反映市場對央行政策優劣的預期，是一項很好的指標，可以顯示市場對未來通膨風險的預期，至少目前還是。

現在你已經熟悉使用第1個問題來破解迷思，你可以接下去找尋新的或者是被忽略的模式，使用第2個問題，使之成為你市場操作的依據。第7章有更多例子。

第7章

驚人的事實

供給與需求……如此而已

本書的宗旨之一是要教導讀者如何獲悉別人不知道的事——藉由處理別人覺得無法探測的資訊，並培養資本市場技術。如果我們的大腦無法用某種方式好好處理資訊，就用其他實用的方式加以重新框架，例如本益比和盈餘收益率。把它一分為二，重新審視。它跟什麼有關聯？

新聞其實充滿實用的資訊，假如你能用第2個問題把各個點連接起來的話。你只需發揮創意地問：「不知道那是不是代表什麼？那是不是太瘋狂了？」最近一個現象是，自2002年以來併購活動增加了。在經濟擴張時期，併購活動增加是正常的。坐擁現金的公司設法增加市佔率、相關的產品線、垂直整合、新的核心能力、新的產品項目，或者多角化經營。就某方面來說，這沒什麼特別的。

但它對股市有任何意義嗎？傳統看法是，併購熱潮會造成股市行情欠佳。部份原因是經濟好轉一陣子之後才出現併購，再過一段時間，就會發生不景氣。這樣便不難理解為什麼人們認為併購熱潮會導致歹年冬。回顧1990年代後期，當時的併購正好遇上科技IPO狂熱。經歷時代華納併購美國線上的併購浪潮之後，美國緊接著陷入大空頭股市和經濟衰退。

併購會造成後遺症是有道理的。畢竟，賣家對於他們賣出的東西的瞭解，勝過買家對買入的東西的瞭解。所以等看清真相後，買家和股東才知道自己當了冤大頭！

我在我的第二本書《華爾街的華爾茲》便提出這點。可是，我錯了。回顧歷史，這個論點是有些正確，但我太強調某些時期，卻忽略了其他時期。我的結論太過依賴1920年代及1960年代後期的併購。當時我說的東西有太多出於無心的資料探勘及確認偏誤。現在，我會說我那時錯了，這整件事其實是五五波的機率。關鍵在於交易的性質，而且會隨著時間而改變。

現金，股票或是混合？

1990年代的併購案與1920年代及1960年代後期的併購，與2002年以後的併購案結構有一個很大的不同。2003、2004、2005和2006年的公司併購大多以現金交易，而前述三個時期的案子則主要以股票交易。前者是指收購者以現金購買被收購者的股權；後者則是收購者發行新股以融資併購案。問題2：這兩者之間以及它們對股市的影響有何不同嗎？你對這種情況能看出什麼別人看不出來的端倪嗎？你可以探測出什麼大多數人覺得無法探測的事嗎？

當A公司以現金買下B公司時，它拿現金來交換B公司的股票，然後把股票消滅。結束收購後，A公司的股數和交易前一樣，但B公司已沒有股票。現在A公司同時擁有自己和B公司的盈餘，所以A公司的每股盈餘增加了。很簡單吧！它的假設是，在年度基礎上，B公司有賺錢，並且超過A公司為了買下B公司而去借款的利息。這件收購案可立即增加獲利（accretive），因為B公司已沒有股票，在其他條件相同之下，收購者的每股盈餘會立即增加。這個案子的流通股票籌碼減少了，因為被收購的公司被消滅了。我再說一遍。現金收購案會減少流通股票的籌碼。如果需求維持一定而供給減少，價格便會上漲。所以，現金收購案往往是利多。

全部以股票交易的併購則不是這麼一回事。在收購後，收購者的每股盈餘下跌，因為更多股票進入市場，稀釋了價值。不妨這麼看。A公司的價值是X，B公司為Y。為了買下B公司，A公司競價而抬高了B公司的價值。或許A公司把B公司的價值抬高了25%，達到1.25Y。這額外的25%由A公司辦理現金增資來支付。A公司發行足夠的新股以支付B公司原本的價值，再發行新股以支付這25%的溢價。所以，收購案之後的股本大於交易前。若B公司在1.25Y的價值，其本益比高於A公司，A公司的每股盈餘在結束交易後便會下跌。1920年代、1960年代後期和1990年代的併購案大多是這種情況。例如美國線上時代華納併購案。新發行的股票稀釋了價值，致使每股盈餘下跌。

還有第三種形式的收購——A公司以部份現金、部份新股的方式買下B公司。混合式交易很常見，兼具二者的特質，但通常比較像現金併購，而不像全股票交易。為什麼？在混合式交易中，收購者通常借不到足夠的現金買下B公司，所以它能借多少就借多少，然後辦理現金增資來補足差額。通常，這是很大規模的交易。

假設A公司價值一百億美元，而B公司價值二百億美元。A公司買下B公司。較小的A公司吃掉較大的B公司嚇壞了放款人。或許放款人只肯借給A公司140億美元去買B公司。在交易前，A公司和B公司加總起來有300億美元的流通股票（100＋200＝300）。為了買下B公司，A公司抬高出價20%，達到240億美元。它借到140億美元，再辦理100億美元的現金增資，湊足了240億美元。交易結束後，只剩下200億美元的股票，低於交易前的300億美元。股本縮減了100億美元——不像全現金交易減少的那麼多——但股本還是減少了。股票加現金的交易幾乎都會減少流通籌碼，並增加獲利，只是程度不如純現金交易。

這不是什麼新主張。凡是在大學上過會計學或經濟學的人（亦即很多人），都應該知道增加獲利及稀釋（dilute）獲利之間的差異。你也可以輕易觀察哪些公司在進行併購，哪些是增加獲利，哪些是稀釋獲利。在企業界，公司不論是發動收購、合併、IPO、現金增資、偷油陰謀，都會受到高度矚目。我們知道何時要進行併購，多少金額，什麼形式。

現金增資推動的併購熱潮，擴大了股本，屬於利空。現金交易的併購熱潮減少籌碼，籌碼減少表示股價應該上漲，表示在其他條件相同之下，現金併購案增加之後的時期應造成多頭股市。但卻很少人看出其間的差異。

股價波動的真正動力

在你試圖瞭解現金併購對股市的衝擊之前，我們必須探究股價波動的真正動力。這裡要結合第1個問題和第2個問題。你可以用第1個問題去破解人們對於股價波動原因的無數迷思。第2個問題——對於別人認為不可測量的股價波動原因，你可以測量些什麼——很簡單。簡單到人類不想去測量。

在這個寬闊、美好與無奇不有的世界，驅使股價波動的原因只有兩個。不論何時何地，股價只受供給和需求改變的影響。我在本書中一直不斷強調，但有時最簡單的概念反而是人類心智最難接受的。供給和需求是眾人皆知的概念，但少有投資人會聯想到股票價格。大多上過大學經濟學的人在考完期末考之後，便把供給和需求給忘光光，絕不會以供給和需求來思索股價。拿到經濟學博士的人學有專精，但通常不在股價領域，數十年後也不會用供給和需求去考量股票。

無數的券商「研究」報告告訴你，他們對於大盤走勢的看法，但絕大多數不是依據供需改變的分析。新聞主播、政客、券商或打網球的球友想要讓你相信，造成股價波動的原因是經濟數據或技術性指標、流行文化的考量、政治陰謀，或者自我實現的預言。到你最喜歡的財經網站，你會看到：

利率推升股票

失業報告造成股票下跌

油價恐慌摜壓股票

你不曾聽過名嘴表示：「股票供給今日維持穩定，但需求因不明原因增加，造成股價上漲。」這很無聊。以股票的供給和需求作為新聞標題賣不了廣告，也無法左右你傾向的特定政治、社會或經濟爭議的某一邊；媒體也沒有理由保持低調。但供給與需求這兩股力量的鬥爭決定所有股票的價格。有些似乎會影響股價的力量，比如法規趨於嚴格或者外星人入侵，只是供需面的其他力量而已——外星人入侵可能減少股票需求，而證券法規趨嚴可能減少股票供給。

供需改變說明了為何人們搶著花大筆錢去購買披頭四的原版黑膠唱片，原版的柯比意（Le Corbusier）*椅子，或是限量版的星際大戰海報——你愛買啥都可以。但不會有人想花高價去買舊迴紋針。第一，每個地方的辦公桌抽屜裏都躺著成千上萬支被遺忘的迴紋針。第二，如果你用完了迴紋針，又不想跑到文具店去買，你可以改用長尾夾或者橡皮筋。這叫做替代。可輕易替代的東西絕對不會像難以替代的東西那樣擁有高價。第三，迴紋針很容易生產。除非安迪・沃荷把一支迴紋針摺成瑪麗蓮・夢露的肖像，否則迴紋針能貴到哪去呢。

在大學經濟學課程，你的教授應該有告訴你，供給和需求都跟人們的渴望有關。渴望是情緒性的。需求說明渴望的消費者如何以不同價位購買東西。通常是以高價買入，消費者對低價的東西比較沒那麼渴望。有道理吧！反之，供給的概念說明渴望的供應者如何以不同的價格生產某種產品或服務。一般而言，供應者想製造較多高價的東西，如果價格太低他們根本不想生產。

當生產商或消費者急於用相同價位供給或消費時，事情就變得有趣了。如果生產商比較急於供給——亦即供給增加——但消費者不再急於消費時，市場上的供給浮濫，價格便下跌。你說：「為什麼供給者要這麼做？」或許新科技促使成本下降，而激發他們的意願，類似摩爾定律†數十載來將半導體的學習曲線推向降低價格，

---

* 譯註：二十世紀現代主義建築大師。

† 譯註：摩爾定律是指積體電路上可容納的電晶體數目，約每隔18個月便會增加一倍，性能也將提升一倍。由英特爾（Intel）創辦人戈登・摩爾（Gordon Moore）提出。

讓電子公司更急於在低價生產更多產品。反之，若消費者變得比較急切——亦即需求增加——但生產商卻沒有增加供給以滿足增加的需求，價格便上漲。簡單明瞭。

急於購買或急於供給的程度，可能因為某些因素所造成的心理反應而改變。畢竟，急切是一種情緒，而情緒屬於心理，而市場也屬於心理。我所說的大約是你在經濟學課程聽到的簡述，沒什麼爭議性的。

但談到股票，供給和需求在數個面向就有些不同。除非你在研究所有非比尋常的著作，否則你大概不會看到有任何大學研究股票的供需。股票的需求就在於想要持有或不想持有既有股票的急切程度。我們想要持有奇異公司股票的渴望，是否高於我們想擁有債券或安迪・沃荷搯出來的瑪麗蓮・夢露肖像迴紋針？這是否會因某個理由而改變？我們對於奇異及輝瑞藥廠（Pfizer）的股票有什麼不同的感覺嗎？股票需求的急切情緒可能非常快速及隨意地改變，如同人們可能突然發脾氣，或是電影可能突然讓你大哭或大笑。由每日股票成交量便可看出這點。在這個高速連結的世界，人們努力做功課，決定買進或賣出，然後在彈指間便完成交易。如果他們的急切程度升高或減弱，他們幾乎可以在同時大量殺進或殺出。他們可以在心情轉換後的數小時、數日或數月整個扭轉盤勢。

需求可能快速轉變，就和人們的態度變得急切與否的速度一樣。比如說，如果環境對了，你可能變得非常生氣或者非常高興，你也可能瞬間由一個極端轉換到另一個極端，但這種極端是你個人的極端。別人或許會比你更生氣，或更高興。或許你很憂鬱。有些人也會。但有些人從來不會。或許你總是定不下來，你的配偶抱怨不已。以個人來說，我們有很大的差異，但以團體來說，我們很平均。以所有人類來說，總需求只會在我們總體情緒的平均幅度內改變，儘管速度可能很快，幾乎就在彈指間。想想在九一一恐怖攻擊後，我們的情緒發生多麼大的改變。因此，需求在短期內對於價格有著極大的影響，因為它可能急速地轉變。但它的長期影響力就沒那麼強，因為它只能在我們的情緒幅度內轉變，不會再進一步。它只能到達一定的程度。

換個方式來想。你很難讓情緒維持在極端一段很長的時間，所以大多數人不會長時間超級火大或超興奮。就好比你23歲時，在一個炎熱的夏季夜晚去參加了一個超棒的派對，你喝了幾杯，朋友很麻吉，氣氛也很好——一切都很美好，你覺得棒透了。但翌日，你累癱了。有時有些事情讓我們終生難忘。往後我們繼續過日子時，那些事情都會改變我們。在改變剛發生時，不論好壞，我們會很開心或很不開心。但我們不會長時間維持那樣的狀態，因為偏離我們的情緒正軌，太耗費精神了。需求的改變往往是強力、快速、不會太過極端，然後逐漸恢復常態。所以，需求改變對短期價格的影響遠超過長期價格。

供給的改變則又不同。短期內，實際的股票供給幾乎是完全固定的，因為它需要時間、努力和各類玩家才能創造新股或消滅既有的股票。想想IPO或併購案，或者是發債，需要很長的時間籌畫，以及公司依照法規必須向大眾公告的資訊數量。技術上而言，供給增加意味著想要供給股票的渴望心理增強了。但起初的渴望沒多久便冷卻，因為沒有人確定案子可以成功。誰也不確定發行股票的所有必要元素都兜得攏，這個過程可能費時多月，甚至未必會成功。你不能對於你知道可能不會成真的事太過熱切。

就以新股發行或IPO來說，你早已知道那是「首次公開發行」（Initial Public Offering）的縮寫，或者像我說的，「它可能訂價過高」（it's probably over-priced）。債券發行也是一樣。當一家公司決定要發行股票或債券時，他們首先必須選定一家投資銀行做為承銷商。光是這點就很花時間，尤其是他們形成數家投資銀行之間的競爭的話，這是很常見的情況。此時，可能的發行人對於這個案子的雛型還沒有什麼概念，或是他們要不要進行，或是他們是否會成功進行，甚至是在案子成熟後，他們還會想繼續下去嗎？投資銀行需要一家大型會計公司的新近審核財報，尤其是「四大」會計事務公司的*，這需要一段時間。債券發行的過程也充滿不確定，投資銀行與發行公司合作，向三家主要債信評等機構爭取好的評等：穆迪（Moody's）、標準普爾（Standard & Poor's）和惠譽（Fitch）。接著，他們向負責審核的主管機關開始申請程序——由聯邦層級的證券交易管理委員會（SEC）到債券即將銷售的各州主管機關（或是海外主管機關，像是英國的金融監理總署FSA）。然後，他們推銷這件案子，又再花上數個月。直到這個過程快要結束時，發行公司才真正明白他們是不是渴望發行證券。

或許等到一切手續都辦好了，市場也涼了。或許在推銷的過程中，市場就冷卻了。或許同業領先你兩個月發行，佔掉這個發行領域的需求。許多交易在最後一刻喊卡。想想這有多麼叫人沮喪。

即使在最佳情況下，這個過程也急不得，而且同樣充滿艱辛，所以你會假設供給在短期內是相當固定的。因此，不管有人灌輸你什麼觀念，沒有人有辦法預期長期的供給。所以，長期的機械式預測通常跟市況相差十萬八千里。沒有人知道距今十年到二十年的股票供給消長的狀況。如果你聽到有人預測股票在未來十年或二十年是理想或不良的投資，那傢伙對於資本市場的無知其實多過他的瞭解。

未來第十年的股價主要將由第七、八和九年的供給決定。現今沒有人具有任何資本市場技術或知識，可以預測這種事情。一般來說，股票漲多跌少。除此之外，沒有人應該做出超過未來12到24個月的預測。或者也可以說，需求的轉變在短期內較具影響力；而

* 譯註：四大會計師事務所分別是Deloitte Touche Tohmatsu、Ernst & Young、KPMG及PricewaterhouseCoopers，在台灣的聯盟事務所分別稱為勤業眾信、致遠、安侯建業和資誠。

供給的轉變一般則對長時程較有影響力。有時你會發現其他人未能察覺的需求轉變——在12到24個月的預測中。一旦超過這個時程，你只會看到一團迷霧。在超長的時程，需求將由極低增加許多倍到極高；而供給受限於根本的力量，如果有合適條件增加新供給或消滅它，將是無限利多或利空。

供給與需求曲線

我即將給你看的可能是世人前所未見的。這是個有趣的遊戲，你可以自己證明供需對股價的影響力。左側的圖形代表股票供給，右側的圖形代表股票需求：

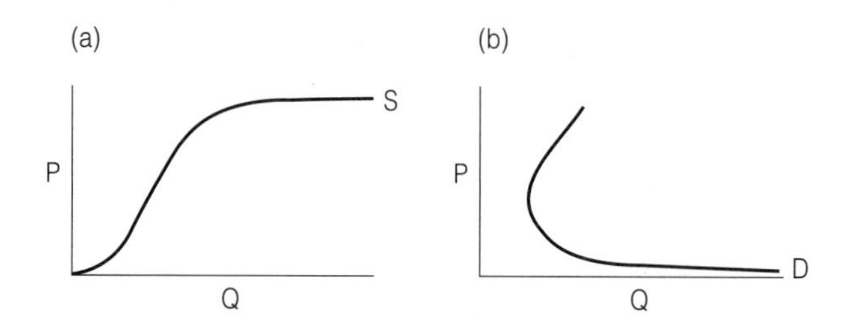

供給曲線是S型的，表示總供給增加的同時，價格也在上漲。當股價極低時，供給也低。為什麼不呢？這跟其他事情的道理相同。當價格（P）很低時，公司不會想發行新股。假如你是執行長，你就不會急著以本益比4倍（E/P為25%）去發行新股，因為你可以用遠低於這個水準的成本去融資。反之，高於某個中斷點（breakpoint），股價越高，公司越想發行股票。為什麼？隨著股價上漲，籌資成本就越便宜，與股價漲幅成正比。在一定的股價水準，供給者將提供幾乎無限量的股票——因為如果資金成本幾近於零，公司就有無窮的慾望發行更多股票。假設一家公司實質本益比為1,000倍（E/P為千分之一），稅後的年度成本僅0.1%。在這種資金成本之下，為什麼不無限量發行新股？所以，供給曲線在線量（Q）趨於無限時，便趨於平坦。

需求曲線則是後彎的（backward bending）。如果你研究經濟學，你要到研究所才會看到後彎的需求曲線。在極端的情況下，當股價夠低時，需求的數量是100%。假設一家公司已經破產，你用20元就能買下。我不是指每股20元，而是20元就能買下整家公司。因為公司不能像普通合夥企業（general partnership）*把虧損轉嫁給股東，所以你不用怕買下公司。正常人都會買下整家公司。你可以控制它，也可以不理它。如果幸運的話，你會賺到利潤。如果不幸的話，你也沒什麼損失。那麼25元呢？你也會買的，只不過在完成交易時少喝一罐啤酒而已。隨著價格攀升，你還是會買下整家公司，只是渴望程度隨著價格上漲而減弱。價格越高，你越不想買，就大學裏教的。當價格上漲20%，你或許還是喜歡這家公司，想買下它，但不像低價時那般急切。

然後，高於某個價位之後，奇怪的事情開始發生了。此時，價值型公司不再被視為價值型公司，而被視為成長型公司。價格越高，持有股票就越顯得尊貴。股票越漲，大家越想持有它，各種價位的股票需求都增加了。1990年代的微軟就是這樣，還有1999年的雅虎。這種需求我們有時可能在泡沫高峰時看到。有人將之稱為「魅力股」——由於魅力之故，需求與股價同步上漲。價值型投資人認為這是不理性的。例如，由1995年到2000年，在科技泡沫破滅之前，科技股的需求與股價同步增加。高通（Qualcomm）、亞馬遜（Amazon）和eBay等個股，投資人都覺得非持有不可，而且股價越高，他們越想持有。近來的Google也是這樣。泡沫就是這樣形成的——價格越高反而創造更大的需求量。

試試下列這道練習題。拿一張透明紙把兩條曲線都描上去，畫在同一個座標上。兩條曲線重疊在一起。兩條曲線的交叉點代表現今的價格，你應該畫出類似下圖的圖形：

---

* 譯註：在普通合夥企業內，各合夥人均負責業務，分擔職責，並對企業的債務負無限責任。

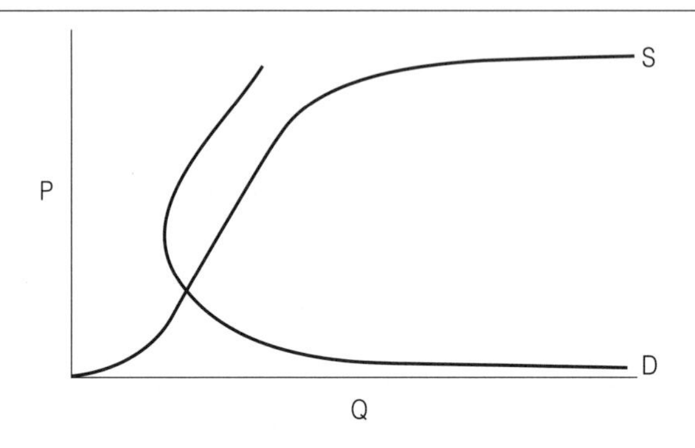

記得你在大學時所學的那些棍棒狀的供需曲線？增加時，整條曲線向右移；減少時便向左移。向右移，即需求增加，意味著在每個價位，人們都想持有更多。需求減少時，向左移，意味著在每個價位，人們都不太想持有該物品。供給增加時，向右移，不論在什麼價位，供給者都想供應更多（或許是因為新科技或法律改變）。供給減少時，整條曲線向左移，顯示供給者不論在什麼價位，都不太願意供給。把這個方法運用在你剛在畫的圖形，就會發生怪事。

把需求曲線稍微往右移一點，代表短期總需求增加。這很合理地推升了價格。把曲線往左移一點（需求減少），價格便下跌。現在，把你的需求曲線一直向右移，直到供給曲線通過需求曲線的交叉點，開始後彎。在這種情況下，供給和需求曲線似乎在一長段價格上重疊，導致非線性價格。價格向上爆炸。在重疊的區間，動能投資變得極具魅力（魅力股），價格大漲，如同1999年許多的網路股。

如果你把需求曲線往後移一點，代表需求略減，或者供給曲線往右移一點，代表供給增加，你可以看到魅力股很快就沒落，致使價格下跌。就像它上漲時同樣快速。還記得2000年時熱門網路股股價崩跌嗎？就是這種情況。這個區域的供給增加超過需求，導致泡沫破滅，進而需求減少，科技股因而破底。

這些圖形的變化反映出，個股或類股的股價因為需求和供給改變而自然發生的漲跌。每當你看到奇怪的價格波動時，不妨重複這個簡單的練習，你便能瞭解。在短期內，需求是影響價格最大的力量，而在長期，價格則幾乎完全由供給控制。你自行練習一下便會明白。

因為證券供給在短期內相當固定，投資人大多時候只需衡量需求即可。想清楚需求的方向，就等於想出短期預測。（大多時候如此，但有時你必須考量到供給，我們稍後再談。）這是你的投資同好可能沒有想清楚的，你知道他們不知道的。撇開其他事情──你在媒體看到的，朋友跟你說的，所謂專家告訴你的技術面或基本面投資，只要專注於影響需求的因素。這時，3個問題就很實用。有三股驅力影響投資人的需求──經濟、政治和投資人信心。

股票需求的三股驅力

經濟驅力

GDP成長、公司獲利、科技創新、預算赤字、貨幣情況等現象，都是經濟驅力。除了科技以外，這些事都不會真正直接衝擊公司的體質或他們的股價。美國享受強勁的GDP，並不代表某家公司會更具生產力或更有價值。公司在開發創新產品或建立新的、更好的經營團隊時，可能經歷正常、循環性的獲利停滯，但公司將更有價值。如果GDP快速成長，公司獲利超過預期，人們通常對經濟前景感到樂觀，而比較願意承擔股票風險（除非他們認為事情將盛極而衰，有時會如此）。萬一經濟衰退，執行長搞砸了，投資人對股市便不太熱中。

投資人此時會有麻煩，因為他們或他們的資訊來源誤解了經濟新聞。況且，投資人只注意已知的資訊。如果失業報告出乎預期地理想，你想採取行動已來不及了。不論好壞，股市總會超前或同步反應新聞，在新聞傳播之後已經太遲了。

政治驅力

選舉或政權移轉後可能立法修改稅負等，都是政治驅力的範例。我們在第2章提過，重大立法的威脅，尤其是危及財產權的，都可能造成廣泛的虧損迴避以及政治干預的恐懼。政客們對於市場風險迴避的影響，遠超過他們自戀的小腦袋所能理解的。

有時，它跟立法沒有關係。在雷根（Ronald Reagan）*開始他的「美國早晨」（Morning in America）廣告時，他或許不瞭解他是在向美國人宣傳美國。但廣告效果出奇的好，美國人對自己國家的好感增加，信心大增。然後是格林伍德（Lee Greenwood）†1984年的暢銷單曲〈天祐美國〉（God Bless The USA），也有異曲同工之妙。有時一場精彩的政治演說，便能形成政治驅力。

一般而言，資本市場害怕變動，所以總統任期循環這項資本市場技術才會管用。市場永遠無法確定政客是狂熱分子、偽君子或白癡。通常最好的情況是僵持不下，例如1990年代中期到後期，因為這代表沒什麼變動。在完美的僵局下，市場由1994年11月大選到2000年表現良好並非巧合。市場無須擔心佔少數或多數的共和黨國會，以及醜聞纏身又迷信民調數字的民主黨總統通過的法案。

你可以據以進行市場操作的第1個問題政治迷思是，許多人認為減稅將造成預算赤字，而不利於經濟。社論版和媒體評論充斥不理性的人宣揚他們的政治主張，企圖讓你相信減稅造成赤字，讓政府缺乏有效執政所迫切需要的資本，所以才導致衰退、空頭市場、高失業以及希望幻滅。然而，那些人不懂我們在第6章談到的，赤字往往帶來強勁GDP成長和股市漲幅。最重要的，政府從來沒有有效執政過，不論是民主黨或共和黨國會或政府，或許正如福特總統所言：「如果政府生產啤酒，半打會賣你50美元，而且還難喝的要命。」

---

* 譯註：隆納德・雷根，美國第40任總統（1981-1989），「Morning in America」是他競選的電視廣告主軸，宣揚美國將自令人失望的70年代復甦。

† 譯註：李・格林伍德，生於1942年10月27日，美國鄉村音樂歌手和作曲家。在1980年代發行了一系列鄉村城市樂（Countrypolitan）風格的暢銷曲，特別是著名的God Bless the USA。

投資人信心

第三股驅力投資人信心，是純粹情緒性的。情緒不斷在改變，每個星期、每一天，甚至每一秒。任何事情都會影響投資人的感受。在很多方面，它和我們先前提到的部分同樣複雜。它讓你覺得很亢奮。隔天早上，你又沒那麼興奮了。到了後天，你或許又覺得好多了。部分原因如我們先前提到的，因為我們沒辦法長時間維持極端的情緒，但我們可以刻意暫時讓情緒達到極端。

憂慮之牆

當頭條新聞糟糕透了，你的朋友和同事都在悲嗚時，你可以相信他們待會心情就會好轉，信心會改善。那些最擔心並在谷底賣出股票的人會逐漸恢復信心，又再買進。人們一看到股價上漲的反應當然是開心，然後又因為害怕而退回情緒區間的中段。股價又再上漲嚇到大家了，因為他們沒有料想到股價會漲得這麼凶猛，現在他們又擔心股價要反轉下跌。由於投資人害怕虧損甚於他們享受獲利，焦慮感不斷升高，這就是傳說中牛市必須攀登的「憂慮之牆」。股價漲得越高，沒有預料到的人就越焦慮。因為他們不明白為什麼股價會漲，也不懂股價為什麼不跌。因為他們討厭虧損多於喜歡賺錢，下跌的憂慮勝過一切。

有關這點的最佳說明是熊市開始以後第一年的報酬。當人們以為自己面對最大的市場風險時，他們其實將錯過一段低風險的時期。真正熊市之後的第一年報酬往往遠高於平均，如表7.1所示。

我在第4章畫股票鐘形曲線給大家看的理由是它們很適合評估信心。鐘形曲線顯示當下的投資人信心，而不是趨勢。如果你知道並同意這點，你便可以押注未來的走勢。例如，1990年代後期，一般的預期並不是看多。市場走高是因為需求已經太低，只能走高。鐘形曲線是一項很棒的資本市場技術創新，可用於測量投資人信心。

表7.1	熊市開始以後的股市報酬
熊市底部	底部之後S&P 500指數的12個月報酬
1932年7月8日	171.2%
1938年3月31日	29.2%
1942年4月28日	53.7%
1947年5月19日	18.9%
1949年6月13日	42.1%
1957年10月22日	31.0%
1962年6月26日	32.7%
1966年10月7日	32.9%
1970年5月26日	43.7%
1974年10月3日	38.0%
1982年8月12日	58.3%
1987年12月4日	21.4%
1990年10月11日	29.1%
2002年10月9日	33.7%
平均	**45.4%**

資料來源：Global Financial Data.

供給：運作方式

供給就像是永不停歇的手風琴，可以不斷擴張或緊縮。在市場可以承受的程度之外，IPO或增發新股所能發行的股票幾乎沒有限制，如果經濟環境許可的話。透過實施庫藏股或現金併購所能買回或消滅的股票也是沒有限制的。

如果有足夠的誘因大量發行新股，股價必然下跌，淹沒所有需求。其中的道理如下。以熱門股為例，像是1990年代後期的科技股。隨著股價急漲，每個人都想搶搭列車。假設A公司生產一項新產品，未上市市值為10億美元。它成為熱門IPO，以高價募得鉅額資金，卻只需交出很小的公司控制權——他們只用20%的新股便募得2.5億美元。公司仍掌握原有的80%股權。A公司原先市值有10億美元。IPO以後，加總起來，該公司有了12.5億美元市值。原先持有未上市股票的創辦人和其他股東，現在成了百萬富翁。他們可開心了。投資銀行也很開心賺到7%的費用，2.5億美元的7%相當於1750萬美元。

心急不已的人眼看IPO以後的股價飆高，也想如法炮製。於是，他們找來一位創業家和創投資本，共同成立一家B公司，就像是A公司的翻版。他們找來投資銀行讓B公司上市，好大賺一筆。或許他們只有營運計畫，根本沒有營收，1990年代的網路公司很多都是這樣。如果B公司上市成功，其他人便會跟進成立C、D、E公司，甚至F公司。如此可以無限類推下去。

A公司恍然大悟，憑著他們的高品質產品線，公司可以辦理現金增資再募集更多資金。它覺得自己的股價一定可以高過那些菜鳥公司。這回它又募集了3.5億美元，但只釋出17.5%的新股。現在，A公司有20億美元的市值。

現在輪到老字號、市值高達一千億美元的X公司，他們覺得不能落後，所以也投入這個熱門新產品項目。他們對A公司展開敵意併購，開價30億美元，以X公司的新股支付。A公司不再存續，取而代之的是比A公司先前流通的20億美元股票還要多出10億美元的X公司股票。A公司的股東依然大賺一筆，可是市場上突然多了許多新股。獲利卻還是跟以前一樣。就像大多數股票收購案一樣，稀釋了獲利。獲利金額不變，股數卻多了許多。最後，供給淹沒了需求，股價下跌。如果需求也萎縮，股價就會崩盤。

2000年3月科技IPO狂熱到最高點之後，科技股的崩盤就是這麼一回事。需求一路萎縮，直到全球股市在2002和2003年達到雙重底（double bottom）。科技泡沫破滅有許多代罪羔羊，人們責怪科技公司股價被高估。我不知道這是什麼意思，公司的價值是人們當下支付的價格。假如投資人用高價去買一家營運策略不明的爛公司，那是投資人的錯，不是公司的錯。雖然貪婪的執行長也有錯，公司會計規則也被指為太過鬆散，不夠廣泛。

實際上，科技泡沫破滅是因為市場已被供給淹沒，而需求一直跟不上，還逐漸減少。這是唯一的解釋。有人會怪罪投資銀行，但這有失公允。投資銀行只是回應投資人希望有更多供給（需求）的渴望。真正的禍首（跟我一起說）是投資人過度自信的腦袋，讓他們過度配置在一個類股。投資人太過心急，以致需求太高。要是沒有他們的需求，投資銀行和發行者也無法讓供給淹沒市場。

你應該隨時注意最新「熱門類股」IPO的狂熱。回顧整部投資史，每當我們看到一個熱門類股，投資人便宣稱：「這次真的不同。」但是從來沒有真的不同，只是枝微末節的差異而已。供給過剩，多於需求，造成價格下跌，這種事從來沒有什麼不同。（有關「這次真的不同」的更多證據，請參考我在《富比世》2000年3月6日的專欄〈1980年再臨〉，比較科技泡沫與1980年的能源泡沫。）

1980年再臨

科技股已進入泡沫的最後階段，今年內便會破滅了。我不喜歡「泡沫」這個字眼，極端分子老愛濫用它。但我在19年前看過這種泡沫，我知道它是如何收場的。現在的科技股就跟1981年初的能源股一模一樣。

還記得1980年的能源股是多麼銳不可當嗎？當時通膨不斷升高，商品價格大漲，油國組織壟斷市場，加上兩伊戰爭。到了1980年底，油價漲到每桶33美元，市場預測四年內會飆到每桶100美元。沒有人料到油價會下跌。

往事又再度重演。這次不是應該在四年內翻3倍的油價，而是網路使用者的人數。

以下是另外一些令人不安的雷同之處。S&P 500指數的科技股權重由1992年的6%擴大到1998年的19%，再到1999年的30%。能源股佔S&P指數的權重則由1972年的7%升高到1979年的22%，再到1980年底的28%。你很清楚科技股的高報酬：1998年上漲

44%，1999年大漲130%。1979年能源股上漲68%，1980年又漲了83%。

然後，泡沫破滅了。能源股的權重在1981年底跌到了23%，主要在1981年的下半年度。能源股跌掉21%。S&P指數則下跌4.5%。1982年，能源股又跌了19%，而S&P指數上漲21%。自1980年以來，能源股每年上漲9%。它的跌幅比S&P指數第二差的類股高出3個百分點。然而，能源的消耗量持續成長。

看看美國30支大型股，他們佔全美市值的36%。剛好其中一半是科技股。在1980年底，正好30支大型股中有一半是能源股。當然，假如你相信科技需求及未來，今日的權重有其道理。但若你相信股票供給增加，就沒有道理。

以下是另一個詭異的相似處。當年，能源股的價值是S&P指數平均股價淨值比（P/B）的兩倍。現在，科技股的股價是大盤P/B的2.5倍。

再看看1980年和現今的IPO。1980年非常忙碌，能源股佔IPO的20%，全美的股票數量因而增加了2%。1999年，科技股佔IPO的21%，使得總股數增加了2%。乍聽之下這沒什麼了不起，但實際上很嚴重。新上市公司即是引爆泡沫破滅之處，因為他們已燒光現金。

大多數新上市能源公司的成立目的是為了開發一些新奇的能源科技，或者在窮鄉僻壤探勘石油。他們不像艾克森是垂直整合的巨擘，能夠開採、提煉和銷售石油。他們一點也不龐大。1980年的50大能源股沒有一檔是在1979或1980年上市的。最後，他們幾乎全軍覆沒。可是，現在我們的50大科技股當中有11檔是在1998或1999年上市的，這表示如果當中有任何公司倒閉了，殺傷力必將更加強大。

大多數新科技公司都很資淺，如同1980年的能源上市公司。誰的網路銷售額最高？亞馬遜網站？錯了，是英特爾，1999年他們的線上業務（銷售晶片給客戶）超過所有網路公司的加總。聯邦快遞在網路上的業務也多過美國線上（America Online），是雅虎銷售額的17倍。

大多數的網路股只能算是行銷公司，根本沒有明顯或可行的策略。大多數的網路零售商沒有真正的銷售毛利率，一場災難正等著發生——就在今年內。

如同1980年的能源股IPO，這些新科技公司燒錢速度飛快，希望迎合大眾期許。今年內，一如二十年前的往事，數十家公司將用罄現金——現在有140家的現金供給不到12個月。屆時人們將擔心接下來誰會花光錢，把一些健全的公司也拖下水。科技股的賣壓將由小型股橫掃到大型股，甚至波及最穩健的科技股。

我不知道哪家公司會先倒閉。有的會辦現金增資，苟延殘喘。但很多沒有可行商業策略的公司很可能重重摔下。我不認為這種情況會馬上發生，可能要等到2000年下半年。

上個月我預測S&P 500指數在2000年將以平盤做收，科技股則將下跌15%。我仍維持這項預測。隨著2000年過去，你應該減碼科技股，留下最大型最穩健的公司。今年是加碼海外股票、降低美股預期的一年。

《富比世》雜誌，2000年3月6日。

合併的狂熱

股票的供給可以無限增加（長遠來說對股價並非好事），但是當公司認為股價過低而用現金買回自家股票時，股票供給也會減少。透過我們先前在第6章討論過的實施庫藏股，以及前面提及的現金併購，股票的供給幾乎可以被無限量地消滅。藉由第2個問題，我們知道現金收購狂熱之後將帶來理想的股市漲幅。如果需求維持相同（甚或更多），而供給減少，價格必然上漲。這對現在的你有何意義？因為股票摧毀一直大規模持續進行，這對行情是利多，假如供給沒有再度成長的話。2002年美國的現金收購一年不到10億美元，2006年時已增加到一年500億美元以上。美國以外的規模還更龐大。在其他條件相同下，大規模減少供給應可推升需求和股價上漲。這未必是你的唯一利多，但應足以抵銷利空因素。

假設你沒有在本書第一版時就買下這本書，誰知道這項「第2個問題」的事實會對你有幫助？只要記住股票型（稀釋）與現金型（增加）合併案之間的差異。市場上是不是有很多IPO案，大致上是不是以股票型合併案居多？這是一種潛在的利空因素。反之，許多的現金型合併可能是一個沒人注意到的利多——投資人大多沒有正確處理這類新聞，因為他們不懂該如何處理。

知道現金收購活動頻繁將推升大盤，你因此可以預測市場走勢。但這可以幫你挑選類股或個股嗎？絕對可以！看看合併案發生在哪些類股，然後由上而下找出可能被收購的標的。如果你猜對了幾個收購標的，當合併消息宣布時，你就賺翻了。（如果你不知道該怎麼做，以下的小方塊教導你如何找出可能被收購的標的，並提供一些例子。）

搭上併購列車

當公司的盈餘收益率高於其稅後借貸成本時，他們就有充足的誘因去借取廉價資金，用以買回自家股票或收購同業。利用借來的廉價資金收購同業，公司等於佔有被收購公司的盈餘，增加自己的每股盈餘。實施庫藏股也有相同效果。都是買到賺到！

找尋收購標的

只要找出即將被收購的股票，你就能搭上併購列車。股東在收購案得到的溢價，往往推升股價大漲。好的收購標的應該具有以下部分或全部特點：

低價值
高現金流量
強勁的資產負債表
優秀的品牌
區域優勢

相對的高市佔率

相對的小規模

強力的通路網

沒有掌握控制權的少數股東

你只需閱讀股東報告就可以知道這些事，公司網站都有公布。以下是我在《富比世》雜誌公布我找出的兩檔股票，收購消息宣布後，都有很不錯的漲幅。

MBNA（KRB）

我在2005年5月9日的《富比世》專欄提到MBNA。該公司是當時全球最大信用卡發卡公司，發行大家熟悉的信用卡，像是威士卡、萬事達卡和美國運通卡，相關集團包含協會與金融機構，策略相當成功。如果你持有上述的信用卡（誰沒有呢？），很可能是MBNA發給你的，不管你知不知道這家公司。除了信用卡，他們還有強勁的消費信貸與房貸業務。該公司具有完美收購標的的所有特質——知名品牌、健全的資產負債表，外加股價低於營收12倍，實在便宜到不行。美國商業銀行也這麼認為。他們在2005年6月30日宣佈有意收購MBNA，當天MBNA收盤大漲24%。假如你在我推薦的那天就買進，你已經穩穩賺了30%。

加拿大太平洋航運（CP Ships，TEU）

很多美國投資人迴避海外投資，其實他們可虧大了。我在2005年4月18日的《富比世》專欄提到太平洋航運是一個很好的收購標的。雖然這家貨櫃航運公司在英國註冊（英國人更像美國人而不像歐洲人），但80%的業務集中在北美。船隊規模達八十艘，在大多數航線都屬於佼佼者。2005年，這檔英國小型股不受注意，因為航運是景氣敏感產業。但它也是成長產業，以2005年盈餘13倍以及37億紮實的營收而言，這檔股票很便宜。德國大型多角化經營的觀光和航運公司TUI，2005年8月22日宣佈與加拿大太平洋航運合併，又快又省錢地擴張了航運業務。加拿大太平洋航運的股東當天便賺進8%。不過，要是你在我推薦的當天就買進，你就會賺到56%的漲幅。

你知道大部份的現金合併案會發生在低價的股票，亦即相對於收購者的稅前長期借貸成本，盈餘收益率高的股票。假設平均公司借貸利率（BBB十年債券利率）為6%，平均公司稅率為33%。所以，稅後平均借貸成本是4%。收購標的在獲得大約25%的出價溢價後，往往具有高於4%的盈餘收益率。所以，大多數收購標的在交易宣布前會有高於5%的盈餘收益率，換算為P/E的話便低於20。為了讓收購者的每股盈餘由交易得到最大的成長，盈餘收益率越高越好。大多數現金併購會以低本益比（高盈餘收益率）去評估股票。只要找出這種股票，便能搭上現金合併案的列車。

沒有一種股票風格會永遠佔上風——就是這麼簡單！

供給和需求是股價的唯一決定因素，而創造或摧毀新股的數量近乎無限，所以，沒有任何股票指數、規模、風格、國家或類別會永遠佔上風。（記得我們在第4章看到的圖型嗎？）儘管特定類別的支持者（小型價值、大型成長、日本、生技）相信他們喜歡的類別永遠都會表現傑出，但事實並非如此。

當一個特定類別的支持者告訴你他們的股票會永遠佔上風——他們總是這樣——就等於在告訴你，他們不懂股市。只要在合適的環境下有足夠的時間，供給便可無限增加。而需求在短期或中期內會不斷波動。沒有證據顯示任何股票類別的供給會受到限制，無法買回及摧毀，或者可以預測其長期走勢。你不妨這麼想，假如某一種股票類別有需求，投資銀行就會加以滿足，他們才不管投資人是否認為特定類別的股票會永遠佔上風。

2000年以來，小型價值股一直很熱門。我告訴你一個簡單的訣竅。每當大型成長股表現差勁時，小型價值股就會表現理想，他們是兩極化的類別。要說他們其中一種表現理想，就等於說另一種表現差勁。有很多投資人說小型價值股會永遠佔上風。我在三十年前開始操作小型價值股，早在小型價值股這個字眼存在之前。我的第一本書《超級強勢股》是在談PSR，尤其是如何運用PSR去挑選別人找不出來的小型價值股。當年，小型價值股這個名詞甚至不存在。1980年代初期小型價值股表現搶眼，所以在80年代中期才出現這個名詞。就像過去這七年。

1989年，當大型法人顧問公司卡藍（Callan Associates）為法人投資人推出第一個小型價值股同儕團體（peer group），據以判斷經理人的操盤績效，最初的團體只有我們12人。他們找不出其他專門操作小型價值股的經理人。二十多年前這個類股就是這麼原始。

現在，我的公司仍為年金、大學捐贈和基金會管理十多億美元的小型價值股。不過，這個類股有時搶眼，有時遜色。有些人卻忘記這點，即便是應該很懂的人。

美國有一位頂尖學者，他是小型價值股的超級粉絲，2006年6月14日他在《華爾街日報》社論版寫了一篇文章。他熱烈地陳述，回顧長期歷史，小型價值股一直表現出色。錯了！他口中小型價值股的長期優越性只不過是資料探勘。是有這種資料，但不能這麼詮釋，如同我在第4章告訴你的。你可以一直回顧過去，便可看到小型價值股是市場表現最差類股的時期，那長達數十年的時間。如果你必須等上二十年才能等到它出頭天，就不叫真正的優越性。

儘管自1928年以來（這是小型價值股可被評估的最長遠起點），小型價值股表現優於大型股或大盤，但這些小型股的報酬集中在一小撮股票，數量少到流動性不足，風險很高。沒有人提過這點。此外，這些公司早期的買進賣出價差很大。早在1930年代和1940年代，這些小型股的價差時常達到買進價格的20%到30%，這種價差並未列入計算。買賣一次就吃掉大部份的報酬，這些都沒有列入交易成本。

我不是反對持有小型價值股，或擁護大型股或整個大盤。我想說的是，有一段很漫長的期間，長期看來正確的事並不適用。而這種期間長到會讓人捉狂，包括你。在五年、十年或二十年間，供給的變化將決定股市及類股的報酬。但在很長的期間，所有主要類股在經過正確計算後，報酬都差不多。一直鍾情於某一種類股並不會給你帶來優越的報酬。

弱勢美元，強勢美元——有什麼差別嗎？

我們對於供需的知識可以運用在任何自由交易的證券嗎？當然。把它運用在美元，我們就又發現了一項沒有人注意到的第2個問題投資真理，同時破解更多迷思。

可憐的美元近年來一直遭人中傷。大家都說美元疲弱將導致美國經濟淪落。這種看法是近乎宗教性的。投資人忘了在1990年代後期，大家還在擔心超強勢美元將使外國人不想跟美國貿易，導致美國經濟淪落。按照那種邏輯，有什麼不會導致美國經濟淪落？或許我們應該設法達成一種對其他國家貨幣的最佳匯率。我不知道那種匯率是什麼，或者我們如何在自由市場維持那種匯率。但我這輩子都會支持自由市場，而不是政府干預。但是，投資人必然認為這種政府干預的完美狀態是存在的，因為他們總愛抱怨美元及其走勢會害死我們。

巴菲特看空美元是眾所周知的。可惜，他操作美元的時機平均來說不是那麼好。巴菲特先生是天縱英明，可是預測大盤、利率、商品價格（沒錯，貨幣屬於商品）並非他的強項，他也沒有受過任何特殊訓練，對這些東西的預測也不是太準。在2003年11月10日的《財富》雜誌，巴菲特先生警告貿易赤字將造成美元走疲（永遠地），並對美國經濟造成無以彌補的傷害。顯然，他在中期內看錯了。我們在第6章談到，美國的貿易赤字的確在擴增，而不是縮減，但是自從他做出末日預言之後，美國的平均實質GDP成長率達3%，從2002年開始上一波復甦以來股市一直上漲。雖然美元在

2004年和2006年貶值，但在2005年升值。從2004年1月到2006年6月30日，美元貿易加權匯率下跌1.96%，根本不值得大驚小怪或進行操作。巴菲特先生的預言並未成真。

現在，你在第6章看到鉅額貿易赤字是強勁經濟的表徵，而不會導致經濟走疲，所以，他們跟導致美元升值或貶值沒什麼關係。以下是一個第2個問題：弱勢美元或強勢美元有什麼重要的嗎？很難探測的問題，對吧？雖然美元是一個貨幣指標，但它也是經濟需求的驅動力。知道美元的走勢以及它對股市的影響是一項寶貴資訊，假如你可以加以探測，而你的投資友人不能的話。這又是一個很好的第2個問題：你如何能夠瞭解美元的走勢？但首先我們要提出第1個問題——你所相信的匯率波動因素有哪些是錯的？讓我們來探索一些流行的迷思。

五個迷思和更多的供給與需求

第一個迷思——美元跌個不停

本書在2006年寫作時，投資人總是認為美元已經跌得太深了。大家普遍對美元的相對力道有所誤解。去問朋友（同事、家人或球友）對美元匯率的看法，他們通常認為美元一直持續過去幾年的走勢，直到幾個月前。許多專家的2005及2006年預期，是以美元將持續大跌為基準。但他們沒有搞清楚的是美元絕不是單行道。在2004年下跌之後，美元在2005年大幅升值。等到2006年中，美元又扭轉，回到2004年的水準。提醒你，在這段期間匯率一直有漲有跌。貨幣就像其他在公開市場交易的證券，會有波動的。然而，大家還是認為美元疲軟，總是在下跌。

這是一個簡單的第1個問題：美元真的一直在貶值（或升值）嗎？我們看一下表7.2的資料。

表7.2列出美元、歐元和英鎊對主要西方貨幣匯率。陰影的部分是美元貶值的年份，升值的年份則無陰影。只要注意陰影的部

表7.2 貨幣的三年法則

貨幣	1990	1991	1992	1993	1994	1995	1996	1997	1998	1999	2000	2001	2002	2003	2004	2005
美元／歐元	(12.2%)	1.7%	10.7%	8.5%	(9.3%)	(6.4%)	4.9%	13.5%	(5.4%)	16.4%	6.8%	5.4%	(15.2%)	(16.8%)	(7.2%)	14.6%
美元／英鎊	(16.4%)	3.2%	23.4%	2.4%	(5.5%)	0.8%	(9.3%)	3.7%	(0.5%)	2.7%	8.0%	2.8%	(9.6%)	(9.9%)	(6.9%)	11.4%
美元／日圓	(5.5%)	(8.1%)	0.0%	(10.6%)	(10.8%)	3.8%	12.0%	12.7%	(13.1%)	(10.0%)	12.0%	14.5%	(9.3%)	(9.7%)	(4.3%)	14.9%
美元／澳幣	2.3%	1.6%	10.5%	1.3%	(12.4%)	4.3%	(6.4%)	22.2%	6.2%	(6.7%)	17.4%	9.1%	(8.8%)	(25.5%)	(3.5%)	6.6%
美元／加幣	0.2%	(0.4%)	10.0%	4.1%	6.0%	(2.7%)	0.4%	4.4%	7.0%	(5.6%)	3.8%	6.5%	(1.5%)	(17.7%)	(7.1%)	(3.3%)
美元／紐幣	1.0%	8.9%	5.0%	(8.1%)	(12.6%)	(2.0%)	(7.6%)	21.3%	10.4%	1.0%	17.8%	6.5%	(20.6%)	(20.1%)	(8.7%)	5.2%
美元／瑞郎	(17.3%)	6.4%	8.0%	1.3%	(11.9%)	(11.8%)	16.1%	9.1%	(6.1%)	16.0%	1.3%	3.0%	(16.7%)	(10.4%)	(8.0%)	15.4%
歐元／日圓	7.2%	(9.3%)	(10.1%)	(17.3%)	(1.8%)	8.2%	9.1%	(0.6%)	(7.5%)	(22.4%)	4.6%	8.9%	6.3%	8.3%	2.9%	(1.5%)
歐元／英鎊	5.0%	1.9%	11.0%	(5.5%)	(3.9%)	5.4%	(11.9%)	(8.3%)	6.3%	(12.2%)	1.2%	(2.8%)	6.4%	8.2%	0.3%	(2.8%)
歐元／澳幣	(15.9%)	(1.4%)	(2.2%)	(8.8%)	(3.5%)	11.9%	(10.6%)	4.6%	14.4%	(20.0%)	10.3%	2.9%	7.1%	(10.2%)	3.6%	(7.3%)
英鎊／日圓	12.9%	(0.7%)	(19.1%)	(12.6%)	(5.5%)	2.6%	24.0%	7.7%	(12.3%)	(12.1%)	3.4%	11.8%	0.2%	0.4%	2.5%	3.0%
英鎊／澳幣	22.5%	(1.5%)	(10.5%)	(1.1%)	(7.5%)	3.5%	3.2%	17.2%	7.4%	(9.2%)	9.1%	5.8%	0.6%	(16.9%)	3.1%	(4.4%)
英鎊／加幣	19.9%	(3.5%)	(10.6%)	1.3%	12.0%	(3.5%)	10.8%	0.4%	8.5%	(8.5%)	(4.1%)	3.5%	9.5%	(9.0%)	(0.6%)	(12.8%)
英鎊／瑞郎	1.1%	(3.0%)	(14.3%)	0.9%	7.3%	14.6%	(22.3%)	(4.3%)	5.0%	(11.4%)	6.6%	0.2%	8.6%	0.5%	1.4%	(3.5%)

資料來源：Thomson Financial Datastream.

分，而不要看數字，你會看到美元顯然不是一直朝一個方向波動，沒有任何西方工業國家的貨幣是這樣。

以這種方式來看匯率波動可以看出，主要西方貨幣通常會經歷二年到四年的升值及貶值周期，但很少長達四年，然後便反轉。我稱之為「三年法則」。有時候三年法則不太準確。首先，從1993到1996年，美元兌紐西蘭幣連續四年貶值。可是，紐西蘭幣算不上主要貨幣，因為該國人口只跟科羅拉多州一樣多。若以日圓兌歐元和英鎊，你會看到數個四到五年周期。可是，日圓是亞洲貨幣，也不完全是西方貨幣。

大致上來說，這項法則在比較西方貨幣時是適用的。他們似乎不會朝一個方向波動超過三年，所以我才稱之為三年法則。從2004年底到整個2005年，大多數分析師均預期股市表現疲弱，部份原因是美元崩盤將帶來災禍。基於三年法則，我知道不久便將出現反轉。我還知道全球與美國市場可能在2005年走強（我曾在2005年1月31日的《富比世》專欄做出預測），部份原因是美元將意外轉強且不會帶來災禍。請注意，美元走強本身不會促使股市上漲，惟若人們對於美元走疲的恐懼沒有成真，他們會喜出望外，心情便會好轉，股票需求也跟著增加。（總歸一句還是股票的供給及需求。）2005年，美元升值，災禍也沒有降臨，反而帶來意外的利多——就這麼簡單。

第二個迷思——預算赤字將導致美元貶值

現在你已成了赤字專家，所以你知道這個說法很荒謬。不過，預算赤字是弱勢美元的一個常用暱稱。（他們假設弱勢美元是不好的，而強勢美元是好的。）但這類想法又宣稱，外國人擔心美國財政失序，進而減少美元需求。

首先，第6章談到，美國聯邦預算赤字並不會傷害股市或經濟。反之，它是一件好事，因為它增加貨幣周轉，增加債務（你也知道這是一件好事，而非壞事），增加資金流入民間部門（你、我；甚至是海洛因成癮的iPod借款人）。回顧歷史，我們在第1章談到，聯邦預算赤字觸及高峰之後的時期都出現熱絡的經濟和股市上漲，反而在預算盈餘之後的狀況不是那麼亮麗。

第二，匯率是貨幣現象，而預算赤字屬於財政。它們完全是兩碼子事，沒有因果關係。完全沒有！其間沒有關聯機制。是的，如果央行將赤字造成的債務貨幣化，就會創造出新錢而讓美元貶值。但我們何不將焦點直接放在貨幣創造（money creation），因為這是問題的根源？不論有無赤字，貨幣創造都會讓美元貶值。

第三，美國在整個1980年代和1990年代初期一直有鉅額的預算赤字（有時佔GDP的百分比甚至比現在高）。在那段時期，有很多時間美元是大漲的，例如1992到1993年。現在，英國、德國和日本都有預算赤字，如第6章談到。如果預算赤字不利於美元，為什麼沒有不利於英鎊、歐元和日圓？如果美元貶值，一定是對前述的貨幣貶值。如果這些國家的預算赤字也造成他們的本國貨幣貶值，那他們到底要對誰貶值？馬來西亞幣嗎？事實是，主要西方國家的預算赤字或盈餘跟他們的本國貨幣強弱沒有任何關聯。

第三個迷思——經常帳赤字將導致美元貶值

現在，你對這個問題也很瞭了。我不想浪費太多時間在這上頭。在第6章，你知道這個迷思是錯的，理由和貿易赤字迷思相同。它們適用相同的邏輯。我再補充兩點。美國自1981年以來一直有經常帳赤字；其間美元有時走強有時走疲。如果你計算經常帳赤字佔GDP的比率以及和美元匯率之間的關聯係數，你會得出這25年的關聯基本上為零，不論是用每日、每周、每月或每月資料。

紐西蘭幣、澳幣和英鎊在2002、2003和2004年均對美元升值，但這些國家在當時都有鉅額經常帳赤字。沒有人曾提出解釋，為什麼美國的經常帳赤字不利於美元，但其他國家的經常帳赤字就有利於他們的貨幣。或許是因為其間沒有任何可證實的關聯。也或許是因為人們沒有注意到紐西蘭和澳洲有經常帳赤字！我打賭你從來沒注意過。

第四個迷思——匯率是由貿易收支、外交政策和國際人氣度等決定

貿易赤字已在第6章談過。你不能說貿易赤字不利於美元，卻有利於英鎊、澳幣和紐西蘭幣。貿易赤字永遠不會「反撲」。我們在第6章談過，這是重商主義的看法，已經落後時代250年了。美國有很多死忠的重商主義者，我猜想他們永遠不會跟上時代，所以他們永遠都會是那樣。但你不必加入他們。在我們生活的世界，蘋果由海外進口超廉價的記憶晶片和其他零組件，創造出貿易赤字。但反過來，蘋果以高達50%的獲利率（市調機構iSuppli的資料）銷售最新款的iPod（給海洛因成癮者和一般人），增加該公司的每股盈餘，進而提升股東價值。重商主義者如果去思考貿易赤字與人民的財富增加可以同時存在，他們的腦袋會爆炸。不過，這就是我們的世界，美好的世界。

跟貿易赤字與經常帳赤字息息相關的迷思是外國人在「支撐」美元。這時常被解讀為「依賴外國人的善意」。但我一點也看不到外國人慈善的證據。或者比較合適的問題是：為什麼外國人的行為會跟你不同？你在投資的時候，你會把錢投入在你覺得最可能賺錢的地方，還是你覺得最需要支撐的地方？外國人並沒有在支撐美國。重商主義者認為外國人是在「支撐美國，直到撐不住為止」。正確的想法應該是他們「投資在他們認為最好的地方」。他們在美國投資，因為他們認為比起其他地方，美國可以獲得更好的報酬。如果他們不是這麼認為，他們便會去其他地方投資。沒有其他合理解釋。

最後，第五個迷思——弱勢美元不利於股票

如果你在美元貶值的時候持有外國證券，你的部位可以獲得高一點的報酬。反之亦然，以相對弱勢的貨幣計價的股票在兌換匯率的時候，表現似乎沒那麼理想。別忘了，在全球投資時，你不需要把美元換成歐元、日圓或馬來西亞幣。購買本地貨幣計價的外國股票對散戶投資人來說，可能不太容易，你可能必須在該國開立帳戶。美國人可以買賣美國存託憑證（ADR）就好，亦即以美元交易的外國股票。

長期而言，因為貨幣有周期循環，匯率效應到頭來會趨近於零。自1970年以來，以當地貨幣在全球投資已使美國投資人的報酬減少27%，而MSCI世界指數同期內累積上漲2000%以上。在36年間，27%不算什麼——計算之下，匯率衝擊等於每年0.7%——根本不必避險，尤其是在考量交易成本時。用美元進行全球投資還好賺一些，只是還不夠大肆慶祝一番。

好吧，雖然沒有什麼影響，美元是否能夠告訴我們股市的走勢？或許強勢美元有利於美股，反之，弱勢美元則不利於美股。我們可以檢視事實是否支持這種說法。如果美元疲弱，那麼股市同樣也會疲弱。但我們在圖7.1可以看到，即使美元疲弱，股市也會上漲，甚至大漲。

在美國和全球各地都是一樣的情況。貨幣不會主導股市的走勢，股市也不會影響貨幣（見圖7.2）。

沒有理由認為強勢美元會導致股市上漲，或弱勢美元造成股市下跌。美元無法預測美股的表現或全球股市的表現。不論強勢或弱勢，你都不必懼怕貨幣。

接下來，我們提出第3個問題，以我們思考美國經常帳赤字對美股及全球其他地方影響的方式來思考美元。當全球股市大漲時，你知道美股可能也會上漲，對吧？他們具有正相關。如果全球股市下跌，你知道美股可能也會下跌。有時美股漲幅超前全球，有時則

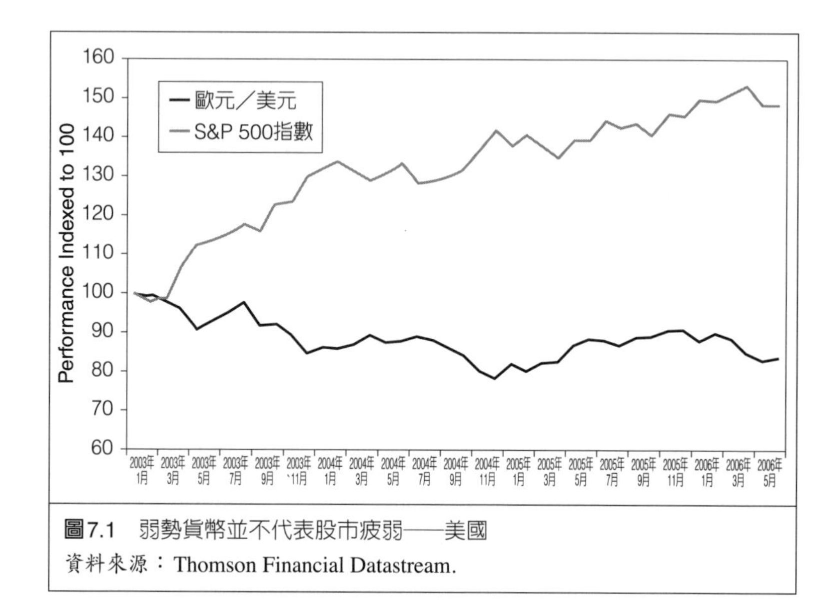

圖7.1 弱勢貨幣並不代表股市疲弱——美國

資料來源：Thomson Financial Datastream.

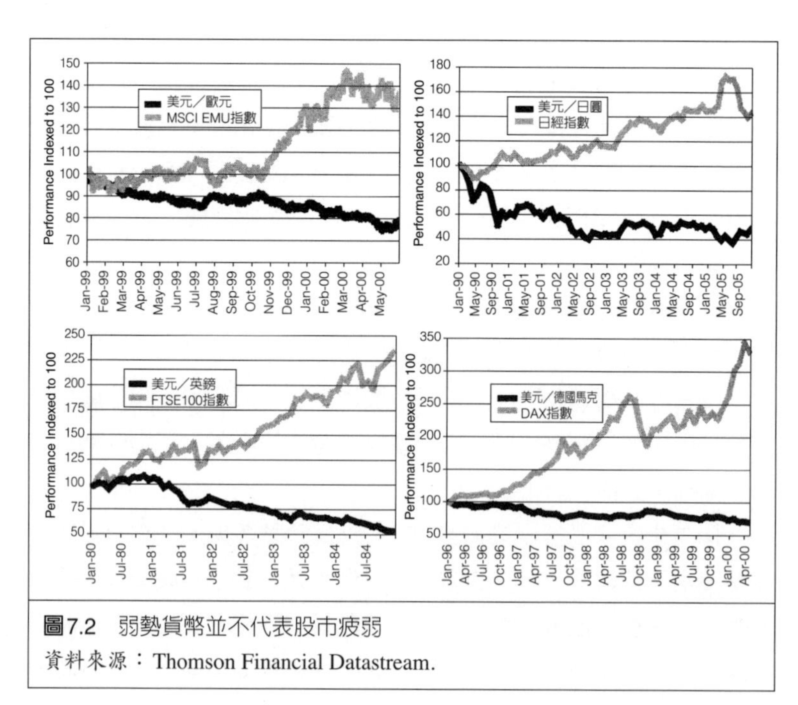

圖7.2 弱勢貨幣並不代表股市疲弱

資料來源：Thomson Financial Datastream.

是超跌。如果有任何主要走勢，他們往往是相同的。美股約為全球股市的一半規模。所以若美元貶值不利於美股，那麼其他非美元的貨幣升值，難道不該有利於其他股市？他們是平均抵銷的。但不會有全球貨幣貶值，只有全球通膨。同樣的，也不會有全球貿易赤字或經常帳赤字，但人們卻表現得好像負面相關比正面相關更加有力似的，雖然他們並未明確表示。（儘管他們不曾說過，但他們的表現仍以行為論為基礎——短視的損失趨避概念。）噁！重商主義者！

換個方式來說，美國佔全球GDP的38%，其他各國則佔62%。若美元貶值不利於美國經濟，那麼其他貨幣升值是否應該有利於其他62%的經濟？可悲啊，大家不怎麼做全球思考，以致他們無法完全瞭解這點。這些重商主義者並不是耽溺於1960年代；他們是耽溺於1690年代。

再次提醒你，供需決定匯率

貨幣的差異只在於它們的發行者（央行）及其金融體系不同。由於貨幣是在自由公開市場交易的商品，它們決定其相對價值的方法和其他資產一樣，由供需決定。

匯率是一種貨幣兌換另一種貨幣的價值。匯率完全是相對關係。一種特定匯率是由這兩種貨幣之供需特性的複雜結合來決定。需求相對增加或供給減少會導致一種貨幣兌另一種貨幣的匯率上漲。

貨幣供給

貨幣的基本供給完全由發行的央行決定，再由轄下的銀行負責執行。央行具有創造或摧毀貨幣的完全權力。央行希望相對穩定的物價與溫和的貨幣成長，俾以創造相對低通膨率。如果他們負責任的話，主要貨幣應該在長期保持相當穩定的匯率，短期的波動則是正常的。

然而，不負責任的央行或控制該國央行的政府，可能動搖該國做為主要工業國家的地位。還記得德國威瑪（Weimar）共和國年代嗎？它是現代史上的一個範例，他們在1920年代初期差點毀掉德國貨幣，因為創造過多貨幣而造成超級通膨。開發中國家，像是1990年代初期的巴西，往往沒有獨立的央行，可能經歷較長的控制匯率時間，而且幾乎都是貶值的趨勢。但大國擁有獨立央行，例如美國的聯邦準備理事會，而不會經歷永久的單方向匯率波動。

貨幣需求由數個因素決定，主要以該貨幣進行之經濟活動的多寡而定（例如達拉斯的雜貨店是用美元，而非日圓）。使用特定貨幣的經濟活動越多，該種貨幣的需求越多。另一個重要的貨幣需求來源是「價值的儲存」（store of value）。如果投資人相信以一種貨幣計價的資產會保存或增值，勝過以其他貨幣計價的資產，該種貨幣的需求便會增加。

長期來看，就像股票一樣，供給決定相對貨幣強勢或弱勢。當央行創造過多貨幣時，過剩的供給便會壓迫貨幣價格及推升通膨。資產金額相同，創造的貨幣越多，就會減損該種貨幣所儲存的價值。反之如果央行過於限制貨幣創造，但貨幣太過強勢亦非央行的目標。投資人無力改變壟斷性的央行制度，只能盼望它們不要犯下太多錯誤。投資人也無法預測貨幣的長期供給。要記住，我們的央行近年來已日漸長進。1929年到1932年時的聯準會是場災難，因為他們選在最糟的時機將貨幣數量減少30%，讓大蕭條比原本更嚴重，說不定還是大蕭條的禍首。這是美國央行的低潮時期。此後，聯準會一直表現良好，但一般而言，它越來越好了。

過去幾任聯準會主席都因為管理失當而飽受抨擊。威廉・麥克切斯尼・馬丁（William McChesney Martin, Jr.）、亞瑟・柏恩斯（Arthur Burns）和威廉・米勒（Willian Miller）在卸任後都被嚴厲批評。在成為聯準會主席之前，柏恩斯總是在批評馬丁。馬丁於1951到1970年間擔任聯準會主席，所以柏恩斯有很多時間可以批評他。柏恩斯認為以馬丁的學養根本不該犯下那些錯誤。馬丁後來則表示，在你成為聯準會主席時，你要吞下一顆小藥丸，讓你遺忘你所學的一切，其效果在聯準會主席任內會一直持續。在當上聯準會主席，也同樣遭到批評之後，柏恩斯便宣稱他吞服了「馬丁的小藥丸」。他們都受到批評，而且是活該，因為他們都犯下許多錯誤，但數十年後，他們從以前的錯誤學到教訓，所以減少了犯錯。

保羅・伏克爾（Paul Volcker）是第一位沒有在日後被罵到體無完膚的聯準會主席，儘管他以打擊通膨為名，造成1980到1982年的衰退。有人會說他管得太多，但大致上，他的表現比以往幾任主席都還要好。接下來是葛林斯潘，他的表現還要更好，因為他很有才幹，而且學得更多。他們的前任者當然不是白癡（米勒可能是政治白癡，但那是另外一回事），他們只是盡力而為，根據沒有檢驗過的理論在黑暗中摸索，還有以今日標準而言，非常原始的資料蒐集及很差勁的電子分析。直到科技改進及全天候即時資訊降臨，聯準會主席才得以檢驗理論及查證關聯性（亦即提出第1個問題），而不致造成可怕的結果。他們可以做出更快速的反應，記取以往的錯誤。因此，我們在這幾十年來的政策失誤越來越少見。

不過，犯錯還是在所難免，例如葛林斯潘在1999年擔心可能發生Y2K問題，而創造太多貨幣，刺激經濟。然後，在2000年Y2K問題沒有發生之後，他又沖銷掉這些貨幣，致使1999到2000年的景氣榮枯比以往來得劇烈。但比起伏克爾以前的時代，錯誤的次數和幅度都減少了。跟以前比起來，葛林斯潘最糟的錯誤已經算很不錯的了。海外也是一樣。我猜想，未來隨著資訊流通改善，並且由過去累積教訓，央行雖然還是會犯錯，但會越來越少，也不會那麼嚴重。由於主要工業國家的央行往往較少犯下愚蠢的錯誤，中程貨幣波動可能略低於歷史水準（我們的貨幣三年法則也將提高正確性及規律性）。

貨幣需求

影響需求的短期（由數分鐘到數個月）效應包括高階政府或央行官員口頭干預（發表有利或不利於某種貨幣或利率的談話），改變短期看法及需求。這種效應十分短暫，有時讓匯市波動數分鐘或一個月。每當葛林斯潘發表他著名的奧妙難解的「葛語錄」時，市場就隨之波動。市場以為自己懂得他在說什麼，因而出現短暫的波動。不過，通常在翌日，市場就會恢復正常。

此外，央行隨意的公開市場操作，亦即央行以一種貨幣去買進另一種貨幣，可能造成短期影響。但沒有一個央行有足夠的錢能單憑兌換貨幣，就足以抵消匯市其他影響因素。

即使是時常被妖魔化的投機客也能對貨幣的需求和相對價格造成小幅短暫的影響，但投機客的影響比央行還小，因為他們的錢來得更少。數十年前，喬治・索羅斯（George Soros）確實撂倒了英格蘭銀行（央行），但唯一的原因是英格蘭銀行讓自己居於那種劣勢。索羅斯最常被引述的一句話是，這種事現在絕不會再發生了。投機客影響消退的另一個原因是他們往往不打團體戰。投機客炒作不同貨幣，押注在不同走勢，所以在某種程度上，他們彼此抵銷了衝擊。

跟股票一樣，貨幣波動在短期內是變化很大的。你不必太在乎一種貨幣每天或每個月的波動（除非你在炒作貨幣，而炒作貨幣就像炒作其他商品一樣）。

真正影響貨幣需求的因素

我們要再提出第2個問題了：你能找出什麼別人找不到的影響貨幣及需求的因素？有一些明顯的因素會造成貨幣供需的短期改變。首先是央行隨意的公開操作。當一個國家的貨幣盯住另一種貨幣（例如，人民幣盯住美元），該國央行必須買進或賣出另一種貨幣俾以維持關係。第二，當一個國家的經濟成長快於另一國，該國貨幣需求便會增加，因為以該國貨幣進行的交易較多。這兩個因素都很容易探測，根本不須提出第2個問題。那麼還有什麼因素會影響貨幣？你能探測什麼？

每一天，投機客都利用「套利交易」（carry trade）炒作匯率。套利交易是這樣進行的：你用一種貨幣去借取短期資金，將之兌換成另一種貨幣，然後買進以新貨幣計價的短期債券（如果是長期炒作也可以買長期債券）。它的原理是借取低利資金，買進高收益率的債券，打賭在你持有的期間，債券收益率仍足以彌補利差。這兩種利率之間的利差就是所謂免費的資金，而大家都愛免費的資金。

關鍵在於借取你認為不會對高利率貨幣大幅升值的貨幣，因為你的資金要停泊在那種高利率貨幣上，這是一個很棒的第2個問題。因為你要賣出借貸的貨幣去買進另一種貨幣，如果太多人同時這麼做，買進的貨幣就會升值。那麼，你不僅賺到利差，又賺到貨幣升值。錦上添花，豈不妙哉。

借取高利率的貨幣去買進低利率的債券是完全不理性的。這叫做反免費資金。假設A國的短期利率低於B國，投資人比較可能以A國的低利率去借錢，然後投資於B國的高利率，對A國的貨幣造成下跌的賣壓，同時對B國貨幣形成上漲的買氣。此時，匯率變得有點像是自我實現的預言，因為套利交易每天以龐大的金額在進行。

理論上，這是行得通的，但我們來檢視一些真實的場景。圖7.3顯示美國、英國、歐元區和日本在2004年初的收益率曲線。在曲線的前端，美國遠低於英國及歐元區，但仍遠高於日本。這是因為那一整年美元都疲軟。投資人借取美元去投資海外短期票券，進一步造成美元走跌。如果你用1%的六個月利率借入美元，然後投資在2%以上的歐元區，你會賺到1%的利差，只要歐元不貶值的話。因為很多人同時這麼做，他們賣掉美元，買進歐元，壓迫美元下跌，推升歐元上漲。如果你借的是英鎊還更有賺頭，這也是英鎊

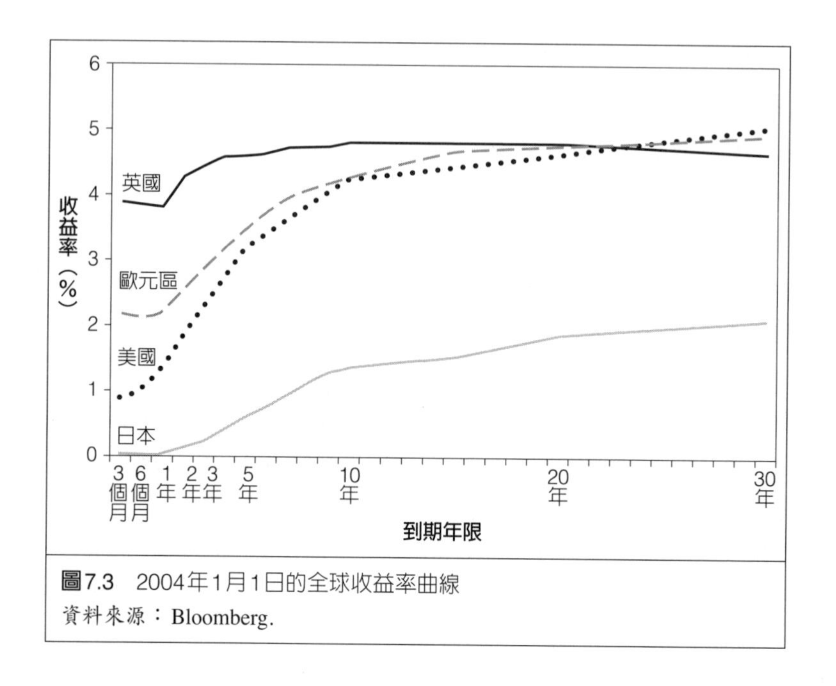

圖7.3　2004年1月1日的全球收益率曲線

資料來源：Bloomberg.

如此強勢的原因。

2005年，在聯準會連番升息之後，美國的收益率曲線已升高到德國和日本之上，並大幅拉近與英國的差距。美元在2005年對全球各主要貨幣強勁升值，因為套利交易的操作方向反轉了。由於聯準會升息，一直壓迫美元的套利交易已不復見（圖7.4）。

這個理論是有證據的，我們不妨進一步檢視。圖7.5顯示過去二十年來美國和歐元區短期利率之間的利差，以及美元的相對強勢（在1999年歐元問世之前，我們用一籃子歐洲貨幣的GDP加權指數來替代）。當利差擴大時（意味著美國短期利率高於歐洲），美元大致上對歐元升值，當美國短期利率下跌時，美元大致上是貶值的。並不是每年都如此，因為還有其他供給壓力在運作，但這仍足以做為可靠的指標。

當市場可以事先預期低利率的國家將升息時，這個指標便行不

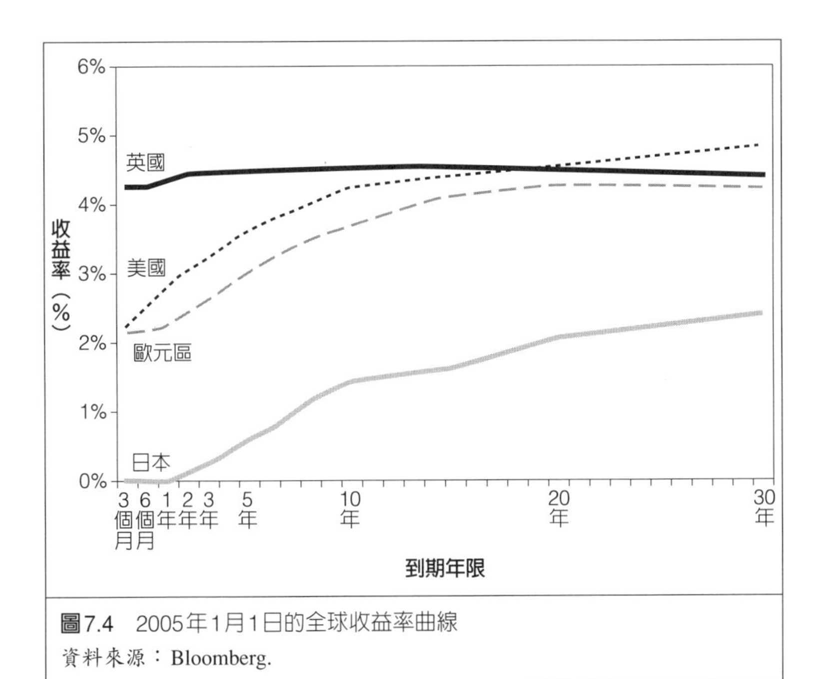

圖7.4　2005年1月1日的全球收益率曲線

資料來源：Bloomberg.

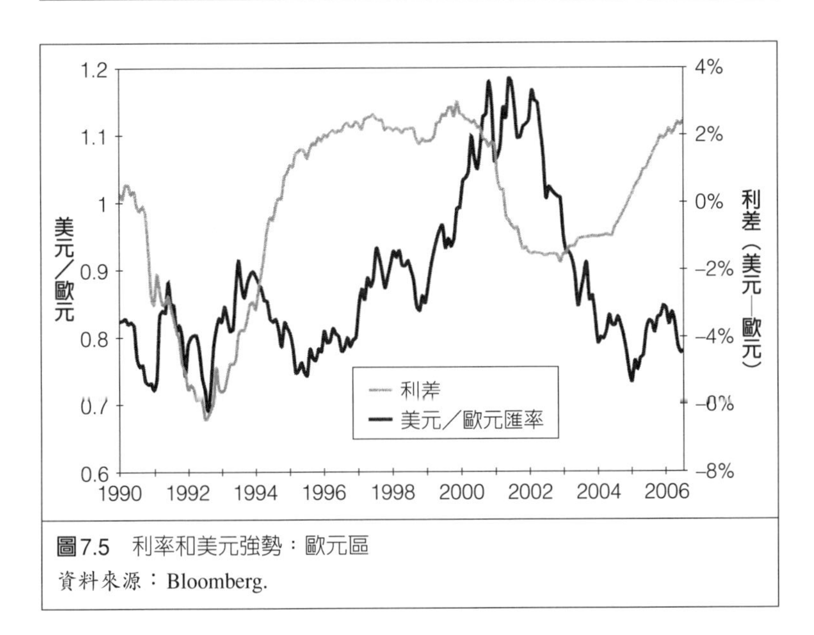

圖7.5　利率和美元強勢：歐元區

資料來源：Bloomberg.

通，因為貨幣套利交易會反轉。然後，貨幣會搶先在央行決策之前波動，可是匯率波動往往受到利差或預期利差因素之投機操作的影響。

西方工業國家除了少數例外之外，短期利率較高而且還不斷升息的國家往往擁有較為強勢的貨幣。短期利率超低的國家則擁有弱勢貨幣。這個模式很明顯，而且有其經濟原理，套利交易活動即為證明。換個方式來說：當不同國家間的收益率曲線利差使得人們渴望擁有該貨幣時，貨幣需求增加，匯率也隨之上升。這是英鎊長年升值的原因，因為英國的利率一直高於他國。就這麼簡單！當聯準會在2005年升息時，人們不再借入美元投資海外，而開始反向操作——借入海外貨幣及買入美元，所以美元升值。當央行設法讓人們渴望擁有更多該國貨幣時，貨幣需求便會增加，進而使央行調節供給。我所告訴你們的並不是什麼新鮮事，但很少人注意到，更少人相信它，這也是它仍將管用好些年的原因。你可以利用這項資訊去進行合理的市場操作。

對於假情況的恐懼是一項利多

如果你能預見未來一年的美元走勢，那會怎樣呢？首先，你可以直接交易貨幣，如同其他商品。如果你知道別人所不知道的，你就有了操作的依據。其次，如果你能預見美元走勢，你如何據以探測股市呢？這會是一個很棒的第2個問題。現在，你知道美元的相對強勢並無法預示股市走勢。但是當專業人士依據美元走勢做出預測時，美元的強弱就有關係了，如同2005年的例子。當分析師根據美元升貶來預測股市漲跌時，你便可以跟他們對做。你掌握了一項優勢，因為對於假情況的恐懼是一項利多。事實上，假如大多數人擔心弱勢美元將導致股價下跌，但你可以預測美元並不會大幅貶值，這項意外的驚喜將助長信心，進而刺激股票需求，就像2005年一樣。

投資人總在談論供需，也明白供需左右價格，卻沒有把這些觀念運用在他們買進的股票、債券和商品。即便他們這麼做了，往往對供需也沒有正確的認識。現在你已知道股票價格不論何時何地都是供需造成的，你可以把力氣集中在重要的事項，開始進行更為可靠的十二個月預測。這是你可以知道而別人不會知道的。但你如何進行預測呢？你又如何獲悉市場的波動呢？請繼續看到第8章。

第8章

偉大的羞辱者和你的石器時代腦袋

可預期的市場

假設股市的每次轉折都是為了要整你。我不是神經病——這是真的。我把股市稱為偉大的羞辱者不是沒有原因的。把它想成是一隻危險的掠奪性野獸，盡可能要來羞辱你，榨光你的每一分錢。了解及接受這點是戰勝偉大羞辱者的第一步。你的目標是要與偉大的羞辱者往來而不致於落得太過悲慘的下場。在這一章我們將討論如何擬定打敗大盤的策略，但首先，我們來談談如何運用這3個問題看清楚市場的運作，好讓自己不再被羞辱。

偉大的羞辱者以紊亂的模式波動，企圖混淆你的視聽。我們知道長期來說，股市平均每年上漲10%。很多投資人宣稱他們只要每年獲取10%的絕對報酬就好，但偉大的羞辱者可不會讓你稱心如意。自1926年以來，只有五年的股市確實達到10%到12%的漲幅——1926、1959、1968、1993和2004年。其他年份都很平均。這是一個很簡單的第1個問題真相，你可以在表8.1看到。

股市漲跌幅度劇烈變動在全球都是一樣的。各地的市場都是如此。表8.2是英國的情況。今後股市也將是年年漲跌大不相同的情況。

這種紊亂局面讓你的腦袋無從注意到股市在任何年度只會有以下四種走勢中的一種：

1. 股市大漲
2. 股市小漲
3. 股市小跌
4. 股市大跌

投資人會嘟囔著說：「股市還會拉回，急漲，游移，反轉，甚至還會後空翻三圈！」股市通常以看似不規則的方式做出上列表現。但它其實只做了四種走勢其中的一種。我敢跟你打賭，看你能

表8.1 平均報酬並不正常，正常報酬反而是極端（美國）

S&P 500指數 年度報酬區間			1926年以來 出現次數	頻率	
	>	40%	5	6.25%	大漲，38.75%的時間
30%	到	40%	13	16.25%	
20%	到	30%	13	16.25%	
10%	到	20%	14	17.50%	平均漲幅，32.50的時間
0%	到	10%	12	15.00%	
–10%	到	0%	13	16.25%	下跌，28.75%的時間
–20%	到	–10%	5	6.25%	
–30%	到	–20%	3	3.75%	
–40%	到	–30%	1	1.25%	
	<	–40%	1	1.25%	
出現次數			80		
單純平均				10.0%	
年化平均				9.8%	

資料來源：Ibbotson Analyst.

不能找出有哪一年的股市表現不屬於這四種走勢其中的一種。這四種走勢是將可能的結局簡化，好讓你看清楚，並做出更好的決策。這個方式也可以幫你控制自己的行為——注意，我說的是行為，不是技巧——這是提出第3個問題來問你自己的目的。

你的腦袋跟偉大的羞辱者裡應外和，讓你相信股市什麼事情都做得出來。但你只須專注在一年之內，股市會大漲、小漲、小跌或是大跌作收。除此之外的走勢，只是偉大的羞辱者想讓你分心而已。就這四種結局！股市是小跌或漲，還是大漲或大跌？

看走勢，而不是幅度

專注於這四種走勢有助於做出影響你的資產組合的關鍵決策——資產配置決策。這四種走勢是一個框架，可以指引你的行為，阻止

表8.2 平均報酬並不正常，正常報酬反而是極端（英國）

FTSE所有股票指數 年度報酬區間			1926年以來 出現次數	頻率	
	>	40%	7	8.75%	
30%	到	40%	5	6.25%	大漲，35%的時間
20%	到	30%	16	20.00%	
10%	到	20%	18	22.50%	平均漲幅，40%的時間
0%	到	10%	14	17.50%	
–10%	到	0%	12	15.00%	
–20%	到	–10%	5	6.25%	
–30%	到	–20%	2	2.50%	下跌，25%的時間
–40%	到	–30%	0	0.00%	
	<	–40%	1	1.25%	
出現次數			80		
單純平均				10.0%	
年化平均				9.7%	

資料來源：Global Financial Data.

你的大腦讓你迷路。在你進行預測時，最重要的是猜對市場走勢，而不是幅度。（大部份投資人很難理解這點。）為什麼？因為猜對市場走勢，你就會站對邊。注意：假如我預測大漲、小漲、甚至小跌，我就會100%配置在股票。你預期股市會上漲8%或88%都不重要，不論漲多少，你的資產配置決定都會是股票。沒錯，你的類股比重或許會受到預期大漲或小漲的影響，但即使你猜錯幅度，只要你做出投入股市的正確決定，你便可享受到正確資產配置所帶來的報酬。重點是選對拉車的馬，而不是被馬拉的車。

你或許無法接受即使預期小跌的年度也要百分之百配置在股市。你是否應該轉移到現金部位以避開下檔？除非你真的相信（而不是過度自信）你知道別人不知道的事，否則你也可能錯了。想要迴避小跌的年度，是投資人被過度自信給沖昏頭的最佳範例。即使你預期股市小跌，你也應該注意相對報酬。打敗大盤就是打敗大盤，即便你的絕對報酬是負的。如果你認為股市會小跌，不妨提出第3個問題。首先，你處於短視性虧損迴避，你會累積悔恨的。其次，你有可能是錯的，股市可能小漲或者大漲。全年上漲5%和下跌5%之間的差別可能只在於年底接近時一陣心理交戰而已。即使你猜對了，股市確實小跌，你賣出股票或基金的交易費、利得稅以及進出時間點的失誤所造成的負擔，可能大於股市小跌5%。

接著，再問自己，如果你出場了，你知道何時該再進場嗎？你會看準時機嗎？或許不會，而且必然不會是完美時機！如果你真的想追求和大盤相同的報酬，要記住長期的股市走勢包括了下跌的年度，所以，小跌的年度對你的長期報酬不會有太大傷害的。假設股市下跌7%，而你的資產組合下跌5%，這沒什麼嘛，也不會妨礙你達成你的目標。要對資本主義有信心。咬緊牙關，相信美好的日子就在前方。

投資人希望他們的資產組合在股市下跌時還能上漲，但這種資產組合在股市上漲時也有可能落後大盤，而且股市上漲的機率更高。如果股市漲多跌少（事實也是如此），而你的資產組合正好與大盤相反，或者是為了縮減下檔而犧牲掉上檔，你的平均成果必然不會令人滿意。

你隨時都該記得，當你轉進現金部位時，其實你是冒著極大的標竿風險。你完全背離你的標竿。想想看，萬一你真的真的錯了，股市出現飆漲，你該怎麼辦。你不但要支付交易成本、繳稅，而且還損失相對25%以上的漲幅，即使一年1%也要25年才能追平。很多人在大熊市的底部就是這麼做的，他們選擇退場觀望，等候「雲開霧散」。為了迴避小跌的可能性，他們亦放棄了大漲的機會。

注意下檔！

在這四種走勢之中，股市大跌是唯一會讓你因為持有現金或採取其他防禦性姿態，反而冒著極大的標竿風險的走勢。這是你應該想要大幅打敗大盤的唯一時刻，也是你應該注意絕對報酬，而不是相對報酬的時候——不過，如果你做對了，同樣會得到相對報酬。假如你預期股市大跌20%以上，或者35%、40%、甚至50%，那麼你會想要安穩的拿到一位數的現金或債券報酬。得到5%的現金報酬聽起來沒什麼，但若股市大跌，你在相對報酬便已打敗大盤。

這應該是罕見的例子，而且只能在你知道別人不知道的事的時候才能去做。你不能只憑直覺、恐懼或是鄰居的意見。你應該使用這3個問題，而且可能會有很大的好處。假如在三十年間，你只投資一檔被動型指數基金，但在那些年間，你避開25%的跌幅，而得到5%的現金報酬——在這三十年間，你每年都超越大盤1%。在這段期間，你只靠著一項正確的押注便打敗90%以上的專業投資人。成功地採取守勢，即便你做的並不完美，你還是大幅及持久地提升操作績效。

在牛市的頂點，總有人叫你不要看空，叫你不要預測後市，這麼做的人註定會錯過牛市的可觀漲幅。在2000年，這種聲浪尤其高漲。金融服務業宣稱，看空後市的專業人士是江湖術士。這些聲浪其實是偉大的羞辱者騙你陷入熊市。

邁入熊市後，那些準確看空後市的人就成了英雄。他們有很多人太早便看空後市，通常早在牛市達到頂點的數年前，不過，他們一時間還是成了媒體寵兒。讓這些採取守勢的人成為英雄是偉大羞辱者的傑作，讓投資人的腦袋只會往後看而不會向前看。

每次熊市結束後，媒體便褒揚那些一開始便看空的人。每次熊市結束後，預測後市的服務便大受歡迎，就在你往後好幾年都不需要這種服務之際。這種事每回都會發生。重點在於長時期保持預測熊市的技巧，留待你真正需要的少數時候。

我只有三次看空股市，1987年中、1990年中和2000年底。每回我都很幸運。下回我或許就沒有這麼走運。（這樣提醒自己可以預防過度自信。）避開那幾次熊市，是我事業成功的重要原因。當你避開一大段的大熊市，你等於賺到好幾年的漲幅。如果你在大多頭市場未能恭逢其盛，一次成功地避開熊市便可讓你超前大盤。要維持及鍛鍊一項在你投資生涯只會用到幾次的技能並不容易。大多數人不會，所以你得會才行。他們只想鍛鍊每天使用的技能，而不是十年才會用上一次的。

很多人的觀念錯誤。以2000年來說。我的公司和我本人都看空股市，於是替客戶轉進現金部位。股市真的下跌，我們表現得超好。每年我們都有新客戶。這次漂亮的操作招來大量客戶。有些客戶在我們重新入市的前一年加入我的公司。他們手頭上有大筆現金。有的客戶則是在我們重新入市的前幾個禮拜加入我的公司。他們手頭上也有大筆現金。先前提過，我們太早在2002年就返回股市，投資組合跟著大盤一同下跌。有些客戶留了下來。有的則終止我們的服務，認為我們害他們賠錢。仔細想想。我的公司和我本人都不曾宣稱我們可以完美掌握市場時機。如果我們有這種能力，早就擁有全世界了。如果你在我們看空股市時是我們的客戶，我們退出股市的時機雖然不完美，但仍有助於達成長期目標。如果你在我們太早入市之前才成為我們的客戶，我們依然沒有阻撓你達成長期目標：獲得和股市相同的報酬，並且在長期略為超越大盤。但在當時終止我們服務的客人心想「你害我們賠錢」，並且把他們的焦點轉移到短期，卻忽略了長期目標。他們錯過了大漲的2003年，2004和2005年也持續上漲。那些在2002年加入又退出的人全部錯過了。這是偉大羞辱者的傑作——讓投資人在最糟的時間退出市場，始終不明白究竟發生了什麼事。如果他們使用了第3個問題，應該會大有幫助。

重要的是參與股市，而不是預期股市後勢。

S&P 500指數每日漲跌
1982年1月1日－2005年12月31日

平均年度漲幅＝10.6%

萬一你錯過大漲的時機呢？

如果你錯過大漲的日子：	你的平均年度漲幅縮減為：
6261個交易日當中的10天（0.16%）	8.1%
6261個交易日當中的20天（0.32%）	6.2%
6261個交易日當中的30天（0.48%）	4.6%
6261個交易日當中的40天（0.64%）	3.1%
6261個交易日當中的50天（0.80%）	1.8%

資料來源：Global Financial Data.

千萬不要忘了股市瞬息萬變。你的全年漲幅可能來自於幾天的大幅波動（如上表所示）。你知道會是哪幾天嗎？我可不知道，而我管理資金已經超過三分之一個世紀了。沒有人知道股市明天或接下來幾天會怎樣。沒有人能夠告訴你今年哪三天、六天或九天會造成你大部份的漲幅或跌幅。如果你想要獲得跟大盤相同的報酬，你必須留在股市。以2005年為例。雖然大多數的大盤指數都是上漲的（唯獨該死的道瓊指數），那是很平淡的一年。可是以MSCI世界指數來看，全球股市卻大漲了9.5%。S&P 500指數則上漲不到5%。不算大漲。2005年底，可想而知，媒體不太高興。許多投資人覺得他們受夠了這個不長進的股市。然後，在2006年1月前兩個禮拜，全球股市大漲4%。全球股市的全年漲幅有一半就出現在這兩個禮拜！厭倦了平淡的一年而退出股市的投資人，錯過了他們引頸期盼的。偉大的羞辱者好整以暇地等著他們，而他們的石器時代腦袋也全力配合。提出第3個問題可以消除許多因為股市疲乏而引起的認知錯誤。

如何建立防禦性資產組合

你已經使用過這3個問題，得出的結論是股市明年將大跌，熊市來臨。你該怎麼辦？防禦性資產組合長什麼樣子？那要視狀況而定。你不想聽到這種話，我知道，但這是真的。熊市有很多種。在某些熊市，有些類股活得很好，但你不會知道，直到僥倖碰上，或者為時已晚。

遇到熊市，最安全的是以現金為主的資產組合。流動性是關鍵——股市快速波動，當牛市展開時，你必須準備好進場。如果你沒有子彈或是手腳太慢，你可能錯過谷底反彈的那波大漲。利用貨幣市場及短期國庫券。不要買長天期的商品，除非你可以馬上脫手。也不要去存銀行定存，把自己綁死一段時間，因為進場時間來臨時，你就動彈不得。採取守勢，但要保持資金流動。

與大盤齊平

在2000到2002年的熊市，我想要看似以現金為主，但報酬高於現金的投資組合。我想要避開下檔震盪，但流動性十足，好讓我在需要時馬上進場。我也想節稅。我還想利用我知道但別人不知道的優勢，去加碼一些類股及減碼其他類股。因為我看空科技股，我想要有所斬獲。首先，我要與大盤持平，亦即持有某些類股的股票，但沒有淨部位。這是什麼意思？

我建立我所謂的「合成型現金」（synthetic cash）資產組合，滿足所有的目標。那段時期我的資產配置讓我的實質資產增值了130%。我是這麼做的：

- 首先，我把資產的30%配置在大型、藍籌、防禦型歐洲和美國股票，包括大型藥廠、銀行和必需消費品公司，所謂防禦型就是可以避免景氣循環的。我要產品具有低彈性需求（inelastic demand）的公司，而非彈性需求（elastic demand），因為在熊市時期，消費者往往會抑制需求。*其中很多是我在1990年代買的超大型股，都已有了資本利得（capital gain），但我不必實現因為我無須賣掉它們。你不妨這麼想。當你要建立合成型現金時，你要賣掉沒有資本利得的股票，然後放空指數（隨後會提到），以確保自己不會因熊市而損失資本。

- 其次，我配置38%資產在高流動性的美國公債（不會太冒險）。
- 我配置2%在S&P 500指數的期指賣權，我買的賣權是大概一年到期的。期指賣權是很神奇的東西——在正確的時機（股市頂端），它們是便宜的保險，保費很低；但在錯誤的時機（股市底部），它們是昂貴的保險，保費很高。期指賣權就像是意外險，指數大跌就是意外。如果指數大跌，賣權就會大賺，否則到期時便一文不值。這種小部位對我來說沒什麼。頂多損失2%，很容易就可以用債券收入彌補過來。但若押對寶，資產組合就不無小補。只要股價下跌，賣權就大漲。

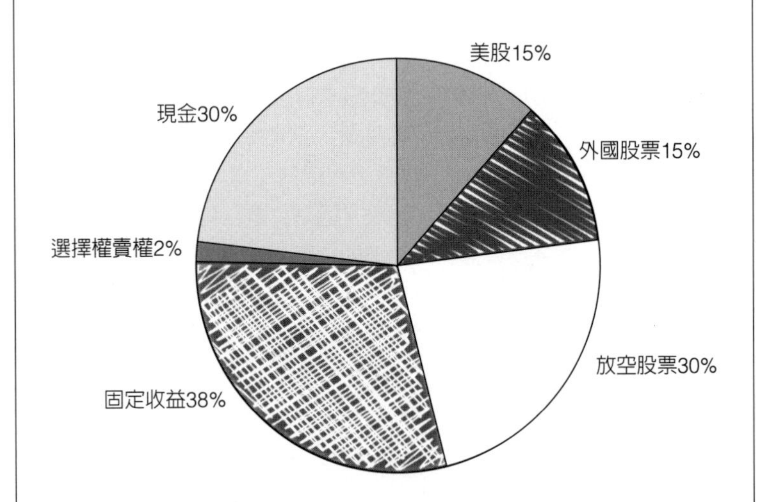

* 譯註：低彈性需求係指貨品需求量改變的百分率少於貨品價格改變的百分率，需求價格彈性值便小於1，該貨品的需求便屬低彈性需求。簡單來說，即價格改變的幅度必須很大，才會令需求量有少許改變。相對的，彈性需求係指需求價格彈性值大於1，即貨品的價格只需改變少許，需求量就會有很大的改變。

- 另外的30%資產我拿來放空那斯達克100指數和羅素2000指數（分別為20%和10%），所得用以投入現金——我又多了30%。（30%+38%+2%+30%+30%=130%。）散戶投資人或許沒辦法叫你們的經紀商把放空股市的所得轉成現金部位，這點我愛莫能助。我打賭那斯達克和羅素的股票跌勢會超過我手上的持股。所以，我先放空這兩項指數，等它們真的下跌後再用低價買回，中間的價差就是我的獲利，並且足以彌補我的持股下跌的幅度。我沒有把放空指數的所得重新投資，而是轉成現金部位。況且，現金部位也可以創造收益。

這次我沒有看錯，股市在熊市那幾年大跌。這個資產組合表現優異。那斯達克100指數空頭部位績效遠勝於羅素2000指數，但加總起來它們績效不錯，彌補了我的持股下跌。我不知道下次熊市來臨時我會如何配置資產，但我們會試著建立臨時性的合成現金部位，既有流動性、又能節稅、同時兼顧選股。

解構泡沫

先前提到，本人準確預測到過去的三次熊市——1987、1990和2000年，你可能不想聽到這種話，但這千真萬確，我不知道引發下次熊市的原因會是什麼。如果我夠厲害、夠幸運的話，到時候我會知道，假如你使用這3個問題，沒有被迷思給矇騙，你也會知道。

我會教大家我是如何看出熊市，以及我怎麼知道不是熊市。首先，我在2000年3月預測到由科技股帶頭的熊市，是因為我看到別人忽略的不安事實。看到被別人忽略的不安事實是成功預測熊市的基礎。

專業人士往往過於悲觀，在1996、1997、1998和1999年都預測負報酬或個位數的漲幅，可是偉大的羞辱者在那幾年，每年都讓股市大漲超過20%。最後，市場共識終於在2000年轉為多頭，根據我的信心鐘形曲線顯示（在當時仍然管用），一致認為股市將上漲超過10%。圖8.1再次顯示2000年的鐘形曲線。

我知道我可以排除共識鐘型以下的趨勢——由持平到上漲20%。所以剩下大漲，或是空頭的兩個空格，不是小跌就是大跌。我不會只為了唱反調就轉成空頭。但我擔心反斜的收益率曲線，因為沒有人談論它。你知道的，反斜的收益率曲線是熊市和衰退的可靠預測指標（卻很少人注意到它），而全球都出現這種狀況。可是，沒有人在談論它，所以沒有人害怕。相反地，1998年，財金媒體一直在講美國收益率曲線反斜，即便收益率曲線都還沒有變成平坦的。但在2000年卻沒有人提起。當年，在美國、英國和許多其他國家都紛紛出現預算盈餘，這是一個利空徵兆。跟收益率曲線相較之下，債券殖利率相當之高（見第1章圖1.5）。當時有許多現金型的併購案。唯一的多頭指標是那一年是總統任期的第四年。

當時，沒有人在怕的啦。美國《商業周刊》2000年1月有一期封面故事讚美「新經濟」。如今看來，這篇文章從頭到尾都是個笑柄，你可以在該雜誌的網站找到這篇文章。（搜尋一下《商業周刊》是怎麼批評我的，同樣可笑至極。）作者找不到更多親暱的形容詞來形容美國經濟和全球經濟了。但《商業周刊》不是唯一出錯的。很少人有強烈的空頭看法，除了永遠的空頭人士之外。不過一年前，「千禧蟲」原本應該終結我們熟悉的生活。兩年前，俄羅斯盧布危機和一家二流對沖基金破產原本應該癱瘓全世界。經歷這一切之後，大家想要有樂觀的心情。但就市場情緒來看，有必要考慮採取防禦性操作。但還不到轉成空頭的地步。

還有更嚴重的事，卻沒有人看到。在科技IPO的熱潮之後數年，供給形將淹沒需求。90年代後期的科技盛況在結構上幾乎跟1980年能源股的供需失衡一模一樣。我曾在2000年3月6日的《富比世》專欄中提到（參考第7章）。那篇文章在美股觸頂數日前刊出純粹是運氣——我沒想到這次的市場預測時間點會這麼準。我在

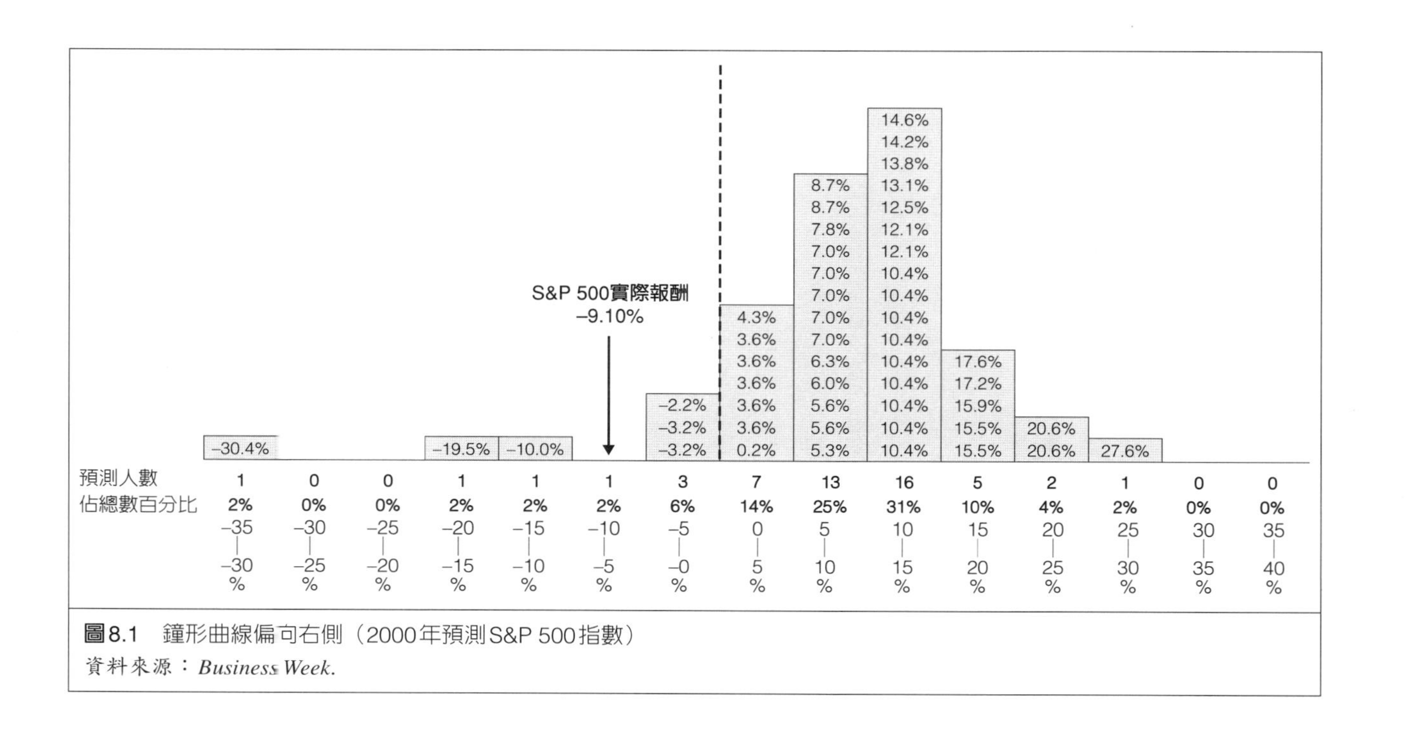

圖8.1　鐘形曲線偏向右側（2000年預測S&P 500指數）

資料來源：*Business Week.*

2000年初就把自己客戶的科技股部位減碼到他們標竿權重的一半，同年3月1日我的績效落後大盤，因為科技股在2000年前兩個月飆漲。因為我們減碼科技股，流失了一堆客戶。有那麼多客戶不爽被趕下這班看似永不退流行的熱門股列車，更讓我堅信是該退出科技股了，雖然時間點早了一些。

泡沫的麻煩？什麼泡沫？——永遠都有新典範

我在那篇專欄提到，我不喜歡「泡沫」這個字眼，因為它被太多對泡沫一知半解的人濫用。本書在2006年寫作時，全世界預期房市泡沫破滅已有四年了。不只是美國，倫敦、巴黎和整個歐陸都坐立難安。整整四年！曼哈頓金融區的記者等不及要幸災樂禍地高喊：「我就說吧！我就說吧！」

有關房市泡沫值得注意的一點是：回顧歷史，從來沒有一個泡沫在破滅之前就被廣泛指稱為泡沫。在破滅之前，泡沫都被視為一種新典範（new paradigm），一個新時代，迥異於以往，所以不適用於舊法則，高報酬、低風險，因為現在不一樣了。1990年日本泡沫開始破滅之前，日本人被視為西方無法匹敵的超級企業家。在科技泡沫破滅之前，「這是新經濟，笨蛋」。若是某件事在還沒破滅之前就被稱為泡沫，這表示價格已經漲了一大段，如同房市，許多人擔心房價會下跌。這種恐懼早已反映在市場裏。

若某件事真的是泡沫，它不會被稱為泡沫，大家也不會害怕它。在1997、1998和1999年，沒有全國性媒體稱科技股為泡沫。柏金斯（Anthony B. Perkins）在1999年底寫了一本名為《*The Internet Bubble*》的書稱網路股為泡沫，但賣得不好。我在《富比世》專欄稱科技股為泡沫，是美國全國性刊物中首度出現這種字眼。假如大家都看出某件事可能是泡沫，它就不是。我在2000年初所見就有如我在1980年看到的能源股——貨真價實的泡沫，有可能開啟一個凶猛的熊市。

回想1980年時，能源股是多麼銳不可當。拜70年代全球央行貨幣政策嚴重失誤之賜，通膨高漲，商品大漲。OPEC勢力龐大，兩伊戰爭正熾。油價為每桶33美元，大家都預測四年內要漲到一百美元。沒有人看油價下跌。同樣地，在2000年初，大家都預估全球網路用戶人數在四年內將增加二倍，許多人都在歡呼「新經濟」。獲利不重要。這是新典範。虛擬將勝過實體！還記得嗎。

能源股與科技股的相似處很多，比如類股快速成長，IPO股數佔所有股數的比率，供給大增以及商業模式膚淺等。2000年3月，30大美國企業佔美股市值的49%，其中半數是科技股。而在1980年，30大美國企業佔美股市值的三分之一，其中半數是能源股。可以說科技股的股票供需情況看起來和1980年一模一樣，所以我可以預料結局和1980年相去不遠。太多相似點了，別人全都沒有注意到。在以下的小欄，我詳細說明促使我退出科技股的兩個重要相似處。

其實，我還可以看出科技泡沫比石油泡沫更嚴重。1980年時，50大能源股裏沒有一支是數年前甫上市的，比如1978或1979年。1978到1980年的IPO檔數雖然多，但規模並不大。2000年，50大股票裏有11檔是在1998及1999年才上市的。這大大升高了風險。最令人不安的是沒有人注意到科技股及二十年前上一次類股泡沫之間的雷同。我可不是唯一經歷過能源股崩盤的金融專業人士。我不是世上唯一可以取得比較資料的人。有很多人理應在我之前看出這點。但他們卻沒有看出來，這真的很嚇人。在營火旁邊，他們顯然看著不同的方向。

我確定科技股會崩盤，股市會大跌嗎？不，但這是合乎邏輯的。首先，大家看不見當時與1980年的可怕雷同之處。第二，所有的人大概都進場了？還有誰留下來作為偉大羞辱者的新祭品？根據投資人情緒、收益率曲線、預算盈餘、股票型收購案以及石油泡沫的相似之處，我刪除大漲及小漲的可能性。大跌的可能性亦不

兩個泡沫的形成

1999和2000年初的科技股IPO熱潮，讓我回想起1980年把整個市場拖入熊市的能源股泡沫。我猜想科技股也會如此。藉由第2個問題，我試圖找出這兩個類股之間有多少別人沒有注意到的相似處。

因為我知道股價永遠都會由供需決定。首先，我猜測供給大增將造成股價下跌。下表證明這兩個類股分別在1970年代和1990年代的IPO熱潮時期急速增加股票供給。1980年，美國新公司與舊公司增加的市值有將近半數來自能源股。而在1999年，有近一半增加的市值來自科技股。

兩個泡沫的形成

美國能源股	12/31/79	12/31/80	變動
公司家數	229	301	72
市值（千美元）	$189,795	$324,629	$134,833

所有美國股票	12/31/79	12/31/80	變動
公司家數	4291	4417	126
市值（千美元）	$1,024,832	$1,325,489	$300,656

新能源公司佔所有新公司的比率	20.3%
新能源公司佔所有公司的比率	1.7%
能源股市值增加對所有市值增加的比率	44.8%
能源股股價淨值比	2.6x
S&P 500股價淨值比	1.3x
能源股／S&P 500股價淨值比	2:1

美國科技股	12/31/98	12/29/99	變動
公司家數	1460	1652	192
市值（千美元）	$2,307,384	$4,930,559	$2,623,175

所有美國股票	12/31/98	12/29/99	變動
公司家數	8656	8785	129
市值（千美元）	$12,881,072	$15,748,729	$2,867,657

新科技公司佔所有新公司的比率	21.2%
新科技公司佔所有公司的比率	2.2%
科技股市值增加對所有市值增加的比率	91.5%
科技股股價淨值比	13.9x
S&P 500股價淨值比	5.6x
科技股／S&P 500股價淨值比	2.5:1

資料來源：S&P Research Insight

另外，也請注意1999年新科技股佔新股以及佔所有美國股票的比率，以及1980年能源股泡沫的相似之處，還有這兩個類股對大盤的股價淨值比。現在有誰會記得在1980年能源股曾被視為成長股？恐怖喲。關鍵在於沒有人看出或提到這點。

接著，請看下表這兩個類股的相對權重。上半段的表格顯示能源股佔S&P 500指數的權重在泡沫時、1979年崩盤後、1980年與1981年的情況。下半段的表格則是科技股在1998、1999和2000年

類股泡沫簡史S&P 500指數類股權重

	1979年12月		1980年12月		1981年12月
基礎原物料	9.64%	基礎原物料	8.88%	基礎原物料	8.58%
資本財	10.28%	資本財	10.82%	資本財	10.03%
通訊服務	6.05%	通訊服務	4.62%	通訊服務	6.53%
必需消費品	10.90%	必需消費品	9.23%	必需消費品	10.58%
非必需消費品	9.86%	非必需消費品	8.00%	非必需消費品	8.84%
能源	**22.34%**	**能源**	**27.93%**	**能源**	**22.80%**
金融	5.79%	金融	5.34%	金融	6.01%
健康照護	6.42%	健康照護	6.54%	健康照護	7.42%
科技	10.86%	科技	10.69%	科技	10.33%
運輸	2.17%	運輸	2.89%	運輸	2.95%
公營事業	5.70%	公營事業	5.07%	公營事業	5.92%
	100.00%		100.00%		100.00%

	1998年12月		1999年12月		2000年12月
基礎原物料	3.11%	基礎原物料	2.99%	基礎原物料	2.41%
資本財	8.07%	資本財	8.40%	資本財	9.01%
通訊服務	8.33%	通訊服務	7.93%	通訊服務	5.47%
必需消費品	14.89%	必需消費品	10.88%	必需消費品	11.35%
非必需消費品	9.13%	非必需消費品	9.14%	非必需消費品	7.56%
能源	6.22%	能源	5.43%	能源	6.45%
金融	15.59%	金融	13.20%	金融	17.22%
健康照護	12.07%	健康照護	9.05%	健康照護	14.10%
科技	**18.54%**	**科技**	**30.02%**	**科技**	**21.85%**
運輸	0.93%	運輸	0.70%	運輸	0.67%
公營事業	3.11%	公營事業	2.28%	公營事業	3.91%
	100.00%		100.00%		100.00%

資料來源：S&P Research Insight，Thomson Financial Datastream.

的情況。

請注意能源股和科技股之間的相對權重。在1980年高峰時，能源股佔美國股市的28%。但科技股的爆增更可觀——由1992年的5%躍升到1999年的30%以上。依我看來，科技股還有得跌。但它不必跌得太多便能造成能源股在1980到1982年夏天之間產生的大熊市。(現在，科技股佔S&P 500指數的15%)。這兩項觀察促使我認定科技股將在2000年觸頂。

高。因為我回想1981年，油價崩潰花了很長的時間才蔓延到其他類股。一個類股泡沫破滅並不會快速擴散到其他類股。所以，我的推測是科技股會首先下跌，而且是大跌。但要花上一段時間才會拖累大盤。所以，我們要等一段時間才會看到大盤重挫。最後，我知道牛市會慢慢消氣，而不會砰地一聲就沒氣了。這是基本法則！通常牛市不會有戲劇性的尖頂，而是緩慢推展。在2000年的高峰，全球股市大約有10個月的時間不脫9%的區間（見圖8.2）。

2000年結束後，那斯達克指數全年大跌39%，S&P 500指數下跌9%，投資人和專業預測師依然看多，我判斷我應該全面轉趨空頭了。不只看空科技股，還要看空整個股市。當時，科技股泡沫正在破滅之中。此外，我看到新科技公司燒錢速度火快，就像1980年的新能源公司一樣（如小欄所示）。我們可以判斷他們多久將耗

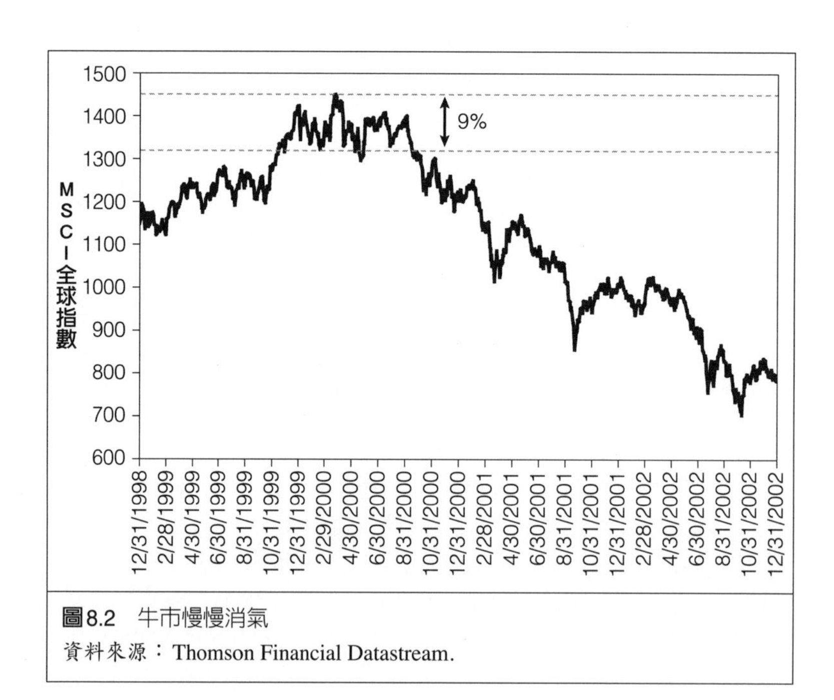

圖8.2 牛市慢慢消氣

資料來源：Thomson Financial Datastream.

盡現金，假如他們不增資的話，這代表要不科技公司倒閉，要不新股供給會增加，兩者均不利於股市前景。

2000年初，科技股佔S&P 500成分股的三成。如果三成的類股下跌39%，如同那斯達克指數在2000年的表現，而其他類股持平，那麼大盤應下跌11.7%。但S&P 500指數在2000年僅下跌9%。所以，技術上來說，科技股以外的類股都穩健上漲。事實就是如此。科技股崩盤尚未蔓延到大盤。

科技股IPO與次級市場股票供給泛濫的情況絲毫沒有改善的跡象。我知道供給終將淹沒需求。一家又一家的網路公司耗盡現金。科技股災必然會外溢，全球股市也會受到波及。如果有人有一點擔心科技股或收益率曲線或任何事，我或許會認為股市在2001年只會小跌。當大家一無所懼時，就是你該害怕的時候。跟著我說一遍巴菲特的名言：「當別人害怕的時候，你應該貪婪；當別人貪婪的時候，你應該害怕。」2000年底時，我可以感覺到2001年根本不會有買盤支撐股市不致大跌。

同情賣壓

在熊市裏，通常某個類股會首先壞掉。賣壓波及到其他類股，這種過程我稱之為同情賣壓（sympathy selling）。它的狀況是這樣的。假設你管理一檔科技股基金。你手上持有小型的網路公司和科技巨擘。你的網路股突然間崩跌，你馬上面對贖回潮。你得賣掉什麼才有錢去應付贖回。你要賣掉什麼？你不能賣掉重挫的網路公司，一來是它們的流動性不高，二來你希它們能夠反彈，所以你賣掉英特爾、微軟和甲骨文，因為你可以脫手。這些股票受到賣壓打擊。其他科技基金的情況也好不到哪去。有些成長型股票基金持有科技、製藥、消費品等公司。由於英特爾、微軟和甲骨文下跌，基金經理人也得賣掉什麼來應付贖回，所以他賣了默克（Merck）和

網路公司燒錢速度

2000年9月，那斯達克指數已自高點下滑16%，S&P 500指數上揚4%，投資人大致上看多，但我們知道我們已邁入一個長期的滑坡。審視市場情緒及對抗後見之明的一個好方法，是翻閱舊雜誌封面和文章。投資人情緒仍十分亢奮。

我早已預言科技泡沫會破滅，我的公司對科技股採取守勢也有九個月了。我們考慮要全面看空。其中一個理由是我們研究在科技IPO熱潮期間上市的新公司。

其中許多新科技公司依賴資本市場來維持公司運作。他們本身沒有創造現金，所以他們找來投資銀行不斷募集資金。（投資銀行為了鉅額承銷收費而樂此不疲！）這些公司不斷花錢，追求成長。問題是，如果他們不募集更多資金，這些網路公司就會因為沒錢而倒閉。他們要不就辦理現金增資，要不就等死。前者是利空；後者是死路一條。

我們找尋資料，計算許多新科技股的燒錢速度。燒錢速度代表著一家公司如果沒有新資金進來的話，多久會用光現金。為了計算燒錢速度，我們比較2000年第2季的現金與淨損。假設這些公司找不到外來的資金，我們用既有現金去除第二季淨損，便得出燒錢速度。舉例來說，Wavo公司在2000年6月30日有470萬美元的現金，而單季淨損為890萬美元。用現金去除淨損，得出該季的燒錢速度為0.54。這表示Wavo只剩下大約半季的可用現金，假設他們繼續用這種速度燒錢，又來不及發行新股的話。

總計，我們發現223家上市公司的現金短缺，如果他們不火速發行新股，他們便將成為模糊的回憶。下表列出情況最嚴重的25家。光是在一季之內，符合這種條件的公司市值便由1400億美元激增到3120億美元，不是因為股價上漲，而是因為太多公司瀕臨倒閉，根本沒有人在管。股市充斥著沒有獲利的公司所發行的股票。IPO市場垮掉之後，這些公司差不多在12個月以後也掛掉了。泡沫終於開始破滅。

網路公司燒錢速度

	公司	市值	債務總額	第1季現金	第2季現金	1999年第4季	2000年第1季淨利	2000年第2季	燒錢速度
1 ONEM	ONEMAIN.COM INC	282.12	30.45	17.06	1.42	-32.73	-39.84	-35.88	0.04
2 FLAS	FLASHNET COMMUNICATIONS INC	52.3	8.61	0.23	–	-11.42	-4.96	–	0.05
3 GENI	GENESISINTERMEDIA.COM INC	86.98	33.15	0.35	0.41	-6.66	-5.13	-7.34	0.06
4 HCOM	HOMECOM COMMUNICATIONS INC	8.14	0.48	0.08	–	-2.3	-1.49	–	0.06
5 3EFAX	EFAX.COM INC	16.07	1.5	1.6	0.18	-10.14	-5.38	-2.56	0.07
6 CLAI	CLAIMSNET.COM INC	23.19	0	2.49	–	-2.39	-1.93	-9.31	0.27
7 NETZ	NETZEE INC	120.52	16.22	1.33	5.41	-18.85	-15.67	-17.77	0.3
8 LUMT	LUMINANT WORLDWIDE CORP	235.83	6.79	9.44	–	-24.47	-29.65	-29.12	0.32
9 3ESYN	ESYNCH CORPN	83.41	0.11	0.5	–	-2.14	-1.49	–	0.33
10 RMII	RMI NET INC	66.39	3.78	3.26	–	-12.24	-7.4	-8.41	0.39
11 DGV	DIGITAL LAVA INC	26.88	0.27	2.59	0.68	-2.25	-1.54	-1.74	0.39
12 ECMV	E COM VENTURES INC	22.18	54.42	2.91	–	-0.13	-6.62	–	0.44
13 ZDZ	ZDNET	135.59	0	0.02	1.21	2.05	-1.57	-2.64	0.46
14 MRCH	MARCHFIRST INC	2679.63	20	369.83	176.43	8.36	-117.33	-374.45	0.47
15 GEEK	INTERNET AMERICA INC	48.92	0.73	3.3	1.72	-0.9	-1.58	-3.27	0.53
16 ROWE	ROWECOM INC	51.25	6.96	9.29	10.13	-1.61	-15	-19.16	0.53
17 PRGY	PRODIGY COMMUN CORP-CL A	677.28	109.36	21.13	20.73	-29.76	-34.91	-38.95	0.53
18 WAVO	WAVO CORP	22.19	3.37	10.23	4.77	-14.42	-3.51	-8.91	0.54
19 ELTX	ELTRAX SYS INC	150.96	17.7	14.2	–	-1.66	-5.24	-26.34	0.54
20 KANA	KANA COMMUNICATIONS	5575.49	1.72	35.67	162.84	–	-14.45	-284.94	0.57
21 ATHM	AT HOME CORP	7578.71	873.23	502.28	388.73	-723.01	-676.52	-668.26	0.58
22 PILL	PROXYMED INC	30.88	1.75	7.91	7.38	–	-5.72	-10.48	0.7
23 AHWY	AUDIOHIGHWAY.COM	14.36	0.46	8.34	3.47	-5.86	-4.01	-4.78	0.73
24 BFLY	BLUEFLYINC	10.77	2.87	3.91	3.93	-5.69	-5.67	-5.3	0.74
25 ELIX	ELECTRIC LIGHTWAVE-CL A	941.85	710.4	25.99	–	-35.02	-35.14	-34.96	0.74

資料來源：S&P Research Insight.

製作這份表格其實很簡單，你也可以自行計算燒錢速度。我們列出的資訊都是可以公開取得的。你只要挑出你懷疑的類股，然後再上網搜尋一番即可。

寶僑。基金輪番賣出的效應開始擴散，終於波及大部份的股市。由2000到2003年，唯一逃過一劫的是折價已大的小型價值股，正好是點燃股災的成長型科技股的相反類型。

所以在2000年，我減碼科技股部位，到了年底我完全改採防禦部位，持有100%的現金，並持續了18個月。

熊市基本法則

你問我為什麼持續18個月？雖然牛市持續的時間長短不同，但大多數熊市會持續一年到18個月。現代史上很少有熊市持續整整兩年以上。你也不必打賭熊市會持續這麼久。熊市持續得愈久，你愈可能等到太晚才進場。2000到2002年的熊市很不尋常，你不必把它當成常態。那次的力道與持續的時間是大蕭條以來全球股市首見的。我們或許有一段長時間不會再看到歷時三年的熊市，或許十年都不會。即使我們又經歷一次熊市，18個月的期間還是一個很好的拿捏時間。如果你看空的時間超過18個月，你或許會錯過下一次牛市開始的飆漲。錯過這種上升波段可是很傷的。

此外，如果你出場得很漂亮，時間也證明你是對的，你的石器時代腦袋可能會絆住你，讓你錯過下一次牛市開始的飆漲。它不會輕易放你進場的。場邊觀望比較輕鬆——它會讓你覺得很安心，尤其是假如你說服自己一開始的漲勢是假的。你的腦袋想要累積成功出場的驕傲。轉趨多頭意味著你先前可能是錯的，萬一你真的錯了，人家會笑你的。（相信我，在2002年我就被眾人嘲笑太早進場了。）

一旦你有了成功出場的經驗，你的腦袋就會讓你以為熊市持續得比你所想的還要久。你聽到很多人說過所謂「長期熊市裏的循環型牛市」，意思是在一個下跌的長期趨勢裏，上漲的年度都是短暫的。胡說八道！那些都是會被偉大的羞辱者教訓的人。你在2002年以來大概一直聽到這種話，但從2003年開始，股市年年上漲。堅持股市跌多漲少的人不要再玩電玩了，換掉睡衣，走出父母家的地下室，別再認為末日就要降臨了！

了解熊市，你就會了解為什麼要預先設定重新進場的時間。回顧歷史，只有少數、或許三分之一的熊市虧損發生在熊市持續期間的前三分之二段，這就是我所謂「三二，三一法則」。這是大略的

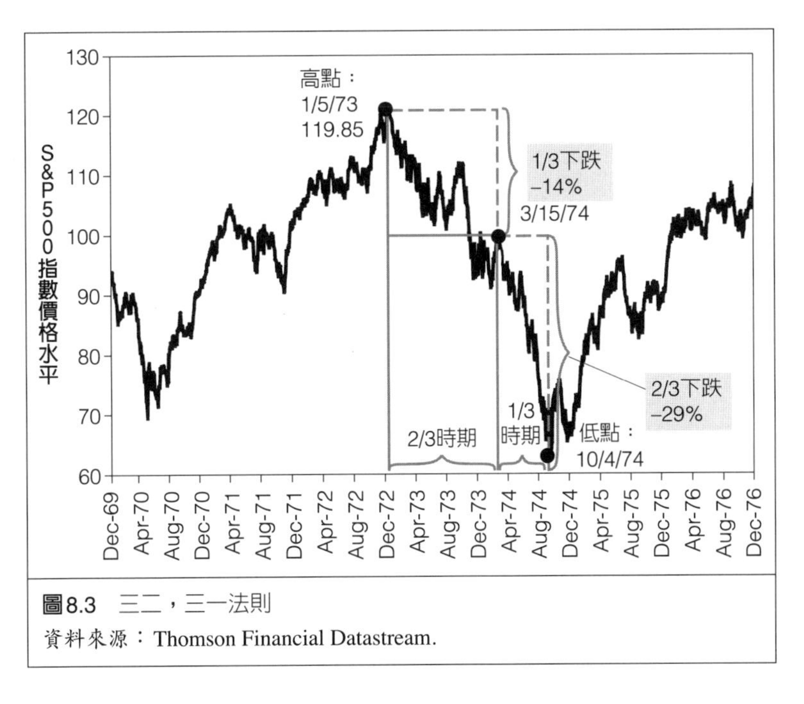

圖8.3　三二，三一法則

資料來源：Thomson Financial Datastream.

說法，但三分之二的虧損大概都發生在熊市尾巴。1973到1974年的熊市是一個很好的例子，你可以由圖8.3看出來。

你永遠抓不準完美的重新進場時間（上一次我就沒有！），別在意了。熊市在結尾時發威是偉大的羞辱者存心讓你錯過下一次牛市開始時飆漲的方法。

這項法則反過來說就是：熊市的開端並不劇烈。愈到後頭愈厲害。在股市觸頂後的10%到20%時間，股價緩慢下跌。在圖8.2，我們可以看到2000年是完美範例。並非所有國家都如此──小型國家的股市可能在觸頂後便急遽崩跌。但在美國，這項法則很管用。所以，當你在預測熊市是否會來臨時，你不必急著在股市觸頂之前預測。等到觸頂之後沈寂一段時間，再觀察到底發生了什麼事，不必搶先預測。在事情發生後，你很容易便看出股市的高峰，但在事情發生之前就想預測可不容易。

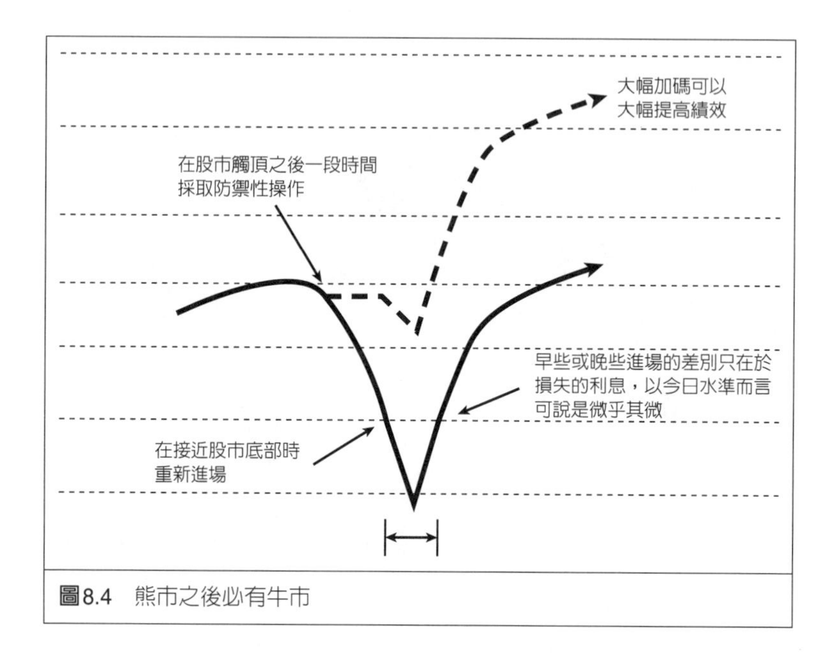

圖8.4　熊市之後必有牛市

股市觸及底部之後，反彈力道強勁。雖然牛市不常有尖頂，熊市卻有V型底或W型底，如圖8.4。如果你在觸頂之後一段時間採取防禦，你在V型的哪一邊重返股市有差別嗎？其實沒有。你最後還是到達相同的水準，不論你在V型的左邊或右邊進場（太早進場要扣掉一些利息的損失）。

偉大的羞辱者要讓你出現虧損迴避及後見之明偏誤，等到市場大漲之後才進場。在你成功出場之後，便會產生惰性。在正確時間點出場需要膽量。但重新進場同樣叫人緊張。18個月的法則可以幫助你節制。假如你想超過18個月，無妨啊。但在事前便要設定你自己的期限，不管是20個月或22個月，都要堅持。把我的法則和你自己的法則相結合的一個方法是，在18個月之後再來判斷。假如18個月以後，你相信自己知道一些別人不知道為何股市還會再下跌的事，就讓它去跌。假如一個月後股市並未下跌，就強迫自己進場。假如股市真的繼續下跌，就不理它，但若股市回到18個月當時的水準，也請強迫自己進場。你還是在V型的同一邊。這些方法不論哪一種，都會讓你得到相似的績效，只要你堅持下去，別讓你的大腦和偉大的羞辱者騙了你。

你不必掌握熊市開始的完美時間點的另一個理由是，每一次美國和全球的熊市，平均的月跌幅大約介於1.25%到3%之間，2%算是平均值，1973到1974年的熊市就是一個好例子（見圖8.5）。這項法則的唯一例外是1987年，那次熊市持續的時間很短，等你退場後，股市又反彈了，你看起來像個傻瓜。

如果你懷疑熊市已降臨，不妨耐心觀察。如果股市跌幅超過2%的平均值，等股市反彈起來再退場。股市或許只是修正而已。但在典型的熊市，你不久便會看到反彈波段，出場的機會更好。這時，耐心是一種美德。

喬・古德曼（Joe Goodman）是個聰明人，也是《富比世》史上寫作時間第四久的專欄作家（本人在2007年8月預料可以超越這

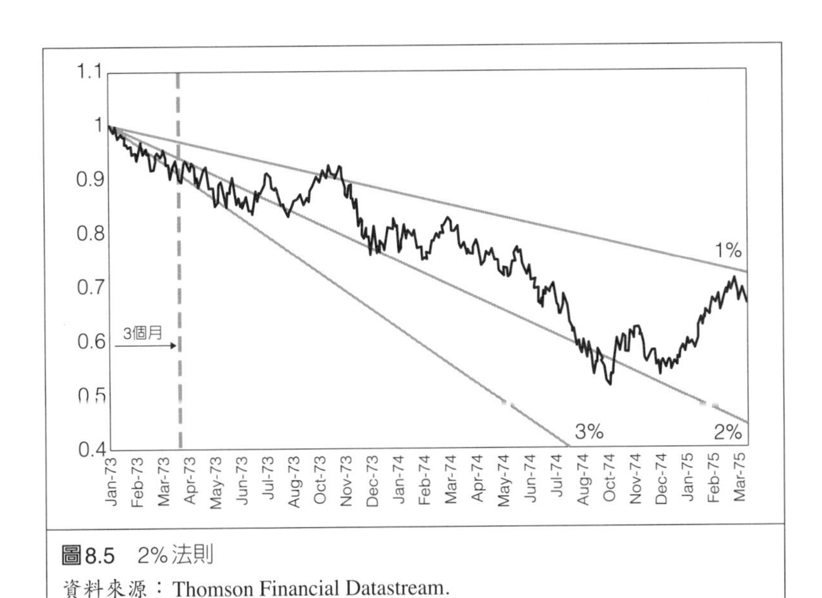

圖8.5　2%法則

資料來源：Thomson Financial Datastream.

項紀錄）。在我認為，他是《富比世》最優秀的專欄作家。他在1940年代和50年代勸告讀者絕對不要太早認定股市已觸及高峰。他的建議是，在你懷疑股市已觸及高峰之後，再等上三個月，然後才決定熊市是否已經開始。牛市是慢慢消氣，而不是砰然破滅，三二、三一法則，2%法則，以及古德曼的3個月法則，可以幫助你不會誤把修正當成熊市，然後眼睜睜看著股市又漲得更高。如果是真正的熊市，慢慢展延的頂部讓你有很多機會可以出場，在距離高點6%到10%的區間內。小賠並無妨，假如你能躲過一場大空頭市場的話。

等你出場後，你有無數的藉口不要再進場。身為投資人，我們總是記不清楚以前的事和我們的反應（後見之明的偏誤），所以我們自認處理得很漂亮。我們自以為在過去的重大悲劇或事件時保持冷靜的腦袋，其實我們時常情緒激動。我們回想1998年7月和8月股市下修將近20%，還騙自己說當時就知道那只是一次修正，而且當時我們很冷靜。我們認為2006年的伊拉克戰爭比越戰或韓戰還要慘烈，或者我們永遠不會面對像基地組織這種敵人，或者美國「在政治上從未如此分歧過」等等。

回顧表8.3的歷史事件，試著誠實地回想你當時的反應，例如古巴飛彈危機。或是甘迺迪遇刺。或是駐伊朗美國大使館被佔領。或是Y2K。

這個歷史事件表不是要讓你對人性感到失望。而是要證明股市的韌性。不要歇斯底里，因為偉大的羞辱者就是希望你這樣。

偽裝的牛市

偉大的羞辱者會企圖騙你，讓你以為牛市其實是偽裝的熊市。偉大的羞辱者讓牛市來臨時，還穿著熊市的裝扮。牛市是個厚顏無恥的變裝癖。我從來沒有看過有哪一次牛市來臨時，不是披著熊皮。不幸的是，大多數投資人不知道他們面對的是一個變裝癖。他

表8.3 精彩時刻連連

年度	事件	S&P 500
1934	大蕭條；第一次融資追繳；希特勒自稱德國元首	–1.4%
1935	西班牙內戰；義大利入侵北非；希特勒拒絕凡爾賽條約	47.7%
1936	經濟走疲；本益比創新高；希特勒佔領萊茵地區	33.9%
1937	資本支出及工業生產銳減；經濟衰退	–35.0%
1938	世界大戰戰雲密佈；華爾街爆發醜聞	31.1%
1939	新聞報導歐洲戰事；德國與義大利簽署十年軍事協定	–0.4%
1940	希特勒佔領法國；大不列顛戰役	–9.8%
1941	珍珠港遇襲；德國入侵蘇聯；美國對日本、義大利和德國宣戰	–11.6%
1942	戰時物價管制；中途島戰役	20.3%
1943	美國配給肉品與乳酪；老羅斯福總統凍結物價和薪資	25.9%
1944	民生用品短缺；盟軍登陸諾曼地	19.8%
1945	預期戰後經濟衰退；硫磺島戰役；老羅斯福總統逝世；原子彈轟炸日本	36.4%
1946	1946年僱用法案通過立法；鋼鐵與船塢工人罷工	–8.1%
1947	冷戰開始	5.7%
1948	柏林封鎖；美國政府接管鐵路以避免罷工	5.5%
1949	蘇聯試爆原子彈；英國讓英鎊貶值	18.8%
1950	韓戰；麥卡錫與「紅色恐佈」	31.7%
1951	開征超額利潤稅	24.0%
1952	美國接管鋼廠以避免罷工	18.4%
1953	蘇聯試爆氫彈；經濟學家預期1954年將陷入經濟衰退	–1.0%
1954	道指突破300點；大家都認為股價太高了	52.6%
1955	艾森豪生病	31.6%
1956	埃及佔領蘇伊士運河	6.6%
1957	蘇聯發射史普尼克人造衛星；國務卿韓福瑞警告經濟衰退	–10.8%
1958	經濟衰退	43.4%
1959	卡斯楚奪取古巴政權	2.0%
1960	蘇聯擊落美國U2偵察機；卡斯楚佔領美國煉油廠	0.5%
1961	柏林圍牆建立；綠扁帽部隊被派往越南；豬玀灣事件	26.9%
1962	古巴飛彈危機，形將毀滅全球；甘迺迪總統打壓鋼價	–8.7%
1963	甘迺迪總統遇刺身亡；南越政府被推翻	22.8%
1964	東京灣事件；紐約種族暴動	16.5%
1965	民權示威遊行；謠傳詹森總統心臟病突發；財政部警告黃金投機	12.5%
1966	越戰加劇，美軍轟炸河內；股票價格債務比達十年高峰	–10.1%
1967	紐沃克和底特律種族暴動；詹森總統簽署鉅額國防支出法案	24.0%
1968	美國海軍間諜船「普韋布洛」號被俘；越戰「春節攻勢」；金恩博士和羅伯・甘迺迪遇刺身亡	11.1%
1969	貨幣緊縮，股市下挫；基本放款利率創高紀錄	–8.5%
1970	美軍入侵柬埔寨，越戰擴大；貨幣供給萎縮；賓州中央鐵路破產	4.0%
1971	物價和薪資凍結；美元貶值	14.3%

表8.3 精彩時刻連連（續）

年度	事件	S&P 500
1972	美國貿易赤字創新高；美軍在越南港口佈雷	19.0%
1973	能源危機，阿拉伯石油禁運；水門案醜聞；副總統安格紐辭職	–14.7%
1974	四十年來最大股災；尼克森辭職；日圓貶值；富蘭克林全國銀行倒閉	–26.5%
1975	紐約市破產；經濟前景黯淡	37.2%
1976	經濟復甦滯緩；油國組織調高油價	23.8%
1977	股市重挫；社會安全稅調升	–7.2%
1978	利率上揚	6.6%
1979	油價飆升；三哩島核電廠事故；伊朗佔領美國大使館	18.4%
1980	利率創新高；紐約州「愛渠」環境災難；卡特禁止穀物對蘇聯出口	32.4%
1981	進入嚴重衰退；雷根總統遭槍擊；能源股崩跌；首度證實愛滋病	–4.9%
1982	四十年來最嚴重衰退，企業獲利銳減；失業人口大增	21.4%
1983	美國入侵格瑞納達；駐貝魯特美國大使館被炸；史上最大地方債券違約案－華盛頓公共電力供應系統（WPPSS）	22.5%
1984	聯邦赤字創新高；美國聯邦存款保險公司（FDIC）金援伊利諾大陸銀行；美國電話電報公司（AT&T）宣佈分割	6.3%
1985	美國和蘇聯開始武器競賽；俄亥俄州的銀行關閉以阻止擠兌；美國變成最大債務國	32.2%
1986	美國轟炸利比亞；依凡・波斯基坦承內線交易；車諾比核能電廠事故	18.5%
1987	美股創單日下跌紀錄；雷根因伊朗軍售事件被指責	5.2%
1988	第一共和銀行倒閉；巴拿馬獨裁者諾瑞加被美國起訴	16.8%
1989	美國儲貸機構危機的拯救方案展開；天安門事件；舊金山地震；美國部隊派駐巴拿馬	31.5%
1990	伊拉克入侵科威特，波灣戰爭即將展開；消費者信心驟降；失業人口增加	–3.2%
1991	經濟衰退；美軍開始轟炸伊拉克；失業率升高到七％	30.6%
1992	失業率持續升高；貨幣供給緊縮；選戰激烈	7.6%
1993	加稅；經濟復甦不確定，擔心二次衰退	10.0%
1994	健保企圖國營化	1.3%
1995	美元疲弱引發恐慌	37.5%
1996	擔心通膨	22.9%
1997	十月迷你科技股災及「亞洲金融危機」	33.3%
1998	俄羅斯盧布貶值危機；亞洲遭波及；長期資本管理公司（LTCM）破產	28.6%
1999	千禧蟲危機	21.0%
2000	網路泡沫開始破滅	–9.1%
2001	經濟衰退；九一一恐怖攻擊	–11.9%
2002	企業會計弊案；擔心恐怖攻擊；美伊緊張形勢	–22.1%
2003	共同基金醜聞；伊拉克軍事衝突；爆發SARS	28.7%
2004	擔憂美元疲軟和美國三重赤字	10.9%

資料來源：Global Financial Data.

們只知道在派對快結束時，他們還在跟一頭熊哈哈大笑。可是，轟的一聲，他們便錯過牛市第一波上升波段的大半段，因為偉大的羞辱者矇蔽了他們的腦袋。

想要對抗偉大的羞辱者，你就要學會如何辨識變裝癖，亦即分辨修正與熊市。這兩者主要的差別在於幅度和持續的時間。修正是短期的10%到20%全球下跌。它是短暫，劇烈，由尖頂突然下墜，你以為未來還會跌更多。但它來得急去得急，馬上又創新高。跌個1到4個月，然後回升。4個月後宣稱下跌趨勢成立的人顯得很可笑，但在當下你又無法加以反駁。

你或許以為20%的跌幅，就像1998年中的時候，已經可以稱得上是熊市了，但這裏的關鍵字是「短暫而急遽」，就像墜落斷崖，不符合我們的2%法則。修正在牛市是很常見的（平均每一、兩年就有一次），而且很難預測，你也不必嘗試預測，因為修正漲跌的速度太快了。想要準確預測這種修正，你必須看準起點與終點。但你很有可能錯過出場或進場的好時機，或者兩者皆錯。別費事了。（資產管理史上，沒有人曾有成功掌握短期下修的長期紀錄。如果有此可能，至少有一個人會達成，但迄今沒有。假如你可以的話，你就不必看這本書了。）

和小跌的狀況一樣，交易費和稅金可能吃掉你完美掌握股市修正波段所賺到的錢。只要耐心坐好，明白自己正面對變裝的牛市，你就會得到回報的。

變裝的熊市

可是，熊市剛開始時就跟修正一樣。感覺還好。牛市不會以突然大跌來宣告股價已觸及顛峰。沒有所謂的「宣布效應」（1987年是這個法則的例外）。除了披著熊皮的牛，還有披著牛皮的熊。先前談過，牛市是慢慢觸頂，很少人看空（除了永遠的空頭之外）。你不會聽到砰然大響。你不會「覺得」自己將要經歷一段漫長的跌勢。事實上，你或許「覺得」分散資產配置很無趣，你想要下大注在個股或類股以增加績效。

回顧歷史，如果股市有71%的時間都是上漲的，而一些下跌的年頭也只是小跌，你只會面對少數幾年真正恐怖的大跌。自1980年以來只有四次，所以你不必期待時常遇到大跌的年頭。未來應該也差不多。換個方式來看，如果你在二十年內看空超過三或四回，你就過頭了。身而為人，我們往往努力避免痛苦，而非增加成就。記住這點。如果你的大腦一直告訴你熊市總是埋伏在前，你的大腦是錯的。想要成功做空必須單獨行動。但你有了這3個問題，你就再也不孤單了。

真的真的錯了

成功看出熊市開始的時間，你只贏了一半。你還得決定何時重返股市。我們的石器時代大腦把重新進場的決定弄得比出場的決定還要複雜。就如同你不能根據固定一套指標來決定出場，也沒有密技可以讓你知道何時重新進場。我先前提過，假如我在2002年10月進場，我就完美掌握全球股市的谷底。我並不預期自己能完美抓到觸底的時機，但一重返市場就接到偉大羞辱者丟過來的大跌實在不好玩，而這就是我的遭遇。

以下是我們在2002年5月重返股市的主要理由。儘管太早入市，你可以看出這是我們根據3個問題所做出的理性決定：

- 依據我的18個月法則，我打算在2002年6月之前重返股市。我不習慣脫離股市太久，超過客戶預期股市報酬的期間。
- 自熊市開始以來，市場共識首次看空。所以，我想不太可能大跌。所以12個月後全球股市下跌，但基本上只是小跌。我認為無法確知股市未來數月的走向。雖然我看對了股市不會大跌，但這回的熊市卻是立即大跌。我踩進了黑洞。沒有人喜歡負報酬，但我總是參與股市，預期前三種狀況會發生。

- 熊市投資產品大量出現，像是專門看空股市的共同基金。看空股市的通訊刊物現在大受歡迎，他們的作者被視為聖哲。
- 大多數利空都已反映在股價，這二年半來它們的「驚嚇」威力已慢慢消退，包括經濟衰退、獲利惡化及可能的企業破產、恐怖攻擊和戰爭，以及安隆與世界通訊等會計醜聞。
- 當時，股市似乎已在2001年9月恐怖攻擊及2002年5月的低點之間形成雙重底部。
- 貨幣情況有利。廣義的貨幣成長高於通膨率，短期流動資金不斷增加，美國和全球收益率曲線陡峭。最重要的是，沒人注意到。
- 外國市場首次表現優於美股，意味著全球熊市即將結束（不過，全球股市直到2003年才真正走強）。
- 我們新開發的一項資本市場技術——跑步耐力指標（Run Strength）顯示，市場已呈超賣，即將反轉向上。不幸的是，我們建立這項指標所使用的資料全是來自二次戰後的小型全球熊市，在首度付諸實行時，該指標並未充分反映現實。

跑步耐力指標

跑步耐力指標是投資人信心疲乏的指標。這是我的公司使用第2個問題所開發的資本市場技術的範例。它用於測量影響股票需求的短期信心，也是決定短期股價的主因。它是一項複雜的算式，結合許多因素，宗旨是要了解股市走勢何時會太過疲乏而無以為繼。在0到100之間，我們觀察到當一些不同的股價指數都跌破20之後，股市就會大漲。反之，若指標升高到80以上，就表示股市已經超買，股價通常會下跌。我們做過回溯測試（back test），證明這項指標是正確的。

2002年5月，這項指標跌到20以下的超低水準，似乎顯示出超賣。我們看到大多數主要指標都有這種情形。這種極端超賣是數十年來僅見，或許未來數十年也不會再看到。此時不運用這項指標，更待何時？但這項指標從未真正付諸實行過。雖然我們一再進行回溯測試，但我們用即時狀況加以測試。真正來說，跑步耐力指標根本無法測試像那次熊市那麼極端的狀況，只適用於比較正常的熊市。按照一般標準來看，當時的投資人信心超低。但如今看來，信心還可能再惡化，而且確實如此。

六月底時，我們明白這項指標明顯不適合做為判斷市場時機。但其他法則都適用之下，我們沒有理由卻步。我累積悔恨，學到了寶貴的教訓（對付偉大羞辱者的一招）。

開發罕見極端現象的資本市場技術，需要使用可供比較的古老、歷史資料。但這些資料可靠嗎？我早知道古老資料常常不值得信賴，原因不明。這種經驗讓我明白必須確定古老的資料是正確的。因此，我們又以嚴格的方法來證實古老的資料，以確定我們的基本假設儘可能符合事實。情況愈是罕見及極端，你愈必須確定。可靠的資料如同上帝的資料一般不可能。

我還學到另一個寶貴的教訓。我學會多多聆聽客戶——但可能不是你想像的方式。我們在2002年5月重新進場時，我們注意幾乎沒有客戶反對。他們似乎很滿意我們把他們的資產由現金部位轉進到股票。在我們退出科技股時，他們快把我們罵死了。我們退出股市時，他們也很不滿。在那兩次，有些客戶就離開了，我們的中斷率由平常的一年5%暫時升高到10%。但在2002年5月，我們又再次進場時，他們一點也不反抗。事實上，原有的客戶給了我們更多資金去投入股市。事後回想，顯然市場的樂觀心理還沒完全被消滅。

當時我們認為我們的客戶不代表全世界。因為我們已避開熊市大部份的跌勢，我們便以為他們對我們信心滿滿，所以不害怕股票。不到一個月我們便發現事實並非如此，股市又再大跌，客戶畏縮了。

所以，我們又再研發更多技術以即時測量我們的客戶群。我們的客戶群大到足以代表美國整體高淨值投資人，是測量市場信心的理想實驗室。如果我們的客戶不害怕，其他人可能也不怕。現在，我們可以計算客戶每天的來電，統計我們的客戶情緒。隨著技術漸趨成熟，這會是一項寶貴的投資人信心指標。

當然，我忽略了其他事。我沒有預料到沙賓法案（Sarbanes-Oxley）*在2002年7月公布，成為股市利空衝擊。我低估了2002年底美國民眾把所有企業執行長當成惡棍的心態，這種心態催生了沙賓法案，而後者又加劇了這種心態。例如，在七月之前，媒體盛傳傑克・威爾許（Jack Welch）是個壞蛋，奇異公司將成為下一家安隆。如果奇異都要出事了，那萬事皆休。這都是投資人的情緒，但我卻沒有看到。要看出熊市或牛市最後階段的情緒轉折不但困難，而且時常看錯。太早進場是一大錯誤，但只要你對的次數多過錯的次數，即使有時你真的錯了，你在長時間還是可以打敗大盤，而這才是重點。

70-30法則

2006年，網站排名市調公司CXO顧問集團根據我從2000年起的《富比世》專欄，而把我評為最準確的長期公共預測師。（我的《富比世》專欄雖能代表我的公司為客戶代操的市場策略，但並不完全。）你可以在www.cxoadvisory.com看到分析及其他人的評比。我的重點是，我被評為最準確，這點當然值得商榷，因為他們認為我有七成的時間是正確的。根據他們的估算，我有三成的時間是錯的。這很不錯了。七成是很了不起的。如果你有七成的時間是正確的，你就是頂尖的。如果你能長期維持，你就會變成超級英雄，甚至傳奇人物。但這表示你得習慣那三成錯誤的時間。如果我可以簽署一紙合約，保證七成的時間是正確的，三成的時間是錯的，我會簽字，把自己的資金投入，永遠不必再做大膽的操作了。你或許有些操作錯得離譜，但只要長時間下來，對的時間多於錯的，你就贏了。

那麼，我很懊惱2002年太早重新進場嗎？這還用問嗎。我恨不得時間倒流，可以重新來過，但我不能，所以我必須往前看。但若我必須在太早入市及太晚入市之間做一抉擇，我寧可太早入市。因為熊市脫離谷底是你絕不想錯過的，即使這表示近期內賠了一些。

---

* 譯註：此一法案原名為「2002年上市公司會計改革和投資者保護法案」，因由參議院銀行委員會主席Paul Sarbanes和眾議院金融服務委員會主席Mike Oxley聯合提出，因此又被稱作沙賓法案。

熊市的成因？

這個問題沒有單一的答案。「熊市如何形成的？」或許是貨幣情況，收益率曲線，盈餘，類股崩盤，需求過剩，或者衝擊財產權的立法。但和上一次熊市的原因不會一樣。這一次和上一次的熊市很少由相同原因造成，因為大多數投資人歷經上一次戰役，已準備好面對上次令他們戰敗的對手，上次的熊市是科技股崩盤造成的，下一次就不會了。或許根本不是類股崩盤。

你或許懷疑熊市之所以形成是因為牛市持續太久了。第1個問題：是否有牛市「應該」持續的時間？當然沒有！牛市沒有所謂應該持續的時間。只要牛市一超過平均的期間，就會有人說牛市要結束了，因為太久了。錯了。每次的牛市各有結束的理由，也總有結束的一天，但時間不是理由。1994年時大家開始說90年代的牛市持續太久了吧，結果它又持續了六年。「非理性榮景」一詞出現在1996年，但也太早出現。牛市沒有一定的期限。

使用3個問題來測試以下狀況。找一些你最愛用的指標，看看它們以前是否準確預示出熊市。你會發現沒有任何基本指標，沒有任何技術指標，沒有任何東西可以準確預測熊市何時會開始。也沒有「直覺」指標可以告訴你何時該出場。我聽過太多投資人、讀者和客戶說他們對於市場走勢有一股直覺，或者宣稱他們「無法解釋，但就是知道」。那是偉大的羞辱者。如果不是的話，吃顆阿斯匹林和胃乳片就行了。用第3個問題來思考這個狀況，這才是你真正需要的。假如你相信你以前的直覺是對的，或許是吧。人偶爾會走運。但你也犯下後見之明偏誤，忘了有時你的直覺錯得離譜。

賓拉登、卡崔娜颶風以及萊亨雞走進酒吧

有的人會說：「可是，現在時代不同了。恐怖攻擊會造成股市

崩盤，對吧？」這是個好問題。2001年9月11日那場悲劇，發生在熊市進行了三分之二的時候，或許阻斷了市場復甦（我們永遠無法證實這點）。這時，不妨用第1個問題。九一一攻擊是否對股市造成持久、毀滅性的衝擊（見圖8.6a）？

美國股市當天休市，一直到9月17日才恢復交易。S&P 500指數開盤後暴跌，在9月21日時共計跌掉11.6%。但神奇的是，19個交易日之後美股便回到高於9月10日的水準。之後便維持在那個水準達數月之久。但大家的記憶不是這樣，因為早在恐怖攻擊之後，全球經濟便已陷入衰退和熊市。攻擊是否讓情況雪上加霜。或許吧！但請再重讀一遍本段，跟我複誦一遍：「美股在19個交易日之後便回到攻擊前的水準，而且維持在那個水準達數月之久。」注意到那段走高的日子亦包括2001年秋天炭疽熱的恐懼。還記得炭疽熱嗎？股市不受干擾持續上漲，回到攻擊前的水準。我們再看看全球，看看最近西方國家遭受恐怖攻擊對股市的衝擊（見圖8.6b）。

2004年3月10日，基地組織宣稱犯下馬德里火車爆炸案。西班牙將此一事件稱為該國的九一一攻擊。也就是說這是一場全國悲劇。S&P 500指數當天跌了1.5%，5個交易日後便回到攻擊前的水準。

2005年7月7日，倫敦地鐵發生爆炸案（見圖8.6c），就在我們英國分公司一些員工的居所和工作地點附近。但股市可不擔心他們的安危。S&P 500指數當天上漲。股市對恐怖攻擊漠不關心。恐怖份子輸了這場戰役。

從那之後，恐怖主義大多侷限在中東和非洲活動。接著在2006年8月10月，一個恐怖組織企圖打造液體炸彈裝置在十一架由倫敦飛往美國的客機。他們被逮捕。歐美的飛安檢查進一步提高標準，攜帶上機的物品又有了新規定，結果造成更嚴重的班機延誤和不

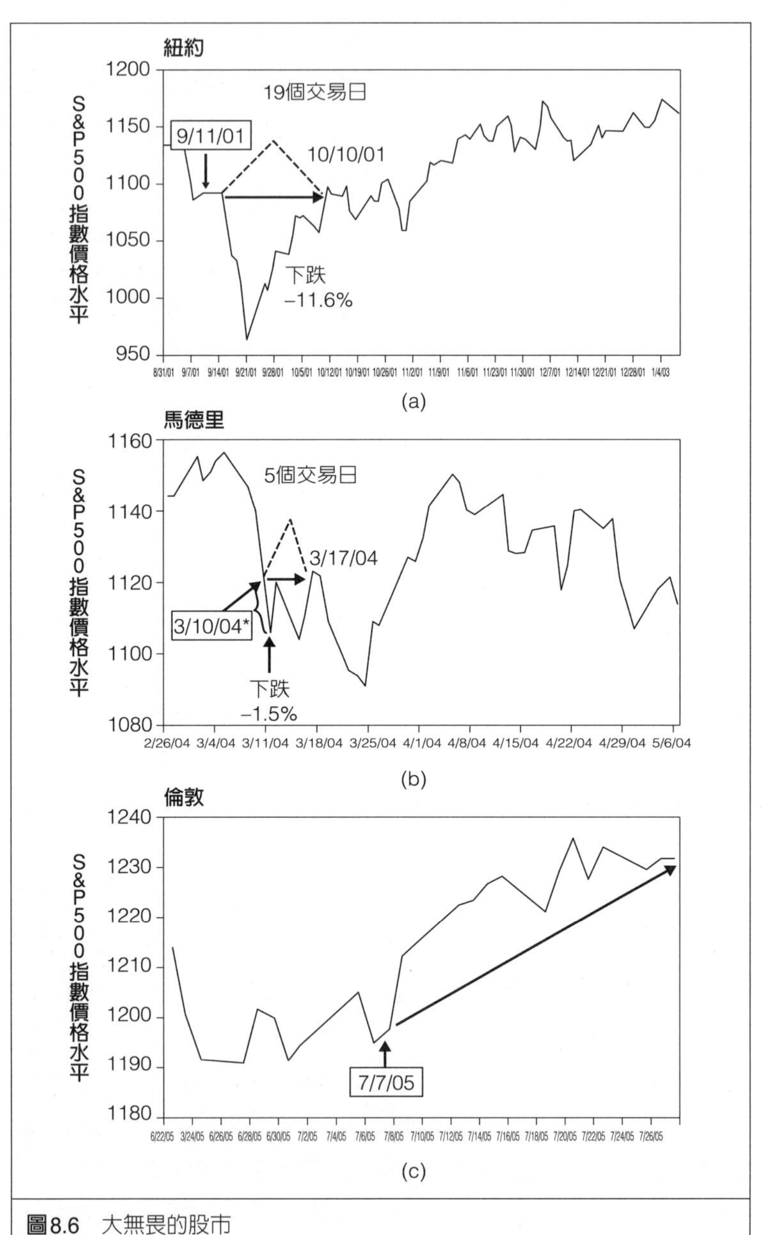

圖8.6 大無畏的股市

資料來源：Thomson Financial Datastream.

便。股市毫無興趣。美股在之後兩天小跌，下個禮拜便大漲3%。股市已對恐怖份子感到麻木。

雖然我們無法斷言股市是否已完全反映未來的攻擊，但九一一迄今，恐怖份子尚未能發動大規模的成功攻擊。投資人怎能對恐怖主義麻木不仁呢？不論我們在哪裏居住、工作或旅遊，這是我們面對的恐怖、真實威脅。是嗎？美國以往也曾遭受恐怖攻擊。柯爾號（USS Cole）在2000年被轟炸*，霍巴塔（Khobar Towers）於1996年遭到炸彈攻擊†，雙子星大樓於1993年首度被攻擊，黎巴嫩海軍營區於1983年被攻擊，泛美航空103次航班††，還有以色列的整個歷史都是。還有英國的愛爾蘭共和軍，英國似乎一直與本土的恐怖主義共存，他們的股市當時表現良好。第一次世界大戰是由恐怖行動引發的。恐怖主義在人類史上並不是新鮮事。人類很堅強，股市也是。圖8.7顯示近代史上的一些恐怖攻擊，以及股市復原的時間。

那麼，現在大規模的恐怖攻擊是否會造成股市崩盤？首先，你是否會對另一次恐怖攻擊感到訝異？你比較訝異的大概是美國迄今尚未遭遇另一次重大攻擊吧。回想2001年9月10日。如果有人告訴你，19名只拿著美工刀和刀子的歹徒準備把飛機和機上乘客當成炸彈，你會以為那是布魯斯．威利主演的電影劇情。這種事情竟然會發生簡直是無法想像。

---

* 譯註：美國海軍柏克級驅逐艦柯爾號（USS Cole D DG-67）在波斯灣執行任務，於10月12日停泊於葉門港加油之際，遭到恐怖分子駕駛裝滿炸藥的小艇攻擊，造成17名海軍士兵死亡。

† 譯註：沙烏地阿拉伯多國軍事中心霍巴塔的美軍營地遭卡車炸彈攻擊。

†† 譯註：又稱為洛克比空難，泛美航空公司103次班機成為恐怖攻擊目標，在蘇格蘭洛克比上空爆炸墜毀，機上259人全部罹難，洛克比小鎮居民也死亡11人，幾成廢墟。調查證明有利比亞情報單位涉入，四年後聯合國通過制裁案。

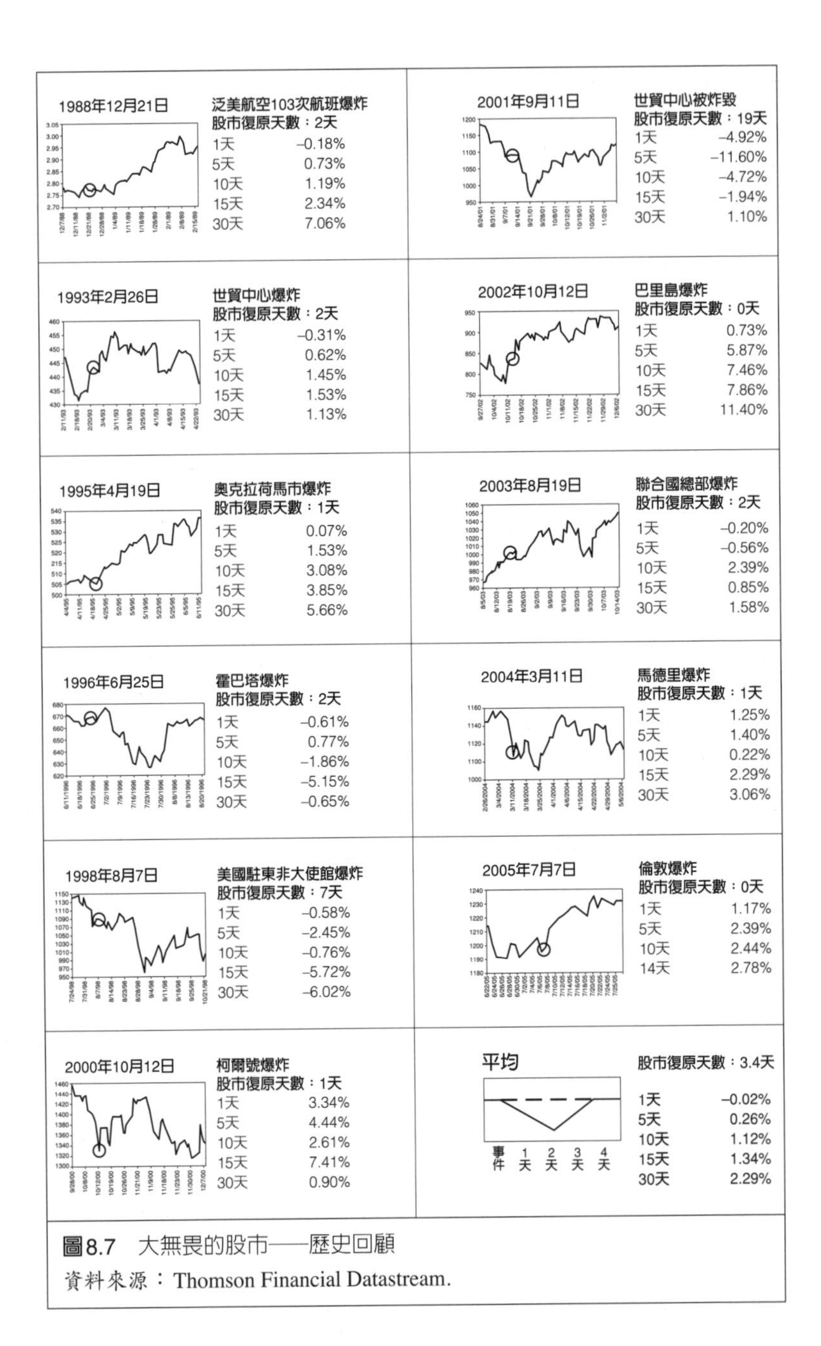

圖8.7 大無畏的股市──歷史回顧

資料來源：Thomson Financial Datastream.

現在，不論他們做什麼都嚇不倒我們了。是的，這仍會是利空，但不論如何，股市所受的衝擊都將低於你恐懼的程度，因為大家已做了六年的心理準備。

萬一他們摧毀一座美國大型城市呢？

萬一恐怖份子摧毀一座美國大型城市呢？這當然是很嚴重的事件。股市會遭到多大的衝擊呢？再說一遍，股市所受的衝擊都將低於你的預期，你只要研究股市對卡崔娜颶風橫掃紐奧良的反應便可知道。

紐奧良和墨西哥灣岸地區遭到卡崔娜和麗塔颶風的接連肆虐。墨西哥灣的煉油產能幾乎全部停擺。德州、路易斯安那和密西西比州數十萬居民無家可歸，流離失所。商店關門，員工失業。但股市對這些人的悲慘境遇漠不關心。卡崔娜颶風掃到路易斯安那州的那天，2005年8月29日，美股上揚0.6%。以大洪水而言，算是很平常的一天。2005年第4季的GDP成長率達1.8%，S&P 500指數上漲2.1%。雖然不是很強勁的成長，但也不像許多專家所預言的困境。換個角度——2005年第4季全球股市上漲3.1%，所以，美股並未偏離全球走勢，即便是在卡崔娜颶風之後。股市由9月到12月之間是上漲的，並延續到2006年前幾周，沒有卡崔娜颶風的話，或許還會漲更多。誰知道呢？

GDP不是應該受到墨西哥灣岸煉油作業停擺的重大衝擊嗎？這是值得用第2個問題探討的主題。（上手之後，你就會發現這其實很容易。）我們反向思考好了：為什麼GDP和股市在重大天災之後不應該有穩健思考？和往常一樣，用比例來思考。

假設路易斯安那州的每個人在兩個颶風之後都失業了。當然事實並非如此，但我們假設最壞的情況。路易斯安那州有450萬人。路易斯安那州的平均所得大約只有全美平均的四分之三。再假設路易斯安那州的人口大約佔全美三億人口的1%。如果路易斯安那州的每個人因為颶風之故，而無法再貢獻GDP，GDP成長將被削減1%，就這一次。那一年美國的GDP可能不是4%，而是3%，然後便恢復正常。最糟的狀況就是這樣了。我不是說路易斯安那州的人不重要或不具生產力，但美國整體經濟成長所受的衝擊其實很小。再推回到全球股市和全球經濟，美國只佔全球GDP的38%，所以全球成長所受的衝擊還會更小。只要用比例就好了。

還記得費雪爺爺嗎？

我們還可以回顧歷史。在卡崔娜颶風襲擊時，我第一件事就是抽出股市走勢圖和歷史書，回想襲擊我家鄉的天災。1906年4月18日的大地震和大火夷平了舊金山。費雪爺爺（見第5章）只得把婚禮延期。當時他們和市民住在金門大橋公園的帳篷裏。我祖父的診所停業了好幾個月，因為他為傷者提供義診。那是場大悲劇。但股市沒有崩盤。美股在四月僅小幅下跌，任何原因都可能造成這種小跌，然後在五月和六月恢復上揚，那一年並未崩盤。真正的崩盤發生在翌年，1907年紐約金融恐慌造成股市由高點重挫49%。但1906年的舊金山對美國的重要性更甚於2005年的紐奧良。舊金山的災難並未造成1906年股市崩盤，是個很好的歷史殷鑑，告訴你不要太擔心卡崔娜颶風，也告訴你不要太擔心股市，即使恐怖份子真的不幸對美國城市造成重大災難。

你可以使用這3個問題和方法去解決其他可能的利空事件，像是SARS、禽流感、艾波拉病毒、漢他病毒、炭疽熱、水痘或者啾啾蜂大流行（最後一項是我胡扯的，只是想看看你還醒著嗎）。SARS在2003年把大家嚇個半死，現在都忘光光了；2005年和2006年大家又擔心禽流感會變成人畜共通疾病。有沒有這種可能？我猜會吧。請翻回第5章，當時我們討論過了。但在禽流感之後，又會有其他疾病，你每次都可以使用這3個問題。使用這3個問題來測試任何地緣政治事件、天災、流行病、任何我們擔心害怕可能衝擊股市的事。你會發現，這些事件都不能用來預測熊市將會降臨。

現在，你有了這3個問題，可以辨識股市的可能走勢，以及了解真正的熊市面貌，你已經準備好了。準備好不再被偉大的羞辱者羞辱。準備好使用這3個問題。準備好打敗大盤。準備好為你的人生擬定好策略。繼續看下去。

第9章

綜合運用

堅持你的策略，對抗偉大的羞辱者

本章主要討論管理投資組合、選股和避免常見錯誤的投資建議，而不是用這3個問題去知道別人不知道的事。現在，你明白這3個問題是如何運用的。我舉例說明這些年來我用這3個問題所學到的東西。第5章到第8章都是透過這3個問題來看世界的例子。我希望你可以開始看出別人看不到的觀點來進行投資。我希望你看出我看不到的東西。

但我們還沒結束呢。如同第3章所暗示，想要用這3個問題來幫你約束自我和你的腦袋，以及不被偉大的羞辱者羞辱，你必須有一項決定方針的綜合策略。單是運用這3個問題就很棒了！但一項策略可以提供你問這3個問題，再據以進行小額（或鉅額）操作的基礎與框架，協助你達成目標。

或許你以為自己早就有了一項很好的策略。或許吧，可是很多自以為有策略的投資人，其實是把戰術和戰略混為一談。舉例來說，一些投資人想要以低費用達成與大盤齊平的報酬，所以他們的「戰略」是買進不收銷售手續費的共同基金。這是一種想法，而不是策略。在沒有策略之下，進行這種投資，十年後，你的確不必付任何手續費，可是你不會得到高報酬。策略是規畫買進什麼基金，為什麼要買，以及如何調整。

另一項被誤導的戰術是靜態資產配置。靜態資產配置是指嚴格遵守固定比率的股票、債券和現金配置。券商和媒體數十年來一直在鼓吹靜態資產配置。對缺乏自制力的人而言，這是一項良好的自制機制，就像請人料理你的三餐可以幫你控制體重一樣。但靜態資產配置會讓你在機會來臨時，無法利用這3個問題。

投資人同時利用停損和定期定額（這兩種都是自制機制，也是賠錢的策略，我會在小欄裏詳加說明），買賣選擇權和掩護性買權（Covered Call，另一種賠錢策略，我會在另一個小欄說明），放空這邊、做多那邊，自認有一套有效的戰略，卻不明白他們只是靠著戰術胡搞瞎搞。一堆有趣但無效的戰術無法構成一套戰略。在特定時機擬定特別的戰術並沒有錯。但戰略像是房屋藍圖，而戰術只是木匠的鎚子而已。況且，如果你不知道別人不知道的事，使用戰術有什麼意義？假如鎚子是達成戰略的合適戰術，你才會需要它。你不如使用這3個問題去獲悉別人不知道的事，然後用這些資訊去超越大盤，好過在沒有戰略的情況下，亂用投資戰術而不斷賠錢。

流行但有問題

許多流行的戰術迷思都有問題，卻不斷流行，因為它們吸引我們的盲目腦袋──它們聽起來對極了，但我們往往不知道該如何加以分析。有時，比如停損，數十年前券商便開始鼓動這種事，因為他們要增加交易及手續費。問題1和問題3在這裏派上用場，因為你可以衡量這些戰術是否有效，以及你的腦袋為什麼被吸引。以下是兩個例子。

停損？反而像是停利

停損（stop loss）的概念如此吸引人，不難理解這種手法為何流行。停損意味著設定一個任意的虧損比率（或金額）。當一檔股票觸及那個水準時，你認定它不行了，賣出，再買進可能表現較優的標的。舉例來說，如果你一直設定在15%停損，你絕不會持有跌幅超過15%的股票。不會有股災。不會有安隆之類的股票。聽起來不錯。你可以隨便挑個數字，像是10%、20%、12.725%。隨便都好！這是一種控制機制。

可是，停損未必達到投資人的預期。一般來說，他們賠了錢，沒賺錢。他們覺得還好，但其實不好。為什麼？因為股票不是序列相關（serially correlated）。啥米碗糕？

股價是統計學家所說的非序列相關，意思是當股價朝著一個方向波動時，它保持那個方向或反轉的機率各五五波。有許多根據實際資料的學術研究證實，歷史性的股價波動跟未來的股價波動絕對沒有關聯。股價下跌了多少金額跟它的未來走勢一點關係也沒有。

如果股票是序列相關，你只要買進已經上漲的股票，而不要去碰已經下跌的，就像動能投資人那樣砍掉賠錢的股票，讓賺錢的股票繼續下去。如果股票在長期有序列相關，動能投資人必將擁有遠高於平均水準的績效。但事實並非如此。

即使我百般勸阻，你還是執意要停損，那麼你該選擇何種水準呢？人們往往挑個整數，像是10%或20%，停損的人往往不會選擇超過20%，因為假如你相信停損有用的話，為什麼要選30%而不選20%呢？事實上，為什麼要選20%而不選15%呢？我們可以以此類推到1%。當股價下跌了一定金額觸及你的停損點時，它有五成機率繼續下跌，也有五成機率止跌反彈。你是靠著擲銅板在做股票。

萬一你設定個股的停損點在20%，但它跌了22%以後便大漲50%。你賠了20%，付了手續費，還要考慮換股。你能保證下一檔買進的股票一定會漲嗎？萬一新買的股票也跌了呢？你可以一直停損20%到賠光為止。歷史證明，沒有任何停損水準，不論是10%、20%、30%或53%，可以創造優於大盤的報酬。

我們換個狀況，重新框架，讓你看得更清楚。小美以50元買進一檔股票。該股漲到100元。小華此時以100元同樣買進該股，但它後來跌到80元，亦即由高點回落20%。她們兩人都應該在80元賣掉嗎？或者只有小華該賣，因為她買進成本較高？這個問題沒有正確解答，因為以往的股價波動不能預測未來的股價波動。

有些人在同一類股裏輪替個股。為什麼新的會比舊的個股好呢？類股起漲時，這些個股都有機會上漲。你不應該用任意的股價波動或目標來決定買進或賣進，而應該依據該支個股未來的前景。

有的人建議停損但不換股，這樣就永遠不會陷入熊市。可是，在正常的牛市修正，停損往往會讓你在相對低點賣出股票。我們不是應該要買低賣高，而不是相反嗎？停損的結果是很隨機的，意思是這種方法不可靠。

唯一可以確定的是，停損會墊高交易成本。在這種隨機過程裏，停損策略光是這點就會使你賠錢。券商喜歡停損並大力推銷，因為他們知道股價波動劇烈，當股價觸及停損價位時，他們就可以抽到兩次手續費！一次是你賣出時，一次是你重新買進時。

定期定額——高費用，低報酬

大多數投資人毫不猶豫便認為定期定額（dollar cost averaging）——隨著時間逐步增加投資——是一項降低風險和增加報酬的好策略。

任何形式的定期定額都不便宜。定期定額乍聽之下很誘人。投資人擔心他們買進的時間可能是相對高點。他們想說，把投資分散在一段時間，便可降低在「錯誤」的一天全部買進的風險。假如你真的在「錯誤」的一天把你全部的資金投入，你必然悔恨不已，而大家都不想後悔。

在股市大漲時，比如90年代，媒體很少提及定期定額。在多頭時代，只有券商才會吹噓它的假設優點。定期定額是券商的一大福音。為什麼？券商對於小額交易收取的手續費比例往往高於鉅額交易。當你把資金分成一小筆一小筆的，你的總資產的總手續費就會大幅增加，全部繳給券商。券商跟客戶說定期定額可以分散風險，但客戶卻很少去思索。

不過，資料證明定期定額有損資產組合的風險和報酬特性。水牛大學的麥克．羅齊非（Michael Rozeff）大約在十年前進行過一項很詳盡的調查，比較定期定額與單筆投資。

以S&P 500指數做為投資選擇，由1926到1990年日曆年度，羅齊非比較單筆投資與定期定額在12個月期間的績效。其結果很明確：在差不多三分之二的年度裏，單筆投資的獲利都大於定期定額，報酬差異性比較低。更重要的是，在這整段時間，單筆投資的平均年報酬率高出定期定額1.1%。若套用在小型股的投資組合，單筆投資的好處甚至更加明顯，平均年報酬率比定期定額高出3.9%。

我的公司所進行的研究也得到類似的結論。一般而言，單筆投資優於定期定額，因為未來股市走高的機率比較高。雖然不會永遠走高，但足以讓定期定額變成不理性的策略。

不需要高深的數學或分析便能了解定期定額是比較不佳的策略，而且結論確鑿。這個迷思持久不衰的原因可用第3個問題，以及人們對於投資虧損的痛苦是投資利得之快樂的兩倍來加以破解。投資人傾向於接受定期定額這種不佳的策略，因為如此一來投資人就不會犯下一次大錯，而累積巨大的悔恨，甚至讓配偶罵你白癡（或許你的配偶早就罵了）。人們以為定期定額可以降低風險，於是認為這是個好主意。其實，定期定額反而增加風險及減少未來報酬。不管投資人長期將錯失多大的報酬，大多數人覺得沒賺到錢總勝過賠錢的好。

簡單來說，定期定額沒有用，只會讓券商賺進更多手續費。或許你不認同，但不要採取定期定額對你來說才是好的。你的感覺是你的敵人，偉大的羞辱者就是要利用它來對付你，而你還以為自己打敗了他。

掩護性買權——掩護什麼？

多年來，券商都提供客戶掩護性買權（covered calls），它包括一檔股票和一個賣出期權（written call）。投資人喜歡它的理由有二：他們可以獲得立即的收入（賣出該檔股票的買權，收取權利金），此外他們覺得這樣很安全，因為選擇權的風險有限。投資人大多認為掩護性買權是安全或保守的。

到底什麼叫掩護性買權？我們用期權行使日的線圖最能說明。如同所有的選擇權部位，可能的履約獲利及虧損區間是已知的。X軸代表行使日期的股價，Y軸代表這個部位產生的利潤或虧損。X則代表選擇權的履約價：

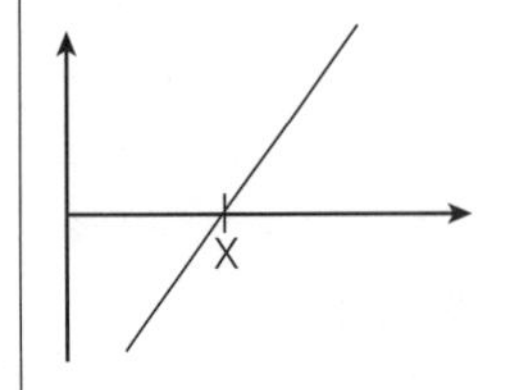

(a) 這檔股票S的價值和報酬是永遠相同的。S有無限上漲的可能，而最大的虧損等於買進價格。

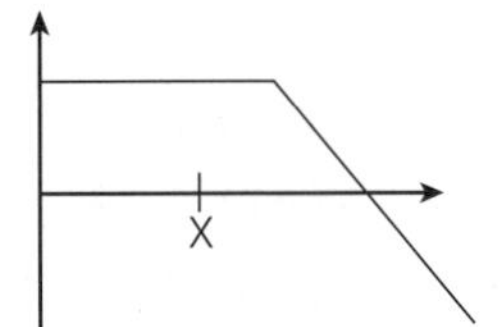

(b) 賣出買權的利潤就是收取的權利金，但只要股價上漲，其虧損可能是無限的。

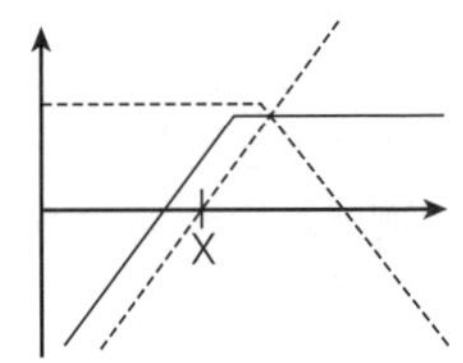

(c) S股票與賣出買權相結合之下，只要價值大於X，利得會是固定的正金額。但它還是有虧損的可能，若股價跌到0的話。

所以，掩護性買權事實上是在股價上漲時，你也只能賺到一個固定的金額（因而限制你的上檔空間），但仍有股票下檔風險，只是要扣掉你先收取的權利金。

這聽起來不太吸引人。事實上，它跟無擔保賣權（naked put）的報酬是一樣的！沒什麼不同。財務理論告訴我們，具有相同報酬的兩種證券其實就是同一種證券：

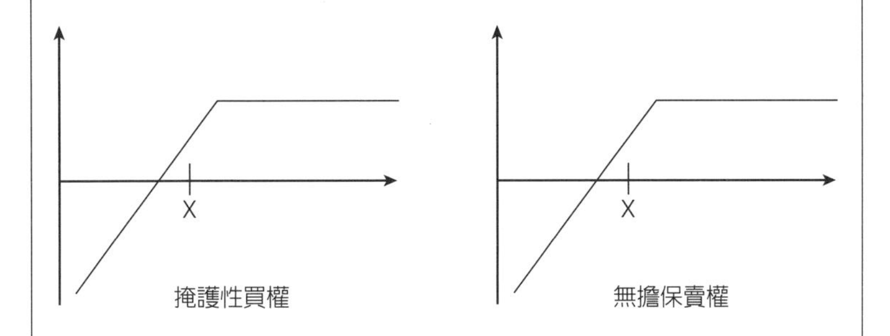

當然，大多投資人不喜歡賣出無擔保賣權，但這跟他們操作掩護性買權其實是一樣的。

所以，掩護性買權的安全感其實是一種假象。掩護性買權就等於無擔保賣權，兩者應該一視同仁。這是投資人被提供相同資訊的不同框架給混淆的範例。在標準財務理論，投資人是理性的，絕不會被框架給混淆，但在現實裏，人們盲目進行掩護性買權，心想這樣很安全，卻從不碰無擔保賣權，因為它們像是高風險——完全被框架給騙了。

所以，下回有人叫你投資掩護性買權時，你應該叫他們去賣無擔保賣權：它們完全是同一件事！

策略是導引你每個方向的計畫。當你快要迷路時，它會讓你穩住方向。股市不是可以靠直覺判斷的，這是很多人在股市栽筋斗的一個原因。通常你覺得對的都是錯的，而你覺得錯的時常是對的。這就是為什麼你需要這3個問題及一項策略來控制你的大腦。

在你開始構思策略之前，不妨先設定一些基本規則來達成你的目標。如果你去問別人他們的投資目標，你會得到許多令人錯亂的答案。想清楚自己的目標。你能用四個字來加以描述嗎？如果你得寫上十頁圖文並茂的文稿才能說清楚，你一定是被說得天花亂墜的理專給騙了，以為自己的目標不同於其他人，所以需要一大串奇怪的金融產品。

不，你的目標應該直截了當。投資人長久以來被金融業教導要把投資目標分門別類，通常是混淆或衝突的類別。如果你有跟券商或理專來往的經驗，你或許曾被詢問你的「風險承受度」。大多數投資人不知道也不懂如何量化自己的風險承受度。他們的風險承受度在牛市與大熊市之後是極不相同的。他們或許會請你填寫一張問卷，判斷你屬於哪一型，但那只是反映你當天的感受而已。你屬於「成長型」或「積極成長型」？或許他們請你在一堆彩色圓形圖裏挑選，或者由1到7分、1到10分或1到37分，給自己打分數。

我偷偷告訴你好了。這些所謂的風險評估根本沒意義，根本沒有反映事實。在不同的環境下，每個人的風險承受度都不同。同一批人在1999年填寫問卷時說自己是高度風險承受，追求每年20%的報酬，但到了2002及2003年他們改口說自己迴避風險，只想有安全的絕對、低報酬。大多數人根本無從評估自己的風險承受度，就像從來沒在肚子上被痛揍一拳的人永遠無法知道拳擊手的滋味，直到自己親身經歷。我以前打過拳擊，我心知肚明。

我很少遇到有投資人非常了解自己的風險承受度。大多數人都毫無頭緒，他們只是在某個時間點有某種感覺而已。他們對風險承受度的認知受他們最近閱讀的東西、最近的遭遇、跟誰談話以及自認這類問題應該有的回答的影響。如果有配偶或子女陪伴，他們往往會有不同的答案。男人在單獨觀看海盜電影時，會很嚮往海盜生活，但跟老婆一起看的話就不會。若你問一個男人他的風險承受度，他很可能說自己超能容受風險，可以應付市場波動。後來你遇到他老婆，跟她提起她老公說自己可以容受風險，她便笑了。這種狀況屢見不鮮。那個老公錯了？還是老婆錯了？大家都錯了，因為他們都把風險當成一種單一層面的衡量標準。其實不是！

我和史塔特曼在〈變異數最適化之謎：證券投資組合與食物投資組合〉（Mean-Variance Optimization Puzzle）這篇學術論文裏證明了風險是多重面向，幾乎無法完全理解。你的大腦對於投資風險的理解，如同大腦對於食物和飲食。吃東西的人和投資人一次至少想要六樣東西，不論是投資或是下一餐。他們對風險的認知和他們當時沒有得到的東西有關，而不是如果他們沒有得到當時既有的東西，他們會做何感想。你的大腦就是無法一次綜合思考，它只想到沒有得到的東西，在你看來，那就是風險。

我不在此贅述該篇論文。投資人要的不只是報酬，還要跟別人一樣，至少不要蒙受太高的機會成本。所以，原本只想要一年賺10%的的人在看到股市上漲35%而他自己只賺了20%之後，就會覺得很著急。這就是風險。投資人還擔心股市波動，並將之視為風險。確實如此。財務理論一直將波動率視為風險指標。但它只是風險之一。投資人還會設定價格。不同的投資人有不同的訂價，若實際價格與他們的預測不符合，他們也認為那是風險。投資人還想要特權，與眾不同的感覺，安全感，高人一等。我們不妨稱之為「吹牛權」，比如「我可以參加Google的IPO，而你不能」。如果你突然剝奪這項特權，他們就覺得有風險。

此外，他們還有順序偏好（order preference）。很少人注意到人們對順序偏好的重視，但你可以從我們的飲食習慣看出來。為什麼人們堅持在早上吃早餐的食品，晚上吃晚餐食品，為什麼不能反過來？反正你吃進的是相同的熱量。但即使沒有人在看，大家還是遵守這種順序。其次是人們不會亂搞食物。為什麼不把沙拉醬加到咖啡裏，把奶油加到沙拉或牛排，看看好不好吃？或許不錯吃呢！你不會亂搞，因為這違反順序偏好。如果你在餐廳公然這麼做，和你一起用餐的人下次再也不會跟你吃飯了。他們或許會以為你有問題。

我的重點是，不論任何時候，你所感受與擔心的風險都跟你沒有得到的有關。你無法讓自己的大腦掌握每一樣你沒有得到的東西以及你的可能感受，亦即你對風險的感受。很少人確實了解他們在未來將如何因應風險。目前國內外都沒有大規模的調查，但我猜想，只有不到5%的人真正了解自己的風險承受度，我很樂意將自己歸類於另外的95%，我敢打賭你也在這95%當中。

另外一個重點是，那些問卷、投資人屬性和彩色圖表不是給你看的，是給銷售人員和公司看的。對銷售人員來說，風險承受度等於：「第一，這個笨蛋可能買什麼？第二，日後萬一他要告我，我有什麼保障？」那是一種銷售和法律辯護技巧，如此而已。一旦他們知道你如何看待自己，他們不僅知道該推銷什麼給你，也知道將來上法院時該如何替自己辯護。填寫問卷並不表示他們推銷的東西都適合你，而是你那一天想要買的東西。來份草莓，不加巧克力。

成長——或收益——或兩者，這才是重點

我相信你是很獨特、很好的人；可是，你或許就和所有人一樣獨特。你在統計上並不獨特。就統計上而言，獨特是指在一組特徵的鐘形曲線的一端。如果你真的很獨特，你就是怪胎。獨特代表怪胎。大多數人喜歡自認為獨特，但不喜歡被認為怪胎。你或許和98%的人有著極為相似的投資目標。

你覺得自己的投資目標很獨特，但其實和大多數人很相似。覺得自己很獨特的人幾乎都是自戀狂。自戀狂總以為自己很獨特，其實不然。這只是一種認知偏誤。但我們的社會常說每個人都很獨特。這種說法既討好，又是政治正確！金融業抓住這點，推銷專門適合你的產品。記住，除非你是怪胎，否則你並不獨特。人們的投資目標其實很直接，你不需要問卷或圖表來了解自己的投資目標。

以下是人們共同的投資目標。

在主要目的下，擴大最終價值

你可能想要增加投資組合為退休做準備，為現在或將來想購置的物品準備資金（第一棟或第二棟房子，大學學費，或是一艘船），或是留給家人或慈善機構。你或許把這種目標視為「成長」。但「擴大最終價值」未必會增加你的錢財。你或許每年花用的錢超過你的投資收益——導致你的錢財總額減少，但你仍必須擴大你的資產。例如，人們在被問及他們投資的主要目的時，最常見的回答是照顧他們和配偶的餘生。這可能是各地投資人最常見的目的。很真實！很基本！

現金流量

許多投資人投資的目的是要創造「收益」，以支付生活費用。他們想要在現在或未來有一定程度的收益或現金流量。在極端的案例，有的人或許很高興老爸死了，留下源源不絕的收益，他們不過問投資，也未必清楚資產是如何投資的。就像葛楚・史坦一樣。太開心啦！

當然，這位開心的繼承人並不關心所謂的「收益」。她要的是可預期及安穩的現金流量。這沒什麼不對。財務理論說，在實際、稅後與風險調整的基礎上，我們不應計較我們喜歡何種現金流量。舉例來說，在扣稅後，我們不應計較我們的現金流量來自股息或資本利得。對創造總報酬來說，收益來源和資本利得一樣好。我們應該計較的是調整稅率與風險之後的總報酬，現金流量是如何來的就不必管它了。

現金流量對投資人來說極為重要。許多投資人對這點毫無概念。所以，本人的公司將這點列為客戶教育的重點，教導客戶如何以滿足自己需求的角度來思考現金流量，因為大多數人以前都沒有學過這件事。

要最終價值或是現金流量，就是這麼簡單！通常大多數投資人不是追求前者就是後者，或者兩者結合。（在這兩個大項之下有很多不同的次項，比如「我想在死後留下很多錢給拯救海豹聯盟」，這意味著為慈善機構擴大最終價值。）聽起來合理吧？例如，一名五十歲的投資人或許認為投資的主要目的是要照顧自己和配偶好好過完這輩子，次要目的則是留下一些錢給子孫及慈善機構。他們想在生命終點擴大自己的最終價值，才能完成他們的心願。唯有如此才能擁有他們好好過日子，同時留下遺產給子女和海豹所需的現金流量。幾乎每個投資人都是介於現金流量和最終價值的天秤兩端之間。除非你脫離這個範圍，你才會十分獨特（或者是個怪胎）。

不過，還有第三個目標——**保存資本**（capital reservation）。真正的保存資本是指絕對不冒任何風險，以保存資產的名目價值。投資人時常說他們想要保存資本，但往往只是說說而已。它根本不是一個有意義的長期目標。除非你擁有的金錢早已遠遠超過你需要的，長期保存資本才說得過去，因為你不想再有更多錢，你最想要的是減少自己的煩憂而已。這才有意義，但很少人做得到。

就短期來看，如果你是年輕人，正想在六個月內存下房屋頭期款，保存資本便說得過去。你有充分理由把購屋頭期款保存在低風險工具，像是定期存款。不過，如果你買了我的書，你就不會把錢藏在床墊下，對於投資有些長期目的。保存資本的相反就是成長。你時常聽到投資人渴望「保存資本與成長」，你必然也曾聽過金融公司如此推銷。這種人還想來塊無脂牛排呢。清醒一點，我也想要來塊無脂牛排，但那是不可能的。不要聽信任何人說魚與熊掌可以兼得。它們就是無法兼得。

為什麼成長與保存資本無法兼得？想要成長，你就得承擔一些風險。保存資本則沒有風險。兩者兼得是指沒有風險的報酬，這是不可能的。假如你現在的目標是成長，而二十年後你的資產翻一番了三次（假如你以股票指數做為標竿，這種情形是有可能的），你實際上做到成長與保存最初的資本。在這二十年間，你的資產隨著股市起伏，誰在乎呢？你承擔了股市波動及其他風險，而獲得成長。你設定了一個長程的時間，到最後你得到和股市相同的報酬。但若你的目標是保存資本，二十年後你還是只擁有最初的資本而已。

如果有金融業人士向你提議「保存資本和成長」，你就知道若不是他們搞不清楚，就是他們在騙你，不論是有意或無意裝無知，都很危險。「保存資本和成長」就像是「無私的政客」、「成熟的孩子」或者「戀愛和約會強暴」一樣。兩者毫不相干。金融業總愛推銷保存資本和成長，聽起來很令人安心，就像可愛的小狗。誰不想保護自己擁有的東西的同時，又讓它們成長，誰不愛小狗呢？這就是推銷保存資本和成長的狡詐之處。

請搞清楚。大多數投資人都需要一定程度的成長，不然他們不必投資股票、債券或任何有風險的東西。如果你的目標是一毛錢都不能少——正宗的保存資本，你就不必花錢買這本書，把錢藏在床墊下就好了。當然，即使你的目標是避免錢財損失，床墊也不是最佳選擇，因為通膨的長期影響。假如通膨上揚，你如何保存資本？要迴避所有風險真的不容易，甚或不可能。

有錢人真辛苦

我們從有錢人的角度來看好了。自1982年以來，每年秋天《富比世》雜誌都會公佈美國400大富豪名單（Forbes 400）。這些年來名單變化很大。要停留在榜上並不容易。擠進榜的人要很努力才行。榜上的人若運氣不好，便會掉出榜外。最後50名經常在變動。2005年時，美國400大富豪的最後一名有9億美元的身價，實際上，有17人同列這個名次。但在1982年，榜上最後一名的財產只有7,500萬美元。想要一直停留在榜上的話，1982年的最後一名必須每年至少增加11.5%的淨值（稅後）。這很驚人。單是為了一直停留在榜上，美國400大富豪必須在稅後打敗S&P 500指數，你知道很少人做得到。1982年美國400大富豪大約只剩10%還停留在榜上。這點符合少有專業投資人打敗大盤的情形。當然，有人是因為過世而退出榜外，但更多人是因為缺乏足夠的成長以趕上其他富豪。這不容易啊。

那麼，把現金流量當成目標好不好？在公司退休金制度逐漸不受歡迎之後，很多投資人必須依賴儲蓄。但你指望你的資產創造多少可以花用的現金，但又不致產生風險讓你在85歲還得工作？一個粗略的估算是投資組合的4%或以下。如果你的投資期（time horizon）較短，你可以放心地多花一些，反之若投資期較長，你就得少花一點。但若你現在需要5萬美元才能維持生活品質，而你的投資期又長，你至少得有125萬美元才能退休。萬一未來的報酬降低，而通膨又高於平均水準，這筆錢未必足夠。記住，沒有什麼事是有保障的。風險無所不在。

你認為自己可能需要投資組合創造4%以上的現金流量？隨著比率升高，你在達成目標前便蝕光老本的可能性愈高。如果你沒有繼承人或者還是不能原諒你的小孩趁著你去歐洲時舉辦狂歡派對，那麼原始資本減少就不那麼叫人擔憂。就像人們說的，讓最後一張支票跳票吧。

要估算你的本金維持你的生活品質的機率，你可以做個簡單的蒙地卡羅模擬。你可以在網路上找到蒙地卡羅模擬器。總的來說，你會發現你的投資組合4%以下的年度分配，是你最佳的賭注。高於這個機率的話，你可能得在退休時加強自己的工作技能，而不是加強自己的高爾夫差點。

重要的四個法則

那麼，你要選保存資本或現金流量或兩者？你如何達成這些目標呢？你如何終止失敗循環，對的時候多於錯的時候？你不需要高等學歷或去當學徒便能使用這3個問題，同樣的，擬定策略也很簡單，只要遵循我每天操盤時運用的四個法則：

第一項法則：挑選一個合適的標竿。

第二項法則：分析標竿的組成，設定預期的風險和報酬。

第三項法則：加入不相關或負相關的股票，以減少預期報酬的風險。

第四項法則：永遠要記得你可能出錯，不要偏離前面三項法則。

我們來詳細探討這四個法則。

第一項法則——挑選合適的標竿

你明白標竿是成功打敗大盤的關鍵。你明白該挑選什麼標竿（架構良好的），不該挑選什麼標竿（股價加權型的，像是道瓊指數）。重要的是，你的標竿應該適合你。它應該主導你的波動率、你的報酬預期，甚至你的投資組合績效——它是你的道路地圖，你的測量尺。你不該隨便更換標竿，除非你發生重大變化以致改變了你投資的主要目的，比如家人亡故，讓你不想再做善事。所以，挑選一個合適的標竿是很重要的。

你的標竿可以全部是股票（如我們先前討論過的），全部固定收益，或者兩者混合。你只需根據四件事來挑選標竿——決定自己需要的是全部股票、全部固定收益，或者兩者混合的標竿。考量某個標竿是否適合你的四大因素為：一、你的投資期；二、你需要多少現金流量，何時需要；三、你的報酬預期；四、你產生古怪但強烈想法的機率，例如你討厭法國人，或是你不想持有生產任何你討厭的東西的股票，像我就討厭豆腐。

第一個決定因素——投資期

你的投資期或許是你的預期壽命，但可能更長。除非你討厭你的配偶，不然你也應該考慮配偶的預期壽命。這或許會延長你的投資期，因為你的配偶可能活得比你久。假如你愛自己的子女，希望身後留點什麼給他們，你的投資期也會延長。簡言之，你的投資期是你的資產必須持續的時間。你的投資期不是距離你退休還有多少年或是你的投資何時開始配發現金。很多投資人對於投資期的想法錯得離譜，他們沒有用第1個和第2個問題來思考這點。金融業甚至鼓動錯誤的想法，比如推銷靜態資產配置或是不適合你但聽起來安心的產品。

我太常聽到人們說：「我要退休了，所以我得保守一點，不能冒險。」很多人這麼說，但通常不對。假設你65歲，老婆60歲，她可能活到90歲（很常見）。那麼，你的投資期長達30年，這包含你老婆最後的30年，所以你最好承擔風險，挑選一個股票標竿，好讓她不致晚景淒涼。好吧，假如你很討厭老婆，恨不得她晚景淒涼，那你就不要冒險。我想你明白我的重點。我時常看到老夫配少妻，但他的投資期是依據自己的預期壽命，而不是老婆的，總覺得他好像不疼愛老婆。有時我會問他們是否討厭老婆，他們會跟我翻臉。你或許在心中設定一個你打算開始吃老本的日期，但你的投資必須延伸到你的身後，不然你或你的家人都會受苦。這整段時間就是你的投資期。

基於某種理由，你的投資期或許比較短，或許你32歲，需要攢下每一分錢在三年內買下第一棟房子。但在大多案例，投資人往往大幅低估他們的投資期。我的父親活到96歲，母親87歲了依然健在，我可能遺傳他們的長壽，所以我會預期很長的投資期。人們到晚年更需要錢，因為很多晚年的醫療照護是保險不給付的。

圖9.1可以幫你思考你的投資期與標竿的關係。你的投資期愈長，標竿的股票比重要愈高。

股票還是債券？929%的問題

如果你的投資期超過十五年，你或許比較適合全部股票的標竿。拉長時間來看，股票絕對是績效最佳的流動性資產類別，股票績效優於債券的機率也很高。自1926年以來，共有66個15年期的滾動時期。其中61個（92%）股票都打敗債券，平均報酬率為481%，而債券的報酬率為150%。股票勝出的差距是3.2比1。債券擊敗股票的那五個時期，債券勝出的差距只有2.3比1。

如果你有二十年的投資期（甚至超過二十年，常有的事），如果你採用全部股票的標竿，對你會更有利。在1926年以來的61個20年期滾動時期，其中60個股票都以大幅差距打敗債券。這相當於98%的時間。投資股票二十年以上，投資人的平均報酬率達

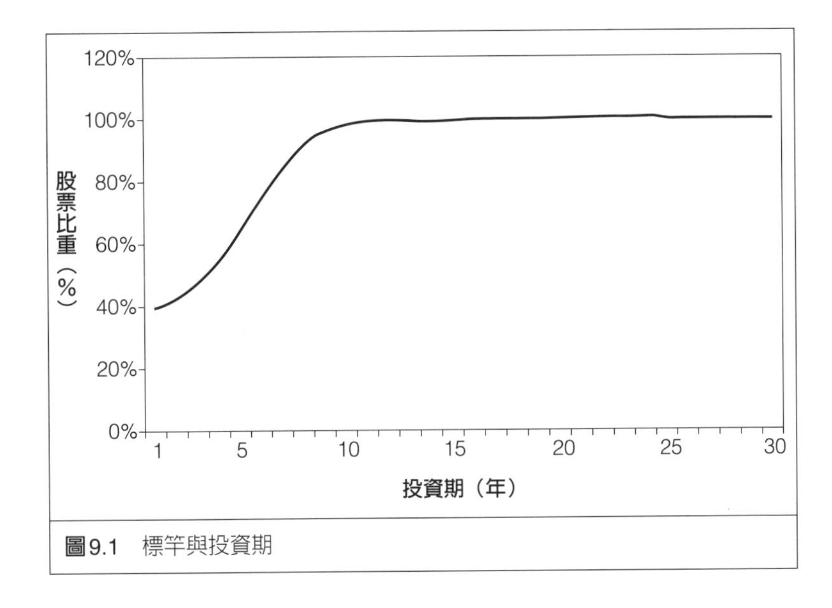

圖9.1　標竿與投資期

929%，債券則為240%。唯一一次債券打敗股票的二十年期（1929年1月1日到1948年12月31日），債券報酬率為115%，而股票為84%。那一段時期包含大蕭條及第二次大戰。未來二十年即便債券打敗股票，你可能也不會賺到更多錢。按機率來看，顯然你應該選擇更優的報酬率。

你或許覺得我在推銷股票。正是如此。本人超支持股票的，因為它們具有優越的長期報酬（和許多其他理由——記得我曾在資本主義的殿堂讚嘆其各種好處，而沒有股票就不算資本主義）。有的時候，股票表現差勁，熊市的時候，利用現金部位來避開大跌是一項很好的戰術。但那不是戰略。

第二個決定因素——現金流量

不適合挑選全部股票標竿的另一個原因與第二個決定因素有關——現金流量。如果你每年需要你的資產創造大約3%的現金流量，你或許不需要混合型標竿，全部股票的標竿或許是最適合的。全部股票的標竿應該可以為你創造經過通膨調整後的必需現金流量，同時還能隨著時間增值。假設你每年需要4%（或更多，但我不建議挪用那麼多），但你更加在意要增加資產。那麼，你或許應該挑選全部股票的標竿。

現在，假設你接近退休，或計畫定期由你的投資組合拿出資金。你存了100萬美元的退休金。你計畫在未來三或五年，甚至下個月開始，一年需要4萬美元來支付生活費。同時，你並不想留下任何東西給子孫。你的主要重點在於確保自己每年拿到4萬美元，當然是經過通膨調整的。那麼，你不妨挑選部份為固定收益的標竿，例如七成股票和三成的固定收益。

我對這種混合配置覺得有些好笑，因為聞名的「龜毛因素」。在我數十年投顧生涯裏，我看過很多龜毛的人。我猜你一定比我還要龜毛。不少龜毛的人在年紀漸長之後，對他們的「不肖子孫」心軟了，最後希望能留下更多東西給他們，早知道就拉長投資期，要求較高的報酬就好了。

即使是混合型配置——六成股票和四成固定收益，或七比三——有時你仍得將現金部位暫時提高到100%，以採取守勢，而且不要因為固定型配置便產生安全感的錯覺。你的標竿是你的道路地圖，但未必是你唯一的東西。在大空頭市場，固定型配置還是會讓你賠錢。有時你需要繞道。或是股息！

自己配息

投資人在快要退休時感到恐慌而把辛苦掙來的資產全數投入債券和高配息股的另一個原因是，他們覺得自己需要票息和股息作為花用。他們以為如果配息佔他們所得的一定比例，他們便可高枕無憂，靠著投資組合安渡餘生。先前提到，他們把收益和現金流量混為一談了。

用第1個問題來破解這個迷思，沒錯，這是個迷思。債券和高配息股的投資組合是否可以提供退休所需的收入？或許吧！或許你有1,000萬美元的財產，但一年只需5萬美元。或許你不在意你的資產因為重新投資風險或高配息股股價重挫而縮水。

但大多數人都禁不起在退休時財產大幅縮水。1997年買進的票息9%債券到期後，你在2007年想重新投資低風險債券卻只能買到票息5%的，你怎麼辦？那檔配息8%的公營事業股股價重挫40%，你怎麼辦？跌掉四成市值之後的8%，可能不是你能依靠的。還有通膨呢？

票息及股息不是讓投資組合產生收益的「安全」方法。那不然你怎麼取得現金？如果你使用全部股票標竿而你需要現金流量，你不會想賣掉股息來變現。你會嗎？

這幾十年來我聽過太多投資人說：「我打死都不會動用我的本金。」為什麼不呢？不然本金是要做什麼的？這是我用第2個問題得到的解答，幫我維持投資組合穩健的成長，同時提供現金流量，我稱之為自己配息。

假設你有100萬美元的投資組合，你一年抽走4萬美元，每個月平均拿3,333美元。你的投資組合必須一直保持雙倍金額的現金部位，你就不必每個月急著賣股求現。你可以好好計畫要賣掉什麼股票以及何時賣掉。你可以調整持股，規畫下個月的現金。你可以減持高於大盤的部位。你也可以持有高配息股票，但這只是選股的一環。自己配息不僅可以節稅，方便，而且讓自己投資得宜。

第三個決定因素——報酬預期

挑選一個合適標竿的第三個決定因素是報酬預期。假設你五十歲，打算在五年內退休，每年需要50萬元才能維持生活品質，可是你只有200萬元，請你別再做夢了。你的報酬預期高得驚人。除非你幻想將來會撿到1,000萬元，不然就請你一年花用8萬元，省著點過日子。否則你就繼續工作。現在就開始想辦法跟配偶解釋吧。

假設有位投資人珍妮，有退休收入的穩定來源（退休金，或者再加上房租收入）。她不需要資產成長便可維持她和先生的生活。珍妮打算把錢留給子女，但並不真正在乎「擴大最終價值」。反之，她對市場波動十分緊張，只想晚上可以安心入睡。我的建議是全部股票標竿和一杯熱牛奶。

為什麼？因為珍妮的投資期很長，又不需要收益。她或許以為自己「迴避風險」，不過請記住，投資人可以應付多少風險跟他們以前的感受沒有關係。先前談過，很少投資人對於未來的風險屬性有正確的認知。我再說一次——這跟感受沒有關係。很多金融業人士企圖讓你有這種想法，但不是這樣的。再過個幾年，珍妮便會習慣市場波動。

第四個決定因素——個人怪癖

大多數投資人的目標差不多，也不如他們想像的那般獨特，但這不表示有些人不古怪。我不是說他們「不習慣」海外投資、科技股、新興市場之類的，因為那是頑固而不是古怪。我說的是，基於個人古怪的想法，他們對某一家公司或某個類股有強烈的感覺。你不妨憑著自己的怪癖去量身打造一個專屬的標竿。

假設你真的很討厭法國人，因此你不想持有法股。隨便你，但我若是你，我會逢低買進他們的資產，以後再趁高價賣回給他們。你可以用這招來對付你討厭的人，而且合法。但你可能有不同的想法。有人會這麼做。但你或許堅持永遠都不要持有法國股票。或是菸草股。或是豆腐股。隨便都好！你可以建構一支不含法國的全球標竿。或是不含法國、不含豆腐的全球標竿。任何你信奉的古怪道德規範。因為所有的主要類股都具有相似的長期報酬，這類大同小異的標竿的報酬是很接近的。但它們會讓你對投資有更好的觀感，促使你保持下去。投資失敗的人不會因為他們建構一支不含愛荷華州的全球標竿，就可以轉敗為勝（因為他們以前曾跟愛荷華州的人離婚，但換作是我，我還是會逢低買進愛荷華州的股票做為報復）。

你或許有強烈的個人情感，想要一個不含特定個股或一小撮股票的標竿。萬一你開始對整個類股反感，你就要當心了，因為那可能是基於虧損迴避及後見之明偏誤，而不是出於你的個人怪癖。很多投資人在2002年後認為他們對科技股產生嚴重過敏。這是一種認知偏誤，而不是怪癖。

所以，你可以承受的風險跟以下四點有關（跟我說一遍）：一、投資期，二、收益需求，三、報酬預期，四、極端的個人怪癖。珍妮以為她現在迴避風險，但在1999年卻認為自己是積極型，加碼科技股，如今卻認為她學到教訓了。她以後或許又會有不同的感受，或許又看好能源股。感受可以是瞬息萬變的，沒什麼意義。真正重要的是你的資產必須持續多久，以及你需要多少現金流量。當然，如果你現在反對菸草，你以後或許也會反對。那不會隨風消逝的。

我不是說你一定要挑選全部股票的標竿，萬一那會害你得胃潰瘍。我是說，潰瘍的原因或許是別的事。好好想清楚。

追逐熱潮——換還是不換

仔細挑選你的標竿，因為一旦選定後，它就要跟隨你一段很長的時間，或許是你的一輩子。阿門。盲目更換標竿會埋下禍因。我把更換標竿稱為追逐熱潮。有人在1999年選定那斯達克指數作為標竿，但在2005年換成羅素二千價值指數，你就知道他們是在追逐熱潮。人們總是追逐熱潮，想要得到更好的報酬，卻忘了交易成本和稅，進一步退兩步——他們投入已經上漲的市場，而不是將要起漲的，以致落後大盤。

你現在知道所有架構良好的標竿經過很長的時間後，會得到差不多的報酬。如果你有更換標竿的衝動，就問自己這3個問題。更換標竿是避免悔恨及累積驕傲的直接結果，或許還有順序偏好及過度自信。別衝動。如果你換了，你通常落得一場空，而錯失報酬。只換來痛心和傷心而已。

這項法則有兩個例外——就兩個。其一是發生重大事件改變了你投資的主要目的，包括你的投資期。例如，有位七十五歲的老先生，健康狀況不佳，家族也不長壽，但他七十歲的老婆健康良好，家族都很長壽，卻因車禍過世。他們沒有子女，也沒有支持什麼慈善機構，他的投資期就完全改變了。他就有了充足理由更換標竿以配合他較短較不快樂的投資期。或者，正好相反。你在晚年又嫁／娶了比你年輕或健康的人，你的投資期就變長了。你就可以轉換到一個更適合的標竿。

除了人生基本面改觀之外，更換標竿的第二個理由是有個新的標竿涵蓋的領域跟你目前的標竿一樣，而且新標竿的架構更好。這是純粹戰術考量。例如，MSCI世界指數是一個理想、廣泛的標竿，但不包括所謂的新興市場，只含已開發市場。後來，MSCI推出了ACWI。同樣的架構但更加廣泛。

到底要不要換呢？在我看來，其實沒什麼差別，我傾向不換，因為你很難論定那一個指數比較好。如果你目前採用MSCI世界指數，你可以等幾年再換到ACWI，等新興市場渡過低潮之後。

要選MSCI世界指數或ACWI，就等於要走北邊80/90號公路或走南方70/44/40號公路橫越美國。兩個都是不錯的標竿，都可以由東岸到達西岸。但若有了一個新的世界指數，更好更能反映全世界的股市，也可以更換標竿。我想要說的是，你要有很重大的事件才能更換標竿。

第二項法則——分析標竿的組成，設定預期的風險和報酬

投資組合管理的第二項法則可以幫你決定投資組合的組成。其實一點也不複雜。你的標竿本來就由不同部分組合而成，特別是如果你使用大盤標竿，我們已在第4章討論過。那斯達克指數很容易判斷——你認為今年科技股會表現理想嗎？除非你追求刺激，我們早已建議你不要使用那斯達克指數做為你的標竿。

不管你選擇了什麼標竿，你要用它來導引的投資組合。如果你的標竿有六成是美股，你的投資組合應該也要有六成是美股，除非你使用3個問題而獲悉別人不知道的事。（如果是的話，你或許完全不持有股票。）如果你的標竿有一成是能源股，你也應該要持有一成的能源股，假如你不知道別人不知道的事。（但若你認為自己知道別人不知道的事，你或許不持有能源股、持有5%的能源股或加碼到20%，因為你有操作的依據。）你的目標是追求和標竿齊平的績效，假如你不知道別人不知道的事；若你知道別人不知道的

事，那麼就要追求高於標竿的績效。當然，你知道的事愈多，你下的籌碼就愈多，就愈能拉開和標竿的差距。（萬一你忘了該如何查詢標竿的組成，請翻回第4章。）

害怕自己做錯了？不要怕。如果你可以投資的資金不到20萬元，你大概主要是購買基金。有很多指數股票型基金可以滿足你的需要。例如，如果你用S&P 500指數作為標竿，S&P 500 ETF就很適合你。如果用MSCI世界或ACWI作為標竿呢？請上網站www.mscibarra.com，查詢美國的權重（大約在五成上下波動）。然後用你一半的資金去買S&P 500指數股票型基金，以及MSCI EAFE（歐洲、澳洲、遠東）指數股票型基金。想要打敗大盤？如果選項不多的話，例如基金，你就比較難打敗大盤。因此，有很多組成部分的標竿才能給你更多打敗大盤的機會。你可以使用3個問題來進行海外／美國操作。你也可以使用其他ETF來操作類股，這樣一來即使你的投資組合不多，不必持有個股也可以。

假如你很有錢，你可以也應該持有個股。資金愈多，股票比例應該愈高，因為數量夠大的話，持有股票的成本低於持有ETF或共同基金。股票的一大好處是買進成本低，持股幾乎無成本。但不論你持有ETF或個股，從現在起你要注意個別類股或產業。這些資訊在指數網頁上也查得到。例如，你的組成和權重看上去會像表9.1，這是截至2006年6月30日，MSCI世界指數個別國家和產業的權重。

你應該定期查看最新狀況。如果你的投資組合或標竿有幾個地方出現幾個百分點的變動，別急著重新調查。不要為了小事抓狂。一年調整一兩次即可，除非在這之間發生重大產業或國家變動，讓你知道了別人不知道的事。這樣你便能減少犯錯和減少費用。太過頻繁進出是過度自信的後果（自以為有操作的依據，其實你沒有）。

知道標竿組成之後，你便可以設定預期的風險和報酬。這其實

表9.1 MSCI世界指數權重

產業	權重
金融	25.6%
非必需消費品	11.2%
工業	10.8%
資訊科技	10.4%
能源	9.9%
健康照護	9.6%
必需消費品	8.0%
原物料	6.1%
電信服務	4.2%
公營事業	4.1%
總計	100%

國家	權重
美國	49.5%
日本	11.5%
英國	11.3%
法國	4.6%
加拿大	3.8%
德國	3.3%
瑞士	3.2%
澳洲	2.5%
西班牙	1.8%
義大利	1.8%
荷蘭	1.5%
瑞典	1.1%
香港	0.8%
芬蘭	0.7%
比利時	0.5%
挪威	0.4%
新加坡	0.4%
愛爾蘭	0.4%
丹麥	0.3%
希臘	0.3%
奧地利	0.3%
葡萄牙	0.2%
紐西蘭	0.1%
總計	100.0%

資料來源：Thomson Financial Datastream, as of June 30, 2006.

也很容易。假設你的標竿是ACWI，它是由美國在內的48個國家組成。今年哪個國家會表現突出，哪個會落後？你不妨從這個角度來思考——哪個國家的經濟成長波動會比較小？美國是大型經濟體，愈大規模就不容易劇烈波動，不像芬蘭的經濟受到諾基亞公司的密切牽連。

產業別也是一樣。檢視產業對市況的回應。舉例來說，某些產業，例如科技、非必需消費品和金融，在景氣擴張時期表現理想，因為他們的產品有彈性需求。（這當然是很概略的說法，在2004、2005和2006年，美國經濟擴張，但科技股大幅落後。你還是得知道別人不知道的事。）如果時機很好，人們會不會比較想買平面電視？當然。公司會不會花錢更換先前景氣不好時拖著不換的電腦和其他設備？當然。民眾會不會搶著去買兩倍數量的牙膏或心臟藥？不會，除非他們長出新牙齒或主動脈。具有非彈性需求的產業，像是健康照護和必需消費品，通常在景氣放緩時表現較好，但並非永遠如此。不過，你不會因為景氣就不刷牙或不吃心臟藥。所以，健康照護時常被視為「防禦型」類股。

我們操作的目標是要打敗標竿或與標竿齊平，同時控管相對於標竿的風險。你應該對標竿的每個類股和國家設定預期風險和報酬。這是你自己決定的，不論是對是錯，都是你做的。你不需要什麼複雜的方法，只要用3個問題來思索你能知道些什麼別人不知道的事，以及你可以不必理會的事。使用自己研究的結果，將波動率視為風險，再依照波動率把每個類股和國家（如果你佈局全球的話）從高排到低。列一張表，將每個分類標示一個「風險」係數，由1到10，10是風險最高的。這麼簡單就行了。接著，再排列出你認為績效會是最好的。你不需要借用我公司的研究部門。你的評估才重要，因為日後你將使用這項排名來配置你的投資組合，以及降低你的整體風險（見第三項法則）。表9.2說明你的喜好排名。不要受這裏的排名影響，這只是作者隨便寫的。

表9.2　你的喜好排名

風險	報酬	類股
6	3	非必需消費品
8	10	必需消費品
1	1	能源
5	2	金融
4	9	健康照護
9	8	工業
2	4	資訊科技
10	6	原物料
3	5	電信
7	7	公營事業

預測特定類股和國家的市況，再據以配置你的投資組合。你是不是用3個問題看出某些國家或類股會有較突出的表現？給予這些國家或類股較高的報酬排名，或許7或8，你便能承擔溫和的標竿風險而加碼這些部門。你不看好的部門便給予它們較低的排名，然後減碼。有沒有什麼類股你確定自己知道一些別人不知道的事？給它最高的排名，再大幅加碼。或許它原本在全球佔7%的權重，你便能加倍到14%，因為你確定自己是對的，而不是過度自信。

假如你找不出什麼別人不知道的事，而且也不想特地去預測個別國家或產業，你要怎麼做？就跟大盤齊平，給它中間的排名。如果你沒有使用3個問題，也不知道些什麼別人不知道的事，你最好向大盤看齊。重點在對的時候多於錯的時候，而不是幸運猜對一些，但不幸猜錯更多。

這張表不是要你漫無目的的練習。這張表呈現出你的分析，簡化你的決策。你不必每次決定時都要重新考慮一遍。有了這張表，你現在可以進行到第三項法則了。

第三項法則——加入不相關或負相關的股票，以減少預期報酬的風險

這項法則是要管理標竿相對風險。大多數投資人，即便是新手，都明白分散化有助於降低風險。記得可憐的安隆公司員工把退休金都放在安隆股票嗎？分散化就能避免這種情況。公司破產是有很多原因的。股票崩盤的原因甚至更多。執行長或許沒做錯什麼——只是無法跟凶悍的對手競爭而已。一家穩健公司的股票可以沒有明顯原因便大跌，而且沒有預警。所以，你不能把雞蛋放在同一個籃子裏。

家父終生都在倡導集中型投資組合。巴菲特也一直主張集中型投資組合。但我告訴你，集中型投資組合的唯一基礎是你超級相信自己知道很多別人不知道的事。假如你真的不知道很多別人不知道的事，集中型投資組合只是流露出你的過度自信，並且增加你的風險。

你一定聽說過：「集中才能創造財富，分散才能保護財富。」那些靠著一檔、兩檔或十檔股票致富的人是幸運的傻瓜。沒錯，只持有一檔股票會讓你感受大漲的快感，也會讓你經歷大跌的痛苦。這種幸運的傻瓜會累積驕傲，自以為聰明。（當然，我說不要只持有一檔股票不是指你創辦及控制的公司股票。全球首富比爾・蓋茲和其他超富人士就是這樣致富的——他們創辦一家公司，如此而已，之後就發大財了。我說的是持有一檔或數檔你無法控制的公司股票。）

分散化的魔法

沒有任何一種股票種類會永遠表現突出（你可以用第1個問題去測試），分散化可以將風險分散在不同國家、產業和公司之間。它可以幫你減輕危機（戰爭或石油短缺）、意外（獲利下跌、會計

醜聞或天災），或是兩者（天災造成石油短缺）造成的衝擊。

雖然風險的種類有很多，標準財務理論對風險的定義是，以報酬的標準差或變動來衡量的波動性。大多數投資人認為股市上漲是好的，下跌時就是波動。但波動是一把雙面刃。你的問題應該是：這種股票是否會比其他種類的股票更容易或不易波動？分散可以減少你整體持股的波動，進而降低風險。現代投資組合分析顯示，隨機混合的投資較不會波動，勝於全部集中在一個項目。

確定你的投資組合包含在不同市況下會有不同表現的組成——如果你採用夠廣泛的標竿並確實遵守，這是自然而然的事。你的標竿裏的每個產業或國家都會有不同表現。假如你遵守第三項法則，投資組合裏一直配置低或負相關的類股和國家，即使你不相信它們會成為你投資組合裏的MVP（最有價值專家），你也會降低整體波動率及提升長期績效。

請回想先前我們討論具有彈性及非彈性需求的產業，分別為科技和健康照護類。這兩個類股是典型範例，因為它們通常具有短期負相關，亦即其一上漲時，另一便下跌。請注意圖9.2，這兩個類股在2000年的表現幾乎像鏡子裏的倒影。

第三項法則，混合不相似的元素，是為了管理報酬風險。在那段時間，做為風險指標的標準差（standard deviation），科技股是3.5%，健康照護股是2.5%。若你的投資組合各配置一半在這兩個類股，你的標準差，也就是你的波動性風險（volatility risk），將會是2.0%。只要持有兩種具負相關的不同股票，你便能降低風險。

話說回來，或許你利用第三項法則之後，相信其中一個類股會打敗另一個。那麼就加碼前者，減碼後者。你利用第二項法則列出來的表將可幫助你，不過要記得列出你的標竿的所有組成，這樣你便能擁有均勻混合的投資組合。使用這張表來決定你的相對加碼或減碼幅度。遵照你的排名，這是你用3個問題去排列出來的。若你不是很有把握，在投資組合裏保留負相關的部位就像是買保險，讓

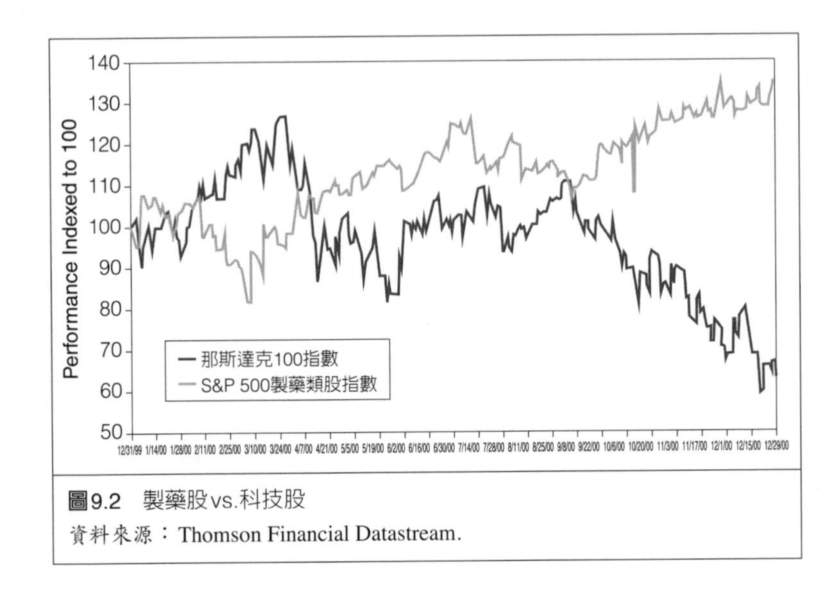

圖9.2 製藥股vs.科技股

資料來源：Thomson Financial Datastream.

你不致錯得很離譜。這不只適用於負相關的類股。混合不相似的類股，不論它們是負相關、低相關或不相關，在長期將可提升報酬，同時減少風險。（使用第1個問題來做測試。隨便挑兩支、四支或六支不同類股的股票，測試它們的長期表現。）

第四項法則——永遠記得你可能出錯，所以不要偏離前三項法則

第四項法則，或許是這四項法則裏最重要的，是要控制你的行為。這個方法可以確保你一直使用第3個問題。如果沒有這項法則，你可能因為認知偏誤而偏離軌道。第四項法則強迫你累積悔恨和避免驕傲。有了第四項法則，你便能減少過度自信的風險。每當你想要撇開前三項法則，不想用3個問題進行決策，而是靠著群眾心理或石器時代傾向做決策，第四項法則會把你拉回正軌。你所做的每個決策，不管你多麼有自信，你都可能出錯。在明白這點之後，你就比較不可能做出太嚴重的事。

第四項法則逼迫你使用你的標竿，就像訓練小狗的狗鍊一樣。把狗鍊拉短，小狗就不會闖禍。但放長狗鍊，小狗可能會挖壞花園，遇到鬥牛犬，被車撞，或把野貓追得滿街跑。

假設你相信科技股今年會上漲。科技股佔你的標竿的15%。但你不滿足於只把它加碼到20%，甚或25%。你知道科技股會大漲。你的自信驅使你出脫所有健康照護股，俾以擴大科技股的持分，因為你知道當科技股上漲時，健康照護股往往落後。在調整投資組合之前，你要問自己：「萬一我錯了呢？」你準備面對這麼大賭注的後果了嗎？

核心策略vs.應對策略

這項法則是我用核心策略和應對策略（counter strategy）來管理資金的主要理由。核心策略是我依據我相信自己知道別人不知道的事去進行的市場操作——相對於標竿的加碼。例如，如果我相信美股會超越外國，科技股會超越健康照護股，我會在這些部門加碼。這是我的核心策略。

在我減碼的部門，我擬定了應對策略。這些是我不看好的部門。我持有它們是因為擔心自己可能出錯，而且我常出錯。幸好在我的專業生涯裏，我對的時候多過錯的時候，但我知道我可能出錯，而且絕對會再出錯。應對策略裏是我認為萬一我的核心策略大錯特錯的時候，會有出色表現的領域。萬一我看錯科技股，健康照護股會是表現突出的類股。美股或外國股票總有一個會領先，我也不想錯過。我總是自問：「萬一為了某個我無法預見的原因，我認為會有好表現的反而很糟的時候，什麼東西會有出色表現？」我也想配置一些這種類股。大多數投資人都不會這麼想。

擬定應對策略表示，你手頭上永遠會持有「下跌」或「落後」股。如果你的預測全對了，你的應對策略裏的個股理應下跌或落後。若是應對策略的個股下跌，就表示你的核心策略大漲，投資組合績效超高。應對策略個股下跌沒什麼不好。它們可以預防你死得太難看。這就是風險管控，這是好的。我對自己的專業生涯很滿意的一點是，當我錯了而落後大盤的時候，我不會落後太多。我沒有落後太多的原因是我建立了應對策略。

以下是核心策略和應對策略的例子，仍然以科技股和健康照護股做示範。假裝你的標竿對每個類股列為與大盤持平，唯獨科技股和健康照護股例外。你又不是很懂3個問題，所以你就從健康照護股去著手。你相信自己發現了別人都沒有注意到的事，健康照護股絕對會暴漲。或許你發現到每個國會議員周末時都會打自己的腦袋（我會投票贊成這件事）。你還知道國會議員周二要表決藥物立法。他們想要馬上取得新的頭痛藥，於是他們做出違反本性的事——減少政府管控。因此，你相信食品藥物管理局將開始放行一堆超有效的藥。（假設啦。）沒有人注意到這點。別人都認為頭痛的國會議員是利空，因為他們認為頭痛會讓國會議員變笨。但你才內行！你知道他們本來就是白癡。

根據你獨到的見解，你決定加碼健康照護股。在使用第二項法則時，你把健康照護股的預期報酬排名設定在8，於是你決定把你的健康照護股部位由原本的標竿權重10%提高到15%。這相當於加碼50%，這就是你的核心策略。

除非你做融資，否則你的資產不會變成105%，所以你必須把其他的部位減少5%。什麼部位呢？假設科技股在你的標竿佔12%。假如製藥股表現不好，12%的科技股權重有助於緩和衝擊。但若你相信自己的製藥股，你會把科技股減碼5%，把科技股權重由12%降到7%，縮減你的應對策略。你還是有7%的科技股權重，只是應對策略變小了。

用3個問題去思考之後，你發現大多數人都以為科技股股價偏低，因為科技股本益比低。然後，最近美元升值（假設的），人們預期升值趨勢將持續，因此他們認為美股將續強。大家都記得90

年代美股超強，科技股也是。

但你知道低本益比不保證低風險、高報酬。你知道美元去年走強不保證今年也走強，你知道美元走強不保證美股會擊敗外國股票。看到全世界都看多科技股之後，你決定自己不需要全面的應對策略，於是你決定減碼科技股5%，把權重降到7%。但是，萬一製藥股的核心策略失敗，你還是有應對策略。如果你看對健康照護股，你或許（但未必）也看對了科技股。你因此打敗大盤，因為你的核心策略和應對策略都奏效（在這個案例是靠著縮小應對策略）。

你還可以再極端一些。你可以把製藥股權重由10%調高到22%，科技股權重由12%調降到0。如果成功，你就賺翻了。但你沒有那麼做。你還是維持7%的科技股權重。

假設你的頭痛理論錯了。國會開會時沒什麼頭疼問題。政客們否決所有藥品，除了阿斯匹靈之外。沒有人料到這點，健康照護股一路狂洩，大家瘋狂搶進熱門的科技股。這兩個類股的操作都錯了。你在熱門股的部位比較少，大跌股的部位比較多。唉！你落後標竿。但不多，因為你沒有放棄熱門股，也沒有大幅加碼落後股。在一年裏落後標竿幾個百分點不算太糟，或許標竿上漲20%，而你上漲16%或17%。畢竟，一年的績效小幅落後沒什麼大不了的。如果你幾年都小幅落後，你總是有機會彌補回來。你可以用下半輩子設法讓對的時候多於錯的時候。

在你的核心策略對的比較多的年頭裏，你會趕上或打敗你的標竿。有時候我的核心策略大多錯了，但因為我的大決策對了——我決定持有股票而不是債券或現金，所以我雖然落後標竿，但幅度不大，落後的金額日後也能補得過來。為什麼？因為我從不曾企圖大幅打敗大盤。應對策略可以預防你在出錯的年頭落後太多。

我唯一想要大幅打敗標竿的時候——承受大幅的標竿風險——就是我相信大跌是最可能的狀況的時候。然後，我會努力大幅打敗標竿，以避開大部份的熊市。這是我為客戶做過最冒險的事，但長期來看，若你平均起來小幅打敗標竿，偶爾大幅打敗熊市，你就會拉開和偉大羞辱者的差距。這是我唯一想要承受巨幅標竿風險的時候。

終於來了！如何挑選必漲的個股

這個標題是用來唬弄你的。騙到你了吧！我不知道如何挑選必漲的個股。很多人說他們會。但沒有人會。我從沒看過有人辦得到。你選股的目的只有兩個。第一，找出足以代表你想要的類別的個股，第二，你認為那些類別裏最可能表現突出的個股。注意，我可沒說：「找出會漲最多的個股。」我說：「那些類別裏最可能表現突出的。」你的目標是找到這個類別的特質，並且把「最可能」列為你的目標。

在建立你的投資組合時，確定你花了大部分的時間運用3個問題思考最重要的決定，但不要被枝微末節給分心了——挑選個股。選股對你的投資組合績效最沒有影響，想不到吧。或許你買這本書是為了選股，可是我寫了幾百頁卻不談選股。我有幾個理由，第一，那真的無關緊要。有大量的學術研究顯示，學術界亦普遍認為，選股不影響你大部份的報酬，會造成影響的是資產配置，亦即決定在哪一年持有債券、股票或現金，以及哪些種類。一些研究證明，九成以上的報酬來自資產配置，有人則認為沒這麼多。但我覺得說「大部份」並不為過。

我的研究顯示，長期報酬有七成來自於資產配置（債券、股票或現金），另外兩成來自次資產配置，也就是持有何種股票、要加碼或減碼（或與標竿齊平）、外國或國內股票、成長型或價值型、規模、產業等。大多數財務學界人士都同意，選股只會創造一小部份的投資組合總報酬，那是次要的事。

這麼想好了，在90年代後期，如果你用射飛鏢選了30檔大型股，你會過得很好。不管你選的是默克或葛蘭素史克美占，它們都是大型成長製藥股，走勢很像。投資人花時間分析默克的藥品研發和葛蘭素的獲利，這個的收支帳，那個的九十日移動平均線，但結果沒什麼差別。不管是默克或葛蘭素，它們在90年代的走勢幾乎相同，分別上漲552%及534%。你如何運用3個問題去思考別人不知道的，有關默克或葛蘭素的事？去猜想整個健康照護產業的事是不是來得容易些？或者大型股？或者成長股？或者美國及英國？如果你這麼做了，你說不定會決定持有這兩檔股票——超完美的結局（見圖9.3）。

接著來看2000年到2003年。這幾年的最佳決策會是採取守勢，大多持有現金和債券。如果你沒這麼做，至少要挑小型價值股。如果你這麼做了，你做的不錯。如果你選了其他類股，你做得很糟。決定報酬的是要不要持有股票或什麼類股，而不是選股。

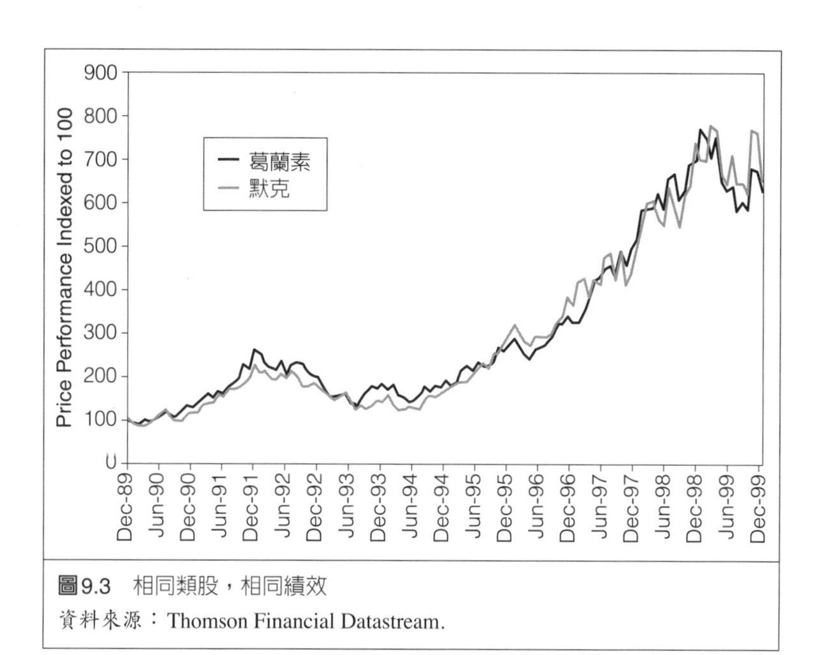

圖9.3　相同類股，相同績效

資料來源：Thomson Financial Datastream.

但是大家信奉選股。選股的人就是英雄。基金廣告總是有個分析師故作深思熟慮狀、戴著安全帽、手上拿個筆記板在檢查飛機或電線桿之類的。如果你想不透他們幹嘛穿西裝走在重型機械的工廠裏，你就對了。別誤會我，選股是很重要。選對股絕對可以在長期增值，否則我會建議大家省下管理費，去買ETF就好了。如同其他的投資決策，你不必永遠都要挑中績效最好的股票，你只要對的時候多於錯的時候，讓標竿發揮功效即可。

那麼你該如何消磨你大多數的投資時間呢？把時間花在決定七成或九成報酬的決策，或是只影響一成報酬的決策？（這是一個不用回答的反問句。）

跟我講如何選股就是了！

好啦！反正我以前已經做過了，在我的第一本書《超級強勢股》。我不會再用以前那個方法，雖然以前的方法也不差。當時，那算是頂尖方法了。現在想想，我現在做的幾乎和25年前完全不同——如果有的話，我會很尷尬。我當然希望知道十年後會有什麼事讓我改變現在的做法。在進化史上，改變是最重要的，我的目標是要不斷發展新事物和改變。那麼，我現在會怎麼做呢？

就是這樣做。消去法。

想像建構投資組合的過程像個漏斗，如圖9.4。你把全世界的證券，包括股票、債券、現金，都倒入這個漏斗。落到底層的證券就是通過每一層篩選的。

運用3個問題來決定你今年要持有股票或採取防禦。考慮三項決定因素——經濟、政治和信心，來決定最可能的市場行情。在大多時候，你判斷市場會是下列三種狀況的哪一種——大漲，小漲或大跌，你只需跟隨標竿全面持有股票。

接下來，你要篩選次資產配置。運用3個問題來決定不同國家與類股相對於標竿的權重。（先前的章節已經討論過了。）在此你

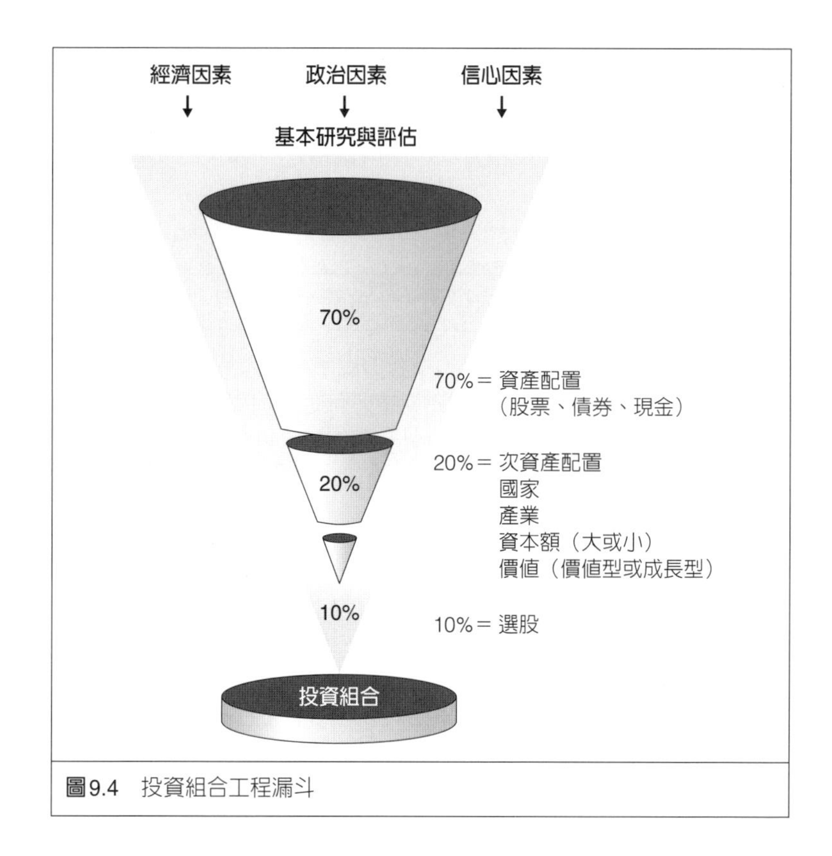

圖9.4　投資組合工程漏斗

依據核心及應對策略來篩選股票——你要加碼及減碼什麼東西。在漏斗的中段，你決定投資組合的權重即可，不必考慮個股。運用本書證明過的一些例子。在你做完科學調查之後，你會有一張簡單的表，上頭列著國家、類股和個別合適的權重。到了第三層，你才需要挑選個股。

一次評估一個類股。這樣選股來得容易清楚多了。你不必涉獵整個股市，只要看落在你需要的特定種類裏的股票。你不必過濾一萬五千檔股票，想要挑出幾檔好的；你只要過濾每個種類裏的15或20檔，再選出3或4檔。

假設你的重大決策需要你配置幾個百分點的美國小型價值工業

股。你需要幾檔好的股票，表現會勝過這整個類股的。重點在於尋找價值相對便宜的個股。更重要的是，你要尋求有主題可以推升報酬的個股。我不是叫你每天看《華爾街日報》的頭版，而是運用這3個問題去挖掘。

像小型股的大型股——金額加權平均

投資人不明白他們以為是大型股的股票其實大多表現的像小型股，或許還一模一樣。他們就是不知道如何從這些大型股身上得到小型股的效應。那是因為基於天生的比例問題，他們無法準確衡量規模。

正確操作小型股可以讓你大賺一筆，就像是大型股一樣。但很多投資人弄不懂大型股或小型股的效應，因為他們看錯規模。首先，一些投資人避開小型股，理由是小公司固有的潛力問題。如果你預期小型股即將成為主流，你未必要找些渺小、流動性不佳、不知名的公司，萬一出了狀況，你會被套牢的。

一個有趣的第2個問題模式證明，你可以在大型股身上得到小型股的績效。聯邦快遞（Fed-Ex）和服飾連鎖店Gap聽起來不像小型股，但它們的表現比你想像的更接近小型股。我們的研究顯示，小於S&P金額加權平均（dollar-weighted average）市值的S&P 500成分股，表現接近小型股指數，更甚於S&P 500指數。「金額加權平均」是一個統計用語，你或許不懂。它跟中間值市值或平均市場不同。這種平均比較貼近市場的實際運作。也就是說，股市本身的運作就像是一支具有同等市值的股票。

小型股績效，卻是大型股？

不必驚慌，我仔細說給你聽。十大S&P 500成分股的市值加總起來幾乎和剩下的成分股一樣大。下表顯示，每年十大S&P 500成分股的總市值，以及需要多少檔最小的S&P 500成分股才能達到相同的市值。這個表還列出每個分組的績效，以及S&P 500指數與小型股羅素2000指數的績效：

市值（十億美元）			績效			
	十大個股	最小個股（檔數）	十大個股	S&P 500指數	最小個股	羅素2000指數
1992	$595	$593 (334)	–1.2%	7.6%	17.8%	18.4%
1993	$579	$579 (310)	1.7%	10.1%	16.7%	18.9%
1994	$581	$580 (288)	2.2%	1.3%	0.7%	–1.8%
1995	$596	$594 (292)	40.2%	37.6%	26.5%	28.4%
1996	$812	$813 (293)	29.5%	23.0%	16.9%	16.5%
1997	$1,051	$1,052 (306)	35.0%	33.4%	25.0%	22.4%
1998	$1,386	$1,387 (304)	40.0%	28.6%	9.2%	2.6%
1999	$2,053	$2,050 (304)	34.3%	21.0%	19.2%	21.3%
2000	$3,122	$3,112 (403)	–26.9%	–9.1%	12.7%	–3.0%
2001	$2,680	$2,688 (370)	–7.6%	–11.9%	5.1%	2.5%
2002	$2,544	$2,540 (371)	–24.7%	–22.1%	–16.0%	–20.5%
2003	$1,844	$1,839 (362)	14.5%	28.7%	47.1%	38.8%
2004	$2,337	$2,331 (347)	–0.2%	10.9%	19.4%	18.3%
2005	$2,397	$2,379 (325)	–0.2%	4.9%	2.6%	4.6%

資料來源：Standard & Poor's Research Insight.

在大多數時間，小型的S&P 500成分股表現得就像是小型股，因為它們跟正確的指數平均相較之下，算是小型的。十大個股對於S&P 500指數的報酬有很大的影響，因為它們的總市值通常相當於三百或四百檔最小的S&P 500成分股。最大的個股市值大於股市的正確平均，較小的成分股受到他們的吸力才趨近於平均。

光是看S&P 500的報酬，你根本不會知道較小的S&P 500成分股，也具有小型股的報酬。股市的表現就像是具有其金額加權平均市值的股票，任何小於其規模的股票都有小型股的影子，即使你覺得它是大型股。但你從S&P 500的報酬是看不出來的。

你的大腦認為大象是大的，兔子是小的。100億或200億美元市值的股票，在你看來是巨大的。100億美元可以舉辦多麼豪華的宴會啊！但事實上，美股的金額加權平均市值在2006年中是860億美元，它的表現就像是一檔市值860億美元的股票。市值100億美元的股票只有股市的12%，相較之下就會有小型股的表現。

所以，好消息是，你不需要在金融網站搜尋不知名的「小型」股，以獲得小型股的報酬。你可以獲得小型股的報酬，只要你買進S&P 500的較小成分股，你還會有數百檔流動性高的知名公司可選擇。隨便例舉一些你毫不陌生的：百工（Black & Decker）、道瓊斯公司（Dow Jones）、伊士曼柯達（Eastman Kodak）、報稅公司H&R Block、固力奇（Goodrich）輪胎、賀喜糖果公司、希爾頓飯店、時尚配件公司Liz Claiborne、玩具廠商美泰兒（Mattel）、3C通路商Radio Shack、五金工具商史丹利（Stanley Works）、紐約時報以及惠而浦（Whirlpool）。

壞消息是你不能從100億、200億甚或500億美元市值的股票得出大型股的效應。想要有大型股的效應，你必須有大於金額加權平均市值的股票，也就是市值860億美元的股票，而你會把它認為是超級大型股。在美國，目前只有25檔。他們很容易買，卻沒什麼選擇。事實上，想要得到分散化大型股效應，比起小型股效應來得難多了。

舉例說明。2005年初，我預料小型價值工業股將持續看好。我在2005年初的《富比世》一篇專欄裏提到生產工業工程用泵，工業閥門、控制閥的福斯（Flowserve）公司。

我通常不會在《富比世》的專欄提到我為客戶投資組合挑選的個股。我不是要把投資策略保密，而是不想害我的客戶以及我自己變成犯人。假如我的客戶持有我在《富比世》專欄裏寫到的個股，他們可能被控搶先交易（front running），我也會被控收費替他們搶先交易。所謂搶先交易是指我先替客戶買進，然後在《富比世》大力推薦，吸引《富比世》讀者跟進，推升股價，然後我再替客戶賣掉，獲利落袋。這是犯罪，內線交易的一種，屬於重罪。我不想犯罪！向來如此。我一輩子都在跟重罪說不！為了避開灰色地帶，我在專欄提到的個股都是很好的，但我不會把它加入客戶的投資組合。因為先前談到，選股只佔投資組合報酬的幾個百分點，所以我可以為《富比世》和我的客戶挑選不同的個股，兩頭兼顧。多的是股票可供大家挑選，多到不會讓《富比世》讀者和我的客戶持股重疊。

回來談福斯公司。它是電力、石油、天然氣、化工和其他行業中泵、閥門、密封件自動化和服務的主要供應商（實在不性感）。夠刺激了吧？有誰會每天醒來便想到泵和閥門？如何操作生產泵和閥門的公司？你大海撈針式的選股是找不到福斯的，你要用漏斗式的篩選才能找到它。

為什麼要選福斯？為什麼不選肯納金屬（Kennametal）或藝達思（IDEX）集團*？他們也是很優秀的小型價值工業機械股。他們沒什麼不好。可是我覺得我知道福斯公司一些別人不知道的事。在2005年初，投資人對會計醜聞仍如驚弓之鳥。2004年底，福斯公司公佈新的財務長人事，令人覺得可疑。數日後，會計長辭職了，但沒過幾天，他又說不辭職了。接下來，公司表示要延後送交第三季的季報。整件事太可疑了，公司股價也跟著波動。如果你是個基本面投資人，你一定會被嚇壞了，因為他們的收支帳實在不怎麼樣。甚至連股價本益比26倍，都看起來不便宜。

種種的理由都會讓大多數投資人退避三舍。大家都知道可疑的帳目和「偏高」的股價就等於麻煩。但它其實是便宜的。它的股價是全年營收的六成。假如公司的獲利率改善到正常的製造商水準，股價就有大漲的空間。任何有關這家公司的正面新聞都會是驚喜、利多。它的股價反映出投資人預期它不會有利多，而會有更多利空。所以，任何好消息都會是利多，它的股價會超越整個類股，而這就是目標。

使用第3個問題之後，我確定我沒有過度自信或犯下任何認知偏誤。我自問：「萬一我錯了會怎樣？」假設股價不漲呢？如果這

* 譯註：製造各種類型的泵，泵送系統及流量計系列。

樣，我猜想它會跟著類股一同波動，或許表現不好。我想大家都不看好的個股如果真的表現不好，我也不會太失望。

我沒有飛到福斯的德州公司總部，戴著安全帽去巡視工廠。我從沒見過該公司執行長。我沒有僱用臥底人員滲透到高階主管中去查探別人不知道的事（既違法又可笑的事，但可供布魯斯・威利拍一部很棒的企業間諜電影）。我只閱讀公開資料，你也能輕易找到的。然後再問自己：「大家都在擔心什麼？」把那些拋到一邊之後，我再問自己：「我可以看出什麼端倪？會發生什麼事刺激股價上漲或下跌？那種意外會如何發生？」最後，就像卡通人物荷馬・辛普森（Homer Simpson），我說：「好吧，大腦，你不喜歡我，我也不喜歡你」，我思考我的腦袋、偏見和自大如何可能誤導我做出差勁的選股決策。就是這樣。你就是這樣挑選永遠勝出的股票。你就是這樣挑選常常領先類股的股票。

如果你有看《富比世》雜誌，並在我的推薦下買進福斯，你一定樂壞了。2005年，該檔個股上漲44%，它的類股則只上漲2%，S&P指數上揚5%，全球股市的漲幅則為9%。福斯是精挑細選的股票，因為它領先類股。它是全美績效最好的小型工業機械股嗎？不是。JLG公司（最大的高空作業設備專業生產商）或Joy Global（巨型鑽機和鏟車製造商）才是，當年分別大漲133%和109%。這兩家公司都沒有通過由上而下的遴選過程。不過，你的漏斗或許會選出這兩檔股票，而不是福斯。但是什麼因素會促使你選擇它們？你必須知道別人不知道的事，由你漏斗底部的少數股票下手會輕易許多，而非由頂部的眾多股票。一開始便做出正確的重大決策，你就更有可能在你需要的類股裏選出福斯、JLG或Joy Global這些突出的個股。如果你還沒想好今年要不要持有股票或哪種股票，便花了許多時間在網站上研究一些德國小型價值公營事業股，你只是在浪費時間和精力。

把這個方法套用在你所有的股票類型，你便會找出最能代表標竿的好股票。但要記住你不可能一直挑到最好的股票。最好現在就習慣。你的投資組合裏總是會有一檔或三到五檔的牛皮股。最好的投資經理人也不可能挑到一定上漲的股票。

有沒有可能你做出正確的次資產配置決定，例如挑對了規模、類型、產業、國家等，卻不幸挑到一支未達財測、做假帳、陷入政治鬥爭或業績落後同業的股票？當然有可能。

我們已談過你應該分散化。如果能源股佔你投資組合的10%，你應該挑選3支、5支、甚至7支不同的股票。如果你挑中一支爛股（常有的事），並不會有大礙（第四項法則）。你要挑選3支、5支或7支你認為最有可能打敗類股的股票。我挑中福斯，不是因為我認為它會暴漲，而是因為我認為它有可能打敗類股。若你這麼做，有的股票就有可能大漲。

把你的投資組合分散在你認為最有可能打敗類股的股票，並不表示你放棄了選股。你沒有。這表示你不會集中在一支股票，事後才後悔自己挑到爛股——類股上漲，唯獨它下跌，沒有讓你的投資組合享受到這個類股的漲勢。我希望我的投資組合可以得到類股的推升。不用由上而下的方法選股，常讓投資人有到嘴的鴨子飛了的挫敗感。那些不接受這個方法的人，往往是自信心大於理智。

小型產業或類股該如何選股？假設你想把2%或3%配置在新興市場。新興市場只佔你標竿的一小部份，但你做出一個謹慎的賭注。你不想只買一支股票，因為這樣的話，你的新興市場投資就不夠分散化。你該挑哪一支？辛巴威股票？智利股票？但若你要將這麼小的配置分散化，你就會買進太多個股，絕對會付出高昂的手續費，你不妨選一檔低費用的ETF就好。我不是基金迷，但它們還是有用處。我是說，你當真知道有關辛巴威或智利股票的一些別人不知道的事？（又是一個不需要回答的問題。）

何時該賣出？

選股只完成一半的任務。你如何知道何時該賣掉？和選股一樣，賣出股票也應由上而下來決定。何時該賣出的最簡單答案是，你預測到明年股市可能大跌。那麼不妨賣掉大多數的股票，但這種狀況很少見。那麼在兩個熊市之間呢？你怎麼知道何時該抽腿？簡單，如果你有使用3個問題，發現你持有一檔股票的基本面已經改變。例如，經過一段相當平坦的收益率曲線之後，收益率曲線忽然變得很陡峭。你或許決定減碼成長股，加碼價值股。

如果你認為具有彈性需求的公司（科技、非必需消費品）表現將優於非彈性需求的公司（健康照護、必需消費品），你可以調整權重，因此必須賣掉一些股票。或者你預測到一些其他的經濟、政治或信心因素將波及某些部門。例如，你知道國會將實施一些會計法規，你預料金融業將受到打擊。又或者，在高股息股表現突出一段長時間之後，大家都看好公營事業，所以你知道該減碼公營事業，轉進到非高股息股。要注意，這不表示你賣掉的股票都是不好的。它們只是在你使用3個問題之後，不再符合你的需求而已——你需要的是能夠代表你的資產與次資產配置決定的股票。

獲利了結

要是股價已經漲了一大段呢？你是不是該賣掉，「落袋為安」呢？獲利了結是投資人做的蠢事之一。怎麼獲利了結呢？你從股價上漲賺到的利得沒辦法鎖在保險箱裏。你把賺到的錢重新投資（你不會嗎？），這些獲利了結的錢所買進的股票可不保證一定上漲。你轉進的股票或許下跌，吃掉投資人自認已經「了結」的獲利，這表示第一檔股票的利得要扣稅，但第二檔股票還在賠錢。沒有所謂的「獲利了結」，這是過度自信及後見之明的瘋狂穴居人，跟他們的鄉村俱樂部會員吹噓的事。不要為了「獲利了結」而賣掉股票，你要為了減碼，或是股票不太可能再打敗類股而賣掉股票。

股價已經漲了一大段不表示它不會再續漲。這種事常發生。記住，股票是非序列相關，它們有五五波的機率維持先前的走勢或反轉。假如促使你持有該檔個股的基本面維持不變，那麼就續抱。就是這麼簡單。

獲利殺手

要是股價已經跌了一大段呢？你是不是應該認賠殺出？或許吧——但還是不要吧。

首先，為什麼股價會大跌？是因為大盤經歷修正，個股只是跟隨大盤而已？如果是的話，別殺出。相對報酬才重要，而不是絕對報酬（通常是這樣）。股價下跌是不是因為它的類別或產業在下跌，或許因為該類股在下修（類股也會下修），或者不再流行？股價下跌是不是因為它屬於你的應對策略？它只是做出應對策略應有的表現，這樣你也不必賣出。（只在乎一檔個股的績效或一個類股的績效，卻不注意整個投資組合的績效，你就犯了順序偏好的認知偏誤，可以用第3個問題加以解決。）股價下跌是不是因為發生重大利空？執行長作帳，用股東的血汗錢舉行奢靡的希臘主題宴會，或者他們開了一家保加利亞勒死小狗的工廠？

重要的是，等到利空曝光之後，股市早已反應，你可能錯失避開大跌的機會。你可以在絕對低點賣出，然後閃人，但這成了買高賣低。你轉進的股票並不保證一定漲。它可能也會下跌，結果你賠了夫人又折兵。先前的走勢有五五波的機率持續下去，或反轉。

用我們當初買進的方法來檢視公司。別理會小道消息，因為那早已被反應，而是要看你能否知道別人不知道的事。公司能不能從那些利空消息恢復過來？我在下面的小欄裏舉了兩個例子，但是那家公司基本上健全嗎？或許那家勒死小狗的工廠很小，而且高層主管並不知情，我們可以開除勒死小狗的人，解救小狗。或許公司有一套完備的接班計畫，而且等著接班的是傑克・威爾許，或者更棒，是未來的高登・摩爾。

何時該賣出股票

有時你料想不到，好端端的一檔股票說大跌就大跌。這時你必須決定，你要續抱還是趕緊脫手？我在兩檔股票的意外經驗可做為這兩種狀況的範例。可以說，我被史匹哲（Elliot Spitzer）整到了，跟很多投資人一樣。

2004年10月14日，當時的紐約州檢察長史匹哲，世界十字軍，認定當時美國國際集團（AIG）執行長漢克・葛林柏格（Hank Greenberg）有罪。我相信葛林柏格家族沒有一個男性成員不被史匹哲認定有罪，他幾乎追著他們跑，一個都不放過。

當時，葛林柏格之子傑夫，經營另一家大型上市保險公司威達信集團（Marsh & McLennan，簡稱MMC）。該公司擁有百能基金家族（Putnam），史匹哲在前一年已對該基金家族窮追猛打。史匹哲宣稱威達信涉嫌保單綁標，並將其他保險公司，包括AIG，列為共犯。後來，史匹哲公然指控AIG以及葛林柏格參與犯行。威達信集團的董事會在史匹哲的施壓下，逼迫傑夫・葛林柏格下台。接著，AIG的董事會可能懼於史匹哲的淫威，也把漢克・葛林柏格趕下台。最後AIG的指控被撤銷，威達信集團則達成和解。這一路上，史匹哲和葛林柏格在媒體隔空交火，葛林柏格的一些友人也被牽連，包括高盛前執行長約翰・懷特赫德（John Whitehead）。

總之，這兩檔股票跌得慘兮兮。股市討厭意外，尤其是牽涉到史匹哲的意外。你根本無從得知史匹哲在策畫這一切，除非你非法打探他的意圖。當這種事件發生時，你特別需要第3個問題。股價突然重挫，投資人踩足油門想要避開虧損。在大跌之後出脫持股有時是聰明的，有時則很愚蠢，但你得在事後才會知道，而且你不可能由股市、《紐約時報》或那位友善的世界十字軍得到任何線索（後者不過是名政客，日後成為紐約州長）。

我看好金融股，尤其是保險股。這兩檔股票沒什麼可挑剔的，是這個類股的極品。我和漢克．葛林柏格有數面之緣。雖然他有時脾氣火爆，有點像我，但他長久以來一直是位優秀的執行長。超優秀的，我不相信他會犯下大錯，因為他沒那個必要。（基本法則：一流人才不需要去犯法，也不會。）

但我無從得知史匹哲會在2005年私下撤銷對葛林柏格的所有指控（選在感恩節假期宣佈，根本沒人注意新聞。假如你想偷偷發佈新聞，就選在感恩節、耶誕節、國慶日或復活節，看到新聞的人沒幾個）。大家都知道AIG是一家大公司，產品線很多樣化。我明白AIG被指控的罪名，但我不明白它怎麼會影響AIG的長期穩定，那不是什麼滔天大罪。假如有事業群確實參與綁標，AIG可以分割這個事業群，剷除做錯事的人。我看不出有任何理由會衝擊到整個AIG。當時傳言葛林柏格要下台，雖然他一手創立AIG，但以八十歲的高齡，他的離職不會造成太大的傷害。況且，股市還會樂見他下台反而支撐股價。最後，因為大家看空AIG，所有利空皆已反應，所以我猜想任何的好消息，不論有多小，都會成為強勁的利多。我選擇續抱AIG。

新任執行長徹卡斯基（Michael Cherkasky），是個很棒的人，他是Kroll公司執行長，威達信集團前一年才買下這家企業安全工程公司。徹卡斯基被選上不是因為他具有保險業的資深背景和成就，適合管理一家大保險公司。他沒有。他被選上是因為他過去曾任主管機構的官員，曾經和史匹哲共事，大家假設徹卡斯基會跟史匹哲合得來。在我看來，這錯得太離譜了。徹卡斯基只在Kroll公司這家小公司擔任過執行長，甚至比我的公司還小。我很清楚連我都不夠資格去擔任像威達信集團這種公司的執行長。話說回來，我跟徹卡斯基一樣有資格擔任威達信集團的執行長，因為雖然我不是保險業的人，至少我懂金融服務業，徹卡斯基既不懂保險也不懂金融服務，更不曾做過相當規模公司的執行長。我知道如果連我都不能好好管理威達信集團，他也不能。所以，我的公司決定承受二位數的跌幅，認賠了結。

我的客戶覺得這是突兀的決定。為什麼賣掉一家，不連另一家也賣了？他們不是一體兩面嗎？史匹哲不是在對付這兩家公司嗎？難道我們不該賣掉這兩個賠錢貨，去買進其它會漲的股票嗎？理論上是這樣沒錯，但我們都知道你賣掉賠錢貨而買進的股票也可能是蹩腳貨。

絕對不要因為股票下跌就賣掉股票。你賣掉股票是因為當初持有它的理由已發生基本面的改變。想想那個漏斗，還有為什麼你要賣掉股票的基本理由，由上而下。基本理由可能是你預測到大跌，所以你出脫大部份的持股。可能是你由成長型轉換到價值型，由小型股到大型股。你的類股前景或許有了變化，你需要由加碼調整為減碼。或許你的權重太高了，因為該支個股已經漲到超過你所有持股的2%或3%。又或者，你發現公司幹了違法勾當，幾乎無法東山再起。

史匹哲於2005年2月正式傳訊AIG時，股價又重挫31%，在四月跌到波段低點。自前年10月以來沒有任何事情改變，除了大家對史匹哲的恐懼升高之外，所以我們堅持下去。後來根據投資組合的調整，我們終於在2006年1月賣掉AIG，當時它已從2005年的谷底強勁反彈42%，比2004年10月14日爆發醜聞以來上漲了19%。我們無法保證用賣掉AIG的利得買進的股票也會上漲19%，AIG的表現大約和S&P 500指數同期的表現相當。當我們賣掉AIG時，MMC的股價還比新聞爆發時下跌3%，而且遠遠落後類股。我很高興做了這個決定。

另外，仔細考慮利空消息是否正確或可信。會不會只是亂放消息。別太在意，有時新聞記者根本不知道自己在說什麼。他們的報導時常誇大或完全錯誤。他們很多人完全不懂商業，很多是新聞科系或英語科系出身。有些例行活動可能被誤解或誇大到驚天動地，或者一件不影響公司核心事業的小案子會被誤報成重大官司。或者記者轉述員工的抱怨，卻未求證事實。這種事情一直都有！我看多了。記者經常亂報新聞。

如果被亂報的公司很穩健，股價或許可以反彈，你便有機會逢高賣出。有時一檔股票太不被看好而發生急跌，任何的好消息，哪怕再微不足道（沒錯，他們確實屠殺小狗，但用人道的方式），都可推升股價。

如果你頭腦冷靜，不會因為別人賣出就跟著賣掉股票，而理性的研究股價急跌的真正原因，你會怎麼樣？萬一利空消息確實顯示丹麥的情況很糟糕，即使大幅改組管理階層也無濟於事，核心事業亦遭到侵蝕，你會怎麼樣？即使在波段低點，你也該減損，明白自己有時也會被矇蔽。所以，你才應該分散化投資，絕對不要重壓一檔股票。

如果你因此而懷憂喪志，不妨這麼想好了。如果你的投資組合均衡，任何個股比重都不超過數個百分點。如果一檔個股明天因為突然的利空而腰斬，或許你只損失1%。假如你做了相對性思考及比較（一定要做！），你會抗拒順序偏好，把重點放在整個投資組合，而不是一個大跌的小小持分。你只損失1%。股價很少馬上跌光淨值。或許個股跌掉10%或20%，但整體衝擊不大。一檔股票大跌也只會對均衡的投資組合產生很小的衝擊。忘了它，記取教訓，繼續前進。假如基本面沒有改變，先暫時持有，但留心任何重大改變。

提醒自己，你並不是要蒐集一堆大漲的股票。你不是股票收藏家。股票收藏家被順序偏好和過度自信給矇蔽了，只看到兩檔表現好的股票，卻忽略了整個投資組合的績效，遑論風險管理。你的目標絕對不是找到下一檔你可以跟牌友（或是瑜珈課同學，或者更糟的是，你的豆腐同好會）吹噓的熱門股。相反的，你要盡量擴大打敗標竿的機率。你需要的股票是表現和標竿的組成相同的。這才是這項練習的目的。

你有一項策略來保持自律——需要不斷運用3個問題的策略。當你的石器時代腦袋迫切地想臣服於偉大的羞辱者之際，你要設法獲得跟大盤齊平的報酬。但我對你還有更高的期許。我希望你遵守策略來保持自律。我希望你練習資本市場技術，而且進步神速。我希望你熟練3個問題，不斷加以使用。我希望你用它們來對抗偉大的羞辱者。跟祂奮戰下去。

結論

告別時刻

在互道珍重之前，請容我稍微感性一下，說明為什麼我要寫這本書——有人或許認為這應該是導言。你要怪就怪美國林務局好了。我從小就喜歡森林。我的雙親住在郊區，後院緊鄰樹林。小時候，我翻過圍牆就走進一片橡樹林。從家裏出發走二十分鐘，我就可以走到金恩山（Kings Mountain），置身在海拔二千英呎的紅木林。那是我生活了三分之一個世紀的地方。小時候，我總以為自己會永遠居住及工作在森林裏。我甚至去讀了林業學校，因為我愛樹木。

有一年暑假我在美國林業服務局打工，此後我堅信自己絕對不會在公家單位工作。那年夏天讓我了解到公務人員飽受壓抑。我只知道自己絕對不要和政府有任何瓜葛。當時我也明白了自己永遠沒辦法從政，因為那也是吃公家飯。這樣我才會有出息吧。我希望自己的人生能過得更有意義。還沒想清楚接下來該做什麼，我便轉讀經濟系，因為我以前很擅長這門功課。

我依然迷戀森林，尤其是紅木。事實上，我很自豪全世界唯一捐贈給單一樹種的大學講座是以我的名義成立，而且是我鍾愛的紅木。我這輩子的嗜好就是紅木，包括找出三十多座20年代以前的蒸汽鋸木廠，還有蒐藏紅木藝品。我還成立了民間最大的林業史圖書館，藏書達三千冊以上。但你絕對無法叫我去公家單位工作。當成嗜好還無所謂，但職業和興趣一定要另當別論。

資本市場很有趣，但也可以當成職業。我希望這3個問題對你有幫助，在此同時，我也希望你喜歡本書，覺得它很有教育性。我最早開始寫《富比世》專欄時，當時的總編輯吉姆・麥克斯（Jim Michaels）可說是美國財經新聞記者的老師，他教我專欄應該要具備三個條件——娛樂性、教育性和獲利性。這也是一輩子很好的目標。雖然有趣，市場也很累人，由本書大量的資料和分析便可看出。3個問題可以協助你了解，要在市場勝出，自己必須知道些什麼。但你要努力實行。書本沒辦法幫你去做。

公務人員的反面就是自由市場與資本主義的崇拜者。我完成學業時，我已經著迷了。所以畢業後，我就到家父的公司上班。我從他身上學到很多東西，包括我不是一個稱職的員工，於是我自行創業。當時我年少輕狂，不懂得自己稚嫩到不足以成事。三十五年後，歷經偉大羞辱者的無數教訓之後，我還屹立不搖。為什麼要被偉大的羞辱者教訓這麼久？為什麼還要忙於世俗的瑣事，而不退休去照顧紅木、貓咪和老婆？為什麼這幾十年來在《富比世》寫專欄，好讓別人可以指出我的錯誤或攻訐我？十五年前我就可以帶著許多錢退休，去做別的事。為什麼要做這些事？

我有幾個理由。第一，我喜歡與偉大羞辱者搏鬥的快感。有人攀登埃維勒斯峰，有人橫渡英吉利海峽。我不是運動員。你不會看到我背著氧氣筒，向智利阿空加瓜峰攻頂。所以，我和偉大的羞辱者槓上了。還有什麼比這個更刺激的？

轉型主義

第二，這是不斷發掘及從事新鮮事物的機會。我認為，活在這個歷史階段最重要的事，就是有能力去做新鮮事。在第5章和第9章，我花了一些篇幅談到我的祖父。1958年他過世時，他已看到汽車、收音機、電影、抗生素、飛機等科技進步。他可以坐在客廳裏，從木頭盒子裏即時看到美國總統跟他說話。1880年他五歲時，假如他可以跟他的祖父描述他在1958年看到的景象，我的曾曾祖父一定會以為我的祖父瘋了。他會跟他的兒子說：「兒子啊，你怎麼會在我孫子的腦袋裏灌輸這麼瘋狂的觀念？」但我的曾曾祖父錯了。我的祖父那一代所見證到的基本生活改變遠多於過去任何一代。他們處在一個爆炸的起點，美國人時常低估這個非線性起跑點，亦即我們俗稱的美國工業革命。這是人類心智力量空前的釋放。資本家的力量——最強大的力量！在他那一代之前，大家的生活幾乎都和祖父母那一輩差不多。他們或許遷移，或許打仗，或許從事不同職業。但在我的祖父出生之前，基本生活的改變非常緩慢。

家父出生於1907年，他也看到巨大的改變。在他於2004年過世前，他看到噴射機、積體電路和生技業的開端。我這一代也看到巨大的改變，並將持續下去，但程度不若我的祖父和父親那麼劇烈。我的三個兒子現在都已三十多歲。他們把改變視為理所當然。雖然現在改變是常態，但改變總是新鮮事。每天醒來活在一個變化的世界，這就是新鮮事，例如我的祖父是霍普金斯醫學院的創始學生之一，以及我的父親首開投資成長股的先河。數個世紀前這種事可不常見，除了發生在牛頓等少數怪人身上。普通人是不會那樣做的。如今，每個人都是這樣。我們活在一個非凡的時代，因為我們可以每天醒來去開發新事物。

我將這種過程稱為「轉型」。普通人現在都能改變他們的領域。牛頓是位轉型主義者。工業革命在全世界造就出無數的轉型者（transformationlist）——這些人的想像力不受拘束，可以探測無法探測的。

它大多發生在科學家和資本家身上。羅森沃德（Julius Rosenwald）是位轉型者，他創辦西爾斯公司（Sears, Roebuck and Co），改變了此後一百年人們對於零售的看法。卡內基是。福特也是。著有《國富論》的亞當史密斯是。但大多數作者不是——他們不過是漸進者（Incrementalist）。愛因斯坦當然也是轉型者，還有很多科學家也是，不論出名與否。近代，英特爾共同創辦人諾伊斯（Bob Noyce）和摩爾，將科學長才與商業結合，改變他們的小世界。比爾・蓋茲是，他改變了小公司對抗大公司的方法。嘉信理財公司創辦人舒瓦柏（Charles Schwab）是。名單一長串，沒完沒了。但你不一定要很偉大才能做個轉型者。你只要不斷改變自己的小世界，別人便能透過你的科學、科技新知或新觀點看到不同的世界。

轉型者徹底改變了我們的生活。有時我們不自知，因為我們沒看出來。當我捐贈成立紅木林生態肯尼斯・費雪講座時，部分原因是我愛紅木，但也因為它的創始講座學者史提夫・西勒特（Steve Sillett）是位轉型者，改變我們對紅木的認識。對於我們無法解決的問題，他有著無盡的答案。如果沒有轉型者的支持，我不會捐贈成立這個講座。

在資本市場，你可以盡情學習及開發過去沒有人瞭解的資本市場技術。你可以做個資本市場的轉型者。二百年前你無法做到。但今日你可以。今日，你每天醒來及工作時都可以質疑我們已知的東西，開拓我們的視野。這3個問題正是抱持這個宗旨，希望讀者能夠激勵自己成為一個轉型者。

當初我開發PSR的技術，就是想做個轉型者。我最早研究小型價值股（早在這個字眼存在以前），並向法人投資圈證明，就變異數（variance）及共變異數（covariance）而言，它都符合傳統的馬可維茲變異數最適化（Mean-Variance Optimization）理論，我就是想做個轉型者。我不是牛頓，不是諾伊斯，不是天才。但我可以問問題，你也可以。你或許是個天才，可以探測我無法探測的，進而成為偉大的轉型者。

我一直堅持做這行，因為在人類進化點上，我們所能做的最刺激最有趣的事，就是開發以前不曾開發的新事物，以及破解古早的迷思。我們必然會犯錯。但我們一定會進步。你可以做得跟我一樣好，或更好。如果你很年輕，你會做得比我久。你可以做出很大的改變。我知道很多人沒做到，因為你不想去做。但若你們在年輕時就領悟這點，或者願意提出這3個問題，並試圖改變部分的財務和市場理論，你可以對未來發揮巨大的影響力。

我堅持下去的最重要理由是因為我可以每天早上起床，去面對我小小世界的新鮮事，或許使用這3個問題去探索一個第2個問題，創造出全新的驚人發現。或許你可以。

管理資金是一項有價值的服務，做好工作是很重要的，因為這世上有太多人沒有好好工作。但我不敢幻想自己像一百年前霍普金斯醫學院的畢業生一樣普渡眾生，我不是資本市場的德蕾莎修女。沒錯，我的公司有很多客戶依賴我們來照顧他們的福祉，這是很重要的責任，本人很榮幸能夠提供這種服務。但我的公司沒有我也行。如果我退休了，公司還是照常經營。我在這個人生階段持續工作的理由，是為了不同挑戰的樂趣。

我做得挺好的。我的資金管理長期紀錄使我躋身少數長期打敗大盤的資金經理人行列，你可以在附錄K看到。假設一個富裕投資人在1995年中成為我的客戶，2006年中他的資產將增值231%（扣除所有費用）。假設你被動式投資全球市場，你會有131%的報酬。年化差距為3.6%，也是扣除所有費用。假設你投資S&P 500，扣除費用之後，我的公司將以每年1.7%的差距打敗這個指數。雖然這些年來犯了不少錯，我對於這種成績還是很滿意。

我選擇十年的歷史，因為我還有另一項十年的公開紀錄你可以比較——本人的《富比世》雜誌每月選股（我在《富比世》寫了22年的專欄，但他們十年前才開始公佈我選股的績效）。你可以在附錄L看到。它不是在管理資金，而是評量我的專欄的選股績效。

這些年來，我選股的績效以年化5%的差距打敗S&P 500指數，實在太厲害了。雖然其中包含假設的經紀費用，但不包括真實生活中的交易成本，例如賣出買進價差或資金管理費。雖然並非每個人都有足夠的流動資產可以成為我的公司的客戶，但大家都可以買本《富比世》雜誌或在網路上免費瀏覽（真的很資本主義）。有幾年我的《富比世》選股甚至打敗我的公司為客戶操作的績效，有時則否。這沒什麼參考性，大多數時候我替《富比世》挑選的股票比客戶投資組合的持股少很多，所以出現績效差異是很正常的，尤其是這種規模較小的模擬投資組合並沒有風險管理。但我對自己的成績十分自傲，這證明我的理論，或許可以說服你相信我的話，但套句投資圈的話，過去的績效不代表未來的績效。假如我還要在這行做下去，我就不能留戀往昔的光榮。

這就是我堅持下去的第三個理由！我熱愛資本主義。在我認為，這是人類最神聖、完美的成就。在資本主義，所有人都擁有機會。窮人可以致富。首富階級大多不是含著金湯匙出生的。《富比世》美國400大首富大多遭到汰換。比爾・蓋茲出生時不過是中上階級，但年紀輕輕便成為全球首富，並設立史上最大筆的慈善基金。過去兩百年來，世上最偉大的創新、轉型和轉型者都來自資本主義社會。早在我出生以前，當代精英知識份子就瞧不起資本主義，但他們不過是自以為是，就像第5章的葛楚・史坦一樣。

股市是純正的資本主義。你買的股票不管你是白人或黑人，男人或女人，老人或年輕人，美國人或法國人。股價完全由供需決定。它是全球性的，有效率的，大幅波動的，永遠出人意料，狂野而美麗。在很多方面，偉大的羞辱者和我之間有種強烈的愛恨情仇。

寫作這本書是想告訴你──資本主義是好的，股市是難以預測但可以打敗的。那麼，現在你該怎麼辦？我希望你快速學習，推動資本市場科學。我一再說過，除非你知道別人不知道的事，否則你無法進行市場操作及長期致勝。我沒有用花俏的分析技巧來吸引你，而是向你示範如何把科學方法運用在股市。我告訴你的竅門總有一天會退流行，或早或晚，總有那麼一天。但提出這3個問題永遠都適用。唯一能夠幫助你我打敗大盤的方法是創新。我知道有很多書籍傳授人們投資工具，好比我的第一本書記載我的創新，例如1984年的PSR。但我不知道過去有任何投資書籍告訴你如何自己創新。

就是這樣。或許你覺得我說的都是錯的，或者部分是錯的。無所謂。我不在意你認為我是錯的。但我不希望你只是「覺得」我是錯的，我要你證明。如果你不相信我告訴你的，至少使用方法來證明我是錯的。給我看R平方值，證明我犯了認知偏誤，替我探測我尚未探測的事——然後寫信告訴我。不過，請你務必要能證明我是錯的，而且請保持風度。科學是有風度的。如果你只是寫信來罵我是個白癡，我不會理你的。那不關我的事。真的，我請你對本書所說的每件事都抱持懷疑。我在附錄提供你許多資料，你可以在你喜歡的網站找到更多。找出資料，進行分析。用不同的起始日期進行長期研究。同時研究海外的情況，以確定你沒有採用錯誤的因素。把資料和統計數字告訴我，再跟我說我錯了。

但我不希望你認為我是錯的，卻永遠不加以證明。那對你一點好處也沒有，只是在浪費時間。如果你認為我是錯的，而且可以用資料證明，你不會傷害任何人。事實上，你反而幫了自己，因為你證明了事實。如果你一直讀到結論這裏，你必然相信大家知道及接受的事未必是對的。所以，向我證明我錯在哪裏。我可以接受的！告訴我資料以及你如何分析。或許你會發現跟偉大的羞辱者對抗的方法，那麼我要向你致敬。但若你證明我是錯的，你就等於證明我的方法是對的。換個方式來看，我還是對的——豈不妙哉？

附錄A

1830-1925年美國股票總報酬

Date	% Change	Date	% Change	Date	% Change	Date	% Change
1830	14.29%	1854	-23.68%	1878	11.44%	1902	4.88%
1831	12.50%	1855	6.90%	1879	49.11%	1903	-14.65%
1832	11.11%	1856	9.68%	1880	24.25%	1904	30.95%
1833	0.00%	1857	-26.47%	1881	7.71%	1905	19.66%
1834	20.00%	1858	24.00%	1882	2.01%	1906	6.81%
1835	8.33%	1859	-6.45%	1883	-3.07%	1907	-29.61%
1836	-7.69%	1860	24.14%	1884	-13.35%	1908	44.52%
1837	0.00%	1861	5.56%	1885	26.11%	1909	18.94%
1838	8.33%	1862	68.42%	1886	12.84%	1910	-7.88%
1839	-7.69%	1863	46.88%	1887	-2.75%	1911	5.72%
1840	8.33%	1864	13.83%	1888	1.89%	1912	7.97%
1841	-7.69%	1865	-2.80%	1889	7.59%	1913	-9.60%
1842	-8.33%	1866	10.58%	1890	-10.15%	1914	-3.67%
1843	45.45%	1867	8.70%	1891	22.61%	1915	35.51%
1844	25.00%	1868	17.60%	1892	5.94%	1916	8.94%
1845	15.00%	1869	8.16%	1893	-15.93%	1917	-25.26%
1846	-8.70%	1870	11.95%	1894	2.11%	1918	25.56%
1847	9.52%	1871	13.48%	1895	4.47%	1919	20.67%
1848	4.35%	1872	12.87%	1896	1.81%	1920	-19.69%
1849	4.17%	1873	-6.58%	1897	16.96%	1921	14.59%
1850	28.00%	1874	9.39%	1898	23.20%	1922	27.80%
1851	3.13%	1875	2.15%	1899	9.87%	1923	4.18%
1852	27.27%	1876	-12.18%	1900	18.67%	1924	25.70%
1853	-9.52%	1877	-3.83%	1901	19.78%	1925	29.55%

Source: Global Financial Data. Total returns as calculated by GFD to simulate a backtested S&P 500 index; not official S&P 500 data.

附錄B

S&P 500綜合指數報酬

Date	% Change	Date	% Change	Date	% Change	Date	% Change
Jan-26	0.23%	Jan-29	5.99%	Jan-32	-2.31%	Jan-35	-3.78%
Feb-26	-4.02%	Feb-29	-0.31%	Feb-32	5.95%	Feb-35	-3.67%
Mar-26	-5.53%	Mar-29	0.03%	Mar-32	-11.32%	Mar-35	-2.81%
Apr-26	2.45%	Apr-29	1.88%	Apr-32	-19.75%	Apr-35	10.06%
May-26	1.46%	May-29	-4.02%	May-32	-22.75%	May-35	3.59%
Jun-26	4.75%	Jun-29	11.53%	Jun-32	-0.05%	Jun-35	7.70%
Jul-26	2.31%	Jul-29	4.83%	Jul-32	38.51%	Jul-35	8.07%
Aug-26	4.80%	Aug-29	10.07%	Aug-32	38.28%	Aug-35	2.49%
Sep-26	2.71%	Sep-29	-4.66%	Sep-32	-3.21%	Sep-35	2.65%
Oct-26	-2.71%	Oct-29	-19.71%	Oct-32	-13.61%	Oct-35	7.95%
Nov-26	2.67%	Nov-29	-13.06%	Nov-32	-5.34%	Nov-35	4.15%
Dec-26	2.10%	Dec-29	2.90%	Dec-32	5.73%	Dec-35	4.10%
Jan-27	-1.66%	Jan-30	6.65%	Jan-33	1.21%	Jan-36	6.87%
Feb-27	5.21%	Feb-30	2.50%	Feb-33	-18.10%	Feb-36	1.96%
Mar-27	1.06%	Mar-30	8.29%	Mar-33	3.87%	Mar-36	2.80%
Apr-27	2.14%	Apr-30	-0.65%	Apr-33	42.87%	Apr-36	-7.45%
May-27	5.64%	May-30	-1.30%	May-33	16.46%	May-36	4.91%
Jun-27	-0.55%	Jun-30	-16.15%	Jun-33	13.50%	Jun-36	3.38%
Jul-27	6.91%	Jul-30	4.02%	Jul-33	-8.66%	Jul-36	7.22%
Aug-27	4.84%	Aug-30	1.14%	Aug-33	11.82%	Aug-36	1.11%
Sep-27	3.59%	Sep-30	-12.72%	Sep-33	-11.12%	Sep-36	0.48%
Oct-27	-3.96%	Oct-30	-8.50%	Oct-33	-8.71%	Oct-36	7.93%
Nov-27	7.16%	Nov-30	-1.71%	Nov-33	10.72%	Nov-36	0.72%
Dec-27	2.26%	Dec-30	-7.01%	Dec-33	2.47%	Dec-36	-0.24%
Jan-28	-0.16%	Jan-31	5.40%	Jan-34	10.92%	Jan-37	4.17%
Feb-28	-1.41%	Feb-31	11.88%	Feb-34	-3.45%	Feb-37	1.84%
Mar-28	11.21%	Mar-31	-6.58%	Mar-34	0.29%	Mar-37	-0.63%
Apr-28	3.58%	Apr-31	-9.20%	Apr-34	-2.43%	Apr-37	-7.90%
May-28	1.58%	May-31	-13.27%	May-34	-7.89%	May-37	-0.65%
Jun-28	-3.73%	Jun-31	14.46%	Jun-34	2.41%	Jun-37	-4.84%
Jul-28	1.59%	Jul-31	-7.06%	Jul-34	-11.28%	Jul-37	10.63%
Aug-28	7.76%	Aug-31	1.47%	Aug-34	5.73%	Aug-37	-5.11%
Sep-28	2.71%	Sep-31	-29.63%	Sep-34	-0.06%	Sep-37	-13.81%
Oct-28	1.76%	Oct-31	9.08%	Oct-34	-2.98%	Oct-37	-9.67%
Nov-28	12.31%	Nov-31	-9.30%	Nov-34	8.81%	Nov-37	-9.64%
Dec-28	0.58%	Dec-31	-13.90%	Dec-34	-0.19%	Dec-37	-4.50%

Date	% Change	Date	% Change	Date	% Change	Date	% Change
Jan-38	2.05%	Jan-43	7.67%	Jan-48	-3.49%	Jan-53	-0.27%
Feb-38	6.73%	Feb-43	5.54%	Feb-48	-4.23%	Feb-53	-1.37%
Mar-38	-24.51%	Mar-43	5.72%	Mar-48	8.15%	Mar-53	-1.93%
Apr-38	14.79%	Apr-43	0.52%	Apr-48	3.14%	Apr-53	-1.67%
May-38	-3.77%	May-43	4.91%	May-48	8.27%	May-53	-0.33%
Jun-38	25.39%	Jun-43	2.39%	Jun-48	0.80%	Jun-53	-1.16%
Jul-38	7.66%	Jul-43	-5.02%	Jul-48	-4.98%	Jul-53	3.05%
Aug-38	-2.29%	Aug-43	1.46%	Aug-48	1.25%	Aug-53	-5.32%
Sep-38	2.02%	Sep-43	2.79%	Sep-48	-2.54%	Sep-53	0.61%
Oct-38	7.86%	Oct-43	-0.90%	Oct-48	7.25%	Oct-53	5.64%
Nov-38	-2.93%	Nov-43	-7.12%	Nov-48	-10.35%	Nov-53	1.36%
Dec-38	4.09%	Dec-43	6.36%	Dec-48	3.60%	Dec-53	0.69%
Jan-39	-6.54%	Jan-44	1.98%	Jan-49	0.71%	Jan-54	5.62%
Feb-39	3.63%	Feb-44	0.18%	Feb-49	-3.44%	Feb-54	0.76%
Mar-39	-13.24%	Mar-44	2.13%	Mar-49	3.58%	Mar-54	3.46%
Apr-39	-0.17%	Apr-44	-0.81%	Apr-49	-1.53%	Apr-54	5.36%
May-39	6.63%	May-44	4.48%	May-49	-3.18%	May-54	3.73%
Jun-39	-6.02%	Jun-44	5.53%	Jun-49	0.33%	Jun-54	0.50%
Jul-39	11.33%	Jul-44	-1.67%	Jul-49	6.93%	Jul-54	6.11%
Aug-39	-6.72%	Aug-44	1.29%	Aug-49	1.75%	Aug-54	-2.99%
Sep-39	16.85%	Sep-44	0.10%	Sep-49	2.89%	Sep-54	8.72%
Oct-39	-1.05%	Oct-44	0.42%	Oct-49	3.57%	Oct-54	-1.55%
Nov-39	-4.51%	Nov-44	0.81%	Nov-49	0.71%	Nov-54	8.47%
Dec-39	2.80%	Dec-44	3.92%	Dec-49	4.96%	Dec-54	5.45%
Jan-40	-3.11%	Jan-45	1.84%	Jan-50	2.31%	Jan-55	2.15%
Feb-40	1.06%	Feb-45	6.56%	Feb-50	1.57%	Feb-55	0.73%
Mar-40	1.47%	Mar-45	-4.24%	Mar-50	0.97%	Mar-55	-0.13%
Apr-40	-0.08%	Apr-45	9.20%	Apr-50	5.09%	Apr-55	4.10%
May-40	-23.52%	May-45	1.51%	May-50	4.48%	May-55	0.21%
Jun-40	8.33%	Jun-45	0.03%	Jun-50	-5.27%	Jun-55	8.58%
Jul-40	3.58%	Jul-45	-1.64%	Jul-50	1.48%	Jul-55	6.43%
Aug-40	3.12%	Aug-45	6.17%	Aug-50	3.87%	Aug-55	-0.47%
Sep-40	1.60%	Sep-45	4.55%	Sep-50	6.19%	Sep-55	1.45%
Oct-40	4.42%	Oct-45	3.37%	Oct-50	1.04%	Oct-55	-2.74%
Nov-40	-3.70%	Nov-45	3.57%	Nov-50	0.52%	Nov-55	7.82%
Dec-40	0.18%	Dec-45	1.31%	Dec-50	5.24%	Dec-55	0.20%
Jan-41	-4.23%	Jan-46	7.30%	Jan-51	6.75%	Jan-56	-3.31%
Feb-41	-0.94%	Feb-46	-6.64%	Feb-51	1.23%	Feb-56	3.78%
Mar-41	0.95%	Mar-46	4.96%	Mar-51	-1.25%	Mar-56	7.26%
Apr-41	-5.87%	Apr-46	4.07%	Apr-51	5.42%	Apr-56	0.10%
May-41	0.88%	May-46	2.54%	May-51	-3.48%	May-56	-6.28%
Jun-41	6.01%	Jun-46	-3.62%	Jun-51	-2.00%	Jun-56	4.26%
Jul-41	6.09%	Jul-46	-2.24%	Jul-51	7.47%	Jul-56	5.47%
Aug-41	-0.28%	Aug-46	-6.97%	Aug-51	4.49%	Aug-56	-3.51%
Sep-41	-0.42%	Sep-46	-9.79%	Sep-51	0.46%	Sep-56	-4.21%
Oct-41	-6.21%	Oct-46	-0.36%	Oct-51	-0.87%	Oct-56	0.84%
Nov-41	-3.61%	Nov-46	-0.79%	Nov-51	0.25%	Nov-56	-0.79%
Dec-41	-3.91%	Dec-46	4.69%	Dec-51	4.40%	Dec-56	3.84%
Jan-42	2.04%	Jan-47	2.70%	Jan-52	2.08%	Jan-57	-3.87%
Feb-42	-2.53%	Feb-47	-1.05%	Feb-52	-3.16%	Feb-57	-2.95%
Mar-42	5.40%	Mar-47	-1.25%	Mar-52	5.27%	Mar-57	2.30%
Apr-42	-3.68%	Apr-47	-3.48%	Apr-52	-3.79%	Apr-57	4.02%
May-42	7.11%	May-47	-0.86%	May-52	2.79%	May-57	4.01%
Jun-42	2.51%	Jun-47	6.13%	Jun-52	5.13%	Jun-57	0.18%
Jul-42	3.76%	Jul-47	4.08%	Jul-52	2.27%	Jul-57	1.45%
Aug-42	1.31%	Aug-47	-2.46%	Aug-52	-0.96%	Aug-57	-5.31%
Sep-42	3.26%	Sep-47	-0.97%	Sep-52	-1.48%	Sep-57	-5.87%
Oct-42	7.00%	Oct-47	2.63%	Oct-52	0.37%	Oct-57	-2.85%
Nov-42	-0.86%	Nov-47	-2.40%	Nov-52	5.16%	Nov-57	1.97%
Dec-42	5.69%	Dec-47	2.57%	Dec-52	3.99%	Dec-57	-3.79%

Date	% Change	Date	% Change	Date	% Change	Date	% Change
Jan-58	4.64%	Jan-63	5.20%	Jan-68	-4.13%	Jan-73	-1.49%
Feb-58	-1.71%	Feb-63	-2.61%	Feb-68	-2.24%	Feb-73	-3.53%
Mar-58	3.45%	Mar-63	3.82%	Mar-68	0.57%	Mar-73	0.08%
Apr-58	3.53%	Apr-63	5.13%	Apr-68	8.32%	Apr-73	-3.83%
May-58	1.83%	May-63	1.70%	May-68	1.51%	May-73	-1.63%
Jun-58	2.94%	Jun-63	-1.76%	Jun-68	1.16%	Jun-73	-0.40%
Jul-58	4.63%	Jul-63	-0.08%	Jul-68	-1.59%	Jul-73	4.07%
Aug-58	1.49%	Aug-63	5.14%	Aug-68	1.40%	Aug-73	-3.41%
Sep-58	5.14%	Sep-63	-0.85%	Sep-68	4.11%	Sep-73	4.27%
Oct-58	2.83%	Oct-63	3.49%	Oct-68	0.97%	Oct-73	0.17%
Nov-58	2.52%	Nov-63	-0.80%	Nov-68	5.04%	Nov-73	-11.09%
Dec-58	5.48%	Dec-63	2.70%	Dec-68	-3.93%	Dec-73	1.98%
Jan-59	0.65%	Jan-64	2.95%	Jan-69	-0.57%	Jan-74	-0.72%
Feb-59	0.25%	Feb-64	1.24%	Feb-69	-4.49%	Feb-74	-0.07%
Mar-59	0.32%	Mar-64	1.77%	Mar-69	3.71%	Mar-74	-2.05%
Apr-59	4.15%	Apr-64	0.86%	Apr-69	2.40%	Apr-74	-3.59%
May-59	2.15%	May-64	1.39%	May-69	0.03%	May-74	-3.02%
Jun-59	-0.10%	Jun-64	1.89%	Jun-69	-5.31%	Jun-74	-1.14%
Jul-59	3.75%	Jul-64	2.07%	Jul-69	-5.75%	Jul-74	-7.42%
Aug-59	-1.25%	Aug-64	-1.38%	Aug-69	4.29%	Aug-74	-8.64%
Sep-59	-4.31%	Sep-64	3.12%	Sep-69	-2.23%	Sep-74	-11.52%
Oct-59	1.39%	Oct-64	1.06%	Oct-69	4.58%	Oct-74	16.81%
Nov-59	1.59%	Nov-64	-0.27%	Nov-69	-3.14%	Nov-74	-4.89%
Dec-59	3.02%	Dec-64	0.64%	Dec-69	-1.58%	Dec-74	-1.56%
Jan-60	-6.88%	Jan-65	3.57%	Jan-70	-7.36%	Jan-75	12.72%
Feb-60	1.21%	Feb-65	0.09%	Feb-70	5.57%	Feb-75	6.38%
Mar-60	-1.10%	Mar-65	-1.21%	Mar-70	0.44%	Mar-75	2.54%
Apr-60	-1.46%	Apr-65	3.68%	Apr-70	-8.75%	Apr-75	5.10%
May-60	2.98%	May-65	-0.53%	May-70	-5.78%	May-75	4.76%
Jun-60	2.24%	Jun-65	-4.62%	Jun-70	-4.66%	Jun-75	4.77%
Jul-60	-2.19%	Jul-65	1.61%	Jul-70	7.69%	Jul-75	-6.44%
Aug-60	2.90%	Aug-65	2.51%	Aug-70	4.78%	Aug-75	-1.76%
Sep-60	-5.75%	Sep-65	3.46%	Sep-70	3.62%	Sep-75	-3.12%
Oct-60	0.06%	Oct-65	2.99%	Oct-70	-0.83%	Oct-75	6.53%
Nov-60	4.33%	Nov-65	-0.63%	Nov-70	5.06%	Nov-75	2.82%
Dec-60	4.92%	Dec-65	1.14%	Dec-70	5.98%	Dec-75	-0.81%
Jan-61	6.59%	Jan-66	0.74%	Jan-71	4.32%	Jan-76	12.17%
Feb-61	2.95%	Feb-66	-1.54%	Feb-71	1.17%	Feb-76	-0.84%
Mar-61	2.81%	Mar-66	-1.93%	Mar-71	3.94%	Mar-76	3.37%
Apr-61	0.63%	Apr-66	2.32%	Apr-71	3.89%	Apr-76	-0.78%
May-61	2.16%	May-66	-5.15%	May-71	-3.91%	May-76	-1.11%
Jun-61	-2.63%	Jun-66	-1.34%	Jun-71	0.33%	Jun-76	4.43%
Jul-61	3.52%	Jul-66	-1.06%	Jul-71	-3.87%	Jul-76	-0.48%
Aug-61	2.21%	Aug-66	-7.49%	Aug-71	3.88%	Aug-76	-0.18%
Sep-61	-1.73%	Sep-66	-0.39%	Sep-71	-0.44%	Sep-76	2.58%
Oct-61	3.08%	Oct-66	5.07%	Oct-71	-3.91%	Oct-76	-1.86%
Nov-61	4.18%	Nov-66	0.61%	Nov-71	0.02%	Nov-76	-0.41%
Dec-61	0.56%	Dec-66	0.15%	Dec-71	8.88%	Dec-76	5.61%
Jan-62	-3.55%	Jan-67	8.12%	Jan-72	2.06%	Jan-77	-4.73%
Feb-62	1.87%	Feb-67	0.47%	Feb-72	2.77%	Feb-77	-1.82%
Mar-62	-0.34%	Mar-67	4.22%	Mar-72	0.83%	Mar-77	-1.05%
Apr-62	-5.95%	Apr-67	4.49%	Apr-72	0.68%	Apr-77	0.42%
May-62	-8.34%	May-67	-4.99%	May-72	1.97%	May-77	-1.96%
Jun-62	-7.90%	Jun-67	2.02%	Jun-72	-1.94%	Jun-77	4.94%
Jul-62	6.67%	Jul-67	4.80%	Jul-72	0.48%	Jul-77	-1.54%
Aug-62	1.83%	Aug-67	-0.91%	Aug-72	3.69%	Aug-77	-1.42%
Sep-62	-4.53%	Sep-67	3.54%	Sep-72	-0.25%	Sep-77	0.16%
Oct-62	0.76%	Oct-67	-2.65%	Oct-72	1.19%	Oct-77	-3.90%
Nov-62	10.47%	Nov-67	0.37%	Nov-72	4.81%	Nov-77	3.16%
Dec-62	1.63%	Dec-67	2.89%	Dec-72	1.42%	Dec-77	0.75%

Date	% Change	Date	% Change	Date	% Change	Date	% Change
Jan-78	-5.74%	Jan-83	3.72%	Jan-88	4.21%	Jan-93	0.84%
Feb-78	-2.03%	Feb-83	2.29%	Feb-88	4.66%	Feb-93	1.36%
Mar-78	2.94%	Mar-83	3.69%	Mar-88	-3.09%	Mar-93	2.11%
Apr-78	9.02%	Apr-83	7.88%	Apr-88	1.11%	Apr-93	-2.42%
May-78	0.92%	May-83	-0.87%	May-88	0.87%	May-93	2.68%
Jun-78	-1.38%	Jun-83	3.89%	Jun-88	4.57%	Jun-93	0.29%
Jul-78	5.83%	Jul-83	-2.95%	Jul-88	-0.38%	Jul-93	-0.40%
Aug-78	3.01%	Aug-83	1.50%	Aug-88	-3.40%	Aug-93	3.79%
Sep-78	-0.32%	Sep-83	1.38%	Sep-88	4.25%	Sep-93	-0.77%
Oct-78	-8.72%	Oct-83	-1.16%	Oct-88	2.82%	Oct-93	2.07%
Nov-78	2.15%	Nov-83	2.11%	Nov-88	-1.43%	Nov-93	-0.95%
Dec-78	1.96%	Dec-83	-0.52%	Dec-88	1.74%	Dec-93	1.21%
Jan-79	4.43%	Jan-84	-0.56%	Jan-89	7.31%	Jan-94	3.40%
Feb-79	-3.21%	Feb-84	-3.52%	Feb-89	-2.48%	Feb-94	-2.71%
Mar-79	5.96%	Mar-84	1.73%	Mar-89	2.32%	Mar-94	-4.36%
Apr-79	0.63%	Apr-84	0.95%	Apr-89	5.21%	Apr-94	1.28%
May-79	-2.17%	May-84	-5.54%	May-89	4.05%	May-94	1.64%
Jun-79	4.35%	Jun-84	2.17%	Jun-89	-0.57%	Jun-94	-2.45%
Jul-79	1.34%	Jul-84	-1.24%	Jul-89	9.03%	Jul-94	3.28%
Aug-79	5.77%	Aug-84	11.04%	Aug-89	1.95%	Aug-94	4.10%
Sep-79	0.43%	Sep-84	0.02%	Sep-89	-0.41%	Sep-94	-2.45%
Oct-79	-6.40%	Oct-84	0.39%	Oct-89	-2.32%	Oct-94	2.25%
Nov-79	4.75%	Nov-84	-1.12%	Nov-89	2.04%	Nov-94	-3.64%
Dec-79	2.14%	Dec-84	2.63%	Dec-89	2.40%	Dec-94	1.48%
Jan-80	6.22%	Jan-85	7.79%	Jan-90	-6.71%	Jan-95	2.59%
Feb-80	-0.01%	Feb-85	1.22%	Feb-90	1.30%	Feb-95	3.90%
Mar-80	-9.72%	Mar-85	0.07%	Mar-90	2.64%	Mar-95	2.95%
Apr-80	4.62%	Apr-85	-0.09%	Apr-90	-2.49%	Apr-95	2.94%
May-80	5.15%	May-85	5.78%	May-90	9.75%	May-95	4.00%
Jun-80	3.16%	Jun-85	1.57%	Jun-90	-0.67%	Jun-95	2.32%
Jul-80	6.96%	Jul-85	-0.15%	Jul-90	-0.32%	Jul-95	3.32%
Aug-80	1.01%	Aug-85	-0.85%	Aug-90	-9.04%	Aug-95	0.25%
Sep-80	2.94%	Sep-85	-3.13%	Sep-90	-4.87%	Sep-95	4.22%
Oct-80	2.02%	Oct-85	4.62%	Oct-90	-0.43%	Oct-95	-0.36%
Nov-80	10.65%	Nov-85	6.86%	Nov-90	6.46%	Nov-95	4.39%
Dec-80	-3.02	Dec-85	4.84%	Dec-90	2.79	Dec-95	1.93%
Jan-81	-4.18%	Jan-86	0.56%	Jan-91	4.35%	Jan-96	3.40%
Feb-81	1.74%	Feb-86	7.47%	Feb-91	7.15%	Feb-96	0.93%
Mar-81	4.00%	Mar-86	5.58%	Mar-91	2.42%	Mar-96	0.96%
Apr-81	-1.93%	Apr-86	-1.13%	Apr-91	0.24%	Apr-96	1.47%
May-81	0.26%	May-86	5.32%	May-91	4.31%	May-96	2.58%
Jun-81	-0.63%	Jun-86	1.69%	Jun-91	-4.58%	Jun-96	0.38%
Jul-81	0.21%	Jul-86	-5.59%	Jul-91	4.66%	Jul-96	-4.42%
Aug-81	-5.77%	Aug-86	7.42%	Aug-91	2.37%	Aug-96	2.11%
Sep-81	-4.93%	Sep-86	-8.27%	Sep-91	-1.67%	Sep-96	5.63%
Oct-81	5.40%	Oct-86	5.77%	Oct-91	1.34%	Oct-96	2.76%
Nov-81	4.13%	Nov-86	2.43%	Nov-91	-4.03%	Nov-96	7.56%
Dec-81	-2.56%	Dec-86	-2.55%	Dec-91	11.44%	Dec-96	-1.98%
Jan-82	-1.31%	Jan-87	13.47%	Jan-92	-1.86%	Jan-97	6.25%
Feb-82	-5.59%	Feb-87	3.95%	Feb-92	1.30%	Feb-97	0.78%
Mar-82	-0.52%	Mar-87	2.89%	Mar-92	-1.94%	Mar-97	-4.11%
Apr-82	4.52%	Apr-87	-0.89%	Apr-92	2.94%	Apr-97	5.97%
May-82	-3.41%	May-87	0.87%	May-92	0.49%	May-97	6.09%
Jun-82	-1.50%	Jun-87	5.05%	Jun-92	-1.49%	Jun-97	4.48%
Jul-82	-1.78%	Jul-87	5.07%	Jul-92	4.09%	Jul-97	7.96%
Aug-82	12.14%	Aug-87	3.73%	Aug-92	-2.05%	Aug-97	-5.60%
Sep-82	1.25%	Sep-87	-2.19%	Sep-92	1.18%	Sep-97	5.48%
Oct-82	11.51%	Oct-87	-21.54%	Oct-92	0.35%	Oct-97	-3.34%
Nov-82	4.04%	Nov-87	-8.24%	Nov-92	3.40%	Nov-97	4.63%
Dec-82	1.93%	Dec-87	7.61%	Dec-92	1.23%	Dec-97	1.72%

Date	% Change	Date	% Change	Date	% Change
Jan-98	1.11%	Jan-01	3.55%	Jan-04	1.84%
Feb-98	7.21%	Feb-01	-9.12%	Feb-04	1.39%
Mar-98	5.12%	Mar-01	-6.33%	Mar-04	-1.51%
Apr-98	1.01%	Apr-01	7.77%	Apr-04	-1.57%
May-98	-1.72%	May-01	0.67%	May-04	1.37%
Jun-98	4.06%	Jun-01	-2.43%	Jun-04	1.94%
Jul-98	-1.06%	Jul-01	-0.98%	Jul-04	-3.31%
Aug-98	-14.46%	Aug-01	-6.26%	Aug-04	0.40%
Sep-98	6.41%	Sep-01	-8.08%	Sep-04	1.08%
Oct-98	8.13%	Oct-01	1.91%	Oct-04	1.53%
Nov-98	6.06%	Nov-01	7.67%	Nov-04	4.05%
Dec-98	5.76%	Dec-01	0.88%	Dec-04	3.40%
Jan-99	4.18%	Jan-02	-1.46%	Jan-05	-2.44%
Feb-99	-3.11%	Feb-02	-1.93%	Feb-05	2.10%
Mar-99	4.00%	Mar-02	3.76%	Mar-05	-1.77%
Apr-99	3.87%	Apr-02	-6.06%	Apr-05	-1.90%
May-99	-2.36%	May-02	-0.74%	May-05	3.18%
Jun-99	5.55%	Jun-02	-7.12%	Jun-05	0.14%
Jul-99	-3.12%	Jul-02	-7.79%	Jul-05	3.72%
Aug-99	-0.49%	Aug-02	0.66%	Aug-05	-0.91%
Sep-99	-2.74%	Sep-02	-10.87%	Sep-05	0.81%
Oct-99	6.33%	Oct-02	8.80%	Oct-05	-1.67%
Nov-99	2.03%	Nov-02	5.89%	Nov-05	3.78%
Dec-99	5.89%	Dec-02	-5.87%	Dec-05	0.03%
Jan-00	-5.02%	Jan-03	-2.62%	Jan-06	2.65%
Feb-00	-1.89%	Feb-03	-1.50%	Feb-06	0.27%
Mar-00	9.78%	Mar-03	0.97%	Mar-06	1.24%
Apr-00	-3.01%	Apr-03	8.24%	Apr-06	1.34%
May-00	-2.05%	May-03	5.27%	May-06	-2.88%
Jun-00	2.47%	Jun-03	1.28%	Jun-06	0.14%
Jul-00	-1.56%	Jul-03	1.76%		
Aug-00	6.21%	Aug-03	1.95%		
Sep-00	-5.28%	Sep-03	-1.06%		
Oct-00	-0.42%	Oct-03	5.66%		
Nov-00	-7.88%	Nov-03	0.88%		
Dec-00	0.49%	Dec-03	5.24%		

Source: Global Financial Data.

附錄C

模擬科技報酬

Date	% Change	Date	% Change	Date	% Change	Date	% Change
Jan-39	0.32%	Jan-42	6.09%	Jan-45	1.19%	Jan-48	-0.99%
Feb-39	-3.16%	Feb-42	-2.36%	Feb-45	4.86%	Feb-48	-7.61%
Mar-39	0.92%	Mar-42	-4.51%	Mar-45	-1.20%	Mar-48	2.38%
Apr-39	-10.23%	Apr-42	-1.84%	Apr-45	0.36%	Apr-48	7.40%
May-39	4.38%	May-42	-1.41%	May-45	1.84%	May-48	2.94%
Jun-39	5.74%	Jun-42	2.79%	Jun-45	4.15%	Jun-48	0.51%
Jul-39	2.93%	Jul-42	4.28%	Jul-45	-1.39%	Jul-48	-4.45%
Aug-39	-0.95%	Aug-42	0.83%	Aug-45	0.44%	Aug-48	-1.05%
Sep-39	7.67%	Sep-42	0.11%	Sep-45	7.68%	Sep-48	-1.54%
Oct-39	3.07%	Oct-42	3.52%	Oct-45	6.44%	Oct-48	0.80%
Nov-39	1.30%	Nov-42	2.66%	Nov-45	3.90%	Nov-48	-3.14%
Dec-39	-1.04%	Dec-42	-0.93%	Dec-45	1.15%	Dec-48	-4.03%
Jan-40	1.68%	Jan-43	5.12%	Jan-46	1.53%	Jan-49	-0.12%
Feb-40	3.39%	Feb-43	4.12%	Feb-46	-1.35%	Feb-49	-1.61%
Mar-40	1.46%	Mar-43	3.20%	Mar-46	-1.37%	Mar-49	-1.61%
Apr-40	1.12%	Apr-43	3.28%	Apr-46	9.11%	Apr-49	-1.92%
May-40	-16.07%	May-43	3.27%	May-46	1.54%	May-49	-4.04%
Jun-40	1.22%	Jun-43	0.22%	Jun-46	-0.21%	Jun-49	-4.24%
Jul-40	2.77%	Jul-43	3.72%	Jul-46	-4.53%	Jul-49	8.34%
Aug-40	-1.12%	Aug-43	-1.21%	Aug-46	-2.73%	Aug-49	2.25%
Sep-40	5.92%	Sep-43	1.43%	Sep-46	-17.46%	Sep-49	3.28%
Oct-40	5.10%	Oct-43	1.00%	Oct-46	1.42%	Oct-49	3.81%
Nov-40	2.63%	Nov-43	-2.10%	Nov-46	-0.64%	Nov-49	0.12%
Dec-40	-4.37%	Dec-43	-1.56%	Dec-46	5.53%	Dec-49	3.29%
Jan-41	2.07%	Jan-44	5.09%	Jan-47	1.75%	Jan-50	2.53%
Feb-41	-5.12%	Feb-44	0.81%	Feb-47	2.46%	Feb-50	1.41%
Mar-41	1.51%	Mar-44	1.33%	Mar-47	-4.97%	Mar-50	-1.45%
Apr-41	-3.50%	Apr-44	0.44%	Apr-47	-2.15%	Apr-50	1.30%
May-41	-2.53%	May-44	2.34%	May-47	-5.05%	May-50	2.24%
Jun-41	1.73%	Jun-44	2.36%	Jun-47	8.73%	Jun-50	-4.92%
Jul-41	3.95%	Jul-44	2.61%	Jul-47	4.31%	Jul-50	1.13%
Aug-41	-0.63%	Aug-44	1.40%	Aug-47	-0.75%	Aug-50	6.21%
Sep-41	0.68%	Sep-44	-0.11%	Sep-47	0.48%	Sep-50	5.90%
Oct-41	-5.01%	Oct-44	5.21%	Oct-47	5.15%	Oct-50	0.99%
Nov-41	-0.86%	Nov-44	-0.80%	Nov-47	-0.96%	Nov-50	1.42%
Dec-41	-10.27%	Dec-44	1.12%	Dec-47	-2.66%	Dec-50	4.50%

Date	% Change
Jan-51	10.50%
Feb-51	0.69%
Mar-51	-4.07%
Apr-51	4.66%
May-51	-2.90%
Jun-51	-3.39%
Jul-51	4.46%
Aug-51	5.13%
Sep-51	0.90%
Oct-51	-5.42%
Nov-51	-1.18%
Dec-51	1.77%
Jan-52	3.04%
Feb-52	-4.08%
Mar-52	0.76%
Apr-52	-4.46%
May-52	2.02%
Jun-52	3.36%
Jul-52	1.42%
Aug-52	-2.02%
Sep-52	-1.07%
Oct-52	-2.29%
Nov-52	4.84%
Dec-52	0.33%
Jan-53	2.81%
Feb-53	-1.63%
Mar-53	-0.24%
Apr-53	-3.32%
May-53	-1.04%
Jun-53	-2.23%
Jul-53	3.02%
Aug-53	-1.23%
Sep-53	-2.99%
Oct-53	3.30%
Nov-53	0.56%
Dec-53	0.77%
Jan-54	6.21%
Feb-54	1.12%
Mar-54	3.23%
Apr-54	2.16%
May-54	1.81%
Jun-54	1.29%
Jul-54	6.53%
Aug-54	2.06%
Sep-54	1.92%
Oct-54	0.65%
Nov-54	7.41%
Dec-54	4.01%
Jan-55	0.86%
Feb-55	3.02%
Mar-55	-1.12%
Apr-55	6.20%
May-55	-0.21%
Jun-55	4.32%
Jul-55	2.31%
Aug-55	-2.72%
Sep-55	-0.93%
Oct-55	-1.29%
Nov-55	4.54%
Dec-55	-0.20%
Jan-56	0.26%
Feb-56	2.67%
Mar-56	6.79%
Apr-56	0.88%
May-56	-3.83%
Jun-56	3.16%
Jul-56	7.09%
Aug-56	-3.45%
Sep-56	-4.41%
Oct-56	1.14%
Nov-56	-0.10%
Dec-56	1.37%
Jan-57	0.84%
Feb-57	-3.84%
Mar-57	4.00%
Apr-57	2.61%
May-57	0.92%
Jun-57	-0.10%
Jul-57	2.37%
Aug-57	-6.65%
Sep-57	-6.01%
Oct-57	-8.88%
Nov-57	-0.42%
Dec-57	-4.13%
Jan-58	10.34%
Feb-58	-4.04%
Mar-58	5.88%
Apr-58	0.25%
May-58	2.62%
Jun-58	0.63%
Jul-58	5.29%
Aug-58	2.72%
Sep-58	3.71%
Oct-58	2.95%
Nov-58	1.92%
Dec-58	3.63%
Jan-59	3.38%
Feb-59	2.58%
Mar-59	-2.04%
Apr-59	2.75%
May-59	0.38%
Jun-59	-1.92%
Jul-59	1.93%
Aug-59	-0.35%
Sep-59	-5.00%
Oct-59	1.03%
Nov-59	0.55%
Dec-59	3.81%
Jan-60	-4.21%
Feb-60	-0.45%
Mar-60	2.02%
Apr-60	-0.64%
May-60	-0.69%
Jun-60	1.77%
Jul-60	-3.83%
Aug-60	3.83%
Sep-60	-7.44%
Oct-60	-2.21%
Nov-60	5.49%
Dec-60	5.77%
Jan-61	9.80%
Feb-61	3.75%
Mar-61	4.19%
Apr-61	-1.87%
May-61	-0.21%
Jun-61	-2.07%
Jul-61	0.66%
Aug-61	2.90%
Sep-61	0.37%
Oct-61	5.67%
Nov-61	6.28%
Dec-61	-0.92%
Jan-62	-1.22%
Feb-62	1.96%
Mar-62	-0.65%
Apr-62	-4.62%
May-62	-16.05%
Jun-62	-7.25%
Jul-62	5.02%
Aug-62	1.12%
Sep-62	-2.92%
Oct-62	-2.50%
Nov-62	12.68%
Dec-62	0.96%
Jan-63	4.42%
Feb-63	-0.22%
Mar-63	3.30%
Apr-63	3.92%
May-63	1.73%
Jun-63	0.29%
Jul-63	-0.03%
Aug-63	4.35%
Sep-63	-1.25%
Oct-63	1.69%
Nov-63	-3.02%
Dec-63	3.88%
Jan-64	2.50%
Feb-64	1.86%
Mar-64	0.91%
Apr-64	3.62%
May-64	0.93%
Jun-64	2.09%
Jul-64	2.62%
Aug-64	0.26%
Sep-64	4.51%
Oct-64	1.55%
Nov-64	0.51%
Dec-64	-0.27%
Jan-65	8.09%
Feb-65	0.69%
Mar-65	-2.71%
Apr-65	5.67%
May-65	-5.10%
Jun-65	-7.33%
Jul-65	2.37%
Aug-65	2.58%
Sep-65	5.27%
Oct-65	0.39%
Nov-65	2.36%
Dec-65	4.82%
Jan-66	0.93%
Feb-66	-1.22%
Mar-66	-4.31%
Apr-66	3.72%
May-66	-4.41%
Jun-66	-1.31%
Jul-66	-0.95%
Aug-66	-10.00%
Sep-66	1.18%
Oct-66	8.85%
Nov-66	1.69%
Dec-66	2.41%
Jan-67	6.47%
Feb-67	0.85%
Mar-67	4.66%
Apr-67	3.30%
May-67	-0.59%
Jun-67	3.93%
Jul-67	4.17%
Aug-67	-0.78%
Sep-67	2.67%
Oct-67	-3.32%
Nov-67	1.03%
Dec-67	1.84%
Jan-68	0.13%
Feb-68	-3.72%
Mar-68	-3.46%
Apr-68	10.38%
May-68	7.71%
Jun-68	4.42%
Jul-68	-1.83%
Aug-68	2.40%
Sep-68	3.45%
Oct-68	1.48%
Nov-68	3.38%
Dec-68	-0.23%
Jan-69	-1.19%
Feb-69	-5.34%
Mar-69	-1.29%
Apr-69	1.70%
May-69	0.88%
Jun-69	-7.88%
Jul-69	-7.30%
Aug-69	6.95%
Sep-69	4.96%
Oct-69	11.40%
Nov-69	-1.12%
Dec-69	-2.37%
Jan-70	-3.93%
Feb-70	4.04%
Mar-70	-0.80%
Apr-70	-16.67%
May-70	-13.24%
Jun-70	2.58%
Jul-70	4.90%
Aug-70	0.66%
Sep-70	6.70%
Oct-70	-1.78%
Nov-70	3.08%
Dec-70	7.48%
Jan-71	10.22%
Feb-71	2.61%

Source: Global Financial Data. Total returns as calculated by GFD to simulate a backtested Nasdaq Composite Index; not official Nasdaq data.

附錄D

那斯達克綜合指數報酬

Date	% Change	Date	% Change	Date	% Change	Date	% Change
		Jan-74	2.97%	Jan-77	-2.39%	Jan-80	7.02%
		Feb-74	-0.61%	Feb-77	-1.02%	Feb-80	-2.30%
Mar-71	4.57%	Mar-74	-2.20%	Mar-77	-0.47%	Mar-80	-17.10%
Apr-71	5.97%	Apr-74	-5.86%	Apr-77	1.43%	Apr-80	6.86%
May-71	-3.61%	May-74	-7.67%	May-77	0.12%	May-80	7.47%
Jun-71	-0.42%	Jun-74	-5.29%	Jun-77	4.33%	Jun-80	4.87%
Jul-71	-2.35%	Jul-74	-7.86%	Jul-77	0.92%	Jul-80	8.89%
Aug-71	2.99%	Aug-74	-10.89%	Aug-77	-0.55%	Aug-80	5.65%
Sep-71	0.56%	Sep-74	-10.74%	Sep-77	0.75%	Sep-80	3.44%
Oct-71	-3.60%	Oct-74	17.17%	Oct-77	-3.30%	Oct-80	2.67%
Nov-71	-1.08%	Nov-74	-3.50%	Nov-77	5.77%	Nov-80	7.97%
Dec-71	9.76%	Dec-74	-4.97%	Dec-77	1.84%	Dec-80	-2.79%
Jan-72	4.16%	Jan-75	16.65%	Jan-78	-4.00%	Jan-81	-2.24%
Feb-72	5.48%	Feb-75	4.61%	Feb-78	0.61%	Feb-81	0.10%
Mar-72	2.20%	Mar-75	3.64%	Mar-78	4.66%	Mar-81	6.15%
Apr-72	2.49%	Apr-75	3.81%	Apr-78	8.46%	Apr-81	3.12%
May-72	0.91%	May-75	5.81%	May-78	4.39%	May-81	3.11%
Jun-72	-1.85%	Jun-75	4.72%	Jun-78	0.05%	Jun-81	-3.45%
Jul-72	-1.79%	Jul-75	-4.40%	Jul-78	5.00%	Jul-81	-1.91%
Aug-72	1.72%	Aug-75	-5.02%	Aug-78	6.88%	Aug-81	-7.50%
Sep-72	-0.26%	Sep-75	-5.92%	Sep-78	-1.57%	Sep-81	-8.03%
Oct-72	0.49%	Oct-75	3.58%	Oct-78	-16.38%	Oct-81	8.45%
Nov-72	2.09%	Nov-75	2.35%	Nov-78	3.21%	Nov-81	3.14%
Dec-72	0.58%	Dec-75	-1.50%	Dec-78	2.87%	Dec-81	-2.75%
Jan-73	-3.99%	Jan-76	12.15%	Jan-79	6.65%	Jan-82	-3.80%
Feb-73	-6.22%	Feb-76	3.69%	Feb-79	-2.59%	Feb-82	-4.76%
Mar-73	-2.45%	Mar-76	0.10%	Mar-79	7.51%	Mar-82	-2.11%
Apr-73	-8.18%	Apr-76	-0.60%	Apr-79	1.56%	Apr-82	5.15%
May-73	-4.83%	May-76	-2.26%	May-79	-1.79%	May-82	-3.34%
Jun-73	-1.62%	Jun-76	2.59%	Jun-79	5.11%	Jun-82	-4.06%
Jul-73	7.59%	Jul-76	1.07%	Jul-79	2.32%	Jul-82	-2.31%
Aug-73	-3.47%	Aug-76	-1.74%	Aug-79	6.45%	Aug-82	2.92%
Sep-73	6.04%	Sep-76	1.74%	Sep-79	-0.31%	Sep-82	8.95%
Oct-73	-0.93%	Oct-76	-1.00%	Oct-79	-9.63%	Oct-82	13.31%
Nov-73	-15.12%	Nov-76	0.85%	Nov-79	6.44%	Nov-82	9.26%
Dec-73	-1.41%	Dec-76	7.42%	Dec-79	4.77%	Dec-82	0.04%

Date	% Change	Date	% Change	Date	% Change	Date	% Change
Jan-83	6.86%	Jan-88	4.29%	Jan-93	2.86%	Jan-98	3.12%
Feb-83	4.96%	Feb-88	6.47%	Feb-93	-3.67%	Feb-98	9.33%
Mar-83	3.89%	Mar-88	2.10%	Mar-93	2.89%	Mar-98	3.68%
Apr-83	8.22%	Apr-88	1.23%	Apr-93	-4.16%	Apr-98	1.78%
May-83	5.35%	May-88	-2.34%	May-93	5.91%	May-98	-4.79%
Jun-83	3.23%	Jun-88	6.57%	Jun-93	0.49%	Jun-98	6.51%
Jul-83	-4.63%	Jul-88	-1.86%	Jul-93	0.11%	Jul-98	-1.18%
Aug-83	-3.80%	Aug-88	-2.78%	Aug-93	5.41%	Aug-98	-19.93%
Sep-83	1.45%	Sep-88	2.96%	Sep-93	2.68%	Sep-98	12.99%
Oct-83	-7.45%	Oct-88	-1.35%	Oct-93	2.16%	Oct-98	4.58%
Nov-83	4.05%	Nov-88	-2.88%	Nov-93	-3.19%	Nov-98	10.06%
Dec-83	-2.47%	Dec-88	2.67%	Dec-93	2.97%	Dec-98	12.47%
Jan-84	-3.65%	Jan-89	5.22%	Jan-94	3.05%	Jan-99	14.28%
Feb-84	-5.91%	Feb-89	-0.40%	Feb-94	-1.00%	Feb-99	-8.69%
Mar-84	-0.71%	Mar-89	1.76%	Mar-94	-6.19%	Mar-99	7.58%
Apr-84	-1.33%	Apr-89	5.12%	Apr-94	-1.29%	Apr-99	3.31%
May-84	-5.91%	May-89	4.36%	May-94	0.18%	May-99	-2.84%
Jun-84	2.93%	Jun-89	-2.44%	Jun-94	-3.98%	Jun-99	8.71%
Jul-84	-4.15%	Jul-89	4.26%	Jul-94	2.29%	Jul-99	-1.76%
Aug-84	10.86%	Aug-89	3.18%	Aug-94	6.02%	Aug-99	3.82%
Sep-84	-1.85%	Sep-89	0.99%	Sep-94	-0.17%	Sep-99	0.25%
Oct-84	-1.16%	Oct-89	-3.66%	Oct-94	1.73%	Oct-99	8.02%
Nov-84	-1.82%	Nov-89	0.10%	Nov-94	-3.49%	Nov-99	12.46%
Dec-84	1.99%	Dec-89	-0.28%	Dec-94	0.22%	Dec-99	21.98%
Jan-85	12.67%	Jan-90	-8.58%	Jan-95	0.43%	Jan-00	-3.17%
Feb-85	1.96%	Feb-90	2.41%	Feb-95	5.10%	Feb-00	19.19%
Mar-85	-1.75%	Mar-90	2.28%	Mar-95	2.96%	Mar-00	-2.64%
Apr-85	0.49%	Apr-90	-3.55%	Apr-95	3.28%	Apr-00	-15.57%
May-85	3.65%	May-90	9.26%	May-95	2.44%	May-00	-11.91%
Jun-85	1.86%	Jun-90	0.72%	Jun-95	7.97%	Jun-00	16.62%
Jul-85	1.72%	Jul-90	-5.20%	Jul-95	7.26%	Jul-00	-5.02%
Aug-85	-1.19%	Aug-90	-13.01%	Aug-95	1.89%	Aug-00	11.66%
Sep-85	-5.84%	Sep-90	-9.63%	Sep-95	2.30%	Sep-00	-12.68%
Oct-85	4.36%	Oct-90	-4.26%	Oct-95	-0.72%	Oct-00	-8.25%
Nov-85	7.32%	Nov-90	8.86%	Nov-95	2.23%	Nov-00	-22.90%
Dec-85	3.33%	Dec-90	4.12%	Dec-95	-0.67%	Dec-00	-4.90%
Jan-86	3.51%	Jan-91	10.80%	Jan-96	0.73%	Jan-01	12.23%
Feb-86	7.08%	Feb-91	9.38%	Feb-96	3.80%	Feb-01	-22.39%
Mar-86	4.22%	Mar-91	6.46%	Mar-96	0.12%	Mar-01	-14.48%
Apr-86	2.27%	Apr-91	0.50%	Apr-96	8.09%	Apr-01	15.00%
May-86	4.41%	May-91	4.41%	May-96	4.44%	May-01	-0.27%
Jun-86	1.34%	Jun-91	-5.97%	Jun-96	-4.70%	Jun-01	2.43%
Jul-86	-8.42%	Jul-91	5.49%	Jul-96	-8.81%	Jul-01	-6.23%
Aug-86	3.09%	Aug-91	4.71%	Aug-96	5.64%	Aug-01	-10.94%
Sep-86	-8.41%	Sep-91	0.23%	Sep-96	7.48%	Sep-01	-17.00%
Oct-86	2.88%	Oct-91	3.06%	Oct-96	-0.44%	Oct-01	12.79%
Nov-86	-0.33%	Nov-91	-3.51%	Nov-96	5.82%	Nov-01	14.22%
Dec-86	-2.99%	Dec-91	11.92%	Dec-96	-0.12%	Dec-01	1.03%
Jan-87	12.40%	Jan-92	5.78%	Jan-97	6.88%	Jan-02	-0.84%
Feb-87	8.39%	Feb-92	2.14%	Feb-97	-5.13%	Feb-02	-10.47%
Mar-87	1.20%	Mar-92	-4.69%	Mar-97	-6.67%	Mar-02	6.58%
Apr-87	-2.85%	Apr-92	-4.16%	Apr-97	3.20%	Apr-02	-8.51%
May-87	-0.30%	May-92	1.15%	May-97	11.07%	May-02	-4.29%
Jun-87	1.95%	Jun-92	-3.71%	Jun-97	2.97%	Jun-02	-9.44%
Jul-87	2.42%	Jul-92	3.06%	Jul-97	10.53%	Jul-02	-9.22%
Aug-87	4.61%	Aug-92	-3.05%	Aug-97	-0.41%	Aug-02	-1.01%
Sep-87	-2.35%	Sep-92	3.58%	Sep-97	6.20%	Sep-02	-10.86%
Oct-87	-27.23%	Oct-92	3.75%	Oct-97	-5.46%	Oct-02	13.45%
Nov-87	-5.61%	Nov-92	7.86%	Nov-97	0.44%	Nov-02	11.21%
Dec-87	8.29%	Dec-92	3.71%	Dec-97	-1.89%	Dec-02	-9.69%

Date	% Change	Date	% Change	Date	% Change	Date	% Change
Jan-03	-1.09%	Jan-04	3.13%	Jan-05	-5.20%	Jan-06	1.96%
Feb-03	1.26%	Feb-04	-1.76%	Feb-05	-0.52%	Mar-06	4.06%
Mar-03	0.27%	Mar-04	-1.75%	Mar-05	-2.56%	Apr-06	-0.74%
Apr-03	9.18%	Apr-04	-3.71%	Apr-05	-3.88%	May-06	-6.19%
May-03	8.99%	May-04	3.47%	May-05	7.63%	Jun-06	-0.31%
Jun-03	1.69%	Jun-04	3.07%	Jun-05	-0.54%		
Jul-03	6.91%	Jul-04	-7.83%	Jul-05	6.22%		
Aug-03	4.35%	Aug-04	-2.61%	Aug-05	-1.50%		
Sep-03	-1.30%	Sep-04	3.20%	Sep-05	-0.02%		
Oct-03	8.13%	Oct-04	4.12%	Oct-05	-1.46%		
Nov-03	1.45%	Nov-04	6.17%	Nov-05	5.31%		
Dec-03	2.20%	Dec-04	3.75%	Dec-05	-1.23%		

Source: Global Financial Data.

附錄E

英國股市總報酬

Date	% Change	Date	% Change	Date	% Change	Date	% Change
Jan-26	0.44%	Jan-29	3.27%	Jan-32	2.78%	Jan-35	-0.24%
Feb-26	-0.38%	Feb-29	-0.54%	Feb-32	-0.75%	Feb-35	3.57%
Mar-26	-1.45%	Mar-29	-0.23%	Mar-32	1.51%	Mar-35	-4.14%
Apr-26	0.04%	Apr-29	-0.65%	Apr-32	-8.48%	Apr-35	-3.25%
May-26	2.19%	May-29	-0.99%	May-32	-2.56%	May-35	4.47%
Jun-26	2.39%	Jun-29	0.66%	Jun-32	-3.36%	Jun-35	3.88%
Jul-26	-0.20%	Jul-29	2.94%	Jul-32	7.58%	Jul-35	2.57%
Aug-26	2.37%	Aug-29	1.84%	Aug-32	9.90%	Aug-35	0.19%
Sep-26	1.22%	Sep-29	0.96%	Sep-32	5.05%	Sep-35	-0.98%
Oct-26	-1.07%	Oct-29	-2.45%	Oct-32	-0.17%	Oct-35	-2.57%
Nov-26	1.43%	Nov-29	-8.25%	Nov-32	0.88%	Nov-35	3.42%
Dec-26	0.25%	Dec-29	0.45%	Dec-32	-0.69%	Dec-35	5.02%
Jan-27	2.46%	Jan-30	0.12%	Jan-33	0.97%	Jan-36	1.17%
Feb-27	1.40%	Feb-30	0.11%	Feb-33	0.01%	Feb-36	4.76%
Mar-27	-0.27%	Mar-30	-0.29%	Mar-33	0.43%	Mar-36	0.54%
Apr-27	1.37%	Apr-30	2.18%	Apr-33	0.41%	Apr-36	-1.83%
May-27	1.22%	May-30	-2.49%	May-33	4.59%	May-36	1.64%
Jun-27	0.28%	Jun-30	-5.34%	Jun-33	4.99%	Jun-36	-2.07%
Jul-27	0.70%	Jul-30	1.67%	Jul-33	6.60%	Jul-36	1.78%
Aug-27	0.99%	Aug-30	-4.12%	Aug-33	6.82%	Aug-36	2.60%
Sep-27	1.26%	Sep-30	3.21%	Sep-33	3.27%	Sep-36	2.66%
Oct-27	1.60%	Oct-30	-5.25%	Oct-33	-1.76%	Oct-36	1.68%
Nov-27	0.28%	Nov-30	-0.99%	Nov-33	5.16%	Nov-36	2.80%
Dec-27	1.04%	Dec-30	-4.95%	Dec-33	-2.98%	Dec-36	1.20%
Jan-28	1.04%	Jan-31	1.04%	Jan-34	1.73%	Jan-37	-0.14%
Feb-28	0.21%	Feb-31	0.12%	Feb-34	2.13%	Feb-37	0.00%
Mar-28	3.06%	Mar-31	0.71%	Mar-34	1.25%	Mar-37	-3.43%
Apr-28	2.31%	Apr-31	-4.46%	Apr-34	1.93%	Apr-37	-0.35%
May-28	2.35%	May-31	-9.38%	May-34	1.50%	May-37	-2.32%
Jun-28	-2.90%	Jun-31	1.87%	Jun-34	-1.52%	Jun-37	1.56%
Jul-28	-0.30%	Jul-31	2.20%	Jul-34	-1.95%	Jul-37	-2.70%
Aug-28	1.99%	Aug-31	-6.41%	Aug-34	-1.86%	Aug-37	0.85%
Sep-28	1.96%	Sep-31	-8.42%	Sep-34	3.01%	Sep-37	0.86%
Oct-28	1.62%	Oct-31	12.93%	Oct-34	2.38%	Oct-37	-2.98%
Nov-28	0.80%	Nov-31	-0.76%	Nov-34	-0.02%	Nov-37	-3.45%
Dec-28	-0.04%	Dec-31	-8.37%	Dec-34	2.75%	Dec-37	-4.64%

Date	% Change	Date	% Change	Date	% Change	Date	% Change
Jan-38	0.67%	Jan-43	4.12%	Jan-48	0.69%	Jan-53	2.89%
Feb-38	0.03%	Feb-43	-0.04%	Feb-48	-9.40%	Feb-53	3.62%
Mar-38	-5.14%	Mar-43	1.04%	Mar-48	4.22%	Mar-53	9.98%
Apr-38	-5.64%	Apr-43	0.64%	Apr-48	2.94%	Apr-53	-1.92%
May-38	6.82%	May-43	1.16%	May-48	2.15%	May-53	-3.15%
Jun-38	-7.20%	Jun-43	-0.16%	Jun-48	-6.44%	Jun-53	1.78%
Jul-38	4.26%	Jul-43	2.89%	Jul-48	-0.95%	Jul-53	3.48%
Aug-38	0.96%	Aug-43	2.57%	Aug-48	2.64%	Aug-53	3.68%
Sep-38	-4.29%	Sep-43	1.00%	Sep-48	0.75%	Sep-53	3.09%
Oct-38	-8.21%	Oct-43	-0.65%	Oct-48	3.32%	Oct-53	2.92%
Nov-38	10.37%	Nov-43	-1.93%	Nov-48	2.90%	Nov-53	2.86%
Dec-38	-0.43%	Dec-43	1.68%	Dec-48	-1.09%	Dec-53	1.11%
Jan-39	-2.01%	Jan-44	1.65%	Jan-49	1.77%	Jan-54	4.02%
Feb-39	-3.44%	Feb-44	0.12%	Feb-49	-1.86%	Feb-54	3.38%
Mar-39	7.96%	Mar-44	0.62%	Mar-49	-5.78%	Mar-54	0.64%
Apr-39	-2.18%	Apr-44	1.51%	Apr-49	1.55%	Apr-54	4.63%
May-39	-3.44%	May-44	3.88%	May-49	-3.94%	May-54	5.01%
Jun-39	8.76%	Jun-44	2.78%	Jun-49	-8.32%	Jun-54	0.24%
Jul-39	-3.44%	Jul-44	2.95%	Jul-49	4.46%	Jul-54	4.75%
Aug-39	-0.15%	Aug-44	-1.16%	Aug-49	1.08%	Aug-54	6.09%
Sep-39	-5.17%	Sep-44	-1.41%	Sep-49	2.36%	Sep-54	2.72%
tct-39	0.52%	Oct-44	1.19%	Oct-49	-3.71%	Oct-54	5.38%
Nov-39	11.77%	Nov-44	2.01%	Nov-49	0.17%	Nov-54	-0.74%
Dec-39	-0.71%	Dec-44	0.46%	Dec-49	3.60%	Dec-54	-0.28%
Jan-40	-0.38%	Jan-45	0.70%	Jan-50	-2.26%	Jan-55	5.70%
Feb-40	0.84%	Feb-45	1.04%	Feb-50	1.96%	Feb-55	-6.89%
Mar-40	7.58%	Mar-45	0.58%	Mar-50	0.24%	Mar-55	-0.82%
Apr-40	-1.66%	Apr-45	1.95%	Apr-50	0.55%	Apr-55	2.80%
May-40	-1.61%	May-45	-4.29%	May-50	2.54%	May-55	5.13%
Jun-40	-14.02%	Jun-45	2.02%	Jun-50	3.02%	Jun-55	6.19%
Jul-40	-20.87%	Jul-45	-2.79%	Jul-50	-1.67%	Jul-55	1.69%
Aug-40	10.49%	Aug-45	1.33%	Aug-50	3.01%	Aug-55	-6.48%
Sep-40	5.32%	Sep-45	1.79%	Sep-50	4.76%	Sep-55	-1.40%
Oct-40	3.97%	Oct-45	4.11%	Oct-50	0.15%	Oct-55	-3.06%
Nov-40	6.88%	Nov-45	-0.90%	Nov-50	1.28%	Nov-55	2.11%
Dec-40	1.36%	Dec-45	-1.60%	Dec-50	-1.65%	Dec-55	3.14%
Jan-41	3.16%	Jan-46	2.23%	Jan-51	3.66%	Jan-56	-4.32%
Feb-41	-2.83%	Feb-46	0.81%	Feb-51	3.96%	Feb-56	-4.67%
Mar-41	-0.48%	Mar-46	-0.43%	Mar-51	-3.89%	Mar-56	0.09%
Apr-41	-0.49%	Apr-46	3.37%	Apr-51	8.66%	Apr-56	9.54%
May-41	2.82%	May-46	4.73%	May-51	3.71%	May-56	-3.47%
Jun-41	3.36%	Jun-46	-0.07%	Jun-51	0.30%	Jun-56	0.11%
Jul-41	9.00%	Jul-46	-0.10%	Jul-51	-5.74%	Jul-56	0.52%
Aug-41	4.47%	Aug-46	2.56%	Aug-51	2.99%	Aug-56	2.18%
Sep-41	2.72%	Sep-46	-2.57%	Sep-51	4.02%	Sep-56	-0.37%
Oct-41	0.09%	Oct-46	3.19%	Oct-51	0.88%	Oct-56	-1.20%
Nov-41	6.46%	Nov-46	4.02%	Nov-51	-7.60%	Nov-56	-6.38%
Dec-41	-1.22%	Dec-46	3.69%	Dec-51	-1.96%	Dec-56	5.89%
Jan-42	2.56%	Jan-47	0.04%	Jan-52	-6.04%	Jan-57	7.30%
Feb-42	-3.94%	Feb-47	-1.66%	Feb-52	-0.74%	Feb-57	[illegible]
Mar-42	[illegible]	Mar-47	-0.38%	Mar-52	-3.27%	Mar-57	0.98%
Apr-42	1.45%	Apr-47	4.51%	Apr-52	5.27%	Apr-57	6.38%
May-42	2.11%	May-47	1.26%	May-52	-6.17%	May-57	1.11%
Jun-42	0.42%	Jun-47	0.66%	Jun-52	-3.68%	Jun-57	1.79%
Jul-42	3.25%	Jul-47	-5.59%	Jul-52	7.29%	Jul-57	0.86%
Aug-42	2.68%	Aug-47	-8.00%	Aug-52	5.68%	Aug-57	-2.31%
Sep-42	4.04%	Sep-47	1.74%	Sep-52	0.53%	Sep-57	-8.76%
Oct-42	5.42%	Oct-47	-1.69%	Oct-52	1.16%	Oct-57	-5.45%
Nov-42	4.44%	Nov-47	6.01%	Nov-52	0.32%	Nov-57	1.83%
Dec-42	0.51%	Dec-47	5.88%	Dec-52	1.99%	Dec-57	-1.04%

Date	% Change
Jan-58	-1.54%
Feb-58	-4.64%
Mar-58	7.18%
Apr-58	5.23%
May-58	1.23%
Jun-58	5.54%
Jul-58	0.70%
Aug-58	6.36%
Sep-58	3.85%
Oct-58	3.73%
Nov-58	1.44%
Dec-58	7.03%
Jan-59	-1.44%
Feb-59	2.98%
Mar-59	1.04%
Apr-59	4.97%
May-59	3.62%
Jun-59	0.62%
Jul-59	-1.37%
Aug-59	9.02%
Sep-59	-1.67%
Oct-59	14.99%
Nov-59	2.82%
Dec-59	7.24%
Jan-60	-0.19%
Feb-60	-1.77%
Mar-60	1.16%
Apr-60	-5.19%
May-60	4.01%
Jun-60	-2.34%
Jul-60	0.57%
Aug-60	5.84%
Sep-60	-0.62%
Oct-60	1.74%
Nov-60	-4.58%
Dec-60	1.70%
Jan-61	4.43%
Feb-61	5.32%
Mar-61	4.67%
Apr-61	2.56%
May-61	-0.89%
Jun-61	-7.65%
Jul-61	-2.34%
Aug-61	-3.47%
Sep-61	-0.99%
Oct-61	-2.02%
Nov-61	1.76%
Dec-61	2.02%
Jan-62	0.69%
Feb-62	1.41%
Mar-62	-2.10%
Apr-62	5.17%

Source: Global Financial Data. Total returns as calculated by GFD to simulate a backtested FTSE All-Share index; not official FTSE data.

附錄F

英國股市（FTSE所有股票指數）總報酬

Date	% Change	Date	% Change	Date	% Change	Date	% Change
		Jan-65	3.91%	Jan-68	7.01%	Jan-71	0.92%
		Feb-65	-0.94%	Feb-68	-2.08%	Feb-71	-2.12%
		Mar-65	-0.44%	Mar-68	9.16%	Mar-71	7.16%
		Apr-65	1.03%	Apr-68	8.63%	Apr-71	11.94%
May-62	-11.09%	May-65	-0.14%	May-68	-0.84%	May-71	3.86%
Jun-62	-1.86%	Jun-65	-4.46%	Jun-68	5.87%	Jun-71	2.22%
Jul-62	-1.43%	Jul-65	0.38%	Jul-68	3.38%	Jul-71	7.73%
Aug-62	6.33%	Aug-65	1.40%	Aug-68	3.53%	Aug-71	0.63%
Sep-62	-1.40%	Sep-65	6.19%	Sep-68	-0.21%	Sep-71	0.42%
Oct-62	1.55%	Oct-65	5.31%	Oct-68	-0.87%	Oct-71	-1.66%
Nov-62	5.87%	Nov-65	1.56%	Nov-68	-0.14%	Nov-71	2.99%
Dec-62	1.86%	Dec-65	-1.40%	Dec-68	7.80%	Dec-71	6.26%
Jan-63	0.75%	Jan-66	3.62%	Jan-69	4.46%	Jan-72	4.65%
Feb-63	2.12%	Feb-66	1.34%	Feb-69	-9.78%	Feb-72	6.24%
Mar-63	2.60%	Mar-66	-2.35%	Mar-69	0.98%	Mar-72	2.03%
Apr-63	-2.81%	Apr-66	0.36%	Apr-69	-4.56%	Apr-72	4.28%
May-63	0.85%	May-66	4.33%	May-69	-3.64%	May-72	-3.78%
Jun-63	-0.56%	Jun-66	2.55%	Jun-69	-4.96%	Jun-72	-4.79%
Jul-63	1.38%	Jul-66	-9.68%	Jul-69	-7.24%	Jul-72	6.06%
Aug-63	3.33%	Aug-66	-8.73%	Aug-69	4.39%	Aug-72	2.23%
Sep-63	1.84%	Sep-66	3.74%	Sep-69	2.53%	Sep-72	-10.40%
Oct-63	1.89%	Oct-66	-3.51%	Oct-69	-3.81%	Oct-72	3.93%
Nov-63	1.41%	Nov-66	1.89%	Nov-69	5.48%	Nov-72	8.09%
Dec-63	1.90%	Dec-66	3.47%	Dec-69	5.18%	Dec-72	-1.61%
Jan-64	-1.81%	Jan-67	2.50%	Jan-70	1.05%	Jan-73	-9.68%
Feb-64	-2.92%	Feb-67	-1.54%	Feb-70	-4.13%	Feb-73	-3.55%
Mar-64	3.12%	Mar-67	4.36%	Mar-70	1.86%	Mar-73	0.62%
Apr-64	1.66%	Apr-67	5.22%	Apr-70	-10.01%	Apr-73	0.90%
May-64	-1.01%	May-67	-0.05%	May-70	-6.73%	May-73	1.30%
Jun-64	-1.05%	Jun-67	4.78%	Jun-70	5.15%	Jun-73	-0.03%
Jul-64	4.26%	Jul-67	0.65%	Jul-70	4.32%	Jul-73	-4.95%
Aug-64	1.36%	Aug-67	2.53%	Aug-70	0.17%	Aug-73	-3.12%
Sep-64	0.88%	Sep-67	5.21%	Sep-70	6.88%	Sep-73	3.66%
Oct-64	-2.10%	Oct-67	5.32%	Oct-70	-0.05%	Oct-73	3.33%
Nov-64	-4.25%	Nov-67	5.19%	Nov-70	-6.31%	Nov-73	-12.71%
Dec-64	-3.29%	Dec-67	-3.03%	Dec-70	6.08%	Dec-73	-7.48%

Date	% Change	Date	% Change	Date	% Change	Date	% Change
Jan-74	-4.12%	Jan-79	2.06%	Jan-84	6.96%	Jan-89	13.96%
Feb-74	4.82%	Feb-79	6.68%	Feb-84	-1.29%	Feb-89	-0.75%
Mar-74	-20.38%	Mar-79	12.60%	Mar-84	6.70%	Mar-89	3.59%
Apr-74	8.98%	Apr-79	5.37%	Apr-84	2.39%	Apr-89	1.93%
May-74	-7.89%	May-79	-6.10%	May-84	-10.41%	May-89	0.55%
Jun-74	-9.89%	Jun-79	-4.72%	Jun-84	2.60%	Jun-89	1.30%
Jul-74	-4.06%	Jul-79	-3.88%	Jul-84	-2.23%	Jul-89	7.01%
Aug-74	-11.61%	Aug-79	4.85%	Aug-84	10.08%	Aug-89	3.26%
Sep-74	-12.09%	Sep-79	3.46%	Sep-84	3.33%	Sep-89	-2.79%
Oct-74	3.56%	Oct-79	-6.27%	Oct-84	1.85%	Oct-89	-7.26%
Nov-74	-14.82%	Nov-79	-2.04%	Nov-84	3.48%	Nov-89	5.76%
Dec-74	1.37%	Dec-79	-0.10%	Dec-84	6.22%	Dec-89	6.18%
Jan-75	54.10%	Jan-80	10.18%	Jan-85	3.78%	Jan-90	-2.95%
Feb-75	24.47%	Feb-80	5.34%	Feb-85	-0.84%	Feb-90	-3.46%
Mar-75	-5.94%	Mar-80	-8.39%	Mar-85	2.24%	Mar-90	-0.01%
Apr-75	18.59%	Apr-80	4.39%	Apr-85	1.34%	Apr-90	-5.96%
May-75	4.61%	May-80	-1.79%	May-85	2.34%	May-90	11.15%
Jun-75	-11.35%	Jun-80	11.24%	Jun-85	-5.74%	Jun-90	1.86%
Jul-75	-2.72%	Jul-80	5.30%	Jul-85	2.26%	Jul-90	-1.56%
Aug-75	14.22%	Aug-80	0.66%	Aug-85	6.96%	Aug-90	-7.99%
Sep-75	3.17%	Sep-80	3.18%	Sep-85	-2.66%	Sep-90	-7.91%
Oct-75	4.38%	Oct-80	6.07%	Oct-85	7.21%	Oct-90	3.40%
Nov-75	1.87%	Nov-80	0.78%	Nov-85	4.10%	Nov-90	4.36%
Dec-75	4.25%	Dec-80	-4.46%	Dec-85	-1.70%	Dec-90	0.53%
Jan-76	9.69%	Jan-81	-0.51%	Jan-86	2.09%	Jan-91	0.62%
Feb-76	-2.81%	Feb-81	5.75%	Feb-86	8.23%	Feb-91	11.33%
Mar-76	-1.04%	Mar-81	2.34%	Mar-86	8.27%	Mar-91	4.19%
Apr-76	3.37%	Apr-81	7.73%	Apr-86	1.38%	Apr-91	1.58%
May-76	-6.42%	May-81	-4.54%	May-86	-3.05%	May-91	0.25%
Jun-76	-1.04%	Jun-81	2.07%	Jun-86	3.84%	Jun-91	-3.03%
Jul-76	-2.12%	Jul-81	0.15%	Jul-86	-5.13%	Jul-91	7.14%
Aug-76	-4.33%	Aug-81	5.23%	Aug-86	6.14%	Aug-91	2.94%
Sep-76	-5.75%	Sep-81	-16.36%	Sep-86	-5.35%	Sep-91	0.37%
Oct-76	-10.61%	Oct-81	3.36%	Oct-86	5.15%	Oct-91	-2.00%
Nov-76	8.25%	Nov-81	10.61%	Nov-86	1.30%	Nov-91	-5.33%
Dec-76	18.52%	Dec-81	-0.12%	Dec-86	2.85%	Dec-91	2.00%
Jan-77	10.12%	Jan-82	6.19%	Jan-87	8.22%	Jan-92	3.67%
Feb-77	3.02%	Feb-82	-3.82%	Feb-87	9.18%	Feb-92	0.51%
Mar-77	3.88%	Mar-82	3.60%	Mar-87	2.19%	Mar-92	-4.16%
Apr-77	3.15%	Apr-82	0.96%	Apr-87	2.74%	Apr-92	10.17%
May-77	3.32%	May-82	3.34%	May-87	7.50%	May-92	2.44%
Jun-77	2.81%	Jun-82	-3.87%	Jun-87	5.47%	Jun-92	-6.76%
Jul-77	-2.16%	Jul-82	3.96%	Jul-87	4.44%	Jul-92	-5.64%
Aug-77	11.75%	Aug-82	3.33%	Aug-87	-4.21%	Aug-92	-3.62%
Sep-77	9.13%	Sep-82	5.89%	Sep-87	5.73%	Sep-92	10.50%
Oct-77	-1.73%	Oct-82	2.61%	Oct-87	-26.51%	Oct-92	4.49%
Nov-77	-4.69%	Nov-82	2.00%	Nov-87	-9.93%	Nov-92	4.84%
Dec-77	3.38%	Dec-82	2.29%	Dec-87	9.70%	Dec-92	4.17%
Jan-78	-4.51%	Jan-83	3.78%	Jan-88	5.33%	Jan-93	0.19%
Feb-78	-4.77%	Feb-83	1.48%	Feb-88	-0.46%	Feb-93	2.48%
Mar-78	6.69%	Mar-83	3.60%	Mar-88	-0.68%	Mar-93	1.84%
Apr-78	1.99%	Apr-83	7.05%	Apr-88	4.01%	Apr-93	-1.05%
May-78	4.48%	May-83	0.03%	May-88	-0.10%	May-93	1.42%
Jun-78	-2.34%	Jun-83	5.28%	Jun-88	4.58%	Jun-93	2.29%
Jul-78	6.89%	Jul-83	-2.45%	Jul-88	0.55%	Jul-93	1.40%
Aug-78	2.92%	Aug-83	1.40%	Aug-88	-5.08%	Aug-93	6.54%
Sep-78	-0.15%	Sep-83	-0.67%	Sep-88	4.33%	Sep-93	-1.52%
Oct-78	-3.47%	Oct-83	-1.44%	Oct-88	2.32%	Oct-93	4.16%
Nov-78	1.93%	Nov-83	6.03%	Nov-88	-2.99%	Nov-93	-0.33%
Dec-78	-0.60%	Dec-83	2.27%	Dec-88	-0.27%	Dec-93	8.32%

Date	% Change
Jan-94	3.94%
Feb-94	-3.80%
Mar-94	-6.21%
Apr-94	1.52%
May-94	-4.83%
Jun-94	-2.08%
Jul-94	6.00%
Aug-94	5.58%
Sep-94	-6.68%
Oct-94	1.93%
Nov-94	-0.28%
Dec-94	-0.04%
Jan-95	-2.56%
Feb-95	0.74%
Mar-95	4.32%
Apr-95	2.92%
May-95	3.81%
Jun-95	-0.21%
Jul-95	5.12%
Aug-95	1.40%
Sep-95	1.34%
Oct-95	0.26%
Nov-95	3.40%
Dec-95	1.32%
Jan-96	2.47%
Feb-96	0.17%
Mar-96	0.84%
Apr-96	4.32%
May-96	-1.21%
Jun-96	-1.21%
Jul-96	-0.75%
Aug-96	5.00%
Sep-96	1.88%
Oct-96	0.80%
Nov-96	1.67%
Dec-96	1.73%
Jan-97	3.78%
Feb-97	1.18%
Mar-97	0.26%
Apr-97	2.14%
May-97	3.38%
Jun-97	-0.39%
Jul-97	5.05%
Aug-97	-0.40%
Sep-97	8.10%
Oct-97	-7.14%
Nov-97	1.53%
Dec-97	5.94%
Jan-98	3.95%
Feb-98	5.78%
Mar-98	4.36%
Apr-98	0.56%
May-98	0.59%
Jun-98	-1.92%
Jul-98	-0.15%
Aug-98	-10.38%
Sep-98	-3.70%
Oct-98	6.98%
Nov-98	5.05%
Dec-98	1.92%
Jan-99	0.87%
Feb-99	4.96%
Mar-99	3.09%
Apr-99	4.85%
May-99	-4.44%
Jun-99	2.15%
Jul-99	-0.63%
Aug-99	0.89%
Sep-99	-3.66%
Oct-99	2.86%
Nov-99	6.43%
Dec-99	5.17%
Jan-00	-8.16%
Feb-00	0.69%
Mar-00	4.42%
Apr-00	-3.29%
May-00	0.68%
Jun-00	0.53%
Jul-00	1.18%
Aug-00	5.18%
Sep-00	-5.43%
Oct-00	1.72%
Nov-00	-4.19%
Dec-00	1.49%
Jan-01	1.61%
Feb-01	-5.08%
Mar-01	-5.05%
Apr-01	6.05%
May-01	-1.80%
Jun-01	-2.82%
Jul-01	-2.28%
Aug-01	-2.50%
Sep-01	-9.27%
Oct-01	3.24%
Nov-01	4.36%
Dec-01	0.45%
Jan-02	-1.04%
Feb-02	-0.81%
Mar-02	4.19%
Apr-02	-1.55%
May-02	-1.23%
Jun-02	-8.42%
Jul-02	-9.22%
Aug-02	0.33%
Sep-02	-11.76%
Oct-02	7.79%
Nov-02	3.54%
Dec-02	-5.34%
Jan-03	-8.97%
Feb-03	2.62%
Mar-03	-0.62%
Apr-03	9.37%
May-03	4.39%
Jun-03	0.31%
Jul-03	3.95%
Aug-03	1.57%
Sep-03	-1.59%
Oct-03	4.95%
Nov-03	1.29%
Dec-03	2.92%
Jan-04	-0.86%
Feb-04	2.86%
Mar-04	-1.32%
Apr-04	2.06%
May-04	-1.32%
Jun-04	1.47%
Jul-04	-1.54%
Aug-04	1.65%
Sep-04	2.78%
Oct-04	1.57%
Nov-04	2.93%
Dec-04	2.04%
Jan-05	1.33%
Feb-05	2.59%
Mar-05	-0.87%
Apr-05	-2.41%
May-05	4.07%
Jun-05	3.40%
Jul-05	3.39%
Aug-05	1.17%
Sep-05	3.42%
Oct-05	-2.89%
Nov-05	3.30%
Dec-05	3.94%
Jan-06	2.91%
Feb-06	1.20%
Mar-06	3.79%
Apr-06	1.06%
May-06	-4.78%
Jun-06	2.01%

Source: Global Financial Data.

附錄G

德國股市總報酬

Date	% Change	Date	% Change	Date	% Change	Date	% Change
Jan-26	11.50%	Jan-29	-1.01%	Jan-32	0.63%	Jan-35	4.94%
Feb-26	10.24%	Feb-29	-2.96%	Feb-32	0.64%	Feb-35	3.85%
Mar-26	6.13%	Mar-29	0.04%	Mar-32	0.63%	Mar-35	1.93%
Apr-26	9.22%	Apr-29	0.42%	Apr-32	0.63%	Apr-35	1.97%
May-26	-1.09%	May-29	-3.66%	May-32	2.50%	May-35	2.29%
Jun-26	6.55%	Jun-29	2.84%	Jun-32	-1.21%	Jun-35	3.29%
Jul-26	8.47%	Jul-29	-1.73%	Jul-32	0.96%	Jul-35	1.29%
Aug-26	10.01%	Aug-29	-0.66%	Aug-32	5.09%	Aug-35	1.18%
Sep-26	2.60%	Sep-29	-0.92%	Sep-32	13.37%	Sep-35	-2.62%
Oct-26	10.09%	Oct-29	-5.39%	Oct-32	-2.66%	Oct-35	-1.52%
Nov-26	6.42%	Nov-29	-3.49%	Nov-32	2.17%	Nov-35	-1.28%
Dec-26	-0.08%	Dec-29	-3.33%	Dec-32	6.44%	Dec-35	0.11%
Jan-27	14.75%	Jan-30	4.72%	Jan-33	4.92%	Jan-36	3.08%
Feb-27	6.68%	Feb-30	1.03%	Feb-33	0.61%	Feb-36	2.50%
Mar-27	-2.61%	Mar-30	-0.77%	Mar-33	8.92%	Mar-36	-0.14%
Apr-27	6.30%	Apr-30	3.19%	Apr-33	3.85%	Apr-36	3.47%
May-27	-3.81%	May-30	0.10%	May-33	0.99%	May-36	3.50%
Jun-27	-8.47%	Jun-30	-3.78%	Jun-33	-1.97%	Jun-36	2.76%
Jul-27	3.57%	Jul-30	-4.95%	Jul-33	-4.02%	Jul-36	1.74%
Aug-27	-1.37%	Aug-30	-5.55%	Aug-33	-2.96%	Aug-36	-0.90%
Sep-27	-3.30%	Sep-30	-0.35%	Sep-33	-5.25%	Sep-36	-1.37%
Oct-27	-2.87%	Oct-30	-5.72%	Oct-33	-0.21%	Oct-36	6.27%
Nov-27	-9.11%	Nov-30	-2.97%	Nov-33	3.37%	Nov-36	0.88%
Dec-27	6.15%	Dec-30	-4.71%	Dec-33	5.65%	Dec-36	-0.79%
Jan-28	5.50%	Jan-31	-5.62%	Jan-34	4.52%	Jan-37	1.46%
Feb-28	-2.09%	Feb-31	5.37%	Feb-34	5.61%	Feb-37	1.78%
Mar-28	-1.01%	Mar-31	7.14%	Mar-34	4.52%	Mar-37	1.44%
Apr-28	4.74%	Apr-31	2.12%	Apr-34	-2.27%	Apr-37	1.46%
May-28	3.35%	May-31	-9.56%	May-34	-2.01%	May-37	1.45%
Jun-28	1.11%	Jun-31	-7.99%	Jun-34	4.28%	Jun-37	1.24%
Jul-28	-2.44%	Jul-31	1.90%	Jul-34	2.40%	Jul-37	1.88%
Aug-28	0.19%	Aug-31	0.68%	Aug-34	3.23%	Aug-37	1.35%
Sep-28	0.62%	Sep-31	-25.09%	Sep-34	4.22%	Sep-37	-0.44%
Oct-28	-1.00%	Oct-31	1.02%	Oct-34	0.44%	Oct-37	-1.05%
Nov-28	0.22%	Nov-31	1.03%	Nov-34	-3.12%	Nov-37	-0.72%
Dec-28	1.48%	Dec-31	-12.30%	Dec-34	-0.38%	Dec-37	-0.32%

Date	% Change	Date	% Change	Date	% Change	Date	% Change
Jan-38	2.64%	Jan-43	1.44%	Jan-48	2.07%	Jan-53	1.89%
Feb-38	0.15%	Feb-43	0.41%	Feb-48	2.03%	Feb-53	-3.11%
Mar-38	0.57%	Mar-43	0.11%	Mar-48	10.00%	Mar-53	-1.22%
Apr-38	1.25%	Apr-43	0.13%	Apr-48	9.09%	Apr-53	0.00%
May-38	-1.46%	May-43	0.46%	May-48	8.36%	May-53	-1.31%
Jun-38	-1.59%	Jun-43	0.24%	Jun-48	13.22%	Jun-53	0.00%
Jul-38	-1.98%	Jul-43	0.13%	Jul-48	-92.37%	Jul-53	2.35%
Aug-38	-4.91%	Aug-43	0.12%	Aug-48	1.97%	Aug-53	4.60%
Sep-38	1.40%	Sep-43	0.30%	Sep-48	1.37%	Sep-53	7.47%
Oct-38	4.60%	Oct-43	0.27%	Oct-48	2.45%	Oct-53	4.09%
Nov-38	-1.01%	Nov-43	-0.11%	Nov-48	2.65%	Nov-53	2.81%
Dec-38	-2.31%	Dec-43	0.72%	Dec-48	2.59%	Dec-53	-0.25%
Jan-39	1.17%	Jan-44	-0.54%	Jan-49	3.02%	Jan-54	3.83%
Feb-39	1.37%	Feb-44	0.00%	Feb-49	5.13%	Feb-54	3.69%
Mar-39	-1.39%	Mar-44	0.00%	Mar-49	4.65%	Mar-54	2.08%
Apr-39	0.95%	Apr-44	0.00%	Apr-49	0.00%	Apr-54	0.35%
May-39	-0.42%	May-44	0.77%	May-49	9.11%	May-54	1.51%
Jun-39	-1.28%	Jun-44	0.00%	Jun-49	8.36%	Jun-54	6.44%
Jul-39	-0.38%	Jul-44	0.66%	Jul-49	0.00%	Jul-54	9.48%
Aug-39	2.04%	Aug-44	0.00%	Aug-49	7.70%	Aug-54	3.86%
Sep-39	-0.07%	Sep-44	0.00%	Sep-49	14.31%	Sep-54	6.64%
Oct-39	-0.10%	Oct-44	0.00%	Oct-49	12.51%	Oct-54	6.23%
Nov-39	2.82%	Nov-44	0.00%	Nov-49	11.13%	Nov-54	4.78%
Dec-39	3.95%	Dec-44	0.00%	Dec-49	15.02%	Dec-54	7.82%
Jan-40	3.64%	Jan-45	-0.30%	Jan-50	-12.21%	Jan-55	6.22%
Feb-40	2.56%	Feb-45	-0.40%	Feb-50	-0.97%	Feb-55	-0.94%
Mar-40	3.72%	Mar-45	-0.43%	Mar-50	-9.04%	Mar-55	5.00%
Apr-40	2.90%	Apr-45	-0.43%	Apr-50	3.36%	Apr-55	10.26%
May-40	3.05%	May-45	-0.40%	May-50	-1.17%	May-55	1.09%
Jun-40	0.71%	Jun-45	-0.44%	Jun-50	0.00%	Jun-55	0.27%
Jul-40	0.49%	Jul-45	-0.44%	Jul-50	2.23%	Jul-55	3.84%
Aug-40	3.11%	Aug-45	-0.44%	Aug-50	3.08%	Aug-55	1.84%
Sep-40	4.68%	Sep-45	-0.41%	Sep-50	5.11%	Sep-55	0.76%
Oct-40	3.86%	Oct-45	-0.89%	Oct-50	2.02%	Oct-55	-8.11%
Nov-40	2.98%	Nov-45	-0.86%	Nov-50	-3.84%	Nov-55	-3.29%
Dec-40	0.00%	Dec-45	-0.14%	Dec-50	2.05%	Dec-55	4.94%
Jan-41	3.03%	Jan-46	-1.19%	Jan-51	5.92%	Jan-56	1.05%
Feb-41	1.47%	Feb-46	-1.34%	Feb-51	8.16%	Feb-56	-2.73%
Mar-41	-1.16%	Mar-46	-0.90%	Mar-51	1.76%	Mar-56	0.28%
Apr-41	0.30%	Apr-46	-1.37%	Apr-51	-0.71%	Apr-56	1.70%
May-41	1.96%	May-46	-2.35%	May-51	2.56%	May-56	-3.30%
Jun-41	4.02%	Jun-46	-1.91%	Jun-51	6.48%	Jun-56	-1.98%
Jul-41	3.55%	Jul-46	0.99%	Jul-51	4.97%	Jul-56	-0.54%
Aug-41	1.29%	Aug-46	1.93%	Aug-51	15.45%	Aug-56	-2.93%
Sep-41	1.95%	Sep-46	0.45%	Sep-51	0.62%	Sep-56	2.49%
Oct-41	-6.03%	Oct-46	0.96%	Oct-51	8.92%	Oct-56	2.15%
Nov-41	-0.22%	Nov-46	2.31%	Nov-51	-2.33%	Nov-56	-2.31%
Dec-41	0.43%	Dec-46	1.36%	Dec-51	14.67%	Dec-56	2.47%
Jan-42	2.09%	Jan-47	0.88%	Jan-52	12.48%	Jan-57	0.66%
Feb-42	2.15%	Feb-47	0.46%	Feb-52	0.95%	Feb-57	-2.01%
Mar-42	0.11%	Mar-47	0.00%	Mar-52	-7.92%	Mar-57	1.58%
Apr-42	1.30%	Apr-47	0.00%	Apr-52	-1.66%	Apr-57	1.88%
May-42	0.43%	May-47	0.00%	May-52	-6.24%	May-57	-1.39%
Jun-42	0.59%	Jun-47	0.45%	Jun-52	-5.00%	Jun-57	-1.69%
Jul-42	-0.54%	Jul-47	1.32%	Jul-52	-1.68%	Jul-57	2.55%
Aug-42	0.21%	Aug-47	1.30%	Aug-52	0.57%	Aug-57	4.01%
Sep-42	0.26%	Sep-47	0.00%	Sep-52	4.19%	Sep-57	3.30%
Oct-42	0.86%	Oct-47	0.85%	Oct-52	-5.72%	Oct-57	-1.30%
Nov-42	0.33%	Nov-47	0.87%	Nov-52	-2.38%	Nov-57	1.54%
Dec-42	0.72%	Dec-47	1.26%	Dec-52	-1.92%	Dec-57	0.95%

Date	% Change	Date	% Change	Date	% Change	Date	% Change
Jan-58	3.20%	Jan-60	4.28%	Jan-62	-1.64%	Jan-64	6.11%
Feb-58	2.31%	Feb-60	0.73%	Feb-62	-1.30%	Feb-64	3.01%
Mar-58	-0.43%	Mar-60	-1.55%	Mar-62	-0.64%	Mar-64	4.28%
Apr-58	4.18%	Apr-60	3.40%	Apr-62	-3.16%	Apr-64	-0.26%
May-58	0.64%	May-60	6.51%	May-62	-7.45%	May-64	-1.85%
Jun-58	4.54%	Jun-60	14.29%	Jun-62	-8.84%	Jun-64	-1.49%
Jul-58	3.11%	Jul-60	7.50%	Jul-62	-2.80%	Jul-64	2.43%
Aug-58	6.92%	Aug-60	8.46%	Aug-62	-3.65%	Aug-64	2.28%
Sep-58	7.17%	Sep-60	0.23%	Sep-62	-1.23%	Sep-64	0.94%
Oct-58	5.64%	Oct-60	-5.70%	Oct-62	-8.03%	Oct-64	-3.31%
Nov-58	6.59%	Nov-60	-1.78%	Nov-62	11.52%	Nov-64	-3.23%
Dec-58	-0.68%	Dec-60	-2.14%	Dec-62	4.89%	Dec-64	0.68%
Jan-59	5.87%	Jan-61	-0.84%	Jan-63	-3.37%		
Feb-59	1.55%	Feb-61	-0.77%	Feb-63	-2.48%		
Mar-59	0.09%	Mar-61	-0.86%	Mar-63	0.17%		
Apr-59	6.24%	Apr-61	2.17%	Apr-63	2.78%		
May-59	6.90%	May-61	4.51%	May-63	9.07%		
Jun-59	10.79%	Jun-61	0.75%	Jun-63	1.91%		
Jul-59	14.24%	Jul-61	-8.08%	Jul-63	-0.20%		
Aug-59	12.62%	Aug-61	-4.48%	Aug-63	4.43%		
Sep-59	-5.68%	Sep-61	-4.42%	Sep-63	3.04%		
Oct-59	-4.24%	Oct-61	2.06%	Oct-63	-1.79%		
Nov-59	5.47%	Nov-61	6.80%	Nov-63	-2.60%		
Dec-59	4.83%	Dec-61	-3.11%	Dec-63	1.17%		

Source: Global Financial Data. Total returns as calculated by GFD to simulate a backtested DAX index; not official DAX data.

附錄H

德國股市（DAX指數）總報酬

Date	% Change	Date	% Change	Date	% Change	Date	% Change
Jan-65	-0.17%	Jan-68	6.22%	Jan-71	13.08%	Jan-74	5.94%
Feb-65	-1.33%	Feb-68	0.71%	Feb-71	3.80%	Feb-74	-5.78%
Mar-65	-1.89%	Mar-68	0.17%	Mar-71	1.47%	Mar-74	0.11%
Apr-65	-0.05%	Apr-68	5.10%	Apr-71	-5.44%	Apr-74	3.95%
May-65	-2.26%	May-68	0.87%	May-71	1.77%	May-74	-2.62%
Jun-65	-2.08%	Jun-68	2.28%	Jun-71	-0.50%	Jun-74	-1.97%
Jul-65	-0.98%	Jul-68	1.54%	Jul-71	3.90%	Jul-74	-1.31%
Aug-65	1.84%	Aug-68	1.43%	Aug-71	-3.79%	Aug-74	0.56%
Sep-65	0.42%	Sep-68	-1.02%	Sep-71	-4.04%	Sep-74	-4.16%
Oct-65	-2.71%	Oct-68	1.63%	Oct-71	-6.84%	Oct-74	0.69%
Nov-65	-2.19%	Nov-68	-1.79%	Nov-71	1.13%	Nov-74	5.26%
Dec-65	-1.15%	Dec-68	-1.84%	Dec-71	6.07%	Dec-74	1.49%
Jan-66	3.57%	Jan-69	3.08%	Jan-72	4.70%	Jan-75	7.68%
Feb-66	1.52%	Feb-69	1.73%	Feb-72	7.71%	Feb-75	10.34%
Mar-66	-1.11%	Mar-69	0.34%	Mar-72	3.92%	Mar-75	0.99%
Apr-66	-2.34%	Apr-69	0.16%	Apr-72	-1.92%	Apr-75	2.68%
May-66	-5.76%	May-69	4.62%	May-72	3.11%	May-75	-6.06%
Jun-66	-4.28%	Jun-69	1.00%	Jun-72	-1.87%	Jun-75	0.99%
Jul-66	-5.45%	Jul-69	-3.84%	Jul-72	6.85%	Jul-75	8.52%
Aug-66	0.97%	Aug-69	3.57%	Aug-72	-1.27%	Aug-75	-4.14%
Sep-66	3.17%	Sep-69	0.91%	Sep-72	-3.06%	Sep-75	-1.29%
Oct-66	-2.75%	Oct-69	4.13%	Oct-72	-2.57%	Oct-75	7.20%
Nov-66	-2.71%	Nov-69	5.23%	Nov-72	1.42%	Nov-75	4.58%
Dec-66	1.01%	Dec-69	-2.91%	Dec-72	-0.84%	Dec-75	0.74%
Jan-67	-0.07%	Jan-70	-3.60%	Jan-73	5.15%	Jan-76	0.95%
Feb-67	7.06%	Feb-70	-1.94%	Feb-73	-1.77%	Feb-76	0.52%
Mar-67	2.21%	Mar-70	0.48%	Mar-73	6.00%	Mar-76	2.96%
Apr-67	-0.75%	Apr-70	-5.01%	Apr-73	-4.56%	Apr-76	-5.34%
May-67	-1.60%	May-70	-9.02%	May-73	-9.19%	May-76	-1.78%
Jun-67	-1.21%	Jun-70	-2.28%	Jun-73	0.25%	Jun-76	2.30%
Jul-67	1.97%	Jul-70	6.38%	Jul-73	-7.22%	Jul-76	-1.59%
Aug-67	12.74%	Aug-70	1.06%	Aug-73	1.26%	Aug-76	-0.78%
Sep-67	4.56%	Sep-70	-2.48%	Sep-73	-1.31%	Sep-76	0.68%
Oct-67	1.42%	Oct-70	-1.18%	Oct-73	7.00%	Oct-76	-7.04%
Nov-67	4.93%	Nov-70	-3.91%	Nov-73	-10.91%	Nov-76	4.41%
Dec-67	2.27%	Dec-70	-1.66%	Dec-73	-1.15%	Dec-76	0.61%

Date	% Change	Date	% Change	Date	% Change	Date	% Change
Jan-77	0.97%	Jan-82	2.35%	Jan-87	-11.33%	Jan-92	5.30%
Feb-77	-2.27%	Feb-82	1.59%	Feb-87	-4.93%	Feb-92	4.25%
Mar-77	2.49%	Mar-82	2.71%	Mar-87	3.10%	Mar-92	-1.66%
Apr-77	6.93%	Apr-82	-0.25%	Apr-87	0.30%	Apr-92	0.64%
May-77	-0.82%	May-82	-0.78%	May-87	-0.98%	May-92	3.26%
Jun-77	-1.42%	Jun-82	-1.18%	Jun-87	6.29%	Jun-92	-3.19%
Jul-77	1.57%	Jul-82	0.51%	Jul-87	6.69%	Jul-92	-7.79%
Aug-77	2.44%	Aug-82	-0.85%	Aug-87	1.03%	Aug-92	-5.68%
Sep-77	0.55%	Sep-82	5.56%	Sep-87	-2.66%	Sep-92	-3.91%
Oct-77	2.42%	Oct-82	-0.06%	Oct-87	-22.39%	Oct-92	1.27%
Nov-77	0.97%	Nov-82	3.62%	Nov-87	-12.42%	Nov-92	2.01%
Dec-77	-1.18%	Dec-82	5.93%	Dec-87	-1.97%	Dec-92	-0.18%
Jan-78	1.59%	Jan-83	-1.13%	Jan-88	-5.98%	Jan-93	2.22%
Feb-78	0.79%	Feb-83	7.22%	Feb-88	14.93%	Feb-93	6.27%
Mar-78	-0.57%	Mar-83	11.07%	Mar-88	0.31%	Mar-93	1.70%
Apr-78	-2.47%	Apr-83	6.69%	Apr-88	-0.71%	Apr-93	-2.14%
May-78	2.41%	May-83	-4.35%	May-88	1.55%	May-93	0.62%
Jun-78	2.95%	Jun-83	4.80%	Jun-88	5.00%	Jun-93	2.48%
Jul-78	4.32%	Jul-83	3.52%	Jul-88	3.28%	Jul-93	5.99%
Aug-78	1.52%	Aug-83	-5.58%	Aug-88	-0.16%	Aug-93	7.04%
Sep-78	2.62%	Sep-83	2.40%	Sep-88	6.20%	Sep-93	-1.52%
Oct-78	-2.19%	Oct-83	7.74%	Oct-88	3.91%	Oct-93	8.11%
Nov-78	-0.92%	Nov-83	1.95%	Nov-88	-2.99%	Nov-93	-0.35%
Dec-78	0.00%	Dec-83	0.64%	Dec-88	4.10%	Dec-93	7.73%
Jan-79	2.08%	Jan-84	3.75%	Jan-89	2.08%	Jan-94	-2.51%
Feb-79	-3.19%	Feb-84	-4.37%	Feb-89	-1.75%	Feb-94	-3.08%
Mar-79	-1.82%	Mar-84	-0.24%	Mar-89	1.76%	Mar-94	1.52%
Apr-79	0.30%	Apr-84	1.48%	Apr-89	3.51%	Apr-94	4.86%
May-79	-4.07%	May-84	-2.11%	May-89	2.38%	May-94	-4.62%
Jun-79	-1.59%	Jun-84	3.24%	Jun-89	5.55%	Jun-94	-3.77%
Jul-79	3.38%	Jul-84	-6.15%	Jul-89	5.17%	Jul-94	4.28%
Aug-79	1.33%	Aug-84	5.27%	Aug-89	3.75%	Aug-94	2.60%
Sep-79	0.32%	Sep-84	6.73%	Sep-89	1.29%	Sep-94	-7.40%
Oct-79	-4.15%	Oct-84	1.14%	Oct-89	-6.77%	Oct-94	1.79%
Nov-79	0.74%	Nov-84	0.39%	Nov-89	5.29%	Nov-94	-1.21%
Dec-79	-1.78%	Dec-84	1.78%	Dec-89	10.71%	Dec-94	2.40%
Jan-80	0.68%	Jan-85	5.05%	Jan-90	1.98%	Jan-95	-4.15%
Feb-80	2.64%	Feb-85	1.86%	Feb-90	-0.75%	Feb-95	3.40%
Mar-80	-7.49%	Mar-85	0.98%	Mar-90	9.73%	Mar-95	-7.64%
Apr-80	3.47%	Apr-85	3.63%	Apr-90	-6.50%	Apr-95	4.51%
May-80	3.35%	May-85	8.21%	May-90	1.95%	May-95	3.88%
Jun-80	3.34%	Jun-85	6.47%	Jun-90	2.92%	Jun-95	0.61%
Jul-80	3.18%	Jul-85	-3.54%	Jul-90	3.93%	Jul-95	5.35%
Aug-80	-1.42%	Aug-85	8.84%	Aug-90	-14.29%	Aug-95	0.21%
Sep-80	-0.07%	Sep-85	5.19%	Sep-90	-16.36%	Sep-95	-2.07%
Oct-80	-1.26%	Oct-85	13.19%	Oct-90	7.84%	Oct-95	-1.96%
Nov-80	0.66%	Nov-85	-1.26%	Nov-90	0.21%	Nov-95	1.92%
Dec-80	-2.09%	Dec-85	10.29%	Dec-90	-2.78%	Dec-95	1.40%
Jan-81	-1.44%	Jan-86	0.75%	Jan-91	-1.06%	Jan-96	7.39%
Feb-81	0.02%	Feb-86	-2.99%	Feb-91	8.32%	Feb-96	-0.42%
Mar-81	2.77%	Mar-86	8.90%	Mar-91	-1.25%	Mar-96	-0.03%
Apr-81	4.48%	Apr-86	5.14%	Apr-91	6.09%	Apr-96	0.02%
May-81	-1.40%	May-86	-9.25%	May-91	3.45%	May-96	2.11%
Jun-81	6.41%	Jun-86	-0.33%	Jun-91	-2.51%	Jun-96	2.38%
Jul-81	1.38%	Jul-86	-5.05%	Jul-91	-1.78%	Jul-96	-3.28%
Aug-81	-2.34%	Aug-86	14.45%	Aug-91	1.19%	Aug-96	2.50%
Sep-81	-5.41%	Sep-86	-5.68%	Sep-91	-2.82%	Sep-96	3.38%
Oct-81	-0.31%	Oct-86	0.73%	Oct-91	-2.21%	Oct-96	0.03%
Nov-81	2.28%	Nov-86	3.43%	Nov-91	-1.21%	Nov-96	4.90%
Dec-81	-2.36%	Dec-86	-1.16%	Dec-91	-0.87%	Dec-96	1.60%

Date	% Change	Date	% Change	Date	% Change	Date	% Change
Jan-97	5.36%	Jan-00	-0.16%	Jan-03	-4.30%	Jan-06	5.77%
Feb-97	6.47%	Feb-00	13.72%	Feb-03	-6.89%	Feb-06	2.94%
Mar-97	4.99%	Mar-00	-1.20%	Mar-03	-4.26%	Mar-06	3.12%
Apr-97	0.38%	Apr-00	-2.40%	Apr-03	20.01%	Apr-06	0.86%
May-97	3.83%	May-00	-4.72%	May-03	1.71%	May-06	-5.61%
Jun-97	5.88%	Jun-00	-2.39%	Jun-03	7.61%	Jun-06	-0.44%
Jul-97	13.94%	Jul-00	2.67%	Jul-03	7.83%		
Aug-97	-10.21%	Aug-00	0.53%	Aug-03	0.80%		
Sep-97	5.38%	Sep-00	-5.54%	Sep-03	-5.90%		
Oct-97	-9.09%	Oct-00	1.50%	Oct-03	11.70%		
Nov-97	4.36%	Nov-00	-10.69%	Nov-03	2.17%		
Dec-97	5.94%	Dec-00	0.10%	Dec-03	5.18%		
Jan-98	4.34%	Jan-01	4.55%	Jan-04	2.93%		
Feb-98	6.14%	Feb-01	-7.26%	Feb-04	-0.44%		
Mar-98	7.61%	Mar-01	-6.13%	Mar-04	-3.70%		
Apr-98	0.54%	Apr-01	6.41%	Apr-04	3.26%		
May-98	7.49%	May-01	-1.52%	May-04	-1.47%		
Jun-98	4.11%	Jun-01	-0.98%	Jun-04	3.25%		
Jul-98	0.07%	Jul-01	-3.27%	Jul-04	-3.75%		
Aug-98	-16.29%	Aug-01	-9.64%	Aug-04	-2.91%		
Sep-98	-6.99%	Sep-01	-15.12%	Sep-04	2.87%		
Oct-98	3.77%	Oct-01	6.00%	Oct-04	1.54%		
Nov-98	6.63%	Nov-01	7.87%	Nov-04	4.09%		
Dec-98	-0.05%	Dec-01	2.46%	Dec-04	2.99%		
Jan-99	3.16%	Jan-02	0.61%	Jan-05	0.53%		
Feb-99	-3.58%	Feb-02	-1.07%	Feb-05	2.57%		
Mar-99	-1.17%	Mar-02	5.33%	Mar-05	-0.12%		
Apr-99	8.09%	Apr-02	-5.08%	Apr-05	-3.74%		
May-99	-4.56%	May-02	-3.56%	May-05	6.64%		
Jun-99	5.29%	Jun-02	-7.32%	Jun-05	3.35%		
Jul-99	-3.63%	Jul-02	-14.81%	Jul-05	6.51%		
Aug-99	2.26%	Aug-02	0.16%	Aug-05	-0.83%		
Sep-99	-2.66%	Sep-02	-23.85%	Sep-05	4.55%		
Oct-99	5.87%	Oct-02	12.95%	Oct-05	-2.75%		
Nov-99	6.42%	Nov-02	4.57%	Nov-05	5.09%		
Dec-99	14.10%	Dec-02	-12.01%	Dec-05	3.95%		

Source: Global Financial Data.

附錄I

日本股市總報酬

Date	% Change	Date	% Change	Date	% Change	Date	% Change
Jan-26	4.79%	Jan-29	1.75%	Jan-32	26.47%	Jan-35	0.17%
Feb-26	3.34%	Feb-29	3.37%	Feb-32	3.97%	Feb-35	2.65%
Mar-26	-1.74%	Mar-29	0.51%	Mar-32	-3.01%	Mar-35	0.61%
Apr-26	0.32%	Apr-29	-2.67%	Apr-32	-8.18%	Apr-35	-0.16%
May-26	0.00%	May-29	-3.63%	May-32	1.16%	May-35	-1.65%
Jun-26	-0.64%	Jun-29	0.00%	Jun-32	-4.57%	Jun-35	-2.29%
Jul-26	3.06%	Jul-29	-3.38%	Jul-32	4.10%	Jul-35	-0.46%
Aug-26	-0.63%	Aug-29	-4.22%	Aug-32	4.02%	Aug-35	5.79%
Sep-26	-1.42%	Sep-29	0.33%	Sep-32	9.79%	Sep-35	2.70%
Oct-26	0.32%	Oct-29	0.66%	Oct-32	2.95%	Oct-35	0.81%
Nov-26	0.80%	Nov-29	-0.66%	Nov-32	17.25%	Nov-35	1.19%
Dec-26	-3.55%	Dec-29	-3.15%	Dec-32	22.04%	Dec-35	0.83%
Jan-27	4.34%	Jan-30	-0.26%	Jan-33	3.61%	Jan-36	2.97%
Feb-27	3.22%	Feb-30	2.23%	Feb-33	-7.54%	Feb-36	3.39%
Mar-27	-0.84%	Mar-30	-3.10%	Mar-33	1.88%	Mar-36	-5.68%
Apr-27	-6.36%	Apr-30	-5.54%	Apr-33	1.70%	Apr-36	3.52%
May-27	-2.37%	May-30	-1.10%	May-33	3.49%	May-36	1.34%
Jun-27	-1.34%	Jun-30	-7.59%	Jun-33	5.46%	Jun-36	1.07%
Jul-27	-1.19%	Jul-30	-2.20%	Jul-33	1.40%	Jul-36	0.53%
Aug-27	0.60%	Aug-30	1.13%	Aug-33	0.18%	Aug-36	2.25%
Sep-27	2.56%	Sep-30	-6.79%	Sep-33	5.63%	Sep-36	0.86%
Oct-27	1.83%	Oct-30	-3.70%	Oct-33	1.39%	Oct-36	0.27%
Nov-27	-0.82%	Nov-30	5.87%	Nov-33	-2.77%	Nov-36	-2.04%
Dec-27	2.72%	Dec-30	6.82%	Dec-33	3.32%	Dec-36	3.88%
Jan-28	1.53%	Jan-31	-0.40%	Jan-34	5.11%	Jan-37	3.14%
Feb-28	2.37%	Feb-31	2.71%	Feb-34	3.10%	Feb-37	4.72%
Mar-28	2.01%	Mar-31	5.76%	Mar-34	0.80%	Mar-37	4.60%
Apr-28	-1.44%	Apr-31	-0.37%	Apr-34	-2.94%	Apr-37	1.45%
May-28	2.31%	May-31	-1.30%	May-34	1.17%	May-37	-1.31%
Jun-28	1.73%	Jun-31	0.38%	Jun-34	-1.00%	Jun-37	1.00%
Jul-28	1.62%	Jul-31	2.34%	Jul-34	-1.75%	Jul-37	-1.31%
Aug-28	-0.87%	Aug-31	-3.38%	Aug-34	0.32%	Aug-37	-10.95%
Sep-28	0.59%	Sep-31	-3.12%	Sep-34	-3.23%	Sep-37	4.09%
Oct-28	-2.41%	Oct-31	-8.10%	Oct-34	-1.26%	Oct-37	-0.96%
Nov-28	-0.60%	Nov-31	1.17%	Nov-34	0.49%	Nov-37	0.52%
Dec-28	-1.43%	Dec-31	8.60%	Dec-34	-1.11%	Dec-37	5.26%

Date	% Change	Date	% Change	Date	% Change	Date	% Change
Jan-38	2.95%	Jan-43	3.10%	Jan-48	2.39%	Jan-53	21.93%
Feb-38	0.56%	Feb-43	-0.73%	Feb-48	51.89%	Feb-53	-11.02%
Mar-38	-1.44%	Mar-43	-1.54%	Mar-48	18.51%	Mar-53	-16.97%
Apr-38	-4.93%	Apr-43	0.90%	Apr-48	1.37%	Apr-53	5.78%
May-38	1.54%	May-43	0.66%	May-48	-10.93%	May-53	-4.56%
Jun-38	-4.39%	Jun-43	0.38%	Jun-48	-7.10%	Jun-53	4.23%
Jul-38	0.36%	Jul-43	0.73%	Jul-48	10.81%	Jul-53	9.45%
Aug-38	4.22%	Aug-43	-0.22%	Aug-48	1.58%	Aug-53	4.92%
Sep-38	-0.43%	Sep-43	0.14%	Sep-48	-9.10%	Sep-53	11.97%
Oct-38	0.68%	Oct-43	0.37%	Oct-48	5.44%	Oct-53	-4.30%
Nov-38	-5.31%	Nov-43	0.14%	Nov-48	20.89%	Nov-53	-2.21%
Dec-38	2.05%	Dec-43	0.00%	Dec-48	-0.60%	Dec-53	-8.09%
Jan-39	4.40%	Jan-44	1.54%	Jan-49	67.39%	Jan-54	-6.34%
Feb-39	2.54%	Feb-44	-0.65%	Feb-49	-4.67%	Feb-54	-0.37%
Mar-39	-0.89%	Mar-44	-1.80%	Mar-49	25.49%	Mar-54	-5.64%
Apr-39	0.21%	Apr-44	-0.67%	Apr-49	5.73%	Apr-54	5.48%
May-39	1.92%	May-44	-0.51%	May-49	17.72%	May-54	-6.22%
Jun-39	4.06%	Jun-44	0.30%	Jun-49	-16.34%	Jun-54	7.13%
Jul-39	2.97%	Jul-44	-4.15%	Jul-49	-0.83%	Jul-54	-4.67%
Aug-39	0.60%	Aug-44	1.16%	Aug-49	21.50%	Aug-54	4.22%
Sep-39	7.27%	Sep-44	5.03%	Sep-49	-6.33%	Sep-54	2.23%
Oct-39	7.13%	Oct-44	6.14%	Oct-49	-12.81%	Oct-54	-5.96%
Nov-39	3.38%	Nov-44	-2.00%	Nov-49	-12.66%	Nov-54	0.97%
Dec-39	1.54%	Dec-44	0.84%	Dec-49	-9.87%	Dec-54	9.35%
Jan-40	-2.70%	Jan-45	0.84%	Jan-50	-15.14%	Jan-55	3.16%
Feb-40	2.09%	Feb-45	-2.62%	Feb-50	16.93%	Feb-55	1.61%
Mar-40	1.87%	Mar-45	-2.48%	Mar-50	-8.44%	Mar-55	-1.30%
Apr-40	0.58%	Apr-45	2.39%	Apr-50	2.57%	Apr-55	-0.89%
May-40	-2.67%	May-45	0.15%	May-50	-4.34%	May-55	1.92%
Jun-40	-2.90%	Jun-45	-0.85%	Jun-50	-7.73%	Jun-55	1.43%
Jul-40	-3.60%	Jul-45	1.35%	Jul-50	14.17%	Jul-55	5.13%
Aug-40	1.20%	Aug-45	1.77%	Aug-50	18.18%	Aug-55	6.61%
Sep-40	-8.93%	Sep-45	0.48%	Sep-50	-7.65%	Sep-55	2.66%
Oct-40	-2.89%	Oct-45	0.40%	Oct-50	1.93%	Oct-55	6.68%
Nov-40	8.87%	Nov-45	0.48%	Nov-50	4.34%	Nov-55	-2.93%
Dec-40	-2.88%	Dec-45	0.42%	Dec-50	-6.40%	Dec-55	9.06%
Jan-41	0.00%	Jan-46	-30.23%	Jan-51	14.28%	Jan-56	0.19%
Feb-41	2.30%	Feb-46	0.68%	Feb-51	6.41%	Feb-56	3.59%
Mar-41	3.10%	Mar-46	0.67%	Mar-51	3.05%	Mar-56	5.71%
Apr-41	1.00%	Apr-46	0.59%	Apr-51	-2.14%	Apr-56	3.80%
May-41	-1.09%	May-46	0.64%	May-51	6.33%	May-56	4.67%
Jun-41	-0.07%	Jun-46	1.83%	Jun-51	3.65%	Jun-56	2.38%
Jul-41	-6.33%	Jul-46	-21.06%	Jul-51	5.28%	Jul-56	0.81%
Aug-41	2.85%	Aug-46	4.26%	Aug-51	8.04%	Aug-56	-1.14%
Sep-41	3.72%	Sep-46	29.41%	Sep-51	7.23%	Sep-56	1.34%
Oct-41	-1.57%	Oct-46	2.64%	Oct-51	8.07%	Oct-56	3.80%
Nov-41	1.50%	Nov-46	-7.07%	Nov-51	-3.69%	Nov-56	10.75%
Dec-41	14.32%	Dec-46	-5.62%	Dec-51	6.74%	Dec-56	-0.92%
Jan-42	0.15%	Jan-47	1.77%	Jan-52	13.20%	Jan-57	3.85%
Feb-42	0.73%	Feb-47	0.64%	Feb-52	-3.98%	Feb-57	0.00%
Mar-42	-1.19%	Mar-47	5.15%	Mar-52	1.56%	Mar-57	3.32%
Apr-42	1.53%	Apr-47	22.64%	Apr-52	12.95%	Apr-57	0.68%
May-42	1.76%	May-47	10.96%	May-52	11.15%	May-57	-10.79%
Jun-42	3.17%	Jun-47	-1.51%	Jun-52	9.16%	Jun-57	-0.02%
Jul-42	-0.97%	Jul-47	-8.55%	Jul-52	3.76%	Jul-57	12.94%
Aug-42	3.21%	Aug-47	-7.90%	Aug-52	2.16%	Aug-57	4.31%
Sep-42	-1.19%	Sep-47	3.68%	Sep-52	8.04%	Sep-57	0.92%
Oct-42	3.44%	Oct-47	-7.07%	Oct-52	12.30%	Oct-57	4.85%
Nov-42	-3.33%	Nov-47	-2.60%	Nov-52	12.12%	Nov-57	3.70%
Dec-42	-1.12%	Dec-47	35.52%	Dec-52	1.33%	Dec-57	6.72%

Date	% Change	Date	% Change	Date	% Change	Date	% Change
Jan-58	-25.76%	Jan-62	5.35%	Jan-66	2.41%	Jan-70	-1.51%
Feb-58	0.62%	Feb-62	-2.27%	Feb-66	1.91%	Feb-70	1.30%
Mar-58	1.92%	Mar-62	-3.01%	Mar-66	5.04%	Mar-70	4.14%
Apr-58	4.30%	Apr-62	-3.40%	Apr-66	-0.70%	Apr-70	-12.04%
May-58	1.52%	May-62	-0.56%	May-66	-2.10%	May-70	-2.58%
Jun-58	4.02%	Jun-62	5.60%	Jun-66	-0.38%	Jun-70	1.91%
Jul-58	-2.38%	Jul-62	-1.31%	Jul-66	2.54%	Jul-70	0.29%
Aug-58	4.31%	Aug-62	0.74%	Aug-66	-1.18%	Aug-70	-0.99%
Sep-58	0.92%	Sep-62	-7.88%	Sep-66	0.70%	Sep-70	-1.06%
Oct-58	4.85%	Oct-62	-3.44%	Oct-66	-0.40%	Oct-70	1.37%
Nov-58	3.70%	Nov-62	17.14%	Nov-66	-2.00%	Nov-70	-2.79%
Dec-58	6.72%	Dec-62	-0.75%	Dec-66	4.88%	Dec-70	0.89%
Jan-59	4.57%	Jan-63	4.42%	Jan-67	1.95%	Jan-71	5.57%
Feb-59	3.20%	Feb-63	3.53%	Feb-67	1.39%	Feb-71	4.68%
Mar-59	9.12%	Mar-63	12.87%	Mar-67	-0.71%	Mar-71	8.33%
Apr-59	-2.81%	Apr-63	1.27%	Apr-67	-0.14%	Apr-71	5.25%
May-59	9.08%	May-63	-1.45%	May-67	5.16%	May-71	-0.64%
Jun-59	0.81%	Jun-63	0.03%	Jun-67	-0.67%	Jun-71	9.64%
Jul-59	4.36%	Jul-63	-11.78%	Jul-67	-0.62%	Jul-71	0.54%
Aug-59	2.62%	Aug-63	-0.40%	Aug-67	-8.13%	Aug-71	-12.77%
Sep-59	6.66%	Sep-63	-2.94%	Sep-67	-0.30%	Sep-71	2.81%
Oct-59	4.83%	Oct-63	1.72%	Oct-67	3.72%	Oct-71	-5.48%
Nov-59	3.53%	Nov-63	-5.08%	Nov-67	-5.71%	Nov-71	6.63%
Dec-59	-11.36%	Dec-63	-2.52%	Dec-67	-0.01%	Dec-71	8.60%
Jan-60	6.91%	Jan-64	8.26%	Jan-68	2.67%	Jan-72	6.11%
Feb-60	3.67%	Feb-64	-4.46%	Feb-68	1.85%	Feb-72	7.23%
Mar-60	8.46%	Mar-64	-1.01%	Mar-68	2.78%	Mar-72	4.97%
Apr-60	4.50%	Apr-64	-0.18%	Apr-68	4.59%	Apr-72	5.71%
May-60	-10.66%	May-64	8.18%	May-68	1.77%	May-72	8.58%
Jun-60	10.91%	Jun-64	3.16%	Jun-68	4.77%	Jun-72	2.76%
Jul-60	0.82%	Jul-64	-2.27%	Jul-68	5.38%	Jul-72	8.58%
Aug-60	6.27%	Aug-64	-2.53%	Aug-68	6.04%	Aug-72	2.50%
Sep-60	5.66%	Sep-64	-2.58%	Sep-68	9.79%	Sep-72	4.58%
Oct-60	-0.10%	Oct-64	-3.07%	Oct-68	-5.73%	Oct-72	3.21%
Nov-60	1.17%	Nov-64	-0.03%	Nov-68	-0.96%	Nov-72	17.50%
Dec-60	3.14%	Dec-64	2.28%	Dec-68	-0.40%	Dec-72	9.17%
Jan-61	6.43%	Jan-65	4.47%	Jan-69	5.67%		
Feb-61	0.40%	Feb-65	-0.52%	Feb-69	-2.03%		
Mar-61	3.52%	Mar-65	-4.74%	Mar-69	7.23%		
Apr-61	0.95%	Apr-65	3.01%	Apr-69	2.33%		
May-61	-0.74%	May-65	-5.33%	May-69	7.95%		
Jun-61	4.73%	Jun-65	-1.34%	Jun-69	-2.70%		
Jul-61	-1.36%	Jul-65	3.72%	Jul-69	-5.04%		
Aug-61	-8.63%	Aug-65	11.93%	Aug-69	2.73%		
Sep-61	-3.21%	Sep-65	-1.62%	Sep-69	7.75%		
Oct-61	-12.60%	Oct-65	0.76%	Oct-69	2.16%		
Nov-61	0.59%	Nov-65	7.35%	Nov-69	-13.00%		
Dec-61	8.21%	Dec-65	5.26%	Dec-69	28.01%		

Source: Global Financial Data. Total returns as calculated by GFD to simulate a backtested TOPIX index; not official TOPIX data.

附錄J

日本股市（TOPIX）總報酬

Date	% Change	Date	% Change	Date	% Change	Date	% Change
Jan-73	1.56%	Jan-76	5.76%	Jan-79	3.07%	Jan-82	2.14%
Feb-73	-5.14%	Feb-76	0.24%	Feb-79	-3.22%	Feb-82	-4.52%
Mar-73	1.07%	Mar-76	-0.91%	Mar-79	0.05%	Mar-82	-5.47%
Apr-73	-11.05%	Apr-76	0.60%	Apr-79	2.49%	Apr-82	3.24%
May-73	2.40%	May-76	0.82%	May-79	0.72%	May-82	-0.21%
Jun-73	1.66%	Jun-76	3.94%	Jun-79	-0.34%	Jun-82	-1.97%
Jul-73	5.55%	Jul-76	-2.93%	Jul-79	-0.54%	Jul-82	-2.76%
Aug-73	-3.94%	Aug-76	1.90%	Aug-79	1.88%	Aug-82	1.96%
Sep-73	-5.25%	Sep-76	0.05%	Sep-79	3.43%	Sep-82	-0.78%
Oct-73	-0.50%	Oct-76	-2.94%	Oct-79	-1.76%	Oct-82	3.76%
Nov-73	-9.00%	Nov-76	-0.31%	Nov-79	0.59%	Nov-82	7.76%
Dec-73	-5.48%	Dec-76	13.90%	Dec-79	2.10%	Dec-82	3.77%
Jan-74	6.46%	Jan-77	-4.44%	Jan-80	1.84%	Jan-83	-2.29%
Feb-74	-0.11%	Feb-77	3.10%	Feb-80	0.65%	Feb-83	0.89%
Mar-74	-2.69%	Mar-77	-2.75%	Mar-80	-2.90%	Mar-83	4.46%
Apr-74	3.22%	Apr-77	1.77%	Apr-80	3.30%	Apr-83	1.60%
May-74	4.34%	May-77	-0.56%	May-80	-0.37%	May-83	0.93%
Jun-74	-2.63%	Jun-77	-0.06%	Jun-80	1.04%	Jun-83	3.23%
Jul-74	-5.35%	Jul-77	-1.27%	Jul-80	-0.90%	Jul-83	1.91%
Aug-74	-9.60%	Aug-77	5.75%	Aug-80	2.65%	Aug-83	0.92%
Sep-74	-0.86%	Sep-77	-0.01%	Sep-80	2.58%	Sep-83	3.00%
Oct-74	-7.36%	Oct-77	-3.27%	Oct-80	2.93%	Oct-83	-1.20%
Nov-74	10.40%	Nov-77	-1.70%	Nov-80	-1.03%	Nov-83	0.40%
Dec-74	-3.78%	Dec-77	-1.25%	Dec-80	0.61%	Dec-83	7.51%
Jan-75	4.14%	Jan-78	4.90%	Jan-81	3.12%	Jan-84	6.07%
Feb-75	10.31%	Feb-78	2.69%	Feb-81	0.07%	Feb-84	-0.84%
Mar-75	4.58%	Mar-78	5.38%	Mar-81	7.22%	Mar-84	13.32%
Apr-75	0.21%	Apr-78	-0.18%	Apr-81	9.15%	Apr-84	-0.89%
May-75	-0.80%	May-78	0.28%	May-81	1.45%	May-84	-10.47%
Jun-75	3.07%	Jun-78	0.76%	Jun-81	4.65%	Jun-84	2.73%
Jul-75	-4.95%	Jul-78	2.55%	Jul-81	1.91%	Jul-84	-4.13%
Aug-75	-4.16%	Aug-78	-1.36%	Aug-81	-0.24%	Aug-84	7.45%
Sep-75	-4.73%	Sep-78	1.73%	Sep-81	-8.39%	Sep-84	1.27%
Oct-75	10.29%	Oct-78	0.59%	Oct-81	0.11%	Oct-84	4.96%
Nov-75	1.39%	Nov-78	1.68%	Nov-81	0.51%	Nov-84	1.30%
Dec-75	1.82%	Dec-78	3.12%	Dec-81	4.15%	Dec-84	5.43%

Date	% Change	Date	% Change	Date	% Change	Date	% Change
Jan-85	1.05%	Jan-90	-4.99%	Jan-95	-6.10%	Jan-00	-0.82%
Feb-85	4.98%	Feb-90	-6.28%	Feb-95	-7.87%	Feb-00	0.66%
Mar-85	2.57%	Mar-90	-12.92%	Mar-95	-2.53%	Mar-00	-0.44%
Apr-85	-3.33%	Apr-90	-0.96%	Apr-95	1.83%	Apr-00	-3.34%
May-85	3.62%	May-90	10.42%	May-95	-5.83%	May-00	-7.64%
Jun-85	3.07%	Jun-90	-3.78%	Jun-95	-4.54%	Jun-00	4.55%
Jul-85	-4.36%	Jul-90	-3.87%	Jul-95	11.63%	Jul-00	-8.70%
Aug-85	2.72%	Aug-90	-12.36%	Aug-95	6.86%	Aug-00	4.02%
Sep-85	0.94%	Sep-90	-20.21%	Sep-95	1.05%	Sep-00	-2.44%
Oct-85	0.59%	Oct-90	18.16%	Oct-95	-1.88%	Oct-00	-6.17%
Nov-85	-2.79%	Nov-90	-10.99%	Nov-95	5.04%	Nov-00	-1.25%
Dec-85	5.23%	Dec-90	4.99%	Dec-95	6.46%	Dec-00	-5.77%
Jan-86	-1.14%	Jan-91	-1.32%	Jan-96	2.25%	Jan-01	1.29%
Feb-86	4.40%	Feb-91	14.59%	Feb-96	-3.25%	Feb-01	-4.50%
Mar-86	20.05%	Mar-91	0.88%	Mar-96	5.31%	Mar-01	3.31%
Apr-86	-2.10%	Apr-91	-0.37%	Apr-96	4.62%	Apr-01	6.98%
May-86	3.26%	May-91	0.08%	May-96	-1.86%	May-01	-4.07%
Jun-86	3.64%	Jun-91	-7.40%	Jun-96	1.91%	Jun-01	-0.71%
Jul-86	6.26%	Jul-91	2.21%	Jul-96	-7.47%	Jul-01	-8.50%
Aug-86	9.49%	Aug-91	-6.82%	Aug-96	-2.57%	Aug-01	-7.26%
Sep-86	2.47%	Sep-91	6.06%	Sep-96	5.74%	Sep-01	-6.94%
Oct-86	-8.08%	Oct-91	3.02%	Oct-96	-4.73%	Oct-01	3.51%
Nov-86	5.50%	Nov-91	-8.27%	Nov-96	0.79%	Nov-01	-0.86%
Dec-86	5.93%	Dec-91	-0.93%	Dec-96	-5.86%	Dec-01	-1.72%
Jan-87	11.88%	Jan-92	-4.88%	Jan-97	-6.69%	Jan-02	-5.84%
Feb-87	1.30%	Feb-92	-4.67%	Feb-97	1.34%	Feb-02	4.35%
Mar-87	5.86%	Mar-92	-8.33%	Mar-97	-0.78%	Mar-02	5.08%
Apr-87	11.43%	Apr-92	-7.12%	Apr-97	4.95%	Apr-02	2.06%
May-87	2.06%	May-92	4.48%	May-97	3.17%	May-02	3.52%
Jun-87	-5.50%	Jun-92	-10.15%	Jun-97	4.52%	Jun-02	-8.50%
Jul-87	-1.52%	Jul-92	-1.37%	Jul-97	-0.63%	Jul-02	-5.81%
Aug-87	6.58%	Aug-92	13.65%	Aug-97	-7.50%	Aug-02	-2.41%
Sep-87	-0.57%	Sep-92	-5.09%	Sep-97	-2.47%	Sep-02	-1.83%
Oct-87	-12.58%	Oct-92	-2.42%	Oct-97	-8.01%	Oct-02	-6.38%
Nov-87	-0.58%	Nov-92	3.48%	Nov-97	-1.95%	Nov-02	3.54%
Dec-87	-6.97%	Dec-92	-1.14%	Dec-97	-6.14%	Dec-02	-5.50%
Jan-88	10.86%	Jan-93	-0.66%	Jan-98	7.88%	Jan-03	-2.61%
Feb-88	8.11%	Feb-93	-1.11%	Feb-98	0.41%	Feb-03	-0.27%
Mar-88	4.02%	Mar-93	12.00%	Mar-98	-1.12%	Mar-03	-3.12%
Apr-88	1.62%	Apr-93	13.20%	Apr-98	-2.29%	Apr-03	1.09%
May-88	-4.36%	May-93	0.98%	May-98	-0.12%	May-03	5.18%
Jun-88	2.78%	Jun-93	-3.42%	Jun-98	0.75%	Jun-03	7.88%
Jul-88	3.85%	Jul-93	5.04%	Jul-98	2.58%	Jul-03	3.98%
Aug-88	-4.81%	Aug-93	2.01%	Aug-98	-12.31%	Aug-03	6.69%
Sep-88	2.82%	Sep-93	-3.70%	Sep-98	-5.33%	Sep-03	2.02%
Oct-88	0.78%	Oct-93	0.27%	Oct-98	-0.76%	Oct-03	2.41%
Nov-88	6.24%	Nov-93	-15.73%	Nov-98	10.42%	Nov-03	-4.17%
Dec-88	3.05%	Dec-93	4.79%	Dec-98	-4.91%	Dec-03	4.44%
Jan-89	4.11%	Jan-94	13.20%	Jan-99	3.53%	Jan-04	0.37%
Feb-89	-0.70%	Feb-94	0.17%	Feb-99	-0.44%	Feb-04	3.36%
Mar-89	1.15%	Mar-94	-3.85%	Mar-99	13.66%	Mar-04	9.48%
Apr-89	0.79%	Apr-94	2.57%	Apr-99	5.52%	Apr-04	0.60%
May-89	1.96%	May-94	4.94%	May-99	-2.99%	May-04	-3.90%
Jun-89	-3.44%	Jun-94	-0.52%	Jun-99	9.18%	Jun-04	4.43%
Jul-89	7.33%	Jul-94	-2.14%	Jul-99	4.43%	Jul-04	-4.23%
Aug-89	-0.97%	Aug-94	0.19%	Aug-99	-1.47%	Aug-04	-0.84%
Sep-89	3.97%	Sep-94	-3.62%	Sep-99	3.69%	Sep-04	-2.06%
Oct-89	-0.35%	Oct-94	0.50%	Oct-99	3.79%	Oct-04	-1.51%
Nov-89	5.09%	Nov-94	-4.05%	Nov-99	4.97%	Nov-04	1.24%
Dec-89	1.85%	Dec-94	2.57%	Dec-99	4.93%	Dec-04	4.69%

Date	% Change	Date	% Change	Date	% Change
Jan-05	-0.30%	Jul-05	2.09%	Jan-06	3.70%
Feb-05	2.75%	Aug-05	5.80%	Feb-06	-2.92%
Mar-05	1.00%	Sep-05	12.77%	Mar-06	4.63%
Apr-05	-4.39%	Oct-05	1.16%	Apr-06	-0.68%
May-05	1.25%	Nov-05	6.34%	May-06	-7.95%
Jun-05	2.98%	Dec-05	7.45%	Jun-06	0.48%

Source: Global Financial Data.

附錄K

費雪投資全球總報酬績效

費雪投資會計年度	年度淨報酬率 (%)	S&P 500指數報酬率 (%)	MSCI全球指數報酬率 (%)
1996	28.6%	26.0%	18.4%
1997	33.6%	34.7%	22.3%
1998	21.4%	30.2%	17.0%
1999	17.2%	22.8%	15.7%
2000	15.6%	7.2%	12.2%
2001	–10.2%	–14.8%	–20.3%
2002	–5.7%	–18.0%	–15.2%
2003	–7.3%	0.3%	–2.4%
2004	20.5%	19.1%	24.0%
2005	5.3%	6.3%	10.1%
2006	17.7%	8.6%	16.9%
年化報酬率 (截至 6/30/2006為止)			
1年期	17.7%	8.6%	16.9%
3年期	14.3%	11.2%	16.9%
5年期	5.5%	2.5%	5.7%
7年期	4.4%	0.5%	2.4%
10年期	9.9%	8.3%	6.9%
自7/1/1995開始	11.5%	9.8%	7.9%

費雪投資私人客戶集團本項報告符合全球投資績效標準（GIPS）。其中的數據涵蓋1995年1月1日到2005年12月31日，均經過獲立查核。

為便於說明，本表的綜合報酬率係以截至6月30日的會計年度計算，呈現1995年1月1日到2006年6月30日之間的年化報酬率。

1. 費雪投資（FI）是已向證管會登記立案的投資顧問公司。FI目前兩個主要事業單位——費雪投資法人事業群（FIIG）與費雪投資私人客戶事業群（FIPCG），總共管理310億美元的資金。FIPCG管理及服務FI的所有私人客戶帳戶。
2. 以上數據均符合GIPS，期間為1995年1月1日至2006年6月30日。
3. 1995年12月31日以前的指數績效係由FIIG管理、以股票為主的帳戶所組成。自1995年12月31日之後，該指數包含在全球總報酬策略參數之下所管理的FIPCG帳戶。#4以下所包括的公司資產係以1995年12月31日以前的FIIG與之後的FIPCG為主。
4. 帳戶的數目、金額（以百萬計）以及每年年底指數所代表的公司資產比率依序為：1995-1，$2，0.2%；1996-116，$75，33%；1997-461，$314，60%；1998-1078，$1026，79%；1999-2148，$2397，85%；2000-3845，$3488，88%；2001-6801，$5999，93%；2002-10973，$6765，88%；2003-13796，$11514，89%；2004-16265，$14059，88%；2005-16795，$14947，85%。
5. 全球總報酬指數包含實施全球總報酬策略的帳戶。此一廣泛管理的策略追求資本增值，主要投資於美國本國與外國普通股，但有時可能投資於固定收益證券、貨幣市場工具和其他股票型證券，以及利用避險工具，例如空頭股票部位和選擇權。
6. MSCI世界指數為此一指數的標竿。MSCI世界指數是一個沒有管理、資本額加權的股票指數。
7. 價值與報酬係以美元計算。
8. 此一指數的績效係以時間加權報酬率來計算，價值以月為單位，並與期間報酬做幾何連結。價值以交易日期為主。報酬包含再投入股息、權利金、利息和其他孳生收益。

9. 績效結果扣除顧問費、經紀或其他手續費以及客戶帳戶所收取的所有其他費用。
10. 2001及2002年，全球總報酬策略的投資組合包括小部份的衍生性商品權重，特別是指數賣權選擇權。衍生性商品的用途主要是為了在熊市策略之下減少標竿風險。這項策略亦運用市場中立策略、固定收益及／或現金以減少風險，若我們預期股市將大跌，可能再度使用。
11. 費雪投資私人客戶事業群目前的標準收費級距為（見於費雪投資ADV表格的第二部分）：100萬美元以下1.25%，接下來的100萬至500萬美元1.125%，接下來的500萬元以上1.00%。如果FI接受一個50萬美元以下的帳戶，將收取1.50%的年費。
12. 年度報酬的離散係以全年投資組合報酬(毛費用)的資產加權標準差來計算：1995-缺；1996-7.0%；1997-3.5%；1998-5.0%；1999-5.0%；2000-2.8；2001-1.7%；2002-1.7%；2003-2.0%；2004-1.3%；2005-1.3%。
13. 1995年1月1日之後每個日曆年度與MSCI世界指數（MSCI）比較的年度報酬為：1995（毛）39.3%，（淨）38.3%，（MSCI）20.7%；1996（毛）21.6%，（淨）20.0%，（MSCI）13.5%；1997（毛）24.2%，（淨）22.8%，（MSCI）15.8%；1998（毛）29.1%，（淨）27.7%，（MSCI）24.3%；1999（毛）26.0%，（淨）24.7%，（MSCI）24.9%；2000（毛）–7.4%，（淨）–8.5%，（MSCI）–13.2%；2001（毛）4.4%，（淨）3.2%，（MSCI）–16.8%；2002（毛）–23.1%，（淨）–24.1%，（MSCI）–19.9%；2003（毛）35.3%，（淨）33.8%，（MSCI）33.1%；2004（毛）9.7%，（淨）8.3%，（MSCI）14.7%；2005（毛）8.8%，（淨）7.5%，（MSCI）9.5%。

14.1995年1月1日到2006年6月30日之間相對於MSCI世界指數的年化報酬率為：1年（毛）19.1%，（淨）17.7%，（MSCI）16.9%；3年（毛）15.7%，（淨）14.3%，（MSCI）16.9%；5年（毛）6.7%，（淨）5.5%，（MSCI）5.7%；7年（毛）5.7%，（淨）4.4%，（MSCI）2.4%；10年（毛）11.2%，（淨）9.9%，（MSCI）6.9%；1995年1月1日以後（毛）13.8%，（淨）–12.5，（MSCI）8.4%。

15. 過去績效不保證未來報酬；證券投資有虧損的風險。其他方法可能產生不同的結果，個別投資組合與不同期間的結果可能因市況及投資組合的組成而有差異。

16. 詳盡的FI指數、績效與計算及報告報酬的政策可供索取。

附錄L

《富比世》專欄十年期成績單

年	費雪的《富比世》推薦股表現	S&P 500指數
1996	13.9%	12.1%
1997	23.0%	33.0%
1998	14.9%	14.9%
1999	20.5%	11.5%
2000	0.0%	–10.0%
2001	–2.5%	–11.4%
2002	–6.0%	–3.0%
2003	31.6%	17.6%
2004	12.6%	7.6%
2005	14.3%	3.4%
10年年化報酬率	11.7%	6.8%

揭露

這是《富比世》雜誌對肯恩・費雪的《富比世》選股績效所做的第三方統計。自1996年以來的每一年，《富比世》查核及公佈每一位專欄作家前一年的股票推薦績效（在專欄裡有明確推薦者）。這就是專欄作家的「成績單」，但並非真正的投資組合。前述表格的數據取自每年的《富比世》雜誌，係以日曆年度計算。《富比世》的方法是假設讀者每檔推薦的股票都買進1萬元，並且立即扣除1%的經紀費用。

為了比較，讀者亦在同一天投入1萬元於S&P 500指數基金，但沒有管理費和其他費用。例如在2004年，肯恩・費雪在《富比世》共推薦51檔股票。如果每檔股票各買進1萬元，總投資額會是51萬元，年底前將增值到574,000元，增幅為12.6%。同樣的錢投資於S&P 500，在沒有費用之下，在2004年底將變成548,000元，報酬率為7.6%。使用這個方法，肯恩・費雪的《富比世》選股在1998年與S&P 500打成平手，1997及2002年落後，其他年度均超越它，在1996到2005日曆年度，每年平均以年化4.9%的幅度領先。

這不是費雪投資公司實際投資組合管理的績效（請見附錄K），這項統計也不符合一般用於資金管理的GIPS績效標準。這些數據亦不含專家資金管理公司通常會收取的管理費。這項方法亦未計算買進／賣出價差等交易成本，這些成本將減少實際資金管理的績效。肯恩・費雪在《富比世》雜誌推薦的股票並非費雪投資公司真正的持股，基於法規，必須刻意做出不同的推薦（請見第9章）。

附錄M

美國及英國赤字資料

年	美國經常帳赤字 (millions)	美國貿易赤字 (millions)	美國預算赤字 (millions)	美國政府債務 (billions)	英國經常帳赤字 (millions)	英國貿易赤字 (millions)	英國預算赤字 (millions)	英國政府債務 (billions)
1975	18,114	12,404	-53,242	542	-1,695	-3,333	-1,681	52
1976	4,293	-6,082	-73,732	629	-972	-3,911	-2,001	65
1977	-14,337	-27,246	-53,659	706	-286	-2,239	-1,506	74
1978	-15,143	-29,763	-59,185	777	821	-1,478	-4,056	80
1979	-290	-24,565	-40,726	829	-1,002	-3,451	-5,064	89
1980	2,316	-19,407	-73,830	909	1,740	1,329	-5,459	98
1981	5,031	-16,172	-78,968	995	4,846	3,238	-6,284	114
1982	-5,533	-24,156	-127,977	1,137	2,233	1,879	-4,231	125
1983	-38,695	-57,767	-207,802	1,372	1,258	-1,618	-4,806	133
1984	-94,342	-109,072	-185,367	1,565	-1,294	-5,409	-7,059	144
1985	-118,159	-121,880	-212,308	1,817	-570	-3,416	-5,485	157
1986	-147,176	-138,538	-221,227	2,121	-3,614	-9,617	-5,555	163
1987	-160,661	-151,684	-149,730	2,346	-7,538	-11,698	-3,906	168
1988	-121,159	-114,566	-155,178	2,601	-19,850	-21,553	5,524	167
1989	-99,485	-93,141	-152,623	2,868	-26,321	-24,724	8,736	154
1990	-78,965	-80,864	-221,147	3,206	-22,281	-18,707	4,393	152
1991	3,743	-31,135	-269,269	3,598	-10,659	-10,223	-7,948	151
1992	-47,998	-39,093	-290,334	4,002	-12,974	-13,050	-28,584	166
1993	-81,997	-70,195	-255,085	4,351	-11,919	-13,066	-39,735	235
1994	-118,031	-98,379	-203,228	4,643	-6,768	-11,126	-35,632	278
1995	-109,481	-96,265	-163,991	4,921	-9,015	-12,023	-28,561	314
1996	-120,216	-103,942	-107,473	5,181	-7,001	-13,722	-22,858	343
1997	-135,978	-108,178	-21,935	5,369	-937	-12,342	-11,608	357
1998	-209,560	-164,868	69,200	5,478	-3,972	-21,813	7,464	354
1999	-296,816	-263,252	125,541	5,606	-24,416	-29,051	14,980	353
2000	-413,454	-378,344	236,151	5,629	-24,094	-32,976	19,288	318
2001	-385,703	-362,692	128,161	5,770	-22,391	-40,648	16,267	319
2002	-473,943	-421,735	-157,799	6,198	-17,615	-46,675	-8,740	345
2003	-530,669	-496,508	-377,575	6,760	-18,571	-47,416	-21,522	375
2004	-603,224	-605,321	-412,144	7,486	-25,475	-57,629	-21,981	417
2005	-791,508	-716,729	-318,300	7,933	-26,550	-44,242	-13,695	457

Source: The White House, Bureau of Economic Analysis, U.S. Census Bureau, U.S. Department of Treasury, National Statistics, HM Treasury.

投資理財系列

IF049 基本分析在台灣股市應用的訣竅

杜金龍 著　定價520元

作者投入五年時間，詳盡蒐集台灣過去40年有關基本分析的各項資訊，包括經濟指標、景氣動向、營業收入與盈餘、法人進出動態、信用交易、稅率機制、選舉行情等，進行通盤性的實證分析，供投資人學習參考，並建立起一套觀察大盤環境變化的方法。若能進一步搭配使用研判進場時機的技術分析方式，勝算將會更大。

IF050 大錢潮－改變世界的五大趨勢

包柏．佛利區 著／張淑芳 譯　定價320元

股票市場的短期波動雖然很大，長期仍會根據全球的主要趨勢而變動，重點在於投資人如何辨識未來的主要發展趨勢，確認大錢潮將會流向何處？本書作者佛利區博士依據其廣博的知識、發想力及觀察研究，指出未來十年內驅動全球市場的五大主要趨勢，投資人應著眼於大錢潮的流向，領先他人，成為投資市場的最終贏家。並希望提供讀者一套分析及思考未來的策略性架構，為自己的投資及事業發展找到定位。

IF051 圖表型態解析在台灣股市應用的訣竅

杜金龍 著　定價450元

本書作者杜金龍先生在出版《技術指標在台灣股市應用的訣竅》一書後，特別針對圖表型態解析做深入的研究，並以台灣股市個股及大盤指數作為樣本，加以驗證說明，讓投資人得以更深入了解股價走勢圖的預測能力。此外，作者還特別另闢章節，針對心理分析與資金管理兩大層面做詳細的介紹說明。使投資人在從事投資決策時，能進行全方位的分析，知己知彼，掌握先機，獲利致勝。

IF053 Forbes偉大的投資故事

李察．費龍 著／李永蕙 譯　定價350元

價值與成長是投資世界裡永恆不變的主題，從葛拉漢、普萊斯以至今日的惠特曼與貝尼，這些傳奇的投資家們徹底闡述了股市投資的終極智慧。 這些故事生動地描繪出華爾街歷史上最獨特的事件與人物，透過他們的智慧與教訓，將可帶領投資人超越投資世界的迷思，進而邁向投資成功之路

IF055 投資高峰會——46位投資大師、100年投資智慧

彼得．克拉斯 著／薛迪安、齊思賢 譯　定價480元

百年來最成功、最知名的投資大師與選股高手齊聚一堂，包括道氏、漢彌爾頓、葛蘭碧、葛拉漢、巴菲特、索羅斯、林區、川普等等，試想將會激發多少投資洞見與選股智慧……這不是不可能的任務，《投資高峰會》的編著者彼得．克拉斯做到了。 本書涵蓋投資領域的八大主題，彙編46位傑出專業人士的精采文章，深入剖析投資各個面向，並且提供實用的建議與策略原則，藉以協助讀者洞悉市場真相，進而邁向個人投資成功之路。

IF056 套利Ⅱ Step-by-Step
——股票、期貨、選擇權套利操作秘訣

黃逢徵 著　定價250元

自《套利Step-by-Step》及其增訂版發行以來，低風險、乃至零風險套利，已成為金融界與投資人高度關注的主題，如今，隨著台灣金融市場持續創新演進，新的套利工具與模式不斷推陳出新，作者因而在《套利 II Step-by-Step》一書中，進一步將套利操作技巧拓展到期貨、選擇權等領域上，為讀者提供更多元的投資獲利管道。本書不談深奧的大理論，純粹從實務面出發，按部就班告訴你如何蒐集資料、計算報酬率，如何進行操作。擁有本書，你就可以輕鬆地成為低風險的快樂套利人。

IF057 技術分析入門

杜金龍 著　定價280元

本書內容從閱讀股票交易資訊開始，接著說明走勢圖的基本繪製原則，進而闡述圖表型態的主要原理和運用，再說明「價」、「量」、「時間」和「市場寬幅」的計量化技術指標的原理和應用。全書涵蓋技術分析的所有基本原理，並輔以大量實際案例作為解說，堪稱學習技術分析的入門寶鑑。

IF058 巴菲特談投資

強納森・戴維斯 著／張淑芳 譯　定價250元

巴菲特是當代最知名、最為人稱頌的股市投資專家。每一年，他所掌舵的波克夏企業，都會吸引成千上萬的股東來到企業總部所在地奧瑪哈參與股東年會，聆聽巴菲特的最新看法。本書針對巴菲特在2005年波克夏股東年會上的發言，彙整出巴菲特最新觀點。

IF059 學巴菲特做交易

詹姆斯・阿圖舍 著／戴至中 譯　定價380元

《學巴菲特做交易》介紹了世紀股神巴菲特的重要生平與輝煌的投資紀錄，並且深入檢視巴菲特看待投資的獨特觀點，與從事交易的操作手法，其中包括回歸均值、原物料、債券、套利、短線交易、基金，以及「葛拉漢－陶德」。

IF061 點線賺錢術：技術分析詳解

鄭超文 著　定價380元

本書介紹技術分析理論；針對各種技術分析觀念、技巧以及相關運用策略。第一部分—基本圖形分析，第二部分—技術指標分析，第三部分—操作策略與觀念。不管是投資股票或者外匯、期貨，技術面的研究是投資人不可或缺的基本修養。

IF062 史上最大日股急騰

增田俊男 著／蕭志強 譯　定價280元

日本經濟專家增田俊男從美國的國際戰略政策切入，深入說明日經指數衝破三萬點的詳細條件與可能過程。日本將成為美國對中軍事戰略據點，郵政民營化也將提供充裕市場資金。日本根據美國霸權戰略劇本，就要展開經濟大繁榮精采演出！

IF063 投資名人堂❶投資心法

金克斯等編／蔣宛如 譯　定價280元

50位當代備受敬重景仰的投資大師，聯手與投資人分享縱橫市場的成功法則。全書分為：第1篇基本投資守則，第2篇消化資訊洞察陷阱，第3篇獨到的投資眼光，第4篇特定投資標的，第5篇投資組合分配管理。

請至網站查詢更詳細的資料，網址http://book.wealth.com.tw/

IF064 投資名人堂❷選股策略

金克斯等編／蔡曉卉 譯　　定價280元

50位當代備受敬重景仰的投資大師，聯手與投資人分享縱橫市場的成功法則。全書分為：第1篇類股投資法則，第2篇企業價值分析法則，第3篇股票基本與技術分析法則，第4篇投資行為與心理。

IF065 投資名人堂❸交易祕訣

金克斯等編／蔣宛如 譯　　定價280元

49位當代備受敬重景仰的投資大師，聯手與投資人分享縱橫市場的成功法則。全書分為：第1篇交易與市場法則，第2篇金融工具法則，第3篇國際市場和資本流竄，第4篇投資策略法則。

IF066 台股短線實戰策略

杜金龍 著　　定價480元

短線技術分析的目的，在決定買賣時機，以交易資料偵測市場供需變化，掌握買賣機會，並藉此獲取超額報酬。若能耐心謹慎而客觀地領會原則，綜合研判各種短線技術分析，就不至於與大盤背離；再配合投資策略及資金管理，以提高投資績效。

IF067 最新技術指標在台灣股市應用的訣竅〔增訂三版〕

杜金龍 著　　定價480元

以44年來台灣股市的成交資料為樣本，針對40幾種計量化技術指標，進行系統性整理的實證分析書。每一指標均包含：基本計算公式；買賣研判原則；實證研究結果；優缺點及限制。提供投資人清楚了解各項技術指標的最有效途徑。

IF068 選擇權實戰手冊

黃逢徵 著　　定價450元

第一本針對「台指選擇權」，完整闡述動態交易三部曲，10種交易類型、52種實戰策略，5大致勝關鍵的書籍。最適合做為台指選擇權的「基本工具書」，以布局更低風險、更大報酬的交易策略，成為無往不利的選擇權高手。

IF069 讀財務報表選股票——投資獲利10大指標

羅伯林區 著／金雅萍 譯　　定價360元

本書任務是讓不具會計背景的一般投資大眾了解，財務報表可以提供什麼訊息——投資人可以按部就班進行企業健檢的10個步驟。羅伯林區以投資人的角度為出發點，回答了所有投資人心中都會出現的各種投資疑問，並且提出最為中肯實際的專業見解。

IF070 恐慌殺盤正是買點

韋安仕 著／蔡曉卉 譯　　定價320元

股市大多頭行情告終，許多投資人離開股市，但股票仍是長期表現最佳的資產類別。作者韋安仕以獨特觀點爬梳股市恐慌史，剖析恐慌成因，預測恐慌何時發生，破除長久以來股市起伏及投資人如何獲取最大利益的迷思，教導投資人如何自股市恐慌和榮景規律循環中獲益。

IF071 安東尼波頓教你選股

戴維斯 著／張淑芳 譯　　定價280元

本書深入檢視歐洲首席基金經理人安東尼·波頓的投資策略與選股技巧，以及過去25年的投資績效。波頓也親自說明富達特別情況基金的歷史，他的反向選股策略何以獲致卓越成效。對投資人以及相關從業人員而言，這都是一本必讀好書。

IF072 常識投資法：縱橫股市100招

理查・法瑞 著／吳國卿 譯　定價300元

理查・法瑞的100個投資祕訣，讓他從名不見經傳的新手交易員迅速接管澳洲信孚銀行自營部與百慕達避險基金，如今他是歐洲最有影響力的創業家，也是定居在摩納哥的億萬富豪。法瑞逐一介紹獨具創見的投資市場致勝祕訣，正是投資人夢寐以求的投資精髓。

IF073 金融心理學：驅動股市的真正力量

拉斯・特維德 著／方耀 譯　定價360元

《金融心理學》結合行為學和心理學理論，解釋技術分析之精髓，完整揭示市場心理驅動金融行情的變化過程。並對許多金融市場基本現象提出解釋，如多頭市場交易量何以高於空頭市場等現象。是交易員、分析師、財務顧問及其他金融人員的最佳讀本。

IF074 高階技術分析【上冊】

杜金龍 著　定價450元

將台灣股市現貨的技術分析先作彙總概述，再將股市現貨的技術分析，進一步應用到股市、債市、匯市、商品等四種金融市場上。除了四種金融市場的現貨外，另外介紹期貨、選擇權與認購(售)權證等四種投資工具，於四種金融市場的研判之用。

IF075 高階技術分析【下冊】

杜金龍 著　定價360元

本書的主要目的，希望讓投資人在股市短、中、長線交易或投資策略時，除了參考股市(現貨)的技術分析外，能同時參酌股市、債市、匯市、商品四種金融市場，與現貨、期貨、選擇權、認購(售)權證四種投資工具，從不同方面使用技術分析的應用技巧。

IF077 老謝的財富報告

謝金河 著　定價320元

2000年至2006年是人類經濟史上最輝煌的黃金時期，迅速累積的財富正在改變全球的投資版圖，催生新一波的投資大浪潮。如今，這波錢潮正在醞釀一波新行情，投資人如何掌握獲利機會？《老謝的財富報告》為您提供最好的指引參考。

IF079 私募股權基金凱雷：政商遊走實錄

丹・布萊迪 著／蔣宛如、吳國卿 譯　定價300元

對圈外人來說，凱雷集團是一家全球最大私募公司。掌管資金高達140億美元，員工名冊像是全球財經名人錄，投資組合中有數百家國防、航太、電信和醫療保健公司。憑藉著產業、政府和軍方三大勢力匯流，造就凱雷集團強而有力的獲利主軸。

IF082 避險基金交易祕辛

史蒂文・卓布尼 著／洪慧芳 譯　定價380元

本書帶領讀者一窺避險基金的堂廟之奧，揭開全球宏觀策略的神祕面紗。首先介紹全球總體經濟概況，幫助讀者了解關鍵歷史事件如何形塑當今投資環境，而未來趨勢如何影響全球宏觀經理人的操盤策略。這是一本描述全球市場最稀有族群的精采之作，並為這場悄然進行的金融革命披露箇中祕辛。

IF083 印度——下一個經濟強權

亞倫・塞斯 著／蕭美惠、林國賓 譯　定價320元

印度的快速竄起吸引了全球目光：絕佳的人口結構，人力素質，新產業的誕生，新的消費渴望，以及從社會主義轉向支持市場經濟的政治取向。本書探討21世紀最偉大的商機，由創造財富的角度檢視印度的經濟實力，分析投資機會及擘畫投資藍圖。

請至網站查詢更詳細的資料，網址http://book.wealth.com.tw/

IF084 投資學【上冊】基礎理論、評價分析與交易實務

杜金龍 著　　定價500元

投資的三大理由是增加收益，賺取資本利得，獲得投資經驗。也就是說，投資人希望有效管理財富，獲取最大收益，不受通貨膨脹、賦稅及其他因素之影響。 故投資指的是，投資者購買證券，準備長期持有，以獲取長期資本利得。

IF085 投資學【下冊】基礎理論、評價分析與交易實務

杜金龍 著　　定價500元

投資學著重於管理投資人的財富，也就是當前所得與未來所得現值的總和。除了追求最大報酬，也在能夠承擔的風險水準之下，獲得更多的報酬。瞭解了報酬與風險的關係後，投資人能夠針對不同的金融投資工具進行分析與選擇，建構最適合的投資組合。

IF088 彼得林區征服股海

彼得・林區 著／陳重亨 譯　　定價380元

彼得・林區告訴投資人如何培養成功的選股模式，判斷公司良窳，以獲致最佳的投資成果；並且提及各種投資人必須長期觀注的焦點。彼得・林區認為散戶投資人只要運用3%的腦力智慧，好好發揮本身的優勢，並做一些研究功課，投資績效就能贏過市場專家，戰勝大盤。

IF089 彼得林區選股戰略

彼得・林區 著／陳重亨 譯　　定價400元

麥哲倫基金的傳奇經理人，傳授散戶打敗專家的投資策略。彼得・林區以自己在投資場上的實戰成敗做為演示範例，暢言散戶也能打敗專家的股票投資手法。林區投資策略絕對禁得起時間的考驗，於市場翻覆無常之際足以安身保命，在大多頭行情中更屬獲利良策。

IF090 債券天王葛洛斯

提摩斯・米德頓 著／吳國卿 譯　　定價350元

在葛洛斯的傑出領導下，太平洋投資管理公司的總報酬基金是全球最大的債券基金，平均每年為客戶賺進10%的報酬率。葛洛斯在過去三十年預測經濟趨勢與撼動市場的能力，為他贏得了「債券天王」的美譽。本書作者親訪天王葛洛斯，詳述雄霸債市之路。

IF091 魏尚世講股：12年獲利百倍心法

魏尚世／江恭發 著　　定價280元

投資股票很複雜，操作判斷卻很簡單，若能擁有一把股市投資金鑰匙，經由本身的努力與智慧，克服心理上的弱點，就有成功的可能。希望有緣閱覽本書的人，都能擁有一套自己的股市操作訣竅。

IF092 景氣爲什麼會循環

拉斯・特維德 著／蕭美惠、陳儀 譯　　定價420元

本書詳盡解釋房地產、股票、債券、避險基金、黃金、白銀、鑽石、匯率、大宗商品期貨、藝術品和收藏品等資產市場的特性，揭示景氣循環中各類資產的階段表現及互動影響，讓我們可以更為精確的掌握市場脈動。

IF093 成長股投資日記：星巴克的一年

凱倫・布魯曼索 著／吳國卿 譯　　定價320元

股票市場讓許多投資人無所適從。為什麼利多消息會讓股票暴跌？而利空消息反而讓市場觸底反彈？本書以美國最熱門的成長股星巴克SBUX為例，翔實記錄一年期間的經營管理、行銷規畫、產品開發、展店作業、促銷手段，以及股票市場中眾多參與者的眾生相，以及財經專業媒體對公司基本面與股價表現的各式解讀、反應與操作手法。

IF094 **老謝的財富報告2**

謝金河 著　定價280元

所有的一切都跟中國有關，關係這麼密切的兩個經濟體，人與資金卻不能自由流通。台灣的最大貿易與順差國就是中國，台灣人最常旅行的地方是中國，做生意最常去的地方是中國。大家應該好好想一想，台灣未來的經濟要如何走，用什麼方式來壯大台灣經濟實力！台灣的經濟前景可以是一片大好的！

IF095 **老謝看世界**

謝金河 著　定價280元

每個人的一生都有幾次賺大錢的機會，在網路新時代，每個人都可以在他專攻的領域脫穎而出，只要認定自己的才能，大膽逐夢，就有成功的機會。讓老謝帶領你在全世界找出路，未來機會總會落在樂觀的人手中！

IF096 **基本面選股：成長股、價值股、轉機股與投資分析**

黃嘉斌 著　定價260元

正式進入投資後，面臨的第一個難題就是：「我要買什麼股票？」本書分為四篇：投資標的三類型、投資選股六指標、投資決策六步驟、投資行情相關議題。投資獲利無帝王捷徑，練好基本功，才能在投資世界一展身手。

IF098 **投資銀行交易祕辛：二十年目睹華爾街怪現象**

強納森·尼 著／洪慧芳 譯　定價360元

從金融界風起雲湧、盛極而衰，到跨入二十一世紀的這段歲月裡，強納森·尼先後在兩大投資銀行高盛和摩根士丹利任職。他以坦白犀利的局內人觀點，描述金融界興衰始末，不僅細膩刻畫出網路狂潮時期漫天喊價的交易盛況，也揭露泡沫破滅之後愁雲慘霧的景況。《投資銀行交易祕辛》以幽默犀利的口吻，帶領大家深入了解投資銀行的實際運作，並且讓我們得以一窺華爾街風雲企業的精彩內幕。

IF099 **基金致富密碼：練好投資基本功，打造一生的理財計畫**

陳若雲 著　定價280元

本書從產品的供給面和行銷面切入，協助投資人了解國內基金的投資環境，重新審視基金投資的入門觀念，善用資訊，聰明買基金！本書整理出各類基金產品的投資屬性，投資人可以重新檢視投資配置和布局，建立個人的財務安全，打造一生的理財計畫！

IF100 **投資觀念進化論：避險觀念與現代金融創新**

彼得·伯恩斯坦 著／陳儀 譯　定價420元

延續1992年的開創性鉅著《投資革命》（*Capital Ideas*），本書以伯恩斯坦與當代頂尖金融實踐家與理論家的訪談為基礎，描述財務理論核心發展出的實務運用，如何演變成各類新穎且令人振奮的投資流程。本書亦將討論一群機構投資者的驚人成就。伯恩斯坦縱橫財務理論與當代金融創新領域，為讀者描繪今日投資世界生動且極富教化意義的的景象。引人入勝，見解深刻，為致力於改造金融環境的個人、創意以及議題等方面，都賦予了源源不絕的充沛活力。

IF101 **另類投資：新興金融商品與投資策略**

史綱主編　定價360元

《另類投資》鎖定黃金、農產品、原油、ETF、REIT、避險基金等全球新興投資熱點，翔實剖析各類投資標的與策略工具。從《另類投資》學習多頭空頭都能穩穩獲利的全新觀念，本書是勇敢挑戰的投資人不能沒有的致富小百科！

請至網站查詢更詳細的資料，網址http://book.wealth.com.tw/

IF102 做自己的基金經理人

林以涵 著　　定價320元

本書從共同基金的ABC開始談起，介紹各種基金的屬性與報酬、風險上的特質，討論選擇基金的原則，協助讀者瞭解基金評比的各項指標，以及總體經濟與金融市場等大環境的變化。而作者所提出的基金投資六大須知也是入門者必須掌握的基本法則。

郵局劃撥購書■戶名：財信出版有限公司．帳號：50052757／信用卡傳真訂購單■電話：02-2511-0185

The Only Three Questions that Count: Investing by Knowing What Others Don't
Copyright © 2007 by Kenneth L Fisher.
Chinese Translation Copyright © 2008 by Wealth Press
Authorized translation from the English language edition published by John Wiley & Sons, Inc.
All Rights Reserved. This translation published under license.

投資理財系列103
投資最重要的3個問題：掌握別人不知道的事才能超越大盤

作　　者：肯恩．費雪（Ken Fisher）、珍妮佛．周（Jennifer Chou）、
　　　　　菈菈．霍夫曼斯（Lara Hoffmans）
譯　　者：蕭美惠
總 編 輯：楊　森
主　　編：陳重亨　金薇華
責任編輯：陳盈華
行銷企畫：呂鈺清
封面設計：木子花

出版者：財信出版有限公司／台北市中山區10444南京東路一段52號11樓
訂購服務專線：886-2-2511-1107　　訂購服務傳真：886-2-2511-0185
郵撥：50052757財信出版有限公司　　http:// book.wealth.com.tw

製版印刷：沈氏藝術印刷股份有限公司
總經銷：聯豐書報社／台北市大同區10350重慶北路一段83巷43號／電話：886-2-2556-9711

初版一刷：2008年8月　　定價：480元
ISBN 978-986-84101-0-7
版權所有．翻印必究　Printed in Taiwan　All Rights Reserved.
（若有缺頁或破損，請寄回更換）

國家圖書館出版品預行編目資料

投資最重要的3個問題：掌握別人不知道的事才能
超越大盤／肯恩．費雪（Ken Fisher）、珍妮佛．
周（Jennifer Chou）、菈菈．霍夫曼斯（Lara
Hoffmans）著；蕭美惠譯. -- 初版. --
台北市：財信，2008.08
　　面；　公分. --（投資理財系列；103）
譯自：The Only Three Questions that Count:
　　Investing by Knowing What Others Don't
ISBN 978-986-84101-0-7（平裝）

1. 投資

563.5　　97000359